Le premier million de chiffres de Pi

édité par

David E. McAdams

Pour plus d'informations, consultez http://www.piday.org.
Le site Web de l'éditeur est http://www.demcadams.com.

Ce livre est uniquement destiné à des fins éducatives et de divertissement. L'éditeur et l'auteur ne le proposent pas à titre de conseil mathématique.

Autres livres de David E. McAdams

Couleurs de Perroquets – Une introduction au concept des couleurs à l'aide d'images de perroquets. Pour les enfants d'âge préscolaire.
Couleurs des fleurs – Une introduction au concept des couleurs à l'aide d'images de fleurs. Pour les enfants d'âge préscolaire.
Couleur du Cosmos – Une introduction au concept de couleurs. Pour les enfants d'âge préscolaire.
Formes – Une introduction aux formes. Pour les enfants d'âge préscolaire.
Nombres – Une introduction au concept de nombres. Pour les niveaux K-2.
Qu'est-ce qui est plus grand que tout ? (L'infini) – Une introduction au concept de l'infini. Pour les niveaux 1-3.
Ensembles de balançoires (Théorie des ensembles) – Une introduction à la théorie des ensembles. Pour les niveaux 2-4.
Un centime, deux – Si le centime de Jerry double chaque jour, combien de temps faudra-t-il avant qu'il puisse acheter une voiture de sport vert foncé ? Pour les niveaux 3 à 6.
Kit d'activités pour apprendre avec de l'argent fictif – Enseignez les grands nombres et le comptage avec plus de 1 000 000 $ d'argent fictif.
Mes fractales préférées (Tomes 1, 2) – Des livres d'images de merveilleuses fractales présentées sous forme d'images haute résolution. Pour tous les âges.
Monstres Créatures des Profondeurs de la Mer – Un merveilleux voyage dans les plus grandes profondeurs des océans du monde.
All Math Words Dictionary (en anglais) – Un dictionnaire mathématique pour les étudiants en pré-algèbre, algèbre, géométrie et pré-calcul.
Le premier million de chiffres de Pi – Le premier million de chiffres de Pi. Pour tous les âges.
Le premier million de chiffres du nombre d'Euler (e) – Le premier million de chiffres de la constante d'Euler e. Pour tous les âges.
La racine carrée de deux à un million de chiffres – Le premier million de chiffres de la racine carrée de 2. Pour tous les âges.
Les cent mille premiers nombres premiers – Les cent mille premiers nombres premiers. Pour tous les âges.
Patrons géométriques – Livre de projets - 80 filets géométriques à copier, découper et coller ensemble en polyèdres tridimensionnels. À partir de 9 ans.
Geometric Nets Mega Project Book – Tabbed (en anglais) - 253 filets géométriques à copier, découper et coller ensemble pour former des polyèdres tridimensionnels. À partir de 9 ans.

Pour une liste à jour, voir https://www.DEMcAdams.com.

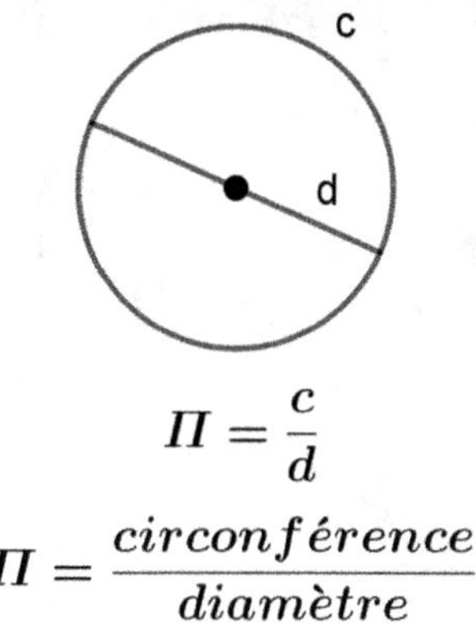

$$\Pi = \frac{c}{d}$$

$$\Pi = \frac{circonférence}{diamètre}$$

Π ≈ 3.141592653589793238462643383279502884197169399375105820974944
592307816406286208998628034825342117067982148086513282306647093844
609550582231725359408128481117450284102701938521105559644622948954
930381964428810975665933446128475648233786783165271201909145648566
923460348610454326648213393607260249141273724587006606315588174881
520920962829254091715364367892590360011330530548820466521384146951
941511609433057270365759591953092186117381932611793105118548074462
379962749567351885752724891227938183011949129833673362440656643086
021394946395224737190702179860943702770539217176293176752384674818
467669405132000568127145263560827785771342757789609173637178721468
440901224953430146549585371050792279689258923542019956112129021960
864034418159813629774771309960518707211349999998372978049951059731
732816096318595024459455346908302642522308253344685035261931188171
010003137838752886587533208381420617177669147303598253490428755468
731159562863882353787593751957781857780532171226806613001927876611
195909216420198938095257201065485863278865936153381827968230301952
035301852968995773622599413891249721775283479131515574857242454150
695950829533116861727855889075098381754637464939319255060400927701
671139009848824012858361603563707660104710181942955596198946767837
449448255379774726847104047534646208046684259069491293313677028989
152104752162056966024058038150193511253382430035587640247496473263
914199272604269922796782354781636009341721641219924586315030286182
974555706749838505494588586926995690927210797509302955321165344987
202755960236480665499119881834797753566369807426542527862551818417
574672890977772793800081647060016145249192173217214772350141441973
568548161361157352552133475741849468438523323907394143334547762416
862518983569485562099219222184272550254256887671790494601653466804
988627232791786085784383827967976681454100953883786360950680064225
125205117392984896084128488626945604241965285022210661186306744278
622039194945047123713786960956364371917287467764657573962413890865
832645995813390478027590099465764078951269468398352595709825822620
522489407726719478268482601476990902640136394437455305068203496252
451749399651431429809190659250937221696461515709858387410597885959
772975498930161753928468138268683868942774155991855925245953959431
049972524680845987273644695848653836736222626099124608051243884390
451244136549762780797715691435997700129616089441694868555848406353
422072225828488648158456028506016842739452267467678895252138522549
954666727823986456596116354886230577456498035593634568174324112515
076069479451096596094025228879710893145669136867228748940560101503
308617928680920874760917824938589009714909675985261365549781893129
784821682998948722658804857564014270477555132379641451523746234364
542858444795265867821051141354735739523113427166102135969536231442

952484937187110145765403590279934403742007310578539062198387447808
478489683321445713868751943506430218453191048481005370614680674919
278191197939952061419663428754440643745123718192179998391015919561
814675142691239748940907186494231961567945208095146550225231603881
930142093762137855956638937787083039069792077346722182562599661501
421503068038447734549202605414665925201497442850732518666002132434
088190710486331734649651453905796268561005508106658796998163574736
384052571459102897064140110971206280439039759515677157700420337869
936007230558763176359421873125147120532928191826186125867321579198
414848829164470609575270695722091756711672291098169091528017350671
274858322287183520935396572512108357915136988209144421006751033467
110314126711136990865851639831501970165151168517143765761835155650
884909989859982387345528331635507647918535893226185489632132933089
857064204675259070915481416549859461637180270981994309924488957571
282890592323326097299712084433573265489382391193259746366730583604
142813883032038249037589852437441702913276561809377344403070746921
120191302033038019762110110044929321516084244485963766983895228684
783123552658213144957685726243344189303968642624341077322697802807
318915441101044682325271620105265227211166039666557309254711055785
376346682065310989652691862056476931257058635662018558100729360659
876486117910453348850346113657686753249441668039626579787718556084
552965412665408530614344431858676975145661406800700237877659134401
712749470420562230538994561314071127000407854733269939081454664645
880797270826683063432858785698305235808933065757406795457163775254
202114955761581400250126228594130216471550979259230990796547376125
517656751357517829666454779174501129961489030463994713296210734043
751895735961458901938971311179042978285647503203198691514028708085
990480109412147221317947647772622414254854540332157185306142288137
585043063321751829798662237172159160771669254748738986654949450114
654062843366393790039769265672146385306736096571209180763832716641
627488880078692560290228472104031721186082041900042296617119637792
133757511495950156604963186294726547364252308177036751590673502350
728354056704038674351362222477158915049530984448933309634087807693
259939780541934144737744184263129860809988868741326047215695162396
586457302163159819319516735381297416772947867242292465436680098067
692823828068996400482435403701416314965897940924323789690706977942
236250822168895738379862300159377647165122893578601588161755782973
523344604281512627203734314653197777416031990665541876397929334419
521541341899485444734567383162499341913181480927777103863877343177
207545654532207770921201905166096280490926360197598828161332316663
652861932668633606273567630354477628035045077723554710585954870279
081435624014517180624643626794561275318134078330336254232783944975
382437205835311477119926063813346776879695970309833913077109870408
591337464144282277263465947047458784778720192771528073176790770715
721344473060570073349243693113835049316312840425121925651798069411
352801314701304781643788518529092854520116583934196562134914341595
625865865570552690496520985803385072242648293972858478316305777756
068887644624824685792603953527734803048029005876075825104747091643
961362676044925627420420832085661190625454337213153595845068772460
290161876679524061634252257719542916299193064553779914037340432875
262888963995879475729174642635745525407909145135711136941091193932
519107602082520261879853188770584297259167781314969900901921169717
372784768472686084900337702424291651300500516832336435038951702989
392233451722013812806965011784408745196012122859937162313017114448
464090389064495444006198690754851602632750529834918740786680881833
851022833450850486082503930213321971551843063545500766828294930413
776552793975175461395398468339363830474611996653858153842056853386
218672523340283087112328278921250771262946322956398989893582116745

627010218356462201349671518819097303811980049734072396103685406643
193950979019069963955245300545058068550195673022921913933918568034
490398205955100226353536192041994745538593810234395544959778377902
374216172711172364343543947822181852862408514006660443325888569867
054315470696574745855033232334210730154594051655379068662733379958
511562578432298827372319898757141595781119635833005940873068121602
876496286744604774649159950549737425626901049037781986835938146574
126804925648798556145372347867330390468838343634655379498641927056
387293174872332083760112302991136793862708943879936201629515413371
424892830722012690147546684765357616477379467520049075715552781965
362132392640616013635815590742202020318727760527721900556148425551
879253034351398442532234157623361064250639049750086562710953591946
589751413103482276930624743536325691607815478181152843667957061108
615331504452127473924544945423682886061340841486377670096120715124
914043027253860764823634143346235189757664521641376796903149501910
857598442391986291642193994907236234646844117394032659184044378051
333894525742399508296591228508555821572503107125701266830240292952
522011872676756220415420516184163484756516999811614101002996078386
909291603028840026910414079288621507842451670908700069928212066041
837180653556725253256753286129104248776182582976515795984703562226
293486003415872298053498965022629174878820273420922224533985626476
691490556284250391275771028402799806636582548892648802545661017296
702664076559042909945681506526530537182941270336931378517860904070
866711496558343434769338578171138645587367812301458768712660348913
909562009939361031029161615288138437909904231747336394804575931493
140529763475748119356709110137751721008031559024853090669203767192
203322909433467685142214477379393751703443661991040337511173547191
855046449026365512816228824462575916333039107225383742182140883508
657391771509682887478265699599574490661758344137522397096834080053
559849175417381883999446974867626551658276584835884531427756879002
909517028352971634456212964043523117600665101241200659755851276178
583829204197484423608007193045761893234922927965019875187212726750
798125547095890455635792122103334669749923563025494780249011419521
238281530911407907386025152274299581807247162591668545133312394804
947079119153267343028244186041426363954800044800267049624820179289
647669758318327131425170296923488962766844032326092752496035799646
925650493681836090032380929345958897069536534940603402166544375589
004563288225054525564056448246515187547119621844396582533754388569
094113031509526179378002974120766514793942590298969594699556576121
865619673378623625612521632086286922210327488921865436480229678070
576561514463204692790682120738837781423356282360896320806822246801
224826117718589638140918390367367222088832151375560037279839400415
297002878307667094447456013455641725437090697939612257142989467154
357846878861444581231459357198492252847160504922124247014121478057
345510500801908699603302763478708108175450119307141223390866393833
952942578690507643100638351983438934159613185434754649556978103829
309716465143840700707360411237359984345225161050702705623526601276
484830840761183013052793205427462865403603674532865105706587488225
698157936789766974220575059683440869735020141020672358502007245225
632651341055924019027421624843914035998953539459094407046912091409
387001264560016237428802109276457931065792295524988727584610126483
699989225695968815920560010165525637567856672279661988578279484885
583439751874454551296563443480396642055798293680435220277098429423
253302257634180703947699415979159453006975214829336655566156787364
005366656416547321704390352132954352916941459904160875320186837937
023488868947915107163785290234529244077365949563051007421087142613
497459561513849871375704710178795731042296906667021449863746459528
082436944578977233004876476524133907592043401963403911473202338071

509522201068256342747164602433544005152126693249341967397704159568
375355516673027390074972973635496453328886984406119649616277344951
827369558822075735517665158985519098666539354948106887320685990754
079234240230092590070173196036225475647894064754834664776041146323
390565134330684495397907090302346046147096169688688501408347040546
074295869913829668246818571031887906528703665083243197440477185567
893482308943106828702722809736248093996270607472645539925399442808
113736943388729406307926159599546262462970706259484556903471197299
640908941805953439325123623550813494900436427852713831591256898929
519642728757394691427253436694153236100453730488198551706594121735
246258954873016760029886592578662856124966552353382942878542534048
308330701653722856355915253478445981831341129001999205981352205117
336585640782648494276441137639386692480311836445369858917544264739
988228462184490087776977631279572267265556259628254276531830013407
092233436577916012809317940171859859993384923549564005709955856113
498025249906698423301735035804408116855265311709957089942732870925
848789443646005041089226691783525870785951298344172953519537885534
573742608590290817651557803905946408735061232261120093731080485485
263572282576820341605048466277504500312620080079980492548534694146
977516493270950493463938243222718851597405470214828971117779237612
257887347718819682546298126868581705074027255026332904497627789442
362167411918626943965067151577958675648239939176042601763387045499
017614364120469218237076488783419689686118155815873606293860381017
121585527266830082383404656475880405138080163363887421637140643549
556186896411228214075330265510042410489678352858829024367090488711
819090949453314421828766181031007354770549815968077200947469613436
092861484941785017180779306810854690009445899527942439813921350558
642219648349151263901280383200109773868066287792397180146134324457
264009737425700735921003154150893679300816998053652027600727749674
584002836240534603726341655425902760183484030681138185510597970566
400750942608788573579603732451414678670368809880609716425849759513
806930944940151542222194329130217391253835591503100333032511174915
696917450271494331515588540392216409722910112903552181576282328318
234254832611191280092825256190205263016391147724733148573910777587
442538761174657867116941477642144111126358355387136101102326798775
641024682403226483464176636980663785768134920453022408197278564719
839630878154322116691224641591177673225326433568614618654522268126
887268445968442416107854016768142080885028005414361314623082102594
173756238994207571362751674573189189456283525704413354375857534269
869947254703165661399199968262824727064133622217892390317608542894
373393561889165125042440400895271983787386480584726895462438823437
517885201439560057104811949884239060613695734231559079670346149143
447886360410318235073650277859089757827273130504889398900992391350
337325085598265586708924261242947367019390772713070686917092646254
842324074855036608013604668951184009366860954632500214585293095000
090715105823626729326453738210493872499669933942468551648326113414
611068026744663733437534076429402668297386522093570162638464852851
490362932019919968828517183953669134522244470804592396602817156551
565666111359823112250628905854914509715755390024393153519090210711
945730024388017661503527086260253788179751947806101371500448991721
002220133501310601639154158957803711779277522597874289191791552241
718958536168059474123419339842021874564925644346239253195313510331
147639491199507285843065836193536932969928983791494193940608572486
396883690326556436421664425760791471086998431573374964883529276932
822076294728238153740996154559879825989109371712621828302584811238
901196822142945766758071865380650648702613389282299497257453033283
896381843944770779402284359883410035838542389735424395647555684095
224844554139239410001620769363684677641301781965937997155746854194

633489374843912974239143365936041003523437770658886778113949861647
874714079326385873862473288964564359877466763847946650407411182565
837887845485814896296127399841344272608606187245545236064315371011
274680977870446409475828034876975894832824123929296058294861919667
091895808983320121031843034012849511620353428014412761728583024355
983003204202451207287253558119584014918096925339507577840006746552
603144616705082768277222353419110263416315714740612385042584598841
990761128725805911393568960143166828317632356732541707342081733223
046298799280490851409479036887868789493054695570307261900950207643
349335910602454508645362893545686295853131533718386826561786227363
716975774183023986006591481616404944965011732131389574706208847480
236537103115089842799275442685327797431139514357417221975979935968
525228574526379628961269157235798662057340837576687388426640599099
350500081337543245463596750484423528487470144354541957625847356421
619813407346854111766883118654489377697956651727966232671481033864
391375186594673002443450054499539974237232871249483470604406347160
632583064982979551010954183623503030945309733583446283947630477564
501500850757894954893139394489921612552559770143685894358587752637
962559708167764380012543650237141278346792610199558522471722017772
370041780841942394872540680155603599839054898572354674564239058585
021671903139526294455439131663134530893906204678438778505423939052
473136201294769187497519101147231528932677253391814660730008902776
896311481090220972452075916729700785058071718638105496797310016787
085069420709223290807038326345345203802786099055690013413718236837
099194951648960075504934126787643674638490206396401976668559233565
463913836318574569814719621084108096188460545603903845534372914144
651347494078488442377217515433426030669883176833100113310869042193
903108014378433415137092435301367763108491351615642269847507430329
716746964066653152703532546711266752246055119958183196376370761799
191920357958200759560530234626775794393630746305690108011494271410
093913691381072581378135789400559950018354251184172136055727522103
526803735726527922417373605751127887218190844900617801388971077082
293100279766593583875890939568814856026322439372656247277603789081
445883785501970284377936240782505270487581647032458129087839523245
323789602984166922548964971560698119218658492677040395648127810217
991321741630581055459880130048456299765112124153637451500563507012
781592671424134210330156616535602473380784302865525722275304999883
701534879300806260180962381516136690334111138653851091936739383522
934588832255088706450753947395204396807906708680644509698654880168
287434378612645381583428075306184548590379821799459968115441974253
634439960290251001588827216474500682070419376158454712318346007262
933955054823955713725684023226821301247679452264482091023564775272
308208106351889915269288910845557112660396503439789627825001611015
323516051965590421184494990778999200732947690586857787872098290135
295661397888486050978608595701773129815531495168146717695976099421
003618355913877781769845875810446628399880600616229848616935337386
578773598336161338413385368421197893890018529569196780455448285848
370117096721253533875862158231013310387766827211572694951817958975
469399264219791552338576623167627547570354699414892904130186386119
439196283887054367774322427680913236544948536676800000106526248547
305586159899914017076983854831887501429389089950685453076511680333
732226517566220752695179144225280816517166776672793035485154204023
817460892328391703275425750867655117859395002793389592057668278967
764453184040418554010435134838953120132637836928358082719378312654
961745997056745071833206503455664403449045362756001125018433560736
122276594927839370647842645676338818807565612168960504161139039063
960162022153684941092605387688714837989559999112099164646441191856
827700457424343402167227644558933012778158686952506949936461017568

506016714535431581480105458860564550133203758645485840324029871709
348091055621167154684847780394475697980426318099175642280987399876
697323769573701580806822904599212366168902596273043067931653114940
176473769387351409336183321614280214976339918983548487562529875242
387307755955595546519639440182184099841248982623673771467226061633
643296406335728107078875816404381485018841143188598827694490119321
296827158884133869434682859006664080631407775772570563072940049294
030242049841656547973670548558044586572022763784046682337985282710
578431975354179501134727362577408021347682604502285157979579764746
702284099956160156910890384582450267926594205550395879229818526480
070683765041836562094555434613513415257006597488191634135955671964
965403218727160264859304903978748958906612725079482827693895352175
362185079629778514618843271922322381015874445052866523802253284389
137527384589238442253547265309817157844783421582232702069028723233
005386216347988509469547200479523112015043293226628272763217790884
008786148022147537657810581970222630971749507212724847947816957296
142365859578209083073323356034846531873029302665964501371837542889
755797144992465403868179921389346924474198509733462679332107268687
076806263991936196504409954216762784091466985692571507431574079380
532392523947755744159184582156251819215523370960748332923492103451
462643744980559610330799414534778457469999212859999939961228161521
931488876938802228108300198601654941654261696858678837260958774567
618250727599295089318052187292461086763995891614585505839727420980
909781729323930106766386824040111304024700735085782872462713494636
853181546969046696869392547251941399291465242385776255004748529547
681479546700705034799958886769501612497228204030399546327883069597
624936151010243655535223069061294938859901573466102371223547891129
254769617600504797492806072126803922691102777226102544149221576504
508120677173571202718024296810620377657883716690910941807448781404
907551782038565390991047759414132154328440625030180275716965082096
427348414695726397884256008453121406593580904127113592004197598513
625479616063228873618136737324450607924411763997597461938358457491
598809766744709300654634242346063423747466608043170126005205592849
369594143408146852981505394717890045183575515412522359059068726487
863575254191128887737176637486027660634960353679470269232297186832
771739323619200777452212624751869833495151019864269887847171939664
976907082521742336566272592844062043021411371992278526998469884770
232382384005565551788908766136013047709843861168705231055314916251
728373272867600724817298763756981633541507460883866364069347043720
668865127568826614973078865701568501691864748854167915459650723428
773069985371390430026653078398776385032381821553559732353068604301
067576083890862704984188859513809103042359578249514398859011318583
584066747237029714978508414585308578133915627076035639076394731145
549583226694570249413983163433237897595568085683629725386791327505
554252449194358912840504522695381217913191451350099384631177401797
151228378546011603595540286440590249646693070776905548102885020808
580087811577381719174177601733073855475800605601433774329901272867
725304318251975791679296996504146070664571258883469797964293162296
552016879730003564630457930884032748077181155533090988702550520768
046303460865816539487695196004408482065967379473168086415645650530
049881616490578831154345485052660069823093157776500378070466126470
602145750579327096204782561524714591896522360839664562410519551052
235723973951288181640597859142791481654263289200428160913693777372
229998332708208296995573772737566761552711392258805520189887620114
168005468736558063347160373429170390798639652296131280178267971728
982293607028806908776866059325274637840539769184808204102194471971
386925608416245112398062011318454124478205011079876071715568315407
886543904121087303240201068534194723047666672174986986854707678120

512473679247919315085644477537985379973223445612278584329684664751
333657369238720146472367942787004250325558992688434959287612400755
875694641370562514001179713316620715371543600687647731867558714878
398908107429530941060596944315847753970094398839491443235366853920
994687964506653398573888786614762944341401049888993160051207678103
588611660202961193639682134960750111649832785635316145168457695687
109002999769841263266502347716728657378579085746646077228341540311
441529418804782543876177079043000156698677679576090996693607559496
515273634981189641304331166277471233881740603731743970540670310967
676574869535878967003192586625941051053358438465602339179674926784
476370847497833365557900738419147319886271352595462518160434225372
996286326749682405806029642114638643686422472488728343417044157348
248183330164056695966886676956349141632842641497453334999948000266
998758881593507357815195889900539512085351035726137364034367534714
104836017546488300407846416745216737190483109676711344349481926268
111073994825060739495073503169019731852119552635632584339099822498
624067031076831844660729124874754031617969941139738776589986855417
031884778867592902607004321266617919223520938227878880988633599116
081923535557046463491132085918979613279131975649097600013996234445
535014346426860464495862476909434704829329414041114654092398834443
515913320107739441118407410768498106634724104823935827401944935665
161088463125678529776973468430306146241803585293315973458303845541
033701091676776374276210213701354854450926307190114731848574923318
167207213727935567952844392548156091372812840633303937356242001604
566455741458816605216660873874804724339121295587776390696903707882
852775389405246075849623157436917113176134783882719416860662572103
685132156647800147675231039357860689611125996028183930954870905907
386135191459181951029732787557104972901148717189718004696169777001
791391961379141716270701895846921434369676292745910994006008498356
842520191559370370101104974733949387788598941743303178534870760322
198297057975119144051099423588303454635349234982688362404332726741
554030161950568065418093940998202060999414021689090070821330723089
662119775530665918814119157783627292746156185710372172471009521423
696483086410259288745799932237495519122195190342445230753513380685
680735446499512720317448719540397610730806026990625807602029273145
525207807991418429063884437349968145827337207266391767020118300464
819000241308350884658415214899127610651374153943565721139032857491
876909441370209051703148777346165287984823533829726013611098451484
182380812054099612527458088109948697221612852489742555551607637167
505489617301680961380381191436114399210638005083214098760459930932
485102516829446726066613815174571255975495358023998314698220361338
082849935670557552471290274539776214049318201465800802156653606776
550878380430413431059180460680083459113664083488740800574127258670
479225831912741573908091438313845642415094084913391809684025116399
193685322555733896695374902662092326131885589158083245557194845387
562878612885900410600607374650140262782402734696252821717494158233
174923968353013617865367376064216677813773995100658952887742766263
684183068019080460984980946976366733566228291513235278880615776827
815958866918023894033307644191240341202231636857786035727694154177
882643523813190502808701857504704631293335375728538660588890458311
145077394293520199432197117164223500564404297989208159430716701985
746927384865383343614579463417592257389858800169801475742054299580
124295810545651083104629728293758416116253256251657249807849209989
799062003593650993472158296517413579849104711166079158743698654122
234834188772292944633517865385673196255985202607294767407261676714
557364981210567771689348491766077170527718760119990814411305864557
791052568430481144026193840232247093924980293355073184589035539713
308844617410795916251171486487446861124760542867343670904667846867

0274091881014249711149657817724279347070216688295610877794405048437528443375108828264771978540006509704033021862556147332117771174413350281608840351781452541964320309576018694649088681545285621346988355444560249556668436602922195124830910605377201980218310103270417838665447181260397190688462370857518080035327047185659499476124248110999288679158969049563947624608424065930948621507690314987020673533848349550836366017848771060809804269247132410009464014373603265645184566792456669551001502298330798496079949882497061723674493612262229617908143114146609412341593593095854079139087208322733549572080757165171876599449856937956238755516175754380917805280294642004472153962807463602113294255916002570735628126387331060058910652457080244749375431841494014821199962764531068006631183823761639663180931444671298615527598201451410275600689297502463040173514891945763607893528555053173314164570504996443890936308438744847839616840518452732884032345202470568516465716477139323775517294795126132398229602394548579754586517458787713318138752959809412174227300352296508089177705068259248822322154938048371454781647213976820963320508305647920482085920475499857320388876391601995240918938945576768749730856955958010659526503036266159750662225084067428898265907510637563569968211510949669744580547288693631020367823250182323708459790111548472087618212477813266330412076216587312970811230758159821248639807212407868878114501655825136178903070860870198975889807456643955157415363193191981070575336633738038272152798849350397480015890519420879711308051233933221903466249917169150948541401871060354603794643379005890957721180804465743962806186717861017156740967662080295766577051291209907944304632892947306159510430902221439371849560634056189342513057268291465783293340524635028929175470872564842600349629611654138230077313327298305001602567240141851520418907011542885799208121984493156999059182011819733500126187728036812481995877070207532406361259313438595542547781961142935163561223496661522614735399674051584998603552953329245752388810136202347624669055816438967863097627365504724348643071218494373485300606387644566272186661701238127715621379746149861328744117714552444708997144522885662942440230184791205478498574521634696448973892062401943518310088283480249249085403077863875165911302873958787098100772718271874529013972836614842142871705531796543076504534324600536361472618180969976933486264077435199928686323835088756683595097265574815431940195576850437248001020413749831872259677387154958399718444907279141965845930083942637020875635398216962055324803212267498911402678528599673405242031091797899905718821949391320753431707980023736590985375520238911643467185582906853711897952626234492483392496342449714656846591248918556629589329990903523923333364743520370770101084388003290759834217018554228386161721041760301164591878053936744747205998502358289183369292233732399948043710841965947316265482574809948250999183300697656936715968936449334886474421350084070066088359723503953234017958255703601693699098867113210979889707051728075585519126993067309925070407024556850778679069476612629808225163313639952117098452809263037592242674257559989289278370474445218936320348941552104459726188380030067761793138139916205806270165102445886924764924689192461212531027573139084047000714356136231699237169484813255420091453041037135453296620639210547982439212517254013231490274058589206321758949434548906846399313757091034633271415316223280552297297953801880162859073572955416278867649827418616421878988574107164906919185116281528548679417363890665388576422915834250067361245384916067413734017357277995634104332688356950781493137800736235418007061918026732855119194267609122103598746924117283749312616339500123959924050845437569850795704622266461900010350049018303415354584283376437811198855631877779253720116671853954183598443830520376281944076159410682

0716970302285152250573126093046898423433152732131361216582808075 21
2631547730604423774753505952287174402666389148817173086436111389 06
9420279088143119448799417154042103412190847094080254023932942945 49
3878640230512927119097513536000921971105412096683111516328705423 02
8470073120658032626417116165957613272351566662536672718998534199 89
5236884830999302757419916463841427077988708874229277053891227172 48
6322028898425125287217826030500994510824783572905691988555467886 07
9462805371227042466543192145281760741482403827835829719301017888 34
5674167811398954750448339314689630763396657226727043393216745421 82
4557062524797219978668542798977992339579057581890622525473582205 23
6424850783407110144980478726691990186438822932305382318559732869 78
0922253529591017341407334884761005564018242392192695062083183814 54
6983923664613639891012102177095976704908305081854704194664371312 29
9692358895384930136356576186106062228705599423371631021278457446 46
3989738188566746260879482018647487672727222062676465338099801966 88
3680994159075776852639865146253336312450536402610569605513183813 17
4261184420189088853196356986962795036738424313011331753305329802 01
6688817481342988681585577810343231753064784983210629718425184385 53
4427620128234570716988530518326179641178579608888150329602290705 61
4476220915094739035946646916235396809201394578175891088931992112 26
0073928149169481615273842736264298098234063200244024495894456129 16
7049508235812487391799648641133480324757775219708932772262349486 01
5046652681439877051615317026696929704928316285504212898146706195 33
1970269507214378230476875280287354126166391708245925170010714180 85
4800636923259462019002278087409859771921805158532147392653251559 03
5410209284665925299914353791825314545290598415817637058927906909 89
6911164381187809435371521332261443625314490127454772695739393481 54
6916311624928873574718824071503995009446731954316193855485207665 73
8825139639163576723151005556037263394867208207808653734942440115 79
9667507360711159351331959197120948964717553024531364770942094635 69
6982226673775209945168450643623824211853534887989395673187806606 10
7885440005508276570305587448541805778891719207881423351138662929 66
7179643468760077047999537883387870348718021842437342112273940255 71
7690819603092018240188427057046092622564178375265263358324240661 25
3311529423457965569502506810018310900411245379015332966156970522 37
9210325706937051090830789479999004999395322153622748476603613677 69
7978567386584670936679588583788795625946464891376652199588286933 80
1836011932368578558581955560421562508836502033220245137621582046 1
8106705195330653060606501054887167245377942831338871631395596905 83
2083416898476065607118347136218123246227258841990286142087284956 87
9639325464285343075301105285713829643709990356948885285190402956 04
7346131138263878897551788560424998748316382804046848618938189590 54
2039889872650697620201995548412650005394428203930127481638158530 39
6439925470201672759328574366661644110962566337305409219519675148 32
8734808957477775278344221091073111351828046036347198185655572957 14
4747682552857863349342858423118749440003229690697758315903858039 35
3521358860079600342097547392296733310649395601812237812854584317 60
5561733861126734780745850676063048229409653041118306671081893031 10
8871728167519579675347188537229309616143204006381322465841111157 75
8358581135018569047815368938137718472814751998350504781297718599 08
4707621974605887423256995828892535041937958260616211842368768511 41
8316068315867994601652057740529423053601780313357263267054790338 40
1257305912339601880137825421927094767337191987287385248057421248 92
1183470876629667207272325650565129333126059505777727542471241648 31
2832982072361750574673870128209575544305968395555686861188397135 52
2084452852640081252027665557677495969626612604565245684086139238 26
5768583384698499778726706555191854468698469478495734622606294219 62
4557085371272776523098955450193037732166649182578154677292005212 66

7143463209637891852323215018976126034373684067194193037746880999296877582441047878123266253181845960453853543839114496775312864260925211537673258866722604042523491087026958099647595805794663973419064010036361904042033113579336542426303561457009011244800890020801478056603710154122328891465722393145076071670643556827437743965789067972687438473076346451677562103098604092717090951280863090297385044527182892749689212106670081648583395537735919136950153162018908887484210798706899114804669270650940762046502772528650728905328548561433160812693005693785417861096969202538865034577183176686885923681488475276498468821949739729707737187188400414323127636504814531122850990020742409255859252926103021067368154347015252348786351643976235860419194129697690405264832347009911154242601273438022089331096686367898694977994001260164227609260823493041180643829138347354679725399262338791582998486459271734059225620749105308531537182911681637219395188700957788181586850464507699343940987433514431626330317247747486897918209239480833143970840673084079589358108966564775859905563769525232653614424780230826811831037735887089240613031336477371011628214614661679404090518615260360092521947218890918107335871964142144478654899528582343947050079830388538860831035719306002771194558021911942899922722353458707566246926177663178855144350218287026685610665003531050216318206017609217984684936863161293727951873078972637353717150256378733579771808184878458866504335824377004147710414934927438457587107159731559439426412570270965125108115548247939403597681188117282472158250109496096625393395380922195591918188552678062149923172763163218339896938075616855911752998450132067129392404144593862398809381240452191484831646210147389182510109096773869066404158973610476436500068077105656718486281496371118832192445663945814491486165500495676982690308911185687986929470513524816091743243015383684707292898982846022237301452655679898627767968091469798378268764311598832109043715611299766521539635464420869197567370005738764978437686287681792497469438427465256316323005551304174227341646455127812784577772457520386543754282825671412885834544435132562054464241011037955464190581168623059644769587054072141985212106734332410756767575818456990693046047522770167005684543969234041711089888993416350585157887353430815520811772071880379104046983069578685473937656433631979786803671873079693924236321448450354776315670255390065423117920153464977929066241508328858395290542637687668968805033317227800185885069736232403894700471897619347344308437443759925034178807972235859134245813144049847701732361694719765715353197754997162785663119046912609182591249890367654176979903623755286526375733763526969344354400473067198868901968147428767790866979688522501636949856730217523132529265375896415171479559538784278499866456302878831962099830494519874396369070682762657485810439112232618794059941554063270131989895703761105323606298674803779153767511583043208498720920280929752649812569163425000522908872646925284666104665392171482080130502298052637836426959733707053922789153510568883938113249757071331029504430346715989448786847116438328050692507766274500122003526203709466023414648998390252588830148678162196775194583167718762757200505439794412459900771152051546199305098386982542846407255540927403132571632640792934183342147090412542533523248021932277075355546795871638358750181593387174236061551171013123525633485820365146141870049205704372018261733194715700867578539336078622739558185797587258744102542077105475361294047460100094095444959662881486915903899071865980563617137692227290764197755177720104276496949611056220592502420217704269622154958726453989227697660310524980855759471631075870133208861463266412591148633881220284440694169488261529577625325019870359870674380469821942056381255833436421949232275937221289056420943082352544084110864545369404969271494003319782866

131818618881111840825786592875742638445005994422956858646048103301
538891149948693543603022181094346676400002236255057363129462629609
619876056425996394613869233083719626595473923462413459779574852464
783798079569319865081597767535055391899115133525229873611277918274
854200868953965835942196333150286956119201229888988700607999279541
118826902307891310760361763477948943203210277335941690865007193280
401716384064498787175375678118532132840821657110754952829497493621
460821558320568723218557406516109627487437509809223021160998263303
391546949464449100451528092508974507489676032409076898365294065792
019831526541065813682379198409064571246894847020935776119313998024
681340520039478194986620262400890215016616381353838151503773502296
607462795291038406868556907015751662419298724448271942933100485482
445458071889763300323252582158128032746796200281476243182862217105
435289834820827345168018613171959332471107466222850871066611770346
535283957762599774467218571581612641114327179434788599089280848669
491413909771673690027775850268664654056595039486784111079011610400
857274456293842549416759460548711723594642910585090995021495879311
219613590831588262068233215615308683373083817327932819698387508708
348388046388478441884003184712697454370937329836240287519792080232
187874488287284372737801782700805878241074935751488997891173974612
932035108143270325140903048746226294234432757126008664250833318768
865075642927160552528954492153765175149219636718104943531785838345
386525565664065725136357506435323650893679043170259787817719031486
796384082881020946149007971513771709906195496964007086766710233004
867263147551053723175711432231741141168062286420638890621019235522
354671166213749969326932173704310598722503945657492461697826097025
335947502091383667377289443869640002811034402608471289900074680776
484408871134135250336787731679770937277868216611786534423173226463
784769787514433209534000165069213054647689098505020301504488083426
184520873053097318949291642532293361243151430657826407028389840984
160295030924189712097160164926561341343342229882790992178604267981
245728534580133826099587717811310216734025656274400729683406619848
067661580502169183372368039902793160642043681207990031626444914619
021945822969099212278855394878353830564686488165556229431567312827
439082645061162894280350166133669782405177015521962652272545585073
864058529983037918035043287670380925216790757120406123759632768567
484507915114731344000183257034492090971243580944790046249431345502
890068064870429353403743603262582053579011839564908935434510134296
961754524957396062149028872893279252069653538639644322538832752249
960598697475988232991626354597332444516375533437749292899058117578
635555562693742691094711700216541171821975051983178713710605106379
555858890556885288798908475091576463907469361988150781468526213325
247383765119299015610918977792200870579339646382749068069876916819
749236562422608715417610043060890437797667851966189140414492527048
088197149880154205778700652159400928977760133075684796699295543365
613984773806039436889588764605498387147896848280538470173087111776
115966350503997934386933911978988710915654170913308260764740630571
141109883938809548143782847452883836807941888434266622207043872288
741394780101772139228191199236540551639589347426395382482960903690
028835932774585506080131798840716244656399794827578365019551422155
133928197822698427863839167971509126241054872570092407004548848569
295044811073808799654748156891393538094347455697212891982717702076
661360248958146811913361412125878389557735719498631721084439890142
394849665925173138817160266326193106536653504147307080441493916936
326237376777709585031325599009576273195730864804246770121232702053
374266705314244820816813030639737873664248367253983748769098060218
278578621651273856351329014890350988327061725893257536399397905572
917516009761545904477169226580631511102803843601737474215247608515

209901615858231257159073342173657626714239047827958728150509563309
280266845893764964977023297364131906098274063353108979246424213458
374090116939196425045912881340349881063540088759682005440836438651
661788055760895689672753153808194207733259791727843762566118431989
102500749182908647514979400316070384554946538594602745244746681231
468794344161099333890899263841184742525704457251745932573898956518
571657596148126602031079762825416559050604247911401695790033835657
486925280074302562341949828646791447632277400552946090394017753633
565547193100017543004750471914489984104001586794617924161001645471
655133707407395026044276953855383439755054887109978520540117516974
758134492607943368954378322117245068734423198987884412854206474280
973562580706698310697993526069339213568588139121480735472846322778
490808700246777630360555123238665629517885371967303463470122293958
160679250915321748903084088651606111901149844341235012464692802880
599613428351188471544977127847336176628506216977871774382436256571
177945006447771837022199910669502165675764404499794076503799995484
500271066598781360380231412683690578319046079276529727769404361302
305178708054651154246939526512710105292707030667302444712597393995
051462840476743136373997825918454117641332790646063658415292701903
027601733947486696034869497654175242930604072700505903950314852292
139257559484507886797792525393176515641619716844352436979444735596
426063339105512682606159572621703669850647328126672452198906054988
028078288142979633669674412480598219214633956574572210229867759974
673812606936706913408155941201611596019023775352555630060624798326
124988128819293734347686268921923977783391073310658825681377717232
831532908252509273304785072497713944833389255208117560845296659055
394096556854170600117985729381399825831929367910039184409928657560
599359891000296986446097471471847010153128376263114677420914557404
181590880006494323785583930853082830547607679952435739163122188605
754967383224319565065546085288120190236364471270374863442172725787
950342848631294491631847534753143504139209610879605773098720135248
407505763719925365047090858251393686346386336804289176710760211115
982887553994012007601394703366179371539630613986365549221374159790
511908358829009765664730073387931467891318146510931676157582135142
486044229244530411316065270097433008849903467540551864067734260358
340960860553374736276093565885310976099423834738222208729246449768
456057956251676557408841032173134562773585605235823638953203853402
484227337163912397321599544082842166663602329654569470357718487344
203422770665383738750616921276801576618109542009770836360436111059
240911788954033802142652394892968643980892611463541457153519434285
072135345301831587562827573389826889852355779929572764522939156747
756667605108788764845349363606827805056462281359888587925994094644
604170520447004631513797543173718775603981596264750141090665886616
218003826698996196558058720863972117699521946678985701179833244060
181157565807428418291061519391763005919431443460515404771057005433
900018245311773371895585760360718286050635647997900413976180895536
366960316219311325022385179167205518065926351803625121457592623836
934822266589557699466049193811248660909979812857182349400661555219
611220720309227764620099931524427358948871057662389469388944649509
396033045434084210246240104872332875008174917987554387938738143989
423801176270083719605309438394006375611645856094312951759771393539
607432279248922126704580818331376416581826956210587289244774003594
700926866265965142205063007859200248829186083974373235384908396432
614700053242354064704208949921025040472678105908364400746638002087
012666420945718170294675227854007450855237772089058168391844659282
941701828823301497155423523591177481862859296760504820386434310877
956289292540563894662194826871104282816389397571175778691543016505
860296521745958198887868040811032843273986719862130620555985526603

640504628215230615459447448990883908199973874745296981077620148713
400012253552224669540931521311533791579802697955571050850747387475
075806876537644578252443263804614304288923593485296105826938210349
800040524840708440356116781717051281337880570564345061611933042444
079826037795119854869455915205196009304127100727784930155503889536
033826192934379708187432094991415959339636811062755729527800425486
306005452383915106899891357882001941178653568214911852820785213012
551851849371150342215954224451190020739353962740020811046553020793
286725474054365271759589350071633607632161472581540764205302004534
018357233829266191530835409512022632916505442612361919705161383935
732669376015691442994494374485680977569630312958871916112929468188
493633864739274760122696415884890096571708616059814720446742866420
876533479985822209061980217321161423041947775499073873856794118982
466091309169177227420723336763503267834058630193019324299639720444
517928812285447821195353089891012534297552472763573022628138209180
743974867145359077863353016082155991131414420509144729353502223081
719366350934686585865631485557586244781862010871188976065296989926
932817870557643514338206014107732926106343152533718224338526352021
773544071528189813769875515757454693972715048846979361950047772097
056179391382898984532742622728864710888327017372325881824465843624
958059256033810521560620615571329915608489206434030339526226345145
428367869828807425142256745180618414956468611163540497189768215422
772247947403357152743681940989205011365340012384671429655186734415
374161504256325671343024765512521921803578016924032669954174608759
240920700466934039651017813485783569444076047023254075555776472845
075182689041829396611331016013111907739863246277821902365066037404
160672496249013743321724645409741299557052914243820807609836482346
597388669134991978401310801558134397919485283043673901248208244481
412809544377389832005986490915950532285791457688496257866588599917
986752055455809900455646117875524937012455321717019428288461740273
664997847550829422802023290122163010230977215156944642790980219082
668986883426307160920791408519769523555348865774342527753119724743
087304361951139611908003025587838764420608504473063129927788894272
918972716989057592524467966018970748296094919064876469370275077386
643239191904225429023531892337729316673608699622803255718530891928
440380507103006477684786324319100022392978525537237556621364474009
676053943983823576460699246526008909062410590421545392790441152958
034533450025624410100635953003959886446616959562635187806068851372
346270799732723313469397145628554261546765063246567662027924520858
134771760852169134094652030767339184114750414016892412131982688156
866456148538028753933116023229255561894104299533564009578649534093
511526645402441877594931693056044868642086275720117231952640502309
977456764783848897346431721598062678767183800524769688408498918508
614900343240347674268624595239589035858213500645099817824463608731
775437885967767291952611121385919472545140030118050343787527766440
276261894101757687268042817662386068047788524288743025914524707395
054652513533945959878961977891104189029294381856720507096460626354
173294464957661265195349570186001541262396228641389779673332907056
737696215649818450684226369036784955597002607986799626101903933126
376855696876702929537116252800554310078640872893922571451248113577
862766490242516199027747109033593330930494838059785662884478744146
984149906712376478958226329490467981208998485716357108783119184863
025450162092980582920833481363840542172005612198935366937133673339
246441612522319694347120641737549121635700857369439730597970971972
666664226743111776217640306868131035189911227133972403688700099686
292254646500638528862039380050477827691283560337254825579391298525
150682996910775425764748832534141213280062671709400909822352965795
799780301828242849022147074811112401860761341515038756983091865278

0658896682362523937845272634530420418802508442363190383318384550522
2367992357752929106925043261446950109861088899914658551881873582525
8164302520939285258077969737620845637482114433988162710031703151333
4402309526351929588680690821355853680161000213740851154484912685844
1268695899174149133820578492800698255195740201818105641297250836075
0356851055331787840829000041552511865779453963317538532092149720522
6607831260281961164858098684587525129997404092797683176639914655388
6108937587952214971731728131517932904431121815871023518740757222100
0123768721944747209349312324107065080618562372526732540733324875755
4482967573450019321902199119960797989373383673242576103938985349277
8777473980508080015544764061053522202325409443567718794565430406733
5896491017610775948364540823486130254718476485189575836674399791500
8512858020607820554462991723202028222914886959399729974297471155377
1858924238493855858595407438104882624648788053304271463011941589899
6328792678327322456103852197011130466587100500083285177311776489733
5230926661234588873102883515626446023671996644554727608310118788388
9151149340939344750073025855814756190881398752357812331342279866500
3522725367171230756861045004548970360079569827626392344107146584899
5780241408158405229536937499710665594894459246286619963556350652622
3405339439142111271810691052290024657423604130093691889255865784666
8461215679554256605416005071276641766056874274200329577160643448600
6201239821698271723197826816628249938714995449137302051843669076722
3577400053932662622760323659751718925901801104290384274185507894888
7438832703063283279963007200698012244365116394086922220745320244622
4121155804354542064215121585056896157356414313068883443185280853977
5927734433655384188340303517822946253702015782157373265523185763555
4098954033236382319219892171177449469403678296185920803403867575833
4111518824177439145077366384071880489358256868542011645031357633355
5509440319236720348651010561049872726472131986543435450409131859511
3145181276437310438972507004981987052176272494065214619959232142311
4439776546708351714749367986186552791715824080651063799500184295933
8799158350171580759883784962257398512129810326379376218322456594233
6685376799113140108043139732335449090824910499143325843298821033988
4698141715756010829706583065211347076803680695322971990599904451200
9087275776225351040902392888779424630483280319132710495478599180199
6967835321464441189260631526618167443193550817081875477050802654022
5294109218264858213857526688155584113198560022135158887210365696088
7515063187533002942118682221893775546027227291290504292259787710666
7873840000616772154638441292371193521828499824350920891801685572799
8156421858191197490985730570332667646460728757430565372602768982377
3259745084479649545648030771598153955827779139373601717422996027355
3102768719449444917939785144631597314435351850491413941557329382044
8542123508173912549749819308714396615132942045919380106231421774199
9184060180347949887691051557905554806953878540066453375981862846411
9905220452803306263695626490910827627115903856995051246529996062855
5443838330327638599800792922846659503551211245284087516229060262011
1857775313747949362055496401073001348853150735487353905602908933522
6400713274732621960311773433943673385759124508149335736911664541288
1788171454023054750667136518258284898099512139193995633241336556777
7098003081910272040997148687418134667006094051021462690280449159644
6545330107754695413088714165312544813061192407821188690056027781822
4235022696189344352547633573536485619363254417756613981703930632877
2166905722259745209192917262199844409646158269456380239502837121688
6446561785235565164127712826918688615572716201474934052276946595711
2198314943381622114006936307430444173284786101777743837977037231799
5255434107223445512555589998646183876764903972461167959018100035099
8928641204195163551108763204267612979826529425882951141275841262733
2790798807559751851576841264742209479721843309352972665210015662511

455299474512763155091763673025946213293019040283795424632325855030
109670692272022707486341900543830265068121414213505715417505750863
990767394633514620908288893493837643939925690060406731142209331219
593620298297235116325938677224147791162957278075239505625158160313
335938231150051862689053065836812998810866326327198061127154885879
809348791291370749823057592909186293919501472119758606727009254771
802575033773079939713453953264619526999659638565491759045833358579
910201271320458390320085387888163363768518208372788513117522776960
978796214237216254521459128183179821604411131167140691482717098101
545778193920231156387195080502467972579249760577262591332855972637
121120190572077140914864507409492671803581515757151405039761096384
675556929897038354731410022380258346876735012977541327953206097115
450648421218593649099791776687477448188287063231551586503289816422
828823274686610659273219790716238464215348985247621678905026099804
526648392954235728734397768049577409144953839157556548545905897649
519851380100795801078375994577529919670054760225255203445398871253
878017196071816407812484784725791240782454436168234523957068951427
226975043187363326301110305342333582160933319121880660826834142891
041517324721605335584999322454873077882290525232423486153152097693
846104258284971496347534183756200301491570327968530186863157248840
152663983568956363465743532178349319982554211730846774529708583950
761645822963032442432823773745051702856069806788952176819815671078
163340526675953942492628075696832610749532339053622309080708145591
983735537774874202903901814293731152933464446815121294509759653430
628421531944572711861490001765055817709530246887526325011970520947
615941676872778447200019278913725184162285778379228443908430118112
149636642465903363419454065718354477191244662125939265662030688852
005559912123536371822692253178145879259375044144893398160865790087
616502463519704582889548179375668104647461410514249887025213993687
050937230544773411264135489280684105910771667782123833281026218558
775131272117934444820144042574508306394473836379390628300897330624
138061458941422769474793166571762318247216835067807648757342049155
762821758397297513447899069658953254894033561561316740327647246921
250575911625152965456854463349811431767025729566184477548746937846
423373723898192066204851189437886822480727935202250179654534375727
416391079197295295081294292220534771730418447791567399173841831171
036252439571615271466900581470000263301045264354786590329073320546
833887207873544476264792529769017091200787418373673508771337697768
349634425241994995138831507487753743384945825976556099655595431804
092017849718468549737069621208852437701385375768141663272241263442
398215294164537800049250726276515078908507126599703670872669276430
837722968598516912230503746274431085293430527307886528397733524601
746352770320593817912539691562106363762588293757137384075440646896
478310070458061344673127159119460843593582598778283526653115106504
162329532904777217408355934972375855213804830509000964667608830154
061282430874064559443185341375522016630581211103345312074508682433
943215904359443031243122747138584203039010607094031523555617276799
416002039397509989762933532585557562480899669182986422267750236019
325797472674257821111973470940235745722227121252685238429587427350
156366009318804549333898974157149054418255973808087156528143010267
046028431681923039253529779576586241439270154974087927313105163611
913757700892956482332364829826302460797587576774537716010249080462
430185652416175665560016085912153455626760219268998285537787258314
514408265458348440947846317877737479465358016996077940556870119232
860804113090462935087182712593466871276669487389982459852778649956
916546402945893506496433580982476596516514209098675520380830920323
048734270346828875160407154665383461961122301375945157925269674364
253192739003603860823645076269882749761872357547676288995075211480

485252795084503395857083813047693788132112367428131948795022806632
017002246033198967197064916374117585485187848401205484467258885140
156272501982171906696081262778548596481836962141072171421498636191
877475450965030895709947093433785698167446582826791194061195603784
539785583924076127634410576675102430755981455278616781594965706255
975507430652108530159790807334373607943286675789053348366955548680
391343372015649883422089339997164147974693869690548008919306713805
717150585730714881564992071408675825960287605645978242377024246980
532805663278704192676846711626687946348695046450742021937394525926
266861355294062478136120620263649819999949840514386828525895634226
432870766329930489172340072547176418868535137233266787792173834754
148002280339299735793615241275582956927683723123479898944627433045
456679006203242051639628258844308543830720149567210646053323853720
314324211260742448584509458049408182092763914000854042202355626021
856434899414543995041098059181794888262805206644108631900168856815
516922948620301073889718100770929059048074909242714101893354281842
999598816966099383696164438152887721408526808875748829325873580990
567075581701794916190611400190855374488272620093668560447559655747
648567400817738170330738030547697360978654385938218722058390234444
350886749986650604064587434600533182743629617786251808189314436325
120510709469081358644051922951293245007883339878842933934243512634
336520438581291283434529730865290978330067126179813031679438553572
629699874035957045845223085639009891317947594875212639707837594486
113945196028675121056163897600888009274611586080020780334159145179
707303683519697776607637378533301202412011204698860920933908536577
322239241244905153278095095586645947763448226998607481329730263097
502881210351772312446509534965369309001863776409409434983731325132
186208021480992268550294845466181471555744470966953017769043427203
189277060471778452793916047228153437980353967986142437095668322149
146543801459382927739339603275404800955223181666738035718393275707
714204672383862461780397629237713120958078936384144792980258806552
212926209362393063731349664018661951081158347117331202580586672763
999276357907806381881306915636627412543125958993611964762610140556
350339952314032311381965623632719896183725484533370206256346422395
276694356837676136871196292181875457608161705303159072882870071231
366630872275491866139577373054606599743781098764980241401124214277
366808275139095931340415582626678951084677611866595766016599817808
941498575497628438785610026379654317831363402513581416115190209649
913354873313111502270068193013592959597164019719605362503355847998
096348871803911161281359596856547886832585643789617315976200241962
155289629790481982219946226948713746244472909345647002853769495885
959160678928249105441251599630078136836749020937491573289627002865
682934443134234735123929825916673950342599586897069726733258273590
312128874666045146148785034614282776599160809039865257571726308183
349444182019353338507129234577437557934406217871133006310600332405
399169368260374617663856575887758020122936635327026710068126182517
291460820254189288593524449107013820621155382779356529691457650204
864328286555793470720963480737269214118689546732276775133569019015
372366903686538916129168888787640752549349424973342718117889275993
159671935475898809792452526236365903632007085444078454479734829180
208204492667063442043755532505052752283377888704080403353192340768
563010934777212563908864041310107381785333831603813528082811904083
256440184205374679299262203769871801806112262449090924264198582086
175117711378905160914038157500336642415609521632819712233502316742
260056794128140621721964184270578432895980288233505982820819666624
903585778994033315227481777695284368163008853176969478369058067106
482808359804669884109813515865490693331952239436328792399053481098
783027450017206543369906611778455436468772363184446476806914282800

455107468664539280539940910875493916609573161971503316696830992946
634914279878084225722069714887558063748030886299511847318712477729
191007022758889348693945628951580296537215040960310776128983126358
996489341024703603664505868728758905140684123812424738638542790828
273382797332688550493587430316027474906312957234974261122151741715
313361862241091386950068883589896234927631731647834007746088665559
873338211382992877691149549218419208777160606847287467368188616750
722101726110383067178785669481294878504894306308616994879870316051
588410828235127415353851336589533294862949449506186851477910580469
603906937266267038651290520113781085861618888694795760741358553458
515176805197333443349523012039577073962377131603024288720053732099
825300897761897312981788194467173116064723147624845755192873278282
512718244680782421521646956781929409823892628494376024885227900362
021938669648221562809360537317804086372726842669642192994681921490
870170753336109479138180406328738759384826953558307739576144799727
000347288018278528138950321798634521611106660883931405322694490545
552786789441757920244002145078019209980446138254780585804844241640
477503153605490659143007815837243012313751156228401583864427089071
828481675752712384678245953433444962201009607105137060846180118754
312072549133499424761711563332140893460915656155060031738421870157
022610310191660388706466143889773631878094071152752817468957640158
104701696524755774089164456867771715850058326994340167720215676772
406812836656526412298243946513319735919970940327593850266955747023
181320324371642058614103360652453693916005064495306016126782264894
243739716671766123104897503188573216555498834212180284691252908610
148552781527762562375045637576949773433684601560772703550962904939
248708840628106794362241870474700836884267102255830240359984164595
112248527263363264511401739524808619463584078375355688562231711552
094722306543709260679735100056554938122457548372854571179739361575
616764169289580525729752233855861138832217110736226581621884244317
885748879810902665379342666421699091405653643224930133486798815488
662866505234699723557473842483059042367714327879231642240387776433
019260019228477831383763253612102533693581262408686669973827597736
568222790721583247888864236934639616436330873013981421143030600873
066616480367898409133592629340230432497492688783164360268101130957
071614191283068657732353263965367739031766136131596555358499939860
056515592193675997771793301974468814837110320650369319289452140265
091546518430993655349333718342529843367991593941746622390038952767
381333061774762957494386871697845376721949350659087571191772087547
710718993796089477451265475750187119487073873678589020061737332107
569330221632062843206567119209695058576117396163232621770894542621
460985841023781321581772760222273813349541048100307327510779994899
197796388353073444345753297591426376840544226478421606312276964696
715647399904371590332390656072664411643860540483884716191210900870
101913072607104411414324197679682854788552477947648180295973604943
970047959604029274629920357209976195014034831538094771460105633344
699882082212058728151072918297121191787642488035467231691654185225
672923442918712816323259696541354858957713320833991128877591722611
527337901034136208561457799239877832508355073019981845902595835598
926055329967377049172245493532968330000223018151722657578752405883
224908582128008974790932610076257877042865600699617621217684547899
644070506624171021332748679623743022915535820078014116534806564748
823061500339206898379476625503654982280532966286211793062843017049
240230198571997894883689718304380518217441914766042975243725168343
541121703863137941142209529588579806015293875275379903093887168357
209576071522190027937929278630363726876582268124199338480816602160
372215471014300737753779269906958712128928801905203160128586182549
441335382078488346531163265040764242839087012101519423196165226842

2003711230464300673442064747718021353070124098860353399152667923871
1101706221865883573781210935179775604425634694999787251125440854522
2274810914874307259869602040275941178942581281882159952359658979181
1440776533543217575952555361581280011638467203193465072968079907939
6371496177431211940202129757312516525376801735910155733815377200
1952444543620071848475663415407442328621060997613243487548847434539
665981338717466093020535070271952983943271425371155766600025784423
0310734295515339450604862227649666876240793243531929926392537310768
9213535257232108088981933916866827894828117047262450194840970097
576092098372409007471797334078814182519584259809624174761013825264
395513525931188504563626418830033853965243599741693132289471987830
842760040136807470390409723847394583489618653979059411859931035616
843686921948538205578039577388136067954990008512325944252972448666
676683464140218991594456530942344065066785194841776677947047204195
882204329538032631053749488312218039127967844610013972675389219511
911783658766252808369005324900459741094706877291232821430463533728
351995364827432583311914445901780960778288358373011185754365995898
272453192531058811502630754257149394302445393187017992360816661130
542625399583389794297160207033876781503301028012009599725222228080
142357109476035192554443492998676781789104555906301595380976187592
035893734197896235893112598390259831026719330418921510968915622506
965911982832345550305908173073519550372166587028805399213857603703
537710517802128012956684198414036287272562321442875430221090947272
107347413497551419073704331827662617727599688882602722524713368335
345281669277959132886138176634985772893690096574956228710302436259
077241221909430087175569262575806570991201665962243608024287002454
736203639484125595488172727247365346778364720191830399871762703751
572464992228946793232269361917764161461879561395669956778306829031
658969943076733350823499079062410020250613405734430069574547468217
569044165154063658468046369262127421107539904218871612761778701425
886482577522388918459952337629237791558574454947736129552595222657
863646211837759847370034797140820699414558071908021359073226923310
083175951065901912129479540860364075735875020589020870457967000705
526250581142066390745921527330940682364944159089100922029668052332
526619891131184201629163107689408472356436680818216865721968826835
840278550078280404345371018365109695178233574303050485265373807353
107418591770561039739506264035544227515610110726177937063472380499
066692216197119425912044508464174638358993823994651739550900085947
999013602667426149429006646711506717542217703877450767356374215478
290591101261915755587023895700140511782264698994491790830179547587
676016809410013583761357859135692445564776446417866711539195135769
610486492249008344671548638305447791433009768048687834818467273375
843689272431044740680768527862558516509208826381323362314873333671
476452045087662761495038994950480956046098960432912335834885999029
452640028499428087862403981181488476730121675416110662999555366819
312328742570206373835202008686369131173346973174121915363324674532
563087134730279217495622701468732586789173455837996435135880095935
087755635624881049385299900767513551352779241242927748856588856651
324730251471021057535251651181485090275047684551825209633189906852
761443513821366215236889057878669943228881602837748203550601602989
400911971385017987168363374413927597364401700701476370665570350433
812111357641501845182141361982349515960106475271257593518530433287
553778305750956742544268471221961870917856078393614451138333564910
325640573389866717812397223751931643061701385953947436784339267098
671245221118969084023632741149660124348309892994173803058841716661
307304006758838043211155537944060549772170594282151488616567277124
090338772774562909711013488518437411869565544974573684521806698291
104505800429988795389902780438359628240942186055628778842880212755

388480372864001944161425749990427200959520465417059810498996750451
193647117277222043610261407975080968697517660023718774834801612031
023468056711264476612374762785219024120256994353471622666089367521
983311181351114650385489502512065577263614547360442685949807439693
233129712737715734709971395229118265348515558713733662912024271430
250376326950135091161295299378586468130722648600827088133353819370
368259886789332123832705329762585738279009782646054559855513183668
884462826513379849166783940976135376625179825824966345877195012438
404035914084920973375464247448817618407002356958017741017769692507
781489338667255789856458985105689196092439884156928069698335224022
563457049731224526935419383700484318335719651662672157552419340193
309901831930919658292096965624766768365964701959575473934551433741
370876151732367720422738567427917069820454995309591887243493952409
444167899884631984550485239366297207977745281439941825678945779571
255242682608994086331737153889626288962940211210888442737656862452
761213037101730078513571540453304150795944777614359743780374243664
697324713841049212431413890357909241603640631403814983148190525172
093710396402680899483257229795456404270175772290417323479607361878
788991331830584306939482596131871381642346721873084513387721908697
510494284376932502498165667381626061594176825250999374167288395174
406693254965340310145222531618900923537648637848288134420987004809
622717122640748957193900291857330746010436072919094576799461492929
042798168772942648772995285843464777538690695014898413392454039414
468026362540211861431703125111757764282991464453340892097696169909
837265236176874560589470496817013697490952307208268288789073019001
825342580534342170592871393173799314241085264739094828459641809361
413847583113613057610846236683723769591349261582451622155213487924
414504175684806412063652017038633012953277769902311864802006755690
568229501635493199230591424639621702532974757311409422018019936803
502649563695586642590676268568737211033915679383989576556519317788
300024161353956243777784080174881937309502069990089089932808839743
036773659552489130015663329407790713961546453408879151030065132193
448667324827590794680787981942501958262232039513125201410996053126
069655540424867054998678692302174698900954785072567297879476988883
109348746442640071818316033165551153427615562240547447337804924621
495213325852769884733626918264917433898782478927846891882805466998
230368993978341374758702580571634941356843392939606819206177333179
173820856243643363535986349449689078106401967407443658366707158692
452118299789380407713750129085864657890577142683358276897855471768
718442772612050926648610205153564284063236848180728794071712796682
006072755955590404023317874944734645476062818954151213916291844429
765106694796935401686601005519607768733539651161493093757096855455
938151378956903925101495326562814701199832699220006639287537471313
523642158926512620407288771657835840521964605410543544364216656224
456504299901025658692727914275293117208279393775132610605288123537
345106837293989358087124386938593438917571337630072031976081660446
468393772580690923729752348670291691042636926209019960520412102407
764819031601408586355842760953708655816427399534934654631450404019
952853725200495780525465625115410925243799132626271360909940290226
206283675213230506518393405745011209934146491843332364656937172591
448932415900624202061288573292613359680872650004562828455757459659
212053034131011182750130696150983551563200431078460190656549380654
252522916199181995960275232770224985573882489988270746593635576858
256051806896428537685077201222034792099393617926820659014216561592
530673794456894907085326356819683186177226824991147261573203580764
629811624401331673789278868922903259334986179702199498192573961767
307583441709855922217017182571277753449150820527843090461946083521
740200583867284970941102326695392144546106621500641067474020700918

991195137646690448126725369153716229079138540393756007783515337416
774794210038400230895185099454877903934612222086506016050035177626
483161115332558770507354127924990985937347378708119425305512143697
974991495186053592040383023571635272763087469321962219006426088618
367610334600225547747781364101269190656968649501268837629690723396
127628722304114181361006026404403003599698891994582739762411461374
480405969706257676472376606554161857469052722923822827518679915698
339074767114610302277660602006124687647772881909679161335401988140
275799217416767879923160396356949285151363364721954061117176738737
255572852294005436178517650230754469386930787349911035218253292972
604455321079788771144989887091151123725060423875373484125708606406
905205845212275453384800820530245045651766951857691320004281675805
492481178051983264603244579282973012910531838563682120621553128866
856495651261389226136706409395333457052698695969235035309422454386
527867767302754040270224638448355323991475136344104405009233036127
149608135549053153902100229959575658370538126196568314428605795669
662215472169562087001372776853696084070483332513279311223250714863
020695124539500373572334680709465648308920980153487870563349109236
605755405086411152144148143463043727327104502776866195310785832333
485784029716092521532609255893265560067212435946425506599677177038
844539618163287961446081778927217183690888012677820743010642252463
480745430047649288555340906218515365435547412547615276977266776977
277705831580141218568801170502836527554321480348800444297999806215
790456416195721278450892848980642649742709057912906921780729876947
797511244730599140605062994689428093103421641662993561482813099887
074529271604843363081840412646963792584309418544221635908457614607
855856247381493142707826621518554160387020687698046174740080832434
366538235455510944949843109349475994467267366535251766270677219418
319197719637801570216993367508376005716345464367177672338758864340
564487156696432104128259564534984138841289042068204700761559691684
303899934836679354254921032811336318472259230555438305820694167562
999201337317548912203723034907268106853445403599356182357631283776
764063101312533521214199461186935083317658785204711236433122676512
996417132521751355326186768194233879036546890800182713528358488844
411176123410117991870923650718485785622102110400977699445312179502
247957806950653296594038398736990724079767904082679400761872954783
596349279390457697366164340535979221928587057495748169669406233427
261973351813662606373598257555249650980726012366828360592834185584
802695841377255897088378994291054980033111388460340193916612218669
605849157148573356828614950001909759112521880039641976216355937574
371801148055944229873041819680808564726571354761283162920044988031
540210553059707666636274932830891688093235929008178741198573831719
261672883491840242972129043496552694272640255964146352591434840067
586769035038232057293413298159353304444649682944136732344215838076
169483121933311981906109614295220153617029857510559432646146850545
268497576480780800922133581137819774927176854507553832876887447459
159373116247060109124460982942484128752022446259447763874949199784
044682925736096853454984326653686284448936570411181779380644161653
122360021491876876946739840751717630751684985635920148689294310594
020245796962292456664488196757629434953532638217161339575779076637
076456957025973880043841580589433613710655185998760075492418721171
488929522173772114608115434498266547987258005667472405112200738345
927157572771521858994694811794064446639943237004429114074721818022
482583773601734668530074498556471542003612359339731291445859152288
740871950870863221883728826282288463184371726190330577714765156414
382230679184738603914768310814135827575585364359772165002827780371
342286968878734979509603110889919614338666406845069742078770028050
936720338723262963785603865321643234881555755701846908907464787912

243637555666867806761054495501726079114293083128576125448194444947
324481909379536900820638463167822506480953181040657025432760438570
350592281891987806586541218429921727372095510324225107971807783304
260908679427342895573555925272380551144043800123904168771644518022
649168164192740110645162243110170005669112173318942340054795968466
980429801736257040673328212996215368488140410219446342464622074557
564396045298531307140908460849965376780379320189914086581466217531
933766597011433060862500982956691763884605676297293146491149370462
446935198403953444913514119366793330193661766365255514917498230798
707228086085962611266050428929696653565251668888557211227680277274
370891738963977225756489053340103885593112567999151658902501648696
142720700591605616615970245198905183296927893555030393468121976158
218398048396056252309146263844738629603984892438618729850777592879
272206855480721049781765328621018747676689724884113956034948037672
703631692100735083407386526168450748249644859742813493648037242611
670426687083192504099761531907685577032742178501000644198412420739
640013960360158381056592841368457411910273642027416372348821452410
134771652960312840865841978795111651152982781462037913985500639996
032659124852530849369031313010079997719136223086601109992914287124
938854161203802041134018888721969347790449752745428807280350930582
875442075513481666092787935356652125562013998824962847872621443236
285367650259145046837763528258765213915648097214192967554938437558
260025316853635673137926247587804944594418342917275698837622626184
636545274349766241113845130548144983631178978448973207671950878415
861887969295581973325069995140260151167552975057543781024223895792
578656212843273120220071673057406928686936393018676595825132649914
595026091706934751940897535746401683081179884645247361895605647942
635807056256328118926966302647953595109712765913623318086692153578
860781275991053717140220450618607537486630635059148391646765672320
571451688617079098469593223672494673758309960704258922048155079913
275208858378111768521426933478692189524062265792104362034885292626
798401395321645879115157905046057971083898337186403802441751134722
647254701079479399695355466961972676325522991465493349966323418595
145036098034409221220671256769872342794070885707047429317332918852
389672197135392449242617864118863779096281448691786946817759171715
066911148002075943201206196963779510322708902956608556222545260261
046073613136886900928172106819861855378098201847115416363032626569
928342415502360097804641710852553761272890533504550613568414377585
442967797701466029438768722511536380119175815402812081825560648541
078793359892106442724489861896162941341800129513068363860929410008
313667337215300835269623573717533073865333820484219030818644918409
372394403340524490955455801640646076158101030176748847501766190869
294609876920169120218168829104087070956095147041692114702741339005
225334083481287035303102391969997859741390859360543359969707560446
013424245368249609877258131102473279856207212657249900346829388687
230489556225320446360263985422525841646432427161141981780248259556
354490721922658386366266375083594431487763515614571074552801615967
704844271419443518327569840755267792641126176525061596523545718795
667317091331935876162825592078308018520689015150471334038610031005
591481785211038475454293338918844412051794396997019411269511952656
491959418997541839323464742429070271887522353439367363366320030723
274703740712398256202466265197409019976245205619855762576000870817
308328834438183107005451449354588542267857855191537229237955549433
341017442016960009069641561273229777022121795186837635908225512881
647002199234886404395915301846400471432118636062252701154112228380
277853891109849020134274101412155976996543887719748537643115822983
853312307175113296190455900793806427669581901484262799122179294798
734890186847167650382732855205908298452980625925035212845192592798

6593506132961946796252373972565584157853744567558998032405492186962
2888490332560851455344391660226257775512916200772796852629387937532
0454181080729285891989715381797343496187232927614747850192611450411
3274873242970583408471112333746274617274626582415324271059322506252
5302314738759251724787322881491455915605036334575424233779160374952
2502493022351481961381162563911415610326844958072508273431765944052
4098269765269344579863479709743124498271933113863873159636361218622
3497261409556079920628316999420072054811525353393946076850019909882
6553861433495781650089961649079678142901148387645682174914075623762
7618453775144031475411206760160726460556859257799322070337333398912
6369504346690694828436629980037414527627716547623825546170883189812
0868806847853705536480469350958818025360529740793538676511195079372
3282083146268960071075175520614433784114549950136432446328193346382
9050936545714506900864483440180428363390513578157273973334537284262
3372174065775771079830517555721036795976901889958494130195999573012
7901240193908681356585539661941371794487632079868800371607303220542
7423572266896801882123424391885984168972277652194032493227314793662
9234004848976059037958094696041754279613782553781223947646147832922
6976545162290281701100437846038756544151739433960048915318817576652
0500951697402415644771293656614253949368884230517400129920556854282
9853897942669956777027089146513736892206104415481662156804219838472
6730871787590279209175900695273456682026513373111518000181434120962
2601658629821076663523361774007837783423709152644063054071807843352
8061072961105550020415131696373046849213356837265400307509829089362
4612047891114753037049893952833457824082817386441322710002968311942
0203323456420826473276233830294639378998375836554559919340866235092
0967961134004867027123176526663710778725111860354037554487418693512
9733656621772359229396776463251562023487570113795712096237723431372
0212031004965152111976013176419408203437348512852602913334915125082
3119802850177855710725373149139215709105130965059885999931560863652
5477403551898166733535880048214665099741433761182777723351910741212
7572841592580872591315074606025634903777263373914461377038021318342
7447301113032670296917335047701632106616227830027269283365584011792
1419447808748253360714403296252285775009808599609040936312635621322
8162071453406104224112083010008587264252112262480142647519426184322
5853386753874054743491072710049754281159466017136122590440158991602
0229827801796035194080046513534752698777609527839984368086908989192
7839693532179980139135442552717910225397010810632143048511378291492
8511381969143043497500189980681644412123273328307192824362406733192
6554692677851193152775113446468905504248113361434984604849051258342
5683266441528489713972376040328212660253516693914082049947320486022
1627759791771234751097502403078935759937715095021751693555827072532
3911892334070223832077585802137174778378778391015234132098489423452
9613692340497998279304144463162707214796117456975719681239291913742
0982925805561955207434243295982898980529233366415419256367380689492
4201471241340525072204061794355252555225008748790086568314542835162
7750542294803274783044056438581591952666758282929705226127628711042
0134801787224801789684052407924360582742467443076721645270313451352
4167649668901274786801010295133862698649748212118629040337691568572
6240699296372493097201628707200189835423690364149270236961938547372
2480329855045112089192879829874467864129159417531675602533435310622
6745254507114181483239880607297140234725520713490798398982355268722
3950909365667878992383712578976248755990443228895388377317348941122
2757071410959790047919301046740750411435381782464630795989555638992
1884773781341347070246747362112048986226991888517456251732519341352
2038115863350123913054441910073628447567514161050410973505852762042
4489190978901984315485280533985777844313933883994310444465669244552
0885946314081751220331390681596592510546858013133838152176418210432

34297882611963044311138879625874609022613090084997543039577124323
061690626291940392143974027089477766370248815549932245882597902063
125743691094639325280624164247686849545532493801763937161563684785
982371590238542126584061536722860713170267474013114526106376538339
031592194346981760535838031061288785205154693363924108846763200956
708971836749057816308515813816196688222204757043759061433804072585
386208356517699842677452319582418268369827016023741493836349662935
157685406139734274647089968561817016055110488097155485911861718966
802597354170542398513556001872033507906094642127114399319604652742
405088222535977348151913543857125325854049394601086579379805862014
336607882521971780902581737087091646045272797715350991034073642502
038638671822052287969445838765294795104866071739022932745542678566
977686593992341683412227466301506215532050265534146099524935605085
492175654913483095890653617569381763747364418337897422970070354520
666317092960759198962773242309025239744386101426309868773391388251
868431650102796491149773758288891345034114886594867021549210108432
808078342808941729800898329753694064496990312539986391958160146899
522088066228540841486427478628197554662927881462160717138188018084
057208471586890683691939338186427845453795671927239797236465166759
201105799566396259853551276355876814021340982901629687342985079247
184605687482833138125916196247615690287590107273310329914062386460
833337863825792630239159000355760903247728133888733917809696660146
961503175422675112599331552967421333630022296490648093458200818106
180210022766458040027821333675857301901137175467276305904435313131
903609248909724642792845554991349000518029570708291905255678188991
389962513866231938005361134622429461024895407240485712325662888893
172211643294781619055486805494344103409068071608802822795968695013
364381426825217047287086301013730115523686141690837567574763723976
318575703810944339056456446852418302814810799837691851212720193504
404180460472162693944578837709010597469321972055811407877598977207
200968938224930323683051586265728111463799698313751793762321511125
234973430524062210524423435373290565516340666950616589287821870775
679417608071297378133518711793165003315552382248773065344417945341
539520242444970341012087407218810938826816751204229940494817944947
273289477011157413944122845552182842492224065875268917227278060711
675404697300803703961878779669488255561467438439257011582954666135
867867189766129731126720007297155361302750355616781776544228744211
472988161480270524380681765357327557860250584708401320883793281600
876908130049249147368251703538221961903901499952349538710599735114
347829233949918793660869230137559636853237380670359114424326856151
210940425958263930167801712866923928323105765885171402021119695706
479981403150563304514156441462316376380990440281625691757648914256
971416359843931743327023781233693804301289262637538266779503416933
432360750024817574180875038847509493945489620974048544263563716499
594992098088429479036366629752600324385635294584472894454716620929
749549661687741412088213047702281611645604400723635158114972973921
896673738264720472264222124201656015028497130633279581430251601369
482556701478093579088965713492615816134690180696508955631012121849
180584792272069187169631633004485802010286065785859126997463766174
146393415956953955420331462802651895116793807457331575984608617370
268786760294367778050024467339133243166988035407323238828184750105
164133118953703648842269027047805274249060349208295475505400345716
018407257453693814553117535421072655783561549987444748042732345788
006187314934156604635297977945507535930479568720931672453654720838
168585560604380197703076424608348987610134570939487700294617579206
195254925575710903852517148852526567104534981341980339064152987634
369542025608027761442191431892139390883454313176968510184010384447
234894886952098194353190650655535461733581404554483788475252625394

9665869992058417652780125341033896469818642430034146791380619028O5
9607854888010789705516946215228773090104467462497979992627120951 68
4779568482583341402266477210843362437593741610536734041954738964 19
7895425335036301861400951534766961476255651873823292468547356935 80
2896011536791787303553159378363082248615177770541577576561759358 51
2016692943111138863582159667618830326104164651714846979385422621 68
7161400122378213779774131268977266712992025922017408770076956283 47
3932201088159356286281928563571893384958850603853158179760679479 84
0878360975960149733420572704603521790605647603285569276273495182 20
3236144112584182426247712012035776388895974318232827871314608053 53
3574494297621796789034568169889553518504478325616380709476951699 08
6247100019748809205009521943632378719764870339223811540363475488 62
6845956159755193765410115014067001226927474393888589943859730245 41
4801061235908036274585288493563251585384383242493252666087588908 31
8700709100237377106576985056433928854337658342596750653715005333 51
4489908293887737352051459333049626531415141386124437935885070944 68
8045486975358170212908490787347806814366323322819415827345671356 44
3171537967818058195852464840084032909981943781718177302317003989 73
3050495387356116261023999433259780126893432605584710278764901070 92
3443884634011735556865903585244919370181041626208504299258697435 81
7098133894045934471937493877624232409852832762226660494238512970 945
3245586252103600829286649724174919141988966129558076770979594795 30
6013119159011773943104209049079424448868513086844493705909026006 12
0649425744710353547657859242708130410618546219881830090634588187 03
8755856274911587375421064667951346487586771543838018521348281915 81
2462599335160198935595167968932852205824799421034512715877163345 22
2995418839680448835529753361286837225935390079201666941339091168 75
8803988828869216002373257361588207163516271332810518187602104852 18
0675526648673908900907195138058626735124312215691637902277328705 41
0842037841525683288718046987952513073266340278519059417338920358 54
0395677035611329354482585628287610610698229721420961993509331312 17
1187891078766872044548876089410174798647137882462153955933333275 56
2009439580434537919782280590395959927436913793778664940964048777 84
1748336432684026282932406260081908081804390914556351936856063045 08
9142289645219987798849347477729132797266027658401667890136490508 74
1142126861969862044126965282981087045479861559545338021201155646 97
9976785738920186243599326777689454060508218838227909833627167124 49
0026761178498264377033002081844590009717235204331994708242098771 51
4449751017055643029542821819670009202515615844174205933658148134 90
2693111517093872260026458630561325605792560927332265579346280805 68
3443921373688405650434307396574061017779370141424615493070741360 80
5442100295600095663588977899267630517718781943706761498217564186 59
0116160865408635391513039201316805769034172596453692350806417446 56
2351523929050409479953184074862151210561833854566176652606393713 65
8802521666223576132201941701372664966073252010771947931265282763 30
2413805164907174565964853748354669194523580315301969160480994606 81
4904037819829732360930087135760798621425422096419004367905479049 93
0078372421581954535418371129368658430553842717628035279128821129 30
8351575656599944741788438381565148434229858704245592434693295232 82
1803508333726283791830216591836181554217157448465778420134329982 59
4566884558266171979012180849480332448787258183774805522268151011 37
1745368417870280274452442905474518234674919564188551244421337783 52
1423865979925988203287085109338386829906571994614906290257427686 03
8850511032638544540419184958866538545040571323629681069146814847 86
9659166861842756798460041868762298055562963045953227923051616721 59
1968675849523635298935788507746081537321454642984792310511676357 74
9494622952569497660359473962430995343310404994209677883827002714 47
8494069037073249106444151696053256560586778757417472110827435774 31

519406075798356362914332639781221894628744779811980722564671466405
485013100965678631488009030374933887536418316513498254669467331611
812336485439764932502617954935720430540218297487125110740401161140
589991109306249231281311634054926257135672181862893278613883371802
853505650359195274140086951092616754147679266803210923746708721360
627833292238641361959412133927803611827632410600474097111104814000
362334271451448333464167546635469973149475664342365949349684588455
152415075637660508663282742479413606287604129064491382851945640264
315322585862404314183866959063324506300039221319264762596269151090
445769530144405461803785750303668621246227863975274666787012100339
298487337501447560032210062235802934377495503203701273846816306102
657030087227546296679688089058712767636106622572235222973920644309
352432722810085997309513252863060110549791564479184500461804676240
892892568091293059296064235702106152464620502324896659398732493396
737695202399176089847457184353193664652912584806448019652016283879
518949933675924148562613699594530728725453246329152911012876377060
557060953137752775186792329213495524513308986796916512907384130216
757323863757582008036357572800275449032795307990079944254110872569
318801466793559583467643286887696661009739574996783659339784634695
994895061049038364740950469522606385804675807306991229047408987916
687211714752764471160440195271816950828973353714853092893704638442
089329977112585684084660833993404568902678751600877546126798801546
585652206121095349079670736553970257619943137663996060606110640695
933082817187642604357342536175694378484849525010826648839515970049
059838081210522111109194332395113605144645983421079905808209371646
452312770402316007213854372346126726099787038565709199850759563461
324846018840985019428768790226873455650051912154654406382925385127
631766392205093834520430077301702994036261543400132276391091298832
786392041230044555168405488980908077917463609243933491264116424009
388074635660726233669584276458369826873481588196105857183576746200
965052606592926354829149904576830721089324585707370166071739819448
502884260396366074603118478622583105658087087030556759586134170074
540296568763477417643105175103673286924555858208237203860178173940
517513043799486882232004437804310317092103426167499800007301609481
458637448877852227307633049538394434538277060876076354209844500830
624763025357278103278346176697054428715531534001649707665719598504
174819908720149087568603778359199471934335277294728553792578768483
230110185936580071729118696761765505377503029303383070644891281141
202550615089641100762382457448865518258105814034532012475472326908
754750707857765973254284445935304499207001453874894822655644222369
636554419422544133821222547749753549462482768053333698328415613869
236344335855386847111143049824839899180316545863828935379913053522
283343013795337295401625762322808113849949187614414132293376710656
349252881452823950620902235787668465011666009738275366040544694165
342223905210831458584703552935221992827276057482126606529138553034
554974455147034493948686342945965843102419078592368022456076393678
416627051855517870290407355730462063969245330779578224594971042018
804300018388142900817303945050734278701312446686009277858181104091
1511172937487362788787490746528556543474888683106411005102302087510
776891878152562273525155037953244485778727761700196485370355516765
520911933934376286628461984402629525218367852236747510880978150709
897841308624588152266096355140187449583692691779904712072649490573
726428600521140358123107600669951853612486274675637589622529911649
606687650826173417848478933729505673900787861792535144062104536625
064046372881569823231750059626108092195521115085930295565496753886
261297233991462835847604862762702730973920200143224870758233735491
524608560821032888297418390647886992327369136004883743661522351705
843770554521081551336126214291181561530175888257359489250710887926

212864139244330938379733386780613179523731526677382085802470143352
700924380326695174211950767088432634644274912755890774686358216216
604274131517021245858605623363149316464691394656249747174195835421
860774871105733845843368993964591374060338215935224359475162623918
868530782282176398323730618020424656047752794310479618972429953302
979249748168405289379104494700459086499187272734541350810198388186
467360939257193051196864560185578245021823106588943798652243205067
737996619695547244058592241795300682045179537004347245176289356677
050849021310773662575169733552746230294303120359626095342357439724
965921101065781782610874531887480318743082357369919515634095716270
099244492974910548985151965866474014822510633536794973714251022934
188258511737199449911509758374613010550506419772153192935487537119
163026203032858865852848019350922587577559742527658401172134232364
808402714335636754204637518255252494432965704386138786590196573880
286840189408767281671413703366173265012057865391578070308871426151
907500149257611292767519309672845397116021360630309054224396632067
432358279788933232440577919927848463333977773765590187057480682867
834796562414610289950848739969297075043275302997287229732793444298
864641272534816060377970729829917302929630869580199631241330493935
049332541235507105446118259114111645453471032988104784406778013807
713146540009938630648126661433085820681139583831916954555825942689
576984142889374346708410794631893253910696395578070602124597489829
356461356078898347241997947856436204209461341238761319886535235831
299686226894860840845665560687695450127448663140505473535174687300
980632278046891224682146080672762770840240226615548502400895289165
711761743902033758487784291128962324705919187469104200584832614067
733375102719565399469716251724831223063391932870798380074848572651
612343493327335666447335855643023528088392434827876088616494328939
916639921048830784777704804572849145630335326507002958890626591549
850940797276756712979501009822947622896189159144152003228387877348
513097908101912926722710377889805396415636236416915498576840839846
886168437540706512103906250612810766379904790887967477806973847317
047525344215639038720123880632368803701794930895490077633152306354
837425681665336160664198003018828712376748189833024683637148830925
928337590227894258806008728603885916884973069394802051122176635913
825152427867009440694235512020156837777885182467002565170850924962
374772681369428435006293881442998790530105621737545918267997321773
502936892806521002539626880749809264345801165571588670044350397650
532347828732736884086354000274067678382196352222653929093980736739
136408289872201777674716811819585613372158311905468293608323697611
345028175783020293484598292500089568263027126329586629214765314223
335179309338795135709534637718368409244442209631933129562030557551
734006797374061416210792363342380564685009203716715264255637185388
957141641977238742261059666739699717316816941543509528319355641770
566862221521799115135563970714331289365755384464832620120642433801
695586269856102246064606933079384785881436740700059976970364901927
332882613532936311240365069865216063898725026723808740339674439783
025829689425689674186433613497947524552629142652284241924308338810
358005378702399954217211368655027534136221169314069466951318692810
257479598560514500502171591331775160995786555198188619321128211070
944228724044248115340605589595835581523201218460582056359269930347
885113206862662758877144603599665610843072569650056306448918759946
659677284717153957361210818084154727314266174893313417463266235422
207260014601270120693463952056444554329166298666078308906811879009
081529506362678207561438881578135113469536630387841209234694286873
083932043233387277549680521030282154432472338884521534372725012858
974769146080831440412586818154004918777228786980185345453700652665
564917091542952275670922221747411206272065662298980603289167206874

365494824610869736722554740481288924247185432360575341167285075755205713115669795458488739874222813588798584078313506054829055148278529489112190538319562422871948475940785939804790109419407067176443903273071213588738504999363883820550168340277749607027684488028191222063688863681104356952930065219552826152699127163727738841899328713056346468822739828876319864570983630891778648708667618548568004767255267541474285102814580740315299219781455775684368111018531749816701642664788409026268282444825802753209454991510451851771654631180490456798571325752811791365627815811128881656228587603087597496384943527567661216895926148503078536204527450775295063101248034180458405943292607985443562009370809182152392037179067812199228049606973823874331262673030679594396095495718957721791559730058869364684557667609245090608820221223571925453671519183487258742391941089044411595993276004450655620646116465566548759424736925233695599303035509581762617623184956190649483967300203776387436934399982943020914707361894793269276244518656023955905370512897816345542332011497599489627842432748378803270141867695262118097500640514975588965029300486760520801049153788541390942453169171998762894127722112946456829486028149318156024967788794981377721622935943781100444806079767242927624951078415344642915084276452000204276947069804177583220909702029165734725158290463091035903784297757265172087724474095226716630600546971638794317119687348468873818665675127929857501636341131462753049901913564682380432997069577015078933772865803571279091376742080565549362464641260024379684543777339026472512819416320076848736251764065967540693621758879307855916478777274739272002910342949562447661308200729250734529170764226621047673037863169954237455117456522022783324096803524667663190861011206745856287317413511162292078865132941244815471628182079877168346341322362234117788231027659825109358892359162055108763298087993165172528938001237817434896832151590562493347370206832232100118637395770567473867102173212375224325241626358034376253606808669163571594551527817803921774322823436633772811186390511893075901666650742952758384008544635419317190531363659724905158409106582201814734799022359067138146905116051922301269482316113417439944714833040862484269139502336713412425123864026657258130943967621939655407386524229897879782198637918299709557924747320303239116410445906907977862315518349593035305923789817515891457650408025109479123421758482841881950138546165680301755035580054944894884871351605375593402345748979516602442338321406030095937105588457052515704266284600354402823678768550982678161765520375795655481677896038927498355608791541177749423573400764161093294003899982199267257086957326068774974224802023307525187650255968420760693229988587579898896460744381788170081548895226516722834045277219106991415764639485231126794730865803195076455197675628957428881796812090026387145257858315277615109088631740243695680567873015235427804793414266495223833707117511265375503942372098784668049139473446530714079622597287130503077258714875570502582573466866613802351426056116197405543436548698005444879295970287590352258409782683598666446586045694241390729095266249932902973440568160683805726626057277088407073471496060064561454070734432782514087474275506722304845357006092214390002992981608211717047917614505191008132670375214930740567853311106058352912781007391749949197845112915913681107394055175208019630539350740248509553772500367054665162330430425087442324262404632115078997336929985407041656261041976700202415094892411856092409637604429612002364590706449770627207919019235964807048923636979860198283087284228564752353162882791324295524814447505521909672046080689545181712204930321853740627247421519740305769043602686360780792004776232429551829473522027244376339027721392087767065716241639751785859254426923428535274328856336850789651962072519416556061870370550218

462845434257850383000095374518292958440464918838685793483961151297
160581665745096703677495836666693121881763679644943617130416037243
050658485131749264055855194018005180908475211868224616976149243238
319486434415908558011073070311201502243416073157929528752936835820
397003389112114170685219366589789459503154389589015303827143001929
589074149943592894083097077078362875914484037045038618966975811201
852319231868659968038583812370329156207578835948780941688205531605
128190152647592807574958154564221341459378167056992868299895611982
353837157880480478704584175394665497690173220310890070303362911767
308448450372145669644401469545173857434157810158618783839278552609
399130570255575559060947051498093487773320072797573038245989466809
680822221348485873822999281794090825665209581655472475244566743697
594474686376332428904269776106791933910983300422310293728298798903
209391092682836306173610173878123679898645149311702437128285882630
486298884492207415640607147059137405524665756971870217355287245439
427714809179364437650637861861324348635797411258520863459927803688
792498354363298457687650165065115345008695721239507544785683173631
557153527046524235259737513408825461609661440746675514226836031959
801072152463551069171871335731685485631280857834435623670959650949
946968820661185118086034202821331801249410991502601435450017432730
793625113070298250499417994284451146479329154599555909587807621636
668591791065435966065253525320273650725989121255686842802077246487
722010996631829559552903393312284364864475973560859840760947298389
542433932623153239918981852264180831296333546356874828863465618504
810632288805596737844562000941465603499280879405115310057587129552
571964111506850340773710604380371259575596985949362058477512026354
947347534748189262254190352671614429284899857536740692165271630086
060654373736823556588626486343689153218095572204456777137368310458
075584529612832832606319629728527966674362974800821318627921869044
284342630735760703999669430789508147269730253817375694922751795354
326156912040594832860949992366412287881226419148504856328072066418
557059520375030322916894489427578306090910852410601400683274205583
969773823150734996108758763704255564964086855071942256344966732430
656259250474581762733281816017019698166542426378763601453035946538
450325476674999737340835665138186025156520283637389171016545414882
674448009105704186162626837971120886141357279611099088292970229692
128180978798951391504270936786444983196420134566833908775943006442
485623012124614511697921939634409508083229281294270436599146482749
984375942113020418297308417178813090379558545603247170819195302771
465794555475544754284434408139388908609776017857389307518661906505
018077165001840744325854024184360501118242990702323417243674525365
349594799063334540754371812699399833719218485418735979845348934592
268515068182662490078029335012658824974226241885352526636702827662
499349829488748331061764208429016923052899608978604130065109028179
805040587107671179041130217482796682353001960220253185576789843317
586806378359968791601538922220236575765581586611409199394861599209
159917553341783033347643131635012705390697079326567812415906434284
721360235218236741214733124499944334155915274315931687477882533155
092770336202901222597794809855392200064527162280855398278906584233
447552821276517650572663267691141075034845871896996434875775138479
148183635100621466818585096348887081456976722020167991199462417776
688907917136865945960726468538810778783002161368276697026223459418
737476733537998884403427046803042551694127158739320398444374604547
816113056625176412759821181939661101850562880555942566060032312116
180994622129301002470913347150682268430458680300904242861682025562
140946087900065191099495570815816505828983340739466084457565780636
690272843462018587328252924796505286681408503538519837523637451925
622795490290557907030283950104854835929834542814487304358047053315

081510503001521428117175393649133166172621235405527863308002083177
055630294963594201654333094094177196326234119387105161570101798053
551679370860291366756986097124120368583812957695307798141365700174
761356966986146068491439699573837631695824602513342108072621713601
943018087209888551415024163818325975259593165531865833117126857941
527206612218422661411825154657484878312610347834546749258308729985
447421206445095233245050877431496166555251797168020991720026409374
921907569936896330281391647208963581771735555848592706524504862516
419540550801343510323389813378302497701822754906381499964723334079
613041469739476372650869273347108415685608430921316240434629863920
841660055904598506491243505264766067600344441618186403670083774114
101094320588955598658670077863671896944089622321374034113597199133
135946553685446692367652589012108413777432482191812747847892287264
892970032371873456157981599834839100412601050746964599430331978810
634913923812490503061433407918328004063907098672596197098311265960
147473725330526853717742146554005873924623727617364905198713368067
723952570781360686683261395014329509474851594724667527201684316586
608807512768584755541184381169011622005552113484488960668259227431
319007963011587084670117654935393046563356225311244727796669005831
190616101972663073970542531439818457379449486780134618217875939076
999602029083965677287846905736401564015047696448993947541474608339
918696889271156942345492651246645507792554028105037622035967530558
601856492056062879090769453339208808849477828894851122154743230191
383245562993881020614490266876010207753210915684977830740859649857
967152617010039475494539917698791323546550106407355816999409756248
149967443278429202762644189793918158394562708173301582160225519659
898769376164019861207466755048861110855726764507052622446130222335
852072273620485057289238815884938754535229186399714380884061757286
220950122506515863104258884134355431973729856217753072022629475552
483044445340434888878581170341345342522354319407877972846760181583
227097745180929342193189815812482832658950040704855206099893783900
341914163044639163880549658786501375046341695655156618298878630705
842306967660254053024811471007899784211830489010464056896539702885
595530925558636052158957375114089564905844156774937105859648014315
874614491250549253191164653821585197370093280194530320572628452658
046046337816631429933076646646530760590548962888724189716060225882
617577539922055131509377200624863085562820493575752724995567089221
6342339836025653287310291940070411769192208500151116735670101958971
001797019578120892910969417754369904368202563024054822625401905696
507710581574240721496339560365270283334407305750073674562260584649
886115101689612181119058471714461068719761017456587373796740697137
423238753839030317200200207205928488785123911746471673743737923283
881966201687622191346233893762599527025672138622112458980212130501
407288904300322535504095866818724139369938193069148744717186646183
111942603161664070377316487001864799600243044003242241809402278533
309011509880870678268835317200767522553138008818780431690190072804
831799287414125476123089606833095828377667688287578688683092976001
011974533898331952588619630132917094385816615374171794496319177154
312506959853481285684619377669894277459170918802520012749905559407
289696594793331672243621567896776966708035229039018485730806275670
867658627104769409203565593025352743418965927002227049233186829991
560936413757004988537304596396152734629396974951748062696451793018
719986788537581415975799314806608557232568374305282764175670050288
040489429899580948103534833934144927885925262192415547231997143385
086637320926632728243514933640704589683852345624744361175256766987
767597223439206357507471552918102762614012992480422883990297879925
418517499129630283990729635588579890593317795908769073905646025623
533567221552259468838298452882922966275137162422172954678670715840

924184084147557582539385240963302051349704740695399567897981727860
920462286839735779815111868152659884606949758965481314651150392626
377749513761557248195116119877250344564710738513435927355538712462
375598193813214238441581929070046389771683887207916361741432497079
109658162746429717072871725142745898356897095534626820169085356108
944898407100581920302176945120771774588795519510473384184739980796
306767885845167575729904306971542642383498009870869933670912108394
453506245922432312348278549660374657188014892937945147870540607924
575900601219622123928720017215588666345734971409533721151655985757
941724419889026167016101611557834315025460328781198424027484608510
722406676778760855247617773833089502610064388350550205456324346167
859451941795669874968515244883847513618180667108316165564209369270
520611898517292617141714434655508706306063551012949400309759167799
158426049197120954322702678432654296572403272088714321999645313202
587109677165128549669962552698607311763718207498827399770601991362
093083230736838206455732563765982912578131492224220427971241441629
951265945639792759380383804782623160424325399132851123032247037561
942321733047854078576244013291717992979240783390715757981426816864
655382946847399205888631655934919867896962840447344968024077092831
376408103352255242717404107673565424441004483347440101726441052954
787296345898640501203608024451190350994974493973617181575277093780
209236668135841636268319263406714182797421342546220705415600050959
674045616840451771747952790353254932589120483385746590096781730416
000521088934610768754004241977803082885181200173369559127137714195
011361304409753279190504891583246399143483531648681548579178632935
123925552510211182788573696060276931301469661433449642302114382483
705633532793858895267672076688971274435815632088106650149568143558
796576909857765902768707453659276364975553449617308078160987103248
013795136170367763457594975686208013996374551762425147780628722265
971455482906769295713643572152674468987889418820751292225756509143
552828874614195097862427527881571566400763721037803194043095844272
549269987169234331890022141503113998765260688761566740210197201719
602390861082974927639569541153032275460173870795625993579785302443
476716399591462317931239989986928437975702492369551587297683854005
227651495614447105971962889888157109415171701518114743513643854005
116246202131174800791983749700100471363432523281578911355450453371
9052750682291561850033284695679262226208190442473340362503892792071
585960039363153368842724375366799698647934741133198328619441460653
922784099903143840354565047056789552024827176011874335643690243503
085631309559055250390492731613311734922584644609024535079190184411
299321699770451832853586480428556822208737213616490586303256368913
084103760215679927020005322355439804653119339775459044045078568021
398465009693429547310269249947586466058091669984160684646087293943
808274308285817479694172872990311013192675573897984091364253479694
943480377703364634958476862982590103470727861218623001986607987782
684245933835638919570206853521603211635230064988744600200170413056
985365154668752023859375183280372851143274811699683692849220447380
570633496618711240947835915869626858643589141359854253577688774932
743634514754488640868818030369652431755688300205860773256959716086
485415834468432489963077011371344675156930244885482077124133557732
306949458067267845235943631507872728157901573070033178796854436279
525719023623274614262868732738009497741122856237663214904653294072
026197539071740422259539242888164559796570030957141389106936845036
268231053986743753240052701534745893325679514941854537808827063457
295962169085383535370381418115573816378209032561519869745357646412
125498076005156141707298046994813593483150568116642793219335279822
714715767340186088721518799669350252700757556099719882863064285448
128275139280694702750148163289727314347348528529504604883271673978

981563678804780443602109007320727369749344630499731442571560433133
690387618100948873120713482710815889857483265854207510077953118326
861708037070935927614936782530858340482351003632166378957426202550
350116861543407379504516482896755698358935522020173679548075781909
502697981271148703431190363112246128295303820512870430929471974594
690821025634788995431771524379696211281224503426066399268852133079
196370277780448857920573046990800923440186638113252097123096476059
989947925759851008173039606822219975327301606582628527582576695078
547260349382981335825281786706085126560022688717811253597829337347
791412736284188656175920832879447410969703879854736984025458063294
835022359393543587480223989760916296250110473931169449100666907230
634693130169711820632535269244043840093724284428209709364856909468
920087371753252557030543539828727812301139808093867015474885803445
631871319602678548793893316205007675264112044390237583342724298699
654786368534102848857370254725502365663418680919038388670787907208
403619402164670121534837978151832826472578628815207101081499558980
338118961569441756761340717046538512170902123777884333649651872119
905407581877394397528364143953044245913903178813004188791887114553
148267469987055587931040240388884083850687341625071657274185134952
084963670955542450439483948045979156228282483787934152720362263369
561805556371076814888893619275742659935823559431530887933052767558
747512365065843969475604297192002319868024351719937868100361102312
568364256079597410574153628297180046497748573718378639037039015397
374911654685499716453941611216417610717145401765190565052520662277
883129045719693205990241375395983861982603205495839501675552509644
137118222561496014003023035407899209698677507867200038074267970530
307167932296015648622808518403352350170608589512912223246117830253
163628943946073652771336511631646446199099021224922412315168992767
855863736315526002503488487813233001910189399616702731416999626511
945742636761965002434737172729028462209798394871065982270009954918
877696188505432653211802219444282228425152556141187434018041946141
394514712872527592391255964437356833972896331267678234910356332961
294719101515714311579549093390326141191865475237624721531102079369
115848742205822747343201735585077122437969857965491580627950274097
716886114807616315161855306856692457171769220443668433127398933794
111629722451699985468562215702417594711769952916550211685500108985
761934639455908826270775311465775223884634351937653973498480245497
607602440308084489010683878697261237097835782451668011714859836794
055290461982621656691720274262854823933960018254599409254308169691
032978411234022885600190549342750223185294712829609693976813734197
704278121300147328677605719405969979275512461718434956985641712872
481183465420642318714551824152867630567513116267717735061751124546
338799426529127010578995671805721436557918350691777930704075732904
397494995822410623810514917650238504182730096620171750940590805408
957283755406355152219965820757351315707592361539863945921115586400
098809755261053838256899272158478504174606516151133788336097601211
484870055601658124924706825684427204547289630942030665044529864622
359422600855499158914995360649842803457949275700949795945060237877
501947062463239495495782308228306684081880252107663907423097372091
628533717680621644693543231791785530583317142084798863034084657264
269395570026857605753934788858709460058272323051910811751423491268
733658596079989173292891589600181509181633740080603547520005151175
102901229924870961545928026206076169827218102916731554892942374085
196743307916607849905578210193571366243599088361385980851615641747
694605478554008195353067080308969763045294686823321053287823743894
411568517627171163630940147990964945635459295013073900362682100732
637008235615069126964318335171625439030469898931426154426359511363
466057378654951244574752621678954703628904830484996804037722513431

937373441236618586944588064018584073147633792940386340435919419872
355263015654608051868676068043160845128459160424413269879125385602
991599672787661951950531764883134693257366894644382558139108486209
663742674579831301222343872583124422033094571457541470479293875858
238997738515213523723895596643122356432626286011474890868171592810
668727084008203377186921535235269263472268090825989889840026208152
178282611229313118208660070996860365409818326807558247767069504109
975861436243552161945353029200254667367996485043373133495208210751
199258926638995647569858707901856123791578864374469037871509500112
550210038845311923652965599461900474846620642347942329670060529003
709175578188708193522146871427235277632559898086948721113845980014
123842163827824412736542446748833381679716201128861914154019367129
094789902646664431560983729615019686242282506723061667209435465714
251493086424887785986827595887490650772602509518295367651811823686
169447243607837642947624692263194989219646440683169287661615060508
138463194151162025779078630718012311594586038965625265542233462344
545073947886902681594975131168851436945210216883190446168629763325
229863851818850049286935727647668238555646365544964006317648285575
785866610228551564859908820958689444362546986795238226861159699100
563660829267915337538160661122478695313261585318717638859893779291
889029987938798100036973078489592706254104848593158543233956831042
390299070263443797875691855434089764407601308444819786265079476440
830134942435834281885915259293471436317533749589701072873501270788
980481635045676667693207553051840432446100740321676471836083708475
065126930707660849825299000317850305853682139512735038638246056425
103377755809864643398017186208142663074172592226000511091342681074
670129014301654101064933212283790827515001003530015654597508323772
965439697382047741626571065740821649960626227496187953347907065988
974871779564334064841745645747906925170149499810095353413548908754
836327579522407206986291024671703579251441766703886609906985726260
581240825336225218992000418975745765315123000064445715931701771688
635483333051921582055946117357716321132233931965320386199005116178
171334001070576652689919708169202219464704323795356411866063920558
609034457064151797782145054722278852987210197858846070047420028468
873795844228949974333656271877991721137916164492541329715652879529
532639759538535920950138633380507561369530899547584883024261962758
985941513780515805025767540401785795852448831172105089277089227273
431973823884687307168230248788688585510108073522781405371406520758
107270848167263977098731455162646911423286103036932984330300323676
162714264067587806731883971515002798163374779078775038307986759404
591073921034587404219617034925808189907205961291586420202885734009
114955238865107911371495334639763988183948804530075074740372280936
820535430494951948332833470075161979008687285439962981575605891637
624723069162871111137676086480323752459664930411753946136464337804
671165055504670671836221285795048067165630427626711429999113487698
447050370637900181096888629721757951732433802780617470496302042492
916619171886243355599282093243919445711886321556320161654247055375
938696624656334121541014032286990930159132885808831241242882876373
872742838038590710292748633351503090445328052597795658920554562434
297982794134891756382400771612173324736428540160610044337641457220
785921715591401037832020132133833096380778904095723810558829392796
374381660686835195059277019515361601722158904287856784820682919441
698718192862730827044416303962547130532843883379133747687358261221
162583602728961624559041896770247453827583966522993712351630489833
012421417455788591594256059792427721819908556279848605617453684478
923796907975594555154646853163024462325674034895845462256744858202
042457391994253094264224504202689038150152683602412559807597523648
162809304891274615119623154611400822056396780658535407668688227542

650381225999162076017089556747446524234452017661650325945665912966
786324621379919222961458671422482492880647680321086477994100410060
033906792752373625460277429600734788038356687522003482457694908456
862696057715701919174892260635208129738797443835483286136939562450
392976805783223402171676555917766840375723484409461762931288492689
936871389838822271060279037990019045583360079739277410926655739233
147025909233890654388422351324115388018559234956139930223919645050
450369352927011566305153351918641864823442499919272027295345959906
304872360804159576002966812111683172366038110542803591445720248256
456105714055462420821343520948108417158289572445072063546816002305
120140848054358742526171017681853883557558717415424775449772221419
261315525269109175563331932322243218525422182729149159810583689702
503522813002141192486014248068079753699647771939490680468355280834
732761030604940973309169031678309793463661183278453186871646268073
883365670456601042376850580139507443647963922284112697945134773004
924987864965636794909929132712528977651918175427962806084932375520
815361113240339713165504391887960198382138585000773242461778849187
581459642642337889793330819488160040113126525635693244659398400636
890315254722923991414474377069633893576192603918924793631780083102
611419548543605157787160049557886565797066588551042882466363057207
778902266777042512681571979533225107638903681976284402861025880539
233932947467202408854127649238644760216116262082421299166036229918
492378223630098347811952291382184732634228575912097980547828525059
183798336801787411242644746002256241498069140074097972102327853957
561512834580616541111792671042799057939449713494632895045651286884
784187175802050458328387485313736911351025506201027753458094391050
010218339732456504728894768792989259450198750767122363791875864720
121496606115128048709648863056228440839369443872169212084920085155
838125107074195518720809374694245973117281172105192890389637039423
577686212766821093182763664984042124938144097959863114225436483965
499983479084307021764385554351257436828228153032222380834767951113
557014806318200453220723794891863572149106242526993994671015366846
234105153338142684770627585203524099207972086991453730109551641503
317628200196916411546026820723669255275141842996992053985343307306
805737238050416719722112737405078927266340638850686734458560773266
648384578027718911475801323105519878413365218519071460681389868867
103147598264611293795439526672867275994833590259744587868768496462
683484434414135917714587766088077845357183932937193739323640835633
757668846821111799350554102085561884901020160050563954168745108220
603555410817666460524124966224422804545243216032036019464135609792
001959024049792923673298924553990101980112140290868699920575891777
188074146122205024728585715367530747814389730571787268366360157613
610077228631963885264623512553807731945956356796538236249992655180
433079635962110674552852142902629498265675533527310046878865731047
246649332656792733134512295505918623293739332608607745135077530901
574443829487339779605322849358301361837958626480321297368474817516
476913662110360369509106666505171711508278200932788358722598394046
306837631811808904423626219988123682680785795262197216687201745517
472627818032683058548803970977047934831035439855907843552776676033
139884605271503138856332467688927104595851932895139167823857735772
658100479825639355193520055204080028705967824973937478860528356493
591497838037796496000521244583477900175604246586665199807702883943
851638095504304921960324436090340085174660429627430976838715194598
264473594023424821104475729111777958773134155360952759570898612586
771456252399450075938020609355024892008476733229308574222255020645
569023912654366357852427242905605320575403082101451238209021746697
579765347517250146583747884808053773515042222404295760361375432486
199655891939220504699982106293160967565179075132296077785755331026

585842576086686764535520927748275567545177169950878941180593630524
994496701237598006553499873966639539441701705969810151271933311840
767923271853953980976404852784674387231643291002906549530861283330
266400758012961849920702200255597215695758837616878436434679275586
357397225356488413306011928957464280935785808113233143311528748217
976603971257952890036407198923328131611640416937736628013259738222
237426818917648959642270338039059295964969648213311447316676504197
678110849096646942571706945700787126401448652242846948897617256746
535220506162107300101926248314682120355169950152200731638400413203
033324231216708268546893175843663043078435078592810447849266395265
239871864417338008568169232134742975458326940216125333283790096064
862778549412667951367404587741694559614076265662502990069226726787
603658713793279604184883939339346926354341548095183623323317522937
035210291464133127520371171667548720634738923293785107290295144629
274154676194794274716691603049782928896147458702649979707920638724
082502300642554499590401197410853516784440901880646293748354439614
400353523310304041178457228902958180581032123743825898702747370401
068377771592512645357065083009214792583498924751274536220061058545
759973693135297078143742841340551954446721489415057452839171603715
453082525558343202512542416624457524562964457910769717152147095185
055003550543906316882581057850746356562047914667680556984384552027
709969719889807233714869563567031776877637897432734928293439051455
670607446079704769316462781214171381827437856146219708808702106421
105737785147135883737738824076528045191427137488110559744718310093
937519765980210024101251123081368260338474491087716132285766026393
884928495989823656572720426357202637482564949491262914191713064628
059566982549360326132019252804346170439028926027993140436137026582
012131285148815857311178210413103357288871817295262711200081475064
026830464189887697478791731737038139991888242416994212152776045185
956711909418073734793310997092831554681656395271010461137625406644
958618385463898220899677832955011143149959368039822230371363295742
321735744647342109741491743641994731958840052638726959231836423254
918455955045343778467094704509594201202114220864191279049359945213
739248711074323149511380429379365543637217263481907571135312709307
952729522112479531498969908089466574769556512436056114200866399056
099000380302506124236077503293413472890501316772809713162683495963
409292243031195084878867103533520023712730202916592975252657039210
421496349523857085605723434621576956985134068304548331545907536471
146996824209102321431171769227738534770417794076441001301048596092
707211320523185382227444870243327103987811479127546080836115687792
151311310450083663631007517511025900280864277150209627136623974010
752884454683316182115027892643072976355761055112462033248005310599
511150543148482955343295983057427245173788652719300073232173623758
732731489091094553740270481185557199051683938745352067970859211896
407854895041094056996598871598863362077955045219321563361246853031
747054439402941829263552401554523160986825531389701880153970459625
016917966481250155593231148267300563383579726032860177847414960045
697257834956205873287301245145557634523029864814954410090788352980
120701265410952518460666201767420452573679946907719084537874820608
029048251670176619820730618331239219353569004070521549893903446593
880904750772416954365185807506649045944318886297872357160302248135
220460109063521450828063974927551284769435499620339916448879197437
902095718886320024750207910237907307296374632633667459427556378453
569136734552401489712590948036856628232100500394007310663207525728
314711519263328928520696723934717509829526021254947643301953574383
509258283111339115390633766173730772363027988986998579945016592376
906754883798892940060516282614004815046948281403308391643424865093
963545890913280595111633455036563482451915058317949808318272813479

5050772717335949663371882149192837871164639035669257799424573943 55
473044935559396848032790208614196815082606481092468854338332986639
074547805263629161562798803187828270745163032786390756653362197506
322424864576945975359667320060389826293000076125149479800895671245
256955982758548576901246368659494224227727177151849641751071598416
357207241224371968067203927064789427894217128426413342711831847944
133460647243141150155098551171241466824331235206284065722692606904
747919644729752832274956981963277872816259540120205380732958250049
744593080978240952991296542331849879880077168163198608651208831586
725650659441406184468374963189291374599342160348482288315828973094
216147368925585169927155311558888760072170341024458744020844342827
300467309795555666811501300338889583802314643138290026007632285034
758307808788951803139810207627889851743534782251208467594974300244
378958428956807526632036276962994601808349419949127065591308400058
626563996391104068510412820071532462564263714563557576945284927112
635577196325065896545536482125459263355257292595281499341587877651
569223119151023373440716991656476398200089698462984399775938539811
213321810328198969945792617649358297483733877523528594640351382382
306269453634581003193672502069828073843334117528315731434263989641
634712705303477569915580031181591809113788026883854757697292339888
286032302997704306662886955301210272705763395989768941024996847949
816842011992561348075644040655946238370872368881254894914879487348
086141681055211400184551700844448429484755073273664282722206336582
401745498808291301883914015680905000084954657373000327477972099175
074617859515799532022372852359204007425152256386166756203188398117
618611960221628474319079702503674592828046781785366473935600354038
278281845766947823374571138221219326167295010427069409520265028052
289859093500239449087456262053452217311940957783019536051850385496
140621825306182036518273370621119893902448897538635818099449181578
487833652886543654224830202789241704968965110417275947501781226785
814391748649424357300909171264877160595920974458114629554223100220
085120522589764778114827039426776664278274625939511743807198618722
265586504030028469146927864680031836034638172640570270742262034297
187555809938687124046562233389146465830554301315509528510972630050
805188265272685335372937338569182693717167730316118647494810424215
127915910146065697953331337740959367493264414637024275245393350301
309928336485407069840343991212452492755802997988240920664464042585
966200888741916498773027540372920421581093781471313622628866669454
742124495528490914921933719362340294337125575569988652966236450353
519202677763794248208286056893623152152317885014521313214914698685
483594470686585010981314205892676416115162109405356780736810089734
245872932705210853572676380564228840929665884477795279546710735193
295474713015079220840328232204428944678218396547110902117340725139
724757357008555312743219996751259582568063235880883884366203262266
191414934740436498000247398332092411838667429609269460701418388178
110714282439657796388439864782313715424989472583041145149526872423
618996763058816820846327437441210390552765218710735564525713360114
558045585684558650432859917676519619327114349866540777451450047307
271171479571222757201812886446440777517460328242317338533765298981
044232240467724632047951798097157602580088576897513405948054826877
288477629384645496040270370508539419092769937066804551719416040376
351180185513657545109524703460226002074174282384948178225490636599
208474903758320574467795910675566064077500934712981700581876940802
799269046059498721176341519148822518670439557310017937100046657292
180372848797971569227888839704198254565706428908985827958625659901
375968750078569853420944399597152366767355991155709006141301885395
600693305082611578831597901882912877765396964067539208084858229047
556190518637549059417647208090848523929966365377746870985680142361

370763704674236180292186795924769777652926292904179839275053432943
3844765333985012282836279851502637454279667177148419757339065728 71
543054321575235449320534653754238204844850884634590853386677292538
520444984413136863751894117684862613603681937363513393254080685226
921474307329134467625293226408453308449386471515618139413634350364
817794755097633925598827869036963238633034257944529229237752032874
489020040532668139354752855017464531717214599508145561364692526650
227115337381817597855795041988075485811336289154900903908060775415
757361373755988018757307536248737001291223826113438103923437231353
689889153374949378632498494176428141704528408296939917243232867725
641504837657731144933521553852300178110827616363037090205259503779
092534110470570046565251977925679331410886632640592623178893126031
528575871642421190333798725775874290129037593626972723431489357257
241883794186276864566775868692027601439805016387143520477673880900
578928363381779738845734410014996643323582225792535171105948560789
182401521998285226946509587631492471279520164467647402704689545435
103069826179991402234072854891546806842095743207506621154487626644
675798636443880232586360886918759442271521429650664161384963815027
972173071265920578266002784718140034209265693070309044570245964675
764901852781393148131509203641049845969060225314474822945707025270
436304061114455142227669366501254252372074394018277525089414329152
151705997454593125946821214351062276330331850433948895127672063729
151249368193570319104693572905276288768782500485054800597323075326
522779255241991315961791152206941968547918734156699781096702562993
993208164507174173490564339865219986639055709352119852439067986150
214486239284387398201876022854712303949459661572587509650320071247
665759381372124801134153550616754720369579105597461067112541711745
369543014719141993731972279716902116135726252431164722893666441426
212438549813623694963571282116036854416071082317751078012983042538
141908922492085953646108213956481132053160737077720760559934981503
424064077512331512158999246297497845474385785595227089267102479199
199645043040166005621762962340149282181611520504643814051201017632
797902693271222701259270816304579408695938850308858577767698805 77
120277461858372818585997017721116037109827393241471979376638648431
600084157927253061164085015150016520300200142743376390418788622635
274702258984849469077694747613276391052599405660382382371636943555
470658174827307182474182726362724046239944028444473642458644475104
690299765267497344356985708539057819159958599609675061283091019474
886565075126139713632927641583491304208300950851100414074557443784
927898576072610576974181963369679075518838322017344376439805368296
268732851893953081597213840998753657746635493253113936255978954300
091191426740753859254969015797341918371040169991790094567835962857
322447147907320456964719786315490862841233325174812784828809848761
022100974278347516462790553938519668895696510876062872957459088920
170238672074010602453894151954739328142466223126892362650272056402
643021776903189555520611271146314671703891577339006545286923272080
811157875737499103532444669361653517522124688660805939738054689486
755602588706871030811898922024217495293458219535300991561355360731
590956734699069924874268001953821752462105349862701061321590757260
240804300827868356293198384271052198354727511764233027995892687273
053118355805687527612409197424447633568095687484441045467028352365
141527656270080436309747774537678098208734980384982599248810670297 7
549495352282995165465598506874283176285208571961393797828505779014
996232139220462341524168238038894466242673730018965433764765036341
251828509512088864856294714398779566559280749164896256218592671541
469217676839605450082164216260561064231444357982306919657804705747
148460072968182372287977560496089158178686729363237902415792047283
646970210313975180097841598550007055364938753212574961674875872583

259925957615074339186228437988301346044540880817809685491194541193
470268965059919860410997653211196581062966550051161836517062029288
087760914984616731644268641970892306484630567545738872024760165257
760852937721093358445387107402729259191524626762353817978693064215
340131633701135735635111098141821129662210736726269615672674830775
248874448416766573702400485083937025583859101226694835806839154547
916601645691486305239359779324467255886717416048550387114903176075
537321944728305822191558078807524536969327446017473605242058646968
697577061218677619720587491045165142715495423853920232526975123495
465463090613294600566507283098728033873735155375223563183570253700
649409263808031737463485403611466000484687624231089472379165007451
797052486284672766337551730368736838564403704980661790920083171078
821049818331552614850537354075035108223939247445630109692042278844
737169688950911185736926890336659718522537770329622016708106551812
675800940852515068477579219138932138092869611953122090503801810765
874883683178827814252786261879667606821977039093260067296151275571
252786437069898354444096139173790354548518040397333137480523587910
955583040481534804539187854038243236907304310274062641777762657301
034703384021129669084818046162496487394734584412155302581522214994
582224994194195472564103175021144228086523028022134240931939327276
781959906081125986239673394589896190716797777802595116314775762640
285882625148158216439944135061960811758904619511585390826133549603
880323713522245169681180597512189590028591797390866524495280407827
130270045377437267855532504850397463757394646098408565893018482234
161498658315034660821862236058019481145549035154742662660612950268
784097547798140726823956931472487609828034508118938340409615343148
630112486764653154787584549465222275318773560890835043837081120882
441759938586466309397048117253004020305813409044745051156377054103
501416686191248525269493348297851018111472329874045396127540222219
095844050872306623268888497042234567000119497518597964940991489713
853622794588740760990432854228127730581830402494510870633698694686
740089481097539710090849476830410711529550638887652490545659994260
773886347394552511448972036104793757254472396602354774812749416069
835101314764023641949146105980556375704465155667123652568282701574
452847602207817539723371640969862649205576687615644577446446649254
773467297255570538828590789231759706768639824966294555601938731527
103627201242931201764252246448031819544683337639946131383614457041
608883422253715587835807016115602717754142472333152781356694009898
004445823899842006407489589238923892752289147329455312404247755208
380523795101239384358587754549990012720682866599985790984293038460
073296238426290797218233372747669464015269204881430422739438838386
988072365034008809524512726001361525704157749789546427459286696216
415427519072078965765676204708762910259298887712834058061317182068
879509627355230802280366588530930270461940061446449186278566424494
208162102038327611169622442138639731157130118991853169915158165025
834281284874149275360507355014927516496556894986881445782807241540
090116176936589862811374592790322578489093397688160867085700299534
572157942098099722053214575142715411220939886987456280116533207925
455196985191038428157268351201092367995242906867995456830838859301
366721852113536417244228370492060364815444971779988618739061970126
506684370640425124459951909006226082179845415139874086156189246593
084402747014710167254716016686017397691997662011119989301553540628
177813282386798739883185480936514175269040502739923269532293931036
045698425205947108776022321016774679279356253076833772206929809952
133275493410764068293696256538097982992215020076190656713323330719
175311095376967431445827047452191856565617305618532166042594645538
561688375993453276738278878122231537281113417355451707355320827604
407745254423078545374811259665463557459604327036854215738696224447

9609259367500830989140006853836358817787486427106882578787407992834
41825197714084223048949791551798767827468475408492899386476349839
75392445932931291380807387650050522006666272734384454049896801183
43255349997625011921767875580980672332416782617825708911630179808
19558379107540118050962160109308042257018054929764678411538769143
70882475312172313794037236592877104345544696266599992623393329864
13710012680408116027696940228713650729810644525201655173386046865
40621292457892714722742676386142682367640851641194766265143710139
85568064270077829659680486077517949221215629173867163546498898538
57515324974315835413991322136505155138410903090275543323644120225
00770428211147141918147570961833137822943420725434103155582818669
28386683660726916383696779320102142029046813370491534380592465471
49708354012272410065039497421641886692274473689950625289450277718
89469132963467585879264235211633546474686426054856131577840361143
49026954427505648038478887943295655604844339184060202704514682782
23151406507022104851959207231200493371767383523709308856526434484
94677345382413296885430630247782554350281959571754332687358317282
93377410102634717252580005510899808792042744778385364274972065430
22479605721400330661597939815697061366098396405520287669991722547
40206396060964299454270591546000735367315498807739083001581335160
57301111141092801541228066667058785550927033385009831156762851616
92425509292830390877098893494607234902865856020542206703715680463
00382605276371082398659793184830936764165636079070660523343411137
93121612020588095146143773947683538839504721294528349865480864837
85019467676945623267019987133184554534837360845127671800567875423
88719510589565279780453783448465046814695167753813695184510308323
03749657162143307963860154481614495523935111212189443023826954057
60116467373664795652065872508159275305713134383569920048999618043
54950205219555020617927799305642458366587216753519281750334499239
83325623616265020814903557861244051834404038159913582717384337340
52974499964059918656664153561242430800162617933750921429658088283
21957057843171697946284551330968382460003698996180592987950660376
71243272559753650882038636095880904003800176047507866974433258772
21543832599839986439501144954150770097282265369583943808509128411
41629096637012742498817616344101667423400506836167648232710388942
39482025308696722292524340750602651298857635878137500851005688687
32827471873232428984773354258150416258955023854489068496767648928
97072811584351167607761726048913558510981478950842984983605593659
71053202059979044369735340166287645320637188693821897801573219076
99810361256838764838726985360129448160731761865806680596837338941
98265008732624266960024090883207622611783999157440210584278984506
03601419933928362455402768350998972042185962090201621015651922358
21194882020912378392755718560554165620545534719697866123505834896
82128608208403497311998810772590454586337661085050958238503075128
25964285974947159675425924034955860979643401966466721757237237070
85184646638370671702995416983298869124728187680273812549629389876
72234084657095098943201654876047933946794685134373263039223093317
06873031699418007404800068725136597857958599478019949652342728688
88717813516171550577839158713864040578956591823213708140058713808
36523047167127182200601860881125726033986240354206752127690892108
55226032930044410189063723659195711953030288248586847825648830052
18126081035421351812247158400462751059244487058370954083531897521
23610342040845076413767423473005882203432316047463304350628142321
82948724090259476441189103223374049794740857827762204826182195142
21798112437267662584689519510699867374022732300260261505970642152
46023269994970061582359282822297832868401997290365378168160028841
73067332449662838403243536504139753620550910521974909579986059572
94138402426755596748637742930858314066480318445315329081532154943

5828804429373556800527667018000947887335886091364949458385268927913655943428817418645559410296179299581260809706454746509023426184034501081240335390006107346941209783867162772161370836145151105007720117042140575102955114913702554533502068141165244769178458694354034118791350719472868333896624761011830170049726189561183989816053909200891172772452827329958680838010737813140018760672501269264546450976733747002367678201352356732426247888048234362900999633010976573057107450862132187796828074343989648355242714487573058303218024945210923199120417862983211064561898234504950543971618030395685126538014922516948784795547241863827862758232782129939782074286755471092498218244686147958081408355004668755962615790617175902192718697237845472411298557573179374795351829558429913369281405884804215715380746853113023354946272141844005632397445875377275180714660165706503537500007800054761003678636991113239858621322182246246434350103632239859670172899284252341131543432629303907359534291441393387428218721484186131279071626858266847205954664035651133279272928367042153333781564897878724347231657710811890588115922053413447767521297746355065511098018114547089217012441063492394924242267383494394078654658363868597002601991541683855861557896701272200232200316861954197028924757421666766801524808240221115619098290952882934227840649039533967200864995696544707521184613434097785777364263165869169876274954188683133247514531590023354409517149140813592731911461920067757921585633107612547070933961164415088007272939456368492532718589155168814720960114154056640038921028118648545950411900558007928394716199676003018770007299166134878103899189799277933082603333833405791933860125992663543506471009126063462523857434635268474929790657800172876659682562194685410779874218445504710482511389936542799445932024438989851344256726693278613295048517020426704168104239887877662828350193125454951010870376696381206031276179962188931877783052045019481204742705204573212548733903930286680853928985514539518307016773725339156792769039073362485903433514761178705177976647101075024507681616557253954820094809110586317329891753118416036402195034635732195947558600832082926751237884955166725064922072060974120312931357435374521855454983025804156517986227801646893748172397133811236953637358110573939105369179739293431977518803252435258608082755374099972101540080046979927943422345447689707580313149065499764572719969962803326920908915583817603213989264488023769100827420906680800437399250454122368497194097746704673167378878520494165644737071325437283139540962318133764738488941218277568760582754721153484064111928660919806142282295524907588525871140721341401635238119989127477891313975746828093424728231102189843007024439996429064445084478802766865394635783597863301435743073855224801180578551630030594803517023052917619376680448974551900622981417402254687938598091422858374494142946684056784478629968730373668633975101391007984558831971893984042058517831262556099075164256666091448576606836793744806529724037099333962928343483326610413687134472596294417153661683256929874607519349004367548712450125173882289594264322061718377059516656649038896234159034283659246762389215431621094739650098692570895075041141578197189457994851682923997676852605909408476925555603209473017988926182294738346886884787742147478211246290050487616242097572295178607339598869641860539956912742611053799648648272882147298654479372705114310364153995043024924890389871904738048121737057256637134651471541312220563195699529710744845423257854093196070374806243288730574037414313238215835562671427568755755136182019176330108628379725855115674172305047190608736162770832629644295804827975636308237643616154555406169800458196446706678102433478459880692484772748952982620451694370037112019129535311291971380175955779745321797068998107869799671161406472583557313852803781447946186458216347452030

985589751231713640797468385145592041450052177212291446699278647652
010036539788997094195677954229000414384548714348852855651763080299
251676444247682186490621512191723425686851600605859780896623668832
012839653122703074654818211999482253881430040168114450362116720244
462048282967776160165637897576349795548725510809105781339420347277
448474876989841921828085630416492602991762303626322504418296296521
543856287607037421868140047386309450159109132542103032561351107575
582873478656260809325645074346337233422408555858163385371530694587
269202052395067272475369001398011496431659458297164868632204841795
219642449832794880631346462010891393287053134556150378876921145927
268505146771355995890632238650764778282690168036013061708569828863
363533982166411661335548040370382100344583808150558303401797120822
493909503856609585571395374634762832404217519342656686392559177433
783255482070386105633012623762876981734728224250946153189070215082
050421810397748940765721499083247852854595100246795973930841106272
522541569649389236827358143460772759803346264312598278889441818491
738026870449603886707186477083156478758911780354308201318656582034
354073422928347455769651498683915039761412613360789480997559164824
906255168553679482474050984649608568188917203699873757964398001165
295270277237226019357555720232631014768692847626362851893048492690
926409854724936481814128316893832831257956621359883554452066740895
840923148625755911051962200050308020425737002899660124136355648802
803399956946560958857632199260300046853975598028765558317107063997
506660476148677763563226116127152242671096736184025291082552446153
885776660277960808983028370687781398492381254517178987577906769165
132460310875518147960012167620168554361388753511114464644596594898
628685003842938167759796191272999045913439604283622782145743849108
066267372039815968331145831327755737193964762139470369487134483796
533672088650760949443106748938628101668608093548762040629531426836
790162232434421625009619198865282501847807500930929896168789351440
485278448521019497293149122933664283836109583591179266973210503286
586371961913064985733208661524319891775175613307253369060628944014
036246735791686124190767973072153896099260914778003921829096605678
051574245394812705158278656086176628088767548528264353457929751091
037432431480490509972013400938712099679922667327456972199757397498
352955663444532434557032626027829313689388962967691490051117916415
739641516223459624143879984997239721062591045242665562829601459679
012861764153524786433047855814962571113956032515036318374506194258
790732974799065403378129323435496477095994159702169181036814733833
330641513877132215173398409381746568333237521245212042635149480179
573706485748255881296241114146469266177478173860156155696776808063
542808133926222268057358604395739162738771435084847701866265316974
888647386824309419601892875891202138727709615384880950656532073442
058984978568214481099344327143794129234072975479326476182962040361
443641127465240436917542835856614059594332610091323144864164204976
494795520171710865170698122416084821707217101649482479807749180166
663180760457163952518386095827183272086570529825589266492312740506
731234877203497799829560941063603051658168190384801114703042390182
045758372731652085922539947510938900121122194266654459086779269137
115495078966657667654609628827777519957055450729792366620852350781
689434003204754374040076217990918813510949939669431342798599215806
292704213826756214353405924672023502064258541096859551282959888016
794748534882762322608988214260279669494883399735380911531026157275
260615166467574723112673113045630210164427562827821914879246698975
320978326529216825843304790854783365426975843307795571952000101207
872401988134949844384367638270411742100369511690111801683269994661
201008605320941579019288976139784035165111599346420444148276820545
506341848306161979946027048964895243897025843417177319031533093214

798054202089619512507592936490162781474077322477257322019135045680
559997856927754305465787984285946840858678413411453824124072065675
598264826257619030338341742518485385403847037100690876508085350864
021762101015672829143567367711035116439783634404283023478073545669
143817704745089458721178783915416653092472697951952686392823300371
685067876207877548178391081973218290478799329139607887417683308186
531819994065979267822132271345963247140952946307619739674998463493
636097580672536615518078598145349535821601480260233176252015063663
993913514287751153532124112251505706572311520853765028432210158406
189825700470439171864907241208917145612024917300437993499942065866
379857873460604806192281194643315629256867108796971234962364061937
388112180207379159818010975908011327225784300250111378803495792043
918992883005162429217600337641079337196813319206758299182607848524
757117752420168349348194140053916463935218273710489150036580479259
761583436513553494384319150921462930819950183591670942530265403298
032496761584396347114353247143703922148617843828261138668855215984
613445058033026369143941743559917537871666881400452968934351987652
723008458465501565659895211301104852881693941568670635178319221855
955305000298648325444774777199550165082658896713964088988056795806
691606580609404851392801022276976156138260831907603324548465286614
649429483966773300807073200675104262514142962447145368750970687850
660059394026518778610327654702806325729906196897591887386672305110
123794932925976495748262551959273944717640092556185211857724430888
945893130457097527258670714556514236034181989031519545721886211491
710345305965784508261868074364977358317577008647587996432274454895
007809667119616215136769508530892336123866628348110293980460743553
427272442810490328075676700337727112094912843448745081356882215603
305043883517541081483037534434208412208168360581326234576775427931
619860454305044485105558004116794337671320558147058727208825360473
106496793184796373527884478852058731828660065633493256023590888983
537772507970200505414402105594610720764924409136337227897399466397
512341178836631250900614162322765702854104850679744981271814676430
841410300237525653730495276727548454599978716332533105061902402151
814681001465126285103975983941288236986211318315247764967957774419
133239479855287165302319986980239839847319817881713331034433989083
795800005131965345233833901090970444714347942650262857403151815203
546507282311838519865802936213522437975431938019834329143125027577
667543168698886028656770135003725896964458686834176473878390665444
218192358577310787002319174454287141600302682837240494643603478769
035733261881143101081321885527985897303450534403303722769151404531
823618783217199889890550829089662419765855980578341428737306480985
290782145941126494992196511361256777307699460580206407239180866900
201756956417595527211359337589791160475982315587253564456825714374
658566889820373705497045290715846973763555870609280120176978053293
579678380795022792200105201676898873254108389319250907174288810810
708623207551018480041769696826290392399839381162366384787130819320
185559267865898070985022953739494217542469625354704395473241339247
648521037611777311231385001618713047106477839324875850063619911967
787753268071392468984403882659360510854652369222619272403499121038
316226297241144083556868049980746048371359252075390170144693739164
092864863919053757393294556536775435632948953085479197356181168943
469443443643030871444254910609829482881581159563562993377947392209
785110406721664480320531067091303759488434578734398473707653747404
793080903438244339705830532695856299847938304808177975089019323978
819644747281348548648563997367907690393025212859195095945330313797
518529818662620117612609532139263391827182563275830591189372106915
776438388722784228529009122612514080523150812027262477370667161537
297962365171711830918171522805265375933737558128234864296932266784

713386959887691580950811504993633735690590084289200705482525461768
954164710778011758607143286624044830552364259377579855244869608072
673059076502488514081476189179998962929079540606916509862750703309
100886611993183653478110689500553232123231040994315669757128432110
589272907562665298306834612688174350276344573487313081278785396682
594804502445089945385062622281565720665625908071060090719474158064
342896173131515706055811399896076568427723954812062465492792246644
108673930170526784065224750410536043235086881525438218840578152295
198789560649956069827453289227327038537584520927092429466734689593
377789658067695128590449057399130794876253979899894685344867084276
328476440980465348855120943606428893738371053515595879507510368199
958600924794052205154880777749983061313790264128273715757106128173
624978364745020722775619521267432735816854961196988825831126166950
522240218811466930625749538470869958657459988789278684738719864383
790480463746222816126871276345113094783166175997075950853325746028
493740010436450345565804494429503453183381290785088833385837869771
084982066510206279570766983344517793452718037691141020755747743154
293290326295321149788262035159874125464228843952777954992895647543
471058985851590055084900569690369399463805412744078272079588120610
950182666750528291004286440115969091560260245872117456045510940768
469797368274814597904045521904841801154566347833534380881534140372
398178819077576306472338368480766171878875254440731865830501186475
632030171398339007898754244110262777492594557872631516087487025048
062038162606284156754299711008457236079436838831775697116071774760
197736299860847092256124190334430386806075160778365027891666283609
317675969553014936812797935466652393898654922082126132776378982029
467995816243987059362391705117507050493924429371228752072100479003
695203530541747026881003131427531174456246407354520013033515441611
612845306363822062031827141203471057333057060956104199977441294378
972333619529368071162946497417467460616194428419577150642124491154
067073122138420641412696715456643891594717779694935195834684336783
221413037431073429174373437635441590737738077683355454522041607558
324500141271289974101494705488647243415899129609228298624074551605
891496310210005958713471920979723983683128011017526431868611183517
017358675406492657915137405821629724201883751029772027692280780173
235365852486610373552463605197417587182349087381977451996041351604
688086082725590610482822257576746358191662903439070547597034809044
004304333317413461423454127456779872589232409091510873059202427900
149673701513477215142571480238781897278909931923211885180400304976
289387311988687633977056903190741451762975055829507905515712897726
034354672225187519472277750347806298881580276408830585887321140899
356256544526325626293042854399332825503295028936990777054902947079
622008390293221444112657382089568543447852253558437312693375479376
599430699100569908215603145081988649438948867959773652023776380526
949555871454270658517474445964682352694105685193373700491448623760
659795743742949313762849542374769629842362040406990322328625482822
335420165228291288443421575127060202153831784521856484115066939436
436446339032946286921500120033173722315945993702440466546440107095
463778627366769045642599775860341423376275925853631264370897307579
552699685031320690918306791326542030640031482455986239265759757317
759128625308946541251662284071633701497902673843253016190101372978
864695403425694557263052203876294232648064996238163085500312651680
544788556819973108967957554426839220485130919026882403377120177863
986046398002560372060692953460153673513009351664904759969041534844
228406494643578396273959796970119995996897055007139802671431539123
914611613581834068087605346672553050422397928096566221091111847789
650335190031281930814047064787403671555521140340703039890722323391
594235126529717112144915912874696964544557092280434733841013858874

2805072514932018367654986544261906876750303979569390242134374752592
0284449370703219824095085287439294127815958647543036695336546465043812295538569601870814630360006810223193535677588422170662717787522895393749739449846068819589926057904266324281818832976825708783089016435405464175367797521401491698161349930449104204274172990731837969851312455958606399199659668996108005049400729639709895951757463495011315239540543638424771576730579689978093511231012700060683156013470561688420818621059065843854685352265309940809550686451819643104550056985286403697227264496407220910728050656517590053633194257188261901685209110944462304938727622601300966509801815021611618931499175544866484510193964089242453518586296685358807237025208629039637513544240841676796106254077453543971872022038982925881504881746263214401932459126384677645387821490032187360528840161581467693409724342496695967974551295215247541300383824175967755422515486890349846758461066315941988121179713345250927530701408561426350301527147370879790229663568300178799028808419389392249188448911767008038038758887801697701113453349115348021065850875700255173632568820097595527487122535718255169787531509556908689854648379484303518706149231357340296313652791276152623061043140923956535229749326101802357414494002010757529248895892932458035188934833623226621107047222795178964311353322215133111281302699657056542366660712427360675833767835191012510994437030462907634661496449559967303212585228400681288632060138439153523932091157906047341393629732349275918089423365652609394831336481029064358631183082596587859784715023449078747678799566742485205104010399975710394022063069173474202089699175600528889873675939662936740172098219541833712823393286247731719643862566531455126992223677667770819864349679984152604519464045901639578960492791392910434902756838172684047052298140890671314915262504417545271011235786801298936828493391396383366078142291794554344916809706649131884537812025796215523212883988829483096025415451583015564562313284503174185769799799107895565679960825291655375861223383807006921957963941983742611767676910050735750147104127391778359634794411592416074096491892386416231443150984337999995741238608455687906501796604659040119009310649145976455087441691709361597805467174658993017041375390468254441984930697739630336143300403226370441388424564853196000910240359148604341956718891985856156554657750890144317771286164568621900128459460742160742957104583140046201246390110210193236887462318746390639051846090824746612225868317169890636064025404893508750600193538323584777977777184156692711224004455167705419310730388369438797889046242175900466660910401636227006450671672563298135619169577585613333903982775996522509904038709327898622159549437997063064807096494177080058122705593309162118440046358937856324358641910615400682047879016214044578771739810295260717300099121797113754243334882266618671805934535003597940626101694558948798528738239461925927383005865786236901271929638265926393781959687776344919278138391527346851031712835011677541289696340176336880334761324250065479448355160024231256646080107867025860376099390800451756260090655554130984042735743005006687743313528206170729903389370532225467004205889640465239361428307918540416966678324070955958770942320094156109555343344349138543884086108248624289859619741256571704240067876712368593537227109156704060621943472602040994139547201317552449158345944274919192913502355834404187206974345886053833701858976572062254668638991474061713844091114054244489241812528058737844437599033702714432320785204641931475594758314291941697190629769790449882130801925875904858757010280498900927646674318174193127387987919086670564601741410451836547363921120183127264213529907507531674186041139085079174044172658009288966400350856182993724721368434131495692957040198130016060875412795746641903179733259392402107416767024235351742

211828571516183297681422260730902963694871330880778555666323972833
422527065650730725189030903950229751455450814134444281654143644104
921750622706436286101757171120483665814970582463578007550456264537
446280525932841567885798506901058045279756262857220830478354366813
133031723323813526470752577952330152891663952865431899957317457801
678267281460222640381899566937994842421098248974200882331114001341
044095160930831309054655031595551547397748022146240676110527161375
799862835439696657835524567007936049751876795850043478594444834874
734552599963239258820104452878957672333911085208137994842347153189
526128187510890512135465496924606655767345185717740511398090050749
322800709405692065544287992897680913853288239231274264963790719799
785249090304609585020328130118819189798753861277050983112679686721
178100609428860334160740802044853244141445794547210546989291664998
1941599750811708399758555253125347930707237719482373833676065541850
2113337357535711604984088630696264989015111556298277922304333498449
367839151985626850432520084479855462969126299788313029363064633704
503315526375204047392241570728577799880296353289006984007678189697
563540217661942944247537256498457226550678735909340572389793781914
608031982711392480497941100492298143175949919931032808979574725337
681460617454331326448924803701346264266926317342443574270517747565
067556341333600591783137637375920389020426517169186542244841360946
598636267754333221729097280677212181229450177664232716733109192752
337724245059080858927565564344115484438889532132702856054060064352
403401177439426383149269420366767731249233446046152792228711747373
206820737950407753807024875139736974872208079418362724579267158605
875684373825696601528845015936360579976487955466689796317276414458
267140983930260584443731183219527357824299238053046097925321759529
437646696717859956554797526010481116090019255987703160369289053546
421969361790098547207855125725975325768780341842823941930116764712
780200132449054170687194060874864250992490041243777990256723623875
213448754686801805700267716590457174167509358537466327846614717022
291277538164893581403754204131631796620462601683005835840278084250
847061028563214676349216441559656539951244111527225209885576318078
808628374443953733638662891394399045918693562979931691320743108491
238782696708173798380276007328352371305703835388120192178074557053
921312504821976693406394280234533509698054521919641649696642051922
322293325224980990680943829860823933868677395445267363219444015986
590406652867020651004940978671302450896050636311474978975431863273
763793202279530010877176844026182180038590906077029345978640932969
511233853261494565585967711754424619462086741789881434778027023789
183865475073672507012316459542104230368253015499272923049706500688
744552908893664655148193848056374554470319717186422720965870630049
834366571830309458525285629892546132607901723746233601382089476404
721767102107836353063283918528942630970835241842688066639724543519
498745949527236882351106475938370531361494523326299006061354420207
900800784435918514238109540624635928800749174723260142829150664735
646949149075313040411948746127584251725422993376561913228344136159
688451230509792290809347780610001202430793367546069567188678475890
291671628151047910984819968795053757476103438392892981834755913533
728342888492285393965950164594229684902163576984603656667706884979
061493789586623897851395030195525207115947916243038057133910441235
127977174258949971813208993972409457630504381765420237749372929236
666408582635630470188942847136621796280779475814106472039686900573
358837832383938515643676929109532126309530237234188776377595132558
571988684156351143465444921346183625820017739111963565973620917480
289510711911931216161504935661400198915406771914740604502008489007
852104489840715587249131814241237453147390958592854919261955127528
154045555489486053043951830551638652963511435855426789578843322470

303223984629694037003638667059755189622821668494721551679940102372
605276192061750456049663717076263845953005334443878994432854366301
464142075150267652998714841483859242046843515052858926483541295999
641906383622255006162029851790807999551716142892743322162806963512
162902965050345455980024292038066113122499875748777814543334957813
655800830045879054556552375964308994728294156584689806294311272597
554693021887912731035300216864227633661031890511086335963986070974
737419552934178507801365337868776791151473833252513002371910235875
886798039385529704998321830389985333735331510345804434025730422758
682609723983422315017640803327317622631967565989772971839422971652
277619673408573444137475914779317933398924359940581396032281346592
478558756550575159428611613176739552834815080851852071547951439266
728751057441386769718902087776119592459359290863839696200576865099
629303818145491280734180972040320363366766499443919936264145227145
073503705907609385752440000947482297136237721592630836022139158855
909461407406976301297086569690667624421861836355204727903533175309
360779778798470802390218595874487896074523749056283747418931026806
280481743381300198221277706092184700815252327145986723437854310497
839043649305860764535756025983828162540984963998318112971881438639
542654408280086193057291799568887988182572440923086077708626351313
609463097677409970284727668296668542908454052022919003034322471898
204993824806075163872794566894084973666516228133694882858339531350
502170536111817502101016960937372882174683892618068718872117122032
067336498312812545726927631056482587901068575208080633928751364817
583758109695596993384841991062692241136561171129547967778123862393
493414008547053784583782851512327987308840937357211004586036545449
453018681073293761108679782828034366133339780538614863594371635008
771193119559848021828992677797694091393084926892397161087516259813
646427951911630339179612919001760953221655734911037471209457900418
602899221551175915683036249471608650518632279742956136519830351897
142876022375071605999046852270284824202570096299382791478180154066
416917925969650230616749677247841947414200924297729713888325116655
222730338964447305270490241477275647154092376806641652822611221660
551903510495321695382999570174114651029984898251643905699093945986
820498552583128764456838984342109365894310511407555838492789369974
095013891988212479916209888392435587365554523753623890641072663136
573386887150143766765743928298320734613140394952617095308448965800
565584630952329631871245183661663042774985273620234906785915576936
220534724261112532638914302528937667373926286064609916642583999874
647434141639526777322469333134089892282135236716095628251349234859
268040735518153607196567395027069135357634343767443117249084553776
703266698841449114808884801324930258438177011878566635729353987811
406465883694172838736570843375751044799123597365972434455742718384
733620516409860393102195921211225720343651001396389064945296714205
608908617698288316388283825229707658189611895457298258107339454017
277497834540687764110778004407429966398079580266893129468908915OO
618618418921853041643322169492782133921182771902167520208059672627
494630028053887779459621856830743842989256463024089063366760647389
704968736267734714319346437826952783760286146583892789336232361603
686965888599440717090143857650085623703570747288123004277647474703
779463200055437274736584724026183902508185020399413109503970812481
221077612832459563995640730378422829494179041799135365337060929535
804128449019567717436326558733430284401481499075465103281813878210
907214339837454150957218087233216393141184885404882476133156499354
030311313197143885666833802176668360829503236040595136775927155165
679680295859733803613440693078137573011613002657970242655917863431
943626466230186872587963057556366078289969536349814522388660073014
771879198641606614390805777255192448707082910976735549911200612317

536184781317654395572950385452923653669413348562178789261547404561
504523088531184389783350748069944802081583047802929139502742186788
691980176555468181445443074191102292721931864440749790317259939771
362180997111761468900013772407009234849963308320304297321967582789
400084665235071155111834810320144835294744885188632413303960676395
857662392727435386476553325926113916010589720694912160419438436276
922502040836018348118271585534392555374582362825523726253314359699
646366678255933821009175987444402718522512906425157453594796130527
189599488847824353172256275413109599850442774753526388871189264977
071705502201056823253071154389564758303122551162876396883514326272
862981524075588799596209804394659688932951904490105741914199814985
879000053348961206916311175468253485829007683953766264145205273936
078651380572241506897185582776538952151358565897640730148811113373
869245888909822760229733951244135075100387258948206647854453929055
116049254655683017922363526377554626840904947800372684716102649508
826206935748463164396897896270083376303743017561945738907884810424
309285523631029835517451745446606529767081994743205995165291596008
715652115461296735413957327751678443484864598339137584856250554601
750792209883587719338601394896751483376380213903415290428362645376
374580878281537904708544575967614210377236123296196402292022895146
968811447058289309803570015041036948417054728692275197044694697292
034951969766217664143620321098749717299081440003715739281891528408
319742294373367747782587092187172252984069305556935225836786253877
699037108329877979505169169629957607026624877256111532102452287179
703093738005633540592931089018740049575133056457554686458819253443
722717048411076045834505257242917684423561001394566824566042880004
740729261916575440953365000544583331333348665819727492760012423238
225171846893069408572324615542392813887422027661693797935663441045
037115598236757714312491279623141150164528880440942390051734645637
803629395327787801636044104275918642025167711823591081249478448954
880725855125745496079956918012971317205403842490960873636213513109
752862098622426241874243578376772912641791880137675200320563326189
241018616513034810244006856808606110481129427409009375274857858586
840922973157793668860861996442907361574905330345107467921392139357
341469378267840533131992354433034607195155205700661001169301061146
455648916805009145005561378494045436931348591061841933018954548638
521986008082004028633222685779286594749900693607510578023474201503
531773730083649498916728935090935421209752074727250436661880061334
959093061140711046459924475971754240199654073065408416973523925041
563550039026440029227515519108629413672360002694120712781130876365
316152244335162266919012310171362950133169807700976703122592334099
542352764898442089109243902756481617004072173927256602429583715571
067168541418713003571310230544725937706454206437302838147841910218
688218466567138326128263780697530988608290663303966984683962467476
885114506491315186155246294792481115987311090797711529805880920928
581622770652756777195393112035731943345934347337295189941572147227
619036780043087959047999266424281962016300988837148845043980122446
245560266040861613319972328497876159317126814004045056189668690984
708239413708551813261996376889702124152313781873313001560112199565
703541410653535638452439655642672721743450531708970862034765475867
412814640719792280574469540684927959945904582090187317658661625178
733129693572624876301827480530656002946241810151431318690240874938
411242158215083730741283373100322266839576907350698817682754848177
304995391310318465327838386562671747600180627887580492540088784039
279856464964515527892734502001541003131905096271080962889523768982
872651391408194511671959166631818853373127982279478096384186330812
324934368273270884716848408230651068049840198996614184868219292371
243226293284424830236101798391004269904077447991908376102111123960

672507192997931365177067316450479862322551979702992566531510159660
459669015088706888298252728640598951425047655646438613971390930202
571945855825271392719811327758886955446292060520268767522136796682
746877587452876077863449138269956348008254414413182534720494801421
265432982967846686054377906133891020607653897467837990904198226428
291713569800434724666969930157511495371520437403191810795486894324
062290945862326245220966757449528566016465787368842465402656045769
732900129583787420171151005742659749253328682586625702458378115218
220127757607872278753625441767851681849197994949764910003693490955
081945020556381122496479676624965078580232712368944622866979631971
539024990109911767205329659201024327415836646285103519400541457190
714863882469446903822456883885007824410392501635971537484905694524
560531254037917603310165347750019986495805835536614207169974117331
055254042055211077318581045894610462735580709471466835287835222442
439519510959648019339972822544123729119753352333978820050032094830
778066283364606324667100180087066628897715761318039445308517785997
967916175623642457991318747995295187367560206724336078627831644655
047133342557745622032970583706520846148146180327955657231128913791
506107878236724170631574279086027582680483282048253059594486535530
533557360894366837877887790883577331658156656404633363117896557755
386745135965474379288244327761776652997753788443212262675878961266
383306843849005800577613730946043245733141597876165553722630161642
335345100237463536829894247824255806480766433618052377415631403789
337126999008115460840814240586928446408742389124577519366466994637
359158441193177950085848065280520451386178972329910964611770976297
169880547414864040358883927950040568096688268252678332587535835160
050579458531484837770296761832636064913660564711850804916359111816
805735686256767574836279625954231444084268694441780846545900109830
083247012732767325186296528101198756674251237185471917419644610996
381436922527648768652429643328488026710488044888015591064476982918
336443256383798347892249924247347347492558557293151861103453413733
567227462578276718755128522961571935018632517217599994227794412512
769491665964117645331130767839435875570151126833978807782308932767
292196739065650167909884959899971836201837724669791646815888400401
508326413390170244028639070088310664906834976762880088097131577264
334164705251536471773066139272240563257100139729989909559374773055
963634856006159849612535183107450428280599101135615276461371873230
740548644387095103762391293174413926799644747323618213633118585804
069936583777606558414953328326602877854696894300229268531019343019
873705871735821809800669389125076625708474659506289918468346949911
962050562881006235243400502407512125659762183568345522576684049165
251570758414614413289520970093068729022716370563859061059216969457
351312296992925835675318834452109537570173563261816644245918307191
732592805373518481830987229456262172540444189864039750384513606111
006210718088689290538855653803212319776645007978808922913907197183
215533766071468815888614665937080218118486409491244157801586964737
239095958580311735493963934232398121883858322269062273043691547964
773290362031023158462282118660828589608169094090006189644213461734
468252143386306086410764913030963038606156122694775672705661641983
226612829559405418526700993894418145266998151219653967190513843135
365503213138068242451734889475925031241924841752557403818235113902
616355370936864688471015259866820062966604332671588470284672528273
675136369158934985721514957696957393793129333387868587015586438472
121908813119471337087338232750005623992374477172103479216899958700
150469805895623651885426829398566671272305833174739467989387917984
475726396699725651509335049449623932989411838095115220273859361991
620893155937352131938012702984818829682456924664015891024522408334
073529472376766018719083566257343946835470483622445461993712921994

552160770522653798347510666769463255511566494911680705230528173086
908826823801294125418146730584593435812734334074634710981016973378
451137000361466614777973756676762211878253942360370654923722566475
192700250824888860406223409811545113334223901773684113599153372373
184676634050715689668193810358548079907399613453888826857567243504
591899740069104470411162878652679201061613247199984482371523349978
363752301431351328269553952901086494205818604396159053058259754001
573475299749827230953870577210005396418869704874528973591568792707
994416581049442687939022278200261738842463895922113926387495411419
594330027084671423706812813778229848743892258019606732295576646222
560726500832043734636892069742573101488777832814597005506211252970
943955134820697067809204578900900556359931930300746710425701791847
467995201645098538151015396961735455277804306267757948771097991362
593662234937064837059816841914409008692838417581369607702626526373
984217927518655855340018024947388424795076359369625165815980054901
107970726953244886137434993884408366146859209020138746292972909384
539568930915524703254564948483425584353927500268398089195124385714
727889228818004727979105941649371664175676509443374654097289014406
328130189143863392806334434942400260228810471699972553393957076410
706789505905241632902212917615707202813379630649859882322426710298
264264548227932715480458764992124132126818276723090347559579303115
848248948301417317193431046635619982934226608452419772743000894757
519064436425070401157381317794809599533926915579884005478289536523
956367416572964880463463057367371172158099902098944537332554066492
445556570479772079145812304506188806693477316115492135285980811109
640356420103206503138783298144430856387206579389407056232795868744
608528406980628390128319940403175369817291011930274216487446018619
632159446845380755709872212964758426105804371014414489107488133766
721383545414247871366665387182071284847617070028023077139862001523
285284674980517160094177008483060781630740674129158570458579809143
541609290613494597096889257105679100556752900747504379946338211192
119990091221539655631726332987359358386665001897021037681056553912
581127425650365892142910191935677400796661271382307140818828418649
325456700504789023579983462966520539034526722973679711222964757638
427953370703079415632893117466348996286910518604722726888778758797
953654811330971852577488362549950780896238311682394650511685470862
613640217820445276222621850946877145846667658899947937102845707858
288649455781921024708840980548840494289202758632513512032768369165
509333757568774231103616106683832158080256433346454271722024956218
060593586057783683982546182236449833541991908181754923962168710528
049514224637589120113615979984380345538987436863794164300305130378
895831279248454986839906586006407899335281278519409840167197297270
699322133907184209551782475206802684636165397716512345743403044324
661478177119961085537282430917112635195011915381033226170096078197
922946035526018787669236212486362488512903544283973792325138955506
401423913076654675381145244024706837652806414248720891345137963859
994493516086771074601432747723851028474946663633461941723016077362
976288977251283002580846877265301516820292508730013462199231565387
199041060550741930363390184442397874423384998260696760570205353684
564642727270348943923664845900245979494739486041667113357170281209
226805278156883353132643317590299465385748521847109720477182480567
215619231319966276378282067062797786438225580872740355388755763722
582999050673591541471494743726498397870576633115053342116121745340
896541521554977462478886291183035260403687328220250708935308435234
580815071956958892412605287571839649630550766286009111672617530072
817388845881237359853726929926264266600217297690409322916645780080
286157310501383405996052151802023374674932941095769139999676638521
753746488507214642276836486091831973323639215924903900069678881210

112974635837340525868785445702221462087368587279664145301762633541
558879405907321222539467073782654675608107464960418043395795387211
330646467992861229485713933856329761617850891155827661197902337999
866357704749637968223993509579545082055051118930347793570244303528
304428347024105904612246808113753997074287434351207241798271000829
331913714192887714098986370546271136142170603160388771587341075626
603462603469320575746363265306120596147410967864366328128489246217
276990604400356483137270171843261107628690706296287678248337252181
678495208701873888835266818806885615538210291793846881259759223871
757568737766365217279182935988891248129048499965476445965554595153
192301986734214396269052453374634498603717927205427968168892955587
945755341314658812833102455747928050200866695716939577801534143906
770746884443719972294731420962430984645053185396521906026711006056
621714505652396167629158214100393073338929186256703337144724170924
079448220819579349698115524925573254088088316481951994849251885979
718179165071886497535369431957636602624261722924254800560595721748
153559340925382832433344777942345089465946829548015616400884023550
373234965498786621710766801062510274472340547773872282337063244223
465713099833535636179045129664535920772793879392700954660146105091
802732697555135713654909405170986914333834373538622395662531670508
132212346736878144276185478830585005810785155567880769397324212208
730661826200908305041506079878672078008638748314710467962218043947
575563099086244244382809070751636039213609739671934940819820051893
084634184185137758694213859700251923572103523597814756562837006498
935806194277478376736716568604401242535394254608374734622249608298
272472402187537341510443884271408930329039663170598527274357572249
198043964068936908330704606903363403761135669272008017206016525870
166209246565318321783590348318466849633623177354463039337934892379
583823380148352466207076888417756468257271713619148355289440361157
962468253470999577854148164846673573561133803192065822135496782962
945837948992590906571508585899240368777247095602252060304105945472
235734307619920200387034244022234909496718095119479811812317662161
328126574188879267178040238578005598529232561568824676516359048340
588004483845823024199841762420397502821442033237813646956129181609
088070522692744785023579437156142854961033099970139477214606174500
788247541700679178188133730735538786796010124219243417398732897632
280986762293745343728998117259300822232462437598540018372660873832
647120725544913064336449951001947825445255425611985444689633861923
341088611902366362520061671773407268444876708707863399288518785748
868906955952057560806553597236255486657680659973002696144997913863
949137643343951178186561697245750119555271398766633102419936496159
367342333676593518995108210508545586590240452439501495865709751688
017729800819922259725289161528326432871330191207202622505599302105
520059364272067206743658081959198389468624150753802751656622826042
558448723696342315273704964736012472937470582351894637772876085862
713952359990692232587035991070927536077178731275481509403512701381
707948704002794636433688427716924012826404447538300216806055597399
111532756743042507916896649365346106649030339264547982624507527529
703551170293895493926050261167328050806361911350415038722553548052
495030725922083212991676993938578960521919040226593296893201528053
855848832676736575685837994286855431488484598780431993710784840893
374197790800338636966596327000480075341073313028695828601359287661
350885694130726895270622119444657090135000285078170081732969360699
447808011650899774698383275335446223117890041424456125659236190671
377822188309901262050387138637461107547138243333426066111911249960
431197487300355784675385580931940536564143872408715930702800223362
024034209266924841036541392460325281513910602580690086792469478464
151377425304908113337485925659032521084378705836901803059338532970

010969600087425044814184589259856965345569808272371276255400483792
707641017020870006758524443257752645790361826803605262387899668756
268684575871134948261702787264207740532779178396605930246805376125
287836224216318147642047643334565869242915619461741479293032672745
331987962759051058255643906412796059960516294105583577003536563242
856713972433093599861784854409718181725544777914093209591840501649
984386128073788718816754788756505663196319767304705864894624045949
269766453285109198744337351215664488814513250978299799856828301830
292718126587579974915259421426066384493476182366943613010007783474
504544383940594638253164174696216796375403949152116008355340458730
070341674476885386353724175911919125730296287576998669830602845055
125425577813049196573537081097538898051449828195851720963288792497
596687858557626872836385771428233523466567958926948548919544874241
952228540275810132725725884846046549518516222527214858969727263289
515266100741919597178328836594559768570577262847855954488372407579
162883631484906477914553487265755850111942264869962439109009594842
195050118285457021898741034571838981790486364649082967773150836776
997335515074170081220258053885245195363983453187617781231829233845
161492018946787202174802452815919012422558651698747259021550762497
491226737659456330761660211943484032397991440702488173434330292725
710928657389894240649561810909797654985118424771133900728809299016
301869411421261170343722496674766825988818337774891530013580023146
024260472055275799319899409643161144298528316114869897317486423082
626493416316845278016222869452176524878906995560991510960158794169
103884595635966852936125991245729283769357494996000637454051029331
252353719421156501331547537362809071428157731851185927633100144847
811577305157277411636321762995559710643742787164040829830710463054
191559937148153916125547811264374389039745212073575767777507421150
508298100857375238351838357539933202975989157824880504120705904644
073227688483087435345122645470626940975444513697572570891505730232
425735672721085168470673901113721018280580460322479166007383269145
415931982924325433746486049633965342248172938325475111403759384377
805581002679023593384798958654860787419414168840730434173496904240
691742895829113388157394322771015619624776355190240217127468627824
721979967626629009191769556438105385692640185914761669543194077693
489655590603130341579094455197560296624875454879091117532699370937
126380672256751463060740233445983148205780778552538169343648053568
079452045386888722145805202281371652698201162506165729737974807500
297233921909750122049474941700659392967296028738767195222550630864
385036022864184376624009174719032833908399536747468613101093275450
853701032488164563575489558603679918936112978761908356737312274823
781827018531064263096134724871436054931890377026133291202074118570
203965492336859086327290034787222376598941863189523397575264482623
228467814741678394175878779284134112230198805548371919662085993112
969783033886516758544622791340538447608394235553449033163300012475
799652761685263194532930959627313146726192661819832194566480048912
724042165730413638330422266489785155626456553219711447297326058213
214861528010097276801510402989652020638606860045981614285237499912
085209347292307977350301533905977647834289074748778151734815736268
828728847309608641886645303294760075330935853802770492600732884329
411952086482971131759375253443889588142555483851732952836011377915
329011335759811747590808295590475065765845686049895198699305066250
601709707832987606304681600952109729778751360186320545895578180059
587571719117232350915787137515399125515052606959476059331576350909
179773320833613680719455156407495330357188422563693171183439732516
057365037747321453500563595638262474936382247058368475214260727919
955251074551304244338336405493970033337134880029978594657544942765
183034121119702102998733619911776479300476493264915219099177723625

580527127257799284186221272202594729578364241569518389042618629319
498502398088279018227708670870719353980183576382804721762702614902
491846340252361295645126001797544961312208728483738833193857402018
908281767850298505262156335275083393941014555472125637636854640790
946476538165508050017967373743140990894748416914300650811821039900
941917142905544287434869177808284127163283349333738760189805192382
363730219765007029919984095395364081929393544844337867252570777295
959613871007157921472183707580415005441349860049290749969893790348
810208279250693005742360174677126398250444798794775513836887538882
077572120635319586500300839106544714907549279711557218460901553945
733251863898128582468776959800827417655549925565263787184749887063
291494390803074172603675896802548718373999961968293266122412170677
133971378809252017026230147178208006391621359820529738550555820959
403332647089156195552235663806264125747913463825374925991288014312
614436201171810061047225858418500286341562115688441856620282727660
065536243416531861727054704601829523329536489605733307453064730077
394581740556221801029658695455429623213626808519358450025873573058
666519561744637181113447756361029316422929997712848473992479149975
246975746167652401333988711899350291995072594035417767887842758631
733862021231433122324549995210226464191705902063721563648704410426
983363333138216958848319812093693683591904114931623478727636627592
154568410702417405297925694298191498174063952714478690511842343371
955926123191937579062117858090932058847948363057956121560105651820
752164895293647504997836425968788047609259997018653611113136048448
104343137267327149325176406779591282704180928409930214809574578663
493779227121375537125494983646132191054790119508054816377823175531
880540483447456823482955282130638303595464797553133860371316576407
833408859359457376719674086252518097818178803698601166138834712999
153771123834154528740489956469028260300688542763451896235735546181
582222140719678668431026826557381151949371316182349253043654779188
727730395772916676035989068298497927532644579302056250041982158178
336797583245820167033440163751943613079360668770605961550745818730
074058855418570777129376539546111235520177374526753650277123601026
263711408502493754519972388118497200485295407605375755048633498517
603934340365895296086073448055312295533568821456711805760475884194
205834963384542165377020226288732032814262719241911346980715350623
640604880106101761396430655066646671459774792751275013133465967646
396069944057031186056087812280632896781657653727506296728357626397
482838464729501891798560482491985007991609232399766719647678330126
384650808804283111098502554661296861855650350012361068529743566446
561984920921101266375831195462401126619489300838284386599999928333
379487659821355883933309759653943516874770254203805203373382317893
878282543047736859273772357478886566858736092568691056377446851131
559478673651648492178603892046920573921373965976293426617993875988
610557138473901586953800144003377394259635248692636896090870539526
251096127290887376798222410747678488299026259214172065135443271991
645998333033382050970236703791891297771139000217964645568170138089
418258462959876893635924393798037012604370001954537532094758565668
626186913776932365553855337366401811426040117126345320537251244688
083925045538064254766280934506039108615119488314246477393594536113
462632539790305310615515404757043183580698889116850882783575406260
470081334894277564198811046150339108196697436038560732670871560877
665885891060896072087471582697016905626687199268158483351741024109
506049761333221030468320093162948196664178664108925963354038629241
301524764041519532761824707235278977276957745431491457204054179953
185788374981085050571576711105815852167055220110024031214717157984
645854332489073410987610992956496761565447188062442849337194222747
404498379859647558413348941074260833361521207750192980151294656720

842115507638816459889661764643697603289243245105302982505122426807
037312128083935122022554084151320294799980575137686493365567616784
994713349269562577390784837182482831556792981972877868629036310560
685800990722240215387661471364480196561481124538862716542334288756
197979204855730192999750041758818622035508435269374224183477542357
560534672554956154189883817856029267690850613136595288039173555602
456879717723106032174576049759502322562941963790630937955810449095
876213591677865829539303065765309230704398675706257606714270638526
055475959525321304780063261071076808321621001457946409776926800691
390719372725319228526274289573895041376854774592960335922726252666
683521707031894962827245652845824142546063037280407774797988541294
635397999246474691335524337231830453538489080808931525181357684852
728589173285917464503656120068829470503204716904153768678001929305
063669577855088550542369890122298087791267061052356297358060222018
294315807355521909375865774736264736992888812797829333934998697735
232413759931554636311929820706537274786072589973120693062721040157
239438426087560393263870639290221903085890987772201985593853726881
479322882922369825904643093397881652299859711143887919168112556374
983131611093190611563255289261205865159851493976127055624087676714
060590627593678972863204655894075319271591295117018443755758535236
978206034603081114085616222042904289052870934871938753668199421196
787160344751165632170440416053513413901731366894638873855531386368
243369975985970616457062670413045912643728498914835689045560909348
101158092318073018459984087990904615749310986143133159197840606356
831884195057075962103268508407539511046071367743150631865568117504
568429109859360948634686959367227758077306072883798814246810034268
587441953320342225922259113156871855129884383997718184817757527652
868727478679975609559814433269798023224692517480084804373540267386
844464825094568371986966198330889858783525793232810047849800001659
240729031466028150564724110345203157652765771714505108046030512975
963903369048782270839013310400538514937353749729516134897226397902
119889634448662018819029576929504346472305784526520058067990645390
049554274873960333111513343423239392815392857552418925427533689936
707673603270769534071539778317693299858002902473809122227024700301
497321483099349332418808211182569586232946518575636897541635746895
986602665172871063731782115440732830840958229371768628036856451591
525703290275690368571298831278118747345960741731009788473156283864
948619310435016618122663037695937267645885383809430494530230302680
142109755025038907214842460093398754399153838421377545972464098687
379266027941662047086632843876627366087827215003598927765170744547
706538396196028343102852384091338723785639795368257883705830489472
663481348213171908883396336724123153639729520379956140542026523557
331822605360301516107672701613667753472021089952406019019073107167
115721315313139910873460499485588793055573290748667569249917791477
776275257215331530591915437576402085562431149445372545956809702564
757642444230904740701449387200931485566126738641899425494931363104
759618933034909499307284324090098660429647764160636212894769517265
674169221041267919762026291755853059616058835981509438139888155464
739539002210859787185924059647802767889239242804773232416801150880
994290751300672861497273785041600155380972786910116538163760299560
019987567710528743417964863494875902284345081024845232428506194564
649282883380246745314360076653939325316906934715341110259091559509
809996077710819240434008174019090499522416945936708415512633504468
374235408291264653803549416953846871915947864482169071971882790453
741758978656539635436417496421138332391272660853829567746264220437
486137508696560381441154467817463182415780125489762580240567221816
519025525646655104178403139931552734970128274640783796773431039575
001167643501232392187217369395615725612096294658612581792259971229

360156048325293246605900074675382891135887696605023043275464415772
720413553534310692302099040958828028424925456609225504736786633535
977670114754779378951221639503917488370060692083214313105651140321
659149716054503315260875624430397512016270444756654974450829108449
142753286512578843201433719161950742434585426712768110260079969773
273109108740407138883985930205685477056812837003241060994880891203
723375156916771294476770105736285175269226738673324904110576188363
433437399317405736193536907770580699187001103875506825865123396341
929847330966787573203290483700569033536216837286915868224849316458
641309955612807613543158394797965036457984422529399803252134609728
622695362672470762899717796327633461411207041541483053044019675458
162359860634665727330574033424675682539988557003842039565097719954
100268376282975119707156928778058823190261710147580089737378346499
210043057076158595322507336108729570271507431229792031372110315120
578694581824201741832056515117533812845799817329613000972285911308
282090905331476011967818503836753034704700057874836099759090912963
034418276550511984294261174212501745310883761527721032091623308833
571020857721625950992529864364182068943965690856477512431829030183
533951091146751371853424630585177074434321613169130454456207295577
914988904854785029494251869923015642048236729967820854327708171399
372971364728551623691028094394904980957111479873532633610861544909
213621071957862718265898464545958700906924924882052343511286873862
691252933569556562440153334475671624094781182657115595475669936842
356249997922772333285678478624526949813038295767158836825390348461
671496801413859919405559791791785828197578481237247802296273427132
738070171213159345402254416861464162064185495562201758027171741932
960403072428557591403748752412558364868478265305790211293015046009
300979113289391102092842221262887439723987929998722171268024426957
043640826917512394728858097663173521903477402078301082500823068674
816599291621420437855969070083963431749157040070491113309702304687
661585748313508014447599285202072786040624690986245818371056631825
492066663392868941642231681397853741745589835502398141347627568661
622118636756113454018506123014505064146476620025479372737016911509
105700588058385528775155356834613555088814313744985636377736943347
307792236920232819512601988334853193084139129692103451156646155817
184516091865304897119538011024852574989315864723399926745372521914
878779978880756267375063872378056469764352686130677476116156403088
981072299006136202913855386468368424583544342072490652694313192636
306455791910328174622465230508681145392237903469993576181922838411
783111273426609317171605472302748587000104786605983536876204234909
356314679354437007086760444160809343038896416912293846293502166110
021076164054661453282613302509899295539192759629946278263263211656
587431955173359427872479954828722781079314977711035342554381663505
021820047559845719470764296782715877268483623611180659244515952829
152301818089716722717634965228375068073131741445335093301055862157
197336759105167204885674541572816321725939792701826776592787907269
759586524444798627848766953949146101776057760360711075086603455755
571296234540663775844877314065805021814441457012161388944294254301
272614399603975154880968417538877870997710531568960577955363596700
780699856501195536169958191091853337403661999066186774586536593782
895158619216835838537205517181966990029062252442971964776076579212
083499798148310842533800664605646546284410595975870105383783766951
341441171157658015291972393283182374190724182705562114292481259500
862193482545185655397012584064777459094161077898448667987879836035
943067050826469850650965071424287984166501330336475959713294583569
058759697058365984023752645595142841527430934760028480597374451154
823040085774538194414235491878380929229783184414022384436112322168
850562433541858843251154472064328496208456328119410827058831893542

884543650548453563300884266856935636428902027669230848663361182991
429872638798806829980861239497632951046359133826912525187946694508
941539649332734549729944898362994739917547441647197173177987268394
360240105216610149815265541625403854517795215840024958798797410495
248004753558164544116079649674374767184221183581573767370489681657
618646684473995745738638952849566518957447866597778195075225888298
702478900964065318520474237695238933550121847859966007408965038385
951470180407234577687838560758095616453392168848975425983059917537
610132320635432534424048860000309082261900373063418486886143876373
649417887401204826095051275986339050977024247252980175882639229387
079367325221116705792644140908543740148530459025037169637477458607
191405425694381561170144378884418883091592292719203584129871622866
850532460389435650023073416708375186459536802527582405209237446765
733512706016011703490806822232723412140846959667332516156575806659
024310130320641153751168740775678740603592587886171973634936771114
265430484708113330323186633985509494314397480484078764776783277053
488015967141016984435669780845487805182319957564073978831770271135
643924204452033300760976436796999004095854955620131358480587537494
725693403309091728323941836921932491518687235477393921275611794664
018511800138075010277721713064204253265553611432390788203509453770
750843488923010206936485172849761293833257931632804024023662247707
358488505586196021481895075688961464986471085846445373294965523337
264188383262127117827240693226571570786417557289614533829164489186
520495527295263300281049823109857339430816022566981711150564218030
749436110781361389682204877365185667020919787109427227650347063385
085500842117094040508256992457562828262781375133270805294552322160
845405765437854007179908127688366953749752286406714615345649011269
387426711403621513820477587549428565722785336658487290869174951010
237587497660723016951857365090579491818691542049514818950633136723
233600179192443975940164167719835945106934272172934837133152708252
285878147644954066168266066328173859064681708480980195630954019100
230303837721074832278139011682082582389277936139561206216213391578
640790409627777430623945887116813593241244337109448308742299489657
270496966891909767872956785683749182662280759470730876390942917918
464672898935038166571603238341300482214907355731011475604391076423
070499714171792722498893625118537718445653611243536680334158347109
999781275045931072949201640040438736891084890000220658968949509883
554543303448063469068362642692622526048050382229656658564454638172
578720242239306031674501605397755165542460307432569145384140667700
093348172625337857836954968801819714207583047902504544932943440806
547069667092081966871809574518223790333116866601065885464616222513
680755807281783990499382032540352222147912787357337924050581704793
436111604657520350964992030094306338515155701039654361560042502091
754083680251075696272405400706130739148399782154975269620067771746
125375177474080770421469498072465669210313803655901391446319337852
495607651289588470395683600524056037732266484889767598647222236870
457260025131465330278949073668317542852793043641684491309014822977
944414539776700050476454539441997442534009022064970795065778667625
625790416787951719322821604842790422281457455552585011050511118532
051282481704493408500651110585967966113480543157990100271163704146
255884514695315016137653098634679351398306442172125391421048484018
069955555893386469844709722072920441600174464574485789885219133254
971330254820980219920946867055130885041123215989403060607764070886
215302252839630610614984492974704512812064392509526839331630165354
068929280565187157265787411940217478091727995418741181137373534823
204924028544437285424144786673531720397284099921075338521376852189
920275476375155088032382034514104490336878610551139745556445344133
528058933149507241545365042536863587651146455776385286184222500373

544338608419457202578083624670516135441219360521249265478557979011
265815919933225542147336102522035640035827908575507305278835431594
674179374264974074094794894477957316609623021732397288402601621550
899074510246296718368591603789059816357439266727829502991817957028
068636510124544515441318142965418452451978873052020028802043389552
095212624250682073625164648296888315050959701000226437213534878582
602533578984284992642598493826986555915745522772230447836700451292
620325907284470070718264639429939710579650492402721513090902016322
578929364662069079114189091709554858581709996939845824188862304346
386468537094692019086644250014237049070605479440163636224484204946
141454073340772056136753779947174346418696144163556429471591970959
124572988939233815001041229439585288124290316381893911829364047567
480132005483777642241308322733790168055134561187865263787390846029
832484496777676526714460909842724092219442087290507772474227128491
998627528840954536122442608122367302636241666463676956582340509347
865011435452230172110431829674611812712477267475584183473918296468
924243908358983041077861222164667413927458084410934467091407688908
115480426990464476617903706913186431644872934811624753142709479512
183711895430801606136867423308652068568392614804784456647494574832
329837112783484945756818482357381296729860250944563100213870768049
043011088410435606595632913551363659537905774508634658418379378550
213855073066062032361892026534379655424091388667805176486602355686
801024443819982174081868308063265793445013660695883116352765901963
710912216830217994317817811597562569334811817590163704539548800254
386919502939484296333878802324540268683115920771472660964081472974
256413523770713265586567292609352131356326973863345139232379491272
741604407165332837276663606992078289885158189007406817883560033839
550249105442191369494384025928975768041647987388754419071010073882
502600250529371571205988217997519052515481351289265070350312953887
973951968071463129797393988552240677107478132966112514244409425462
058656056386484117697376509322232005813738988859893022336308095219
342652281506753067731168349920030749784495333173923562877249889011
049829135380994323467387064792939183829847365091741599344224180136
090702185376839482371972551488138816352825082378087561773037185933
102376901551814895668026451066955667635627033163755042821846935526
079312867717163008152297052501399440411109952375878216898707228324
155404378594936488165971060194170111775308197796006102061075809541
843822637717441589308934402454807763589859838646004481913063291821
212522007280634089056273136156282514259729116909696211674082471631
451891747360069596699142308087833837868659015986702232142869157014
142480704589721910542004790420726183894565916757662433748165233431
013197777875062648144789623796854491833393254452263282389839955214
3508647239988246182346783334120349696346523102970980070312729811
300298748758845155628443101315609908946158784058400383614543062750
283843451683679399431155194067233688033261838130190651593168620191
839636438811828697041164945876942211365769814951731860439447681922
394006701455127928254056530324642352419083789115209165207534501147
751337617613160303463500158304324119830345045973111548023529147267
556528539615498251732218702811891475582192510975188147499627018320
123866466554470962703221196735206682568834873759645072512079691451
687396399872950892928615057450939183524898641711515633710772070437
194298978525854106512202087219851152011968200668515495090775699216
193168057612255084107995644735723621151384426059118785236111157667
462461676058949088473218825118818916537294130184756365083622904096
877270759063075951737344653812358167205699861544933744135511580828
599979725070005425695844829042157032963296954183720611253277818507
824353239187267379753901060421898213335680014917629276358973974915
103361029448548755412659458830826273087297415813599878505897081564

293241595652057224388601584207810475042628112904425526350548296613
431983475578851932222671869303645667271026495994005116630866373172
740445456949737487485211033177549364625380611334474310806832630846
622039370773105244279995137450193526614235225514186805510400502143
876778592990110859251867499131314500087258371166936982497699408416
160624284063083328979971618705057651962404924316599951518966497547
503900114739890318968783264557847453725180452235972687766876242850
753816616792488000823409032034807146522890222308061496574270447722
125026619237142356260929122601825058373181197103907517533857713780
776213177245287947915831714843227314735068371778815798520230352800
599998697766693700822670880420433042717610360443602119574053183239
775082537624353359925874480669523131409508267297420082719591871616
960153406545781475710124329470340498901172403145627070070858913555
130659474830501092675331050476766851006872795324432368964938724349
140188685802176697065515885025617415207031509272651458735885771669
074118956676294168134057842406773388665298433582820992092796000256
053731611957486517297171140435836830233310269244755634963018267857
351110563974947335708175806329870766803421309668272612847950604361
526544217036355406583290195474112632161794143686238782446810885100
608798206571969473153168872765582925484100600262887084707264146369
814546760230690648480001950891529208834752002948330118357071474860
460032318036646630113783461481020801040824162464398628580275352540
541481178772578449824401215358088326311157679388344399416742552671
812706870485790500170018827661154025989664563822695284086125700000
312015134146214627435881881137521596235509096186934825303819680850
849675713080265221001754452150438824469635391354522294838227521939
781610063081571394734757164331002885720115617471919226677195436928
312826604396069925463721960291425377797398316744381208097218818831
236226603387075326789425385591691829772833273126155084174849512359
891579860193104630204088365812328283393282877527485978705364732951
561411429853246103430255531301949643011670379286563766956985479637
443740469514404752486274767380255896740849630272538858173832095777
727044265967645023462419588725735933861552680812047751364027860596
714899368123712011862123490548171292454815430238041036501487535674
543111800604500426130787682215885144267302962084048226136949742620
817609999350033446197688418790304159595153926411196546477482084960
353618894576122048571862646143232749719188085841721650249255612284
867044407945280918253914446987618136633194396064637822450816138177
872928278397648591104634556227172221781769229741153867862146057242
015889821754945547494863631767227436470898021546200732501302370572
121626662522005303961351678831013008568016798771386008087441449608
596103041041197485369831113671070824797474197170808243016916661770
771312763331363815453158913375254168398408478643177506675039488466
367772146792112185361223631672188803806610698593702379096318692240
259119146345846149741712192550199254747960048460063345981864608011
593744703731663195351890879205648107281187772402039744024602129739
110134992696648989782233646553651294973293415434068946943373818266
377860503474934332702908375618011054934690179339428739905663796976
347810695528961987646189850722086345874757753558684468723357249179
047654807751039237363961854667533349597089174705010313969438090236
340457990307072485296328514308887866880742498163585636339314194762
523066152520565896307037142091574467866737683351558224442263717555
290549395328823666896153326331493583928128224584932540555941071950
713799703563742340097316130986462139379530870947165361256508033157
850445730000941413946001474525441403816920993360411596583800506303
682545663080628250094880200341800214558417554634801876535677644115
164771043843669008537061169050325303146835437133581809292400768050
958188888031319229966049866511923553334427159951307690820852662967

740310259473022591776820132591077731585784477312075886450933987756
187266253938362357576251588056203092312138665780721626116181270037
560534462263494983862525666524229234436513969720823782599576261080
998493754227356751224109232447930724282802917623537533863708763873
518155274821112448002459124640511151114996644626198433900579254635
394962288892436232521864025248104905959554083650286893574890542000
912533867434313407342265195998144887626448318552732774941228785613
062258218781200116285735213380860436525201235079083015059632454682
818922475989132871694359851422675732581509249821248990518465907278
237639649232119042056438491725564318734416229620060447190161161278
608069159705072338317990240010621164747758439023757467891316957011
822646217702894571191364126858718686358249327174656270672807513674
315975075657747583764063380449448206683521783321333278967763836574
467462017288395723672110981540162132700681687402313661948332501044
6485646460364125317413332379607567293733052122974579335256616855
892004375962513420306383429430609715847409538019741154953001028216
505595925945919485334822732715544487352136534472942394955964530478
805317945586293418901077793490276022180849918514125716531651374508
750314014667742519764762046166931133260453878964516572908438615194
431140161514230702247163939901004379068641034162367907418506463768
256603895503347734896731133431362942854314887603124731335419670980
008452642740142097631369587622585910093111299737936001355335292074
829853672042761269847640066766986610534552072872187381806791058162
907487010767369652166873448787438277199732718649255424806684238330
274106960918550071153548924174440794337042318254560683867024205233
933058031730647788593322929965546621687057128180663158107596988037
954190286710515896821839986172264565237272159212726998561668843085
968396028717153852669414793173289354584495315021859300866891179713
664949241053953017401360785889154713408500397680364538111157208612
956394709645574270823873126874988730970590053373183461689693417093
000008616802780058956741522844366300229652650701385626568435888629
758589271228973122504501939753988019599295859466744488527923464103
724733413533839025948077395517640674147646580145330375512587839152
060027305459805828008341586750878202182980291241797731523538577064
067711668452133686650109064439918466472914384152284355957780524178
692213439026209703590303502527032839798676548711129716415065768915
393509094042163002921262342347128521083954216649117518876848901601
635079499087251459442840907695196996180377128279292330631394632150
965793664885286718536589854282324046387338281784815302092030883156
972673439255833643216320660898884580711362776399966495706481333243
008044307069228179629683286131639498341581788714262196654990514044
999490513227583290203973389028542575136640742837719838951375846035
685933196763654229787959796756828399831018152542366659857278588886
806485189459707162034673703516804567897410832102068776915310505668
766877329334920023893505744369544516023429794578060306718931576795
190895808112827048686785651794949425317989898545584635110166292415
067016117622197572925577322229957957026951427313412587036021325937
476429476772338553939496080349432963081459079933815943114610237436
482609052748926091149978175992425233969728695252416687315009238204
121285426136163532491366251378662874417287369277732668533899905091
442880593169617682577285592777855488912248808866962902222009071053
198672733203501256083276186546860690046121765511410345328312712044
352295100167947903133505342535567838691922343124905213327943612569
046803304540642593143348598935298788225495318574248810376413754148
449982952274890279695089814986469076164438957523435665064979825941
525032426325529441165969405598958665076121533992974864105280830988
791971237287616972907302953015863380954319401820266910469313930352
663628358321962934195022055821562811510082783702191422318615775289

4430740125120698223625704135116212793447479373750708585344904025l8
9467769147420649139024731524047392237570356833125539744473636977759
131016724855642522704985587132991847584382118515249153210866087093
8947746555890976815009091552453184371101679704394227200606593472778
6492376559469584717164290257863271834360438706061526799319925178077
1960601819978896189144132968153273553656553178278789877045484925655
6831540484336866358934827911537849960146294330178535918922268713556
0211563806688873602452428615177077111067128514397173946256684077770
7258589195186572002830268782748806462486258045143333445413308616337
8682332572962579538006735091060533965232557596824150482795196197449
4590510082179623656701477056459027478980181006309518889621379037669
3653372987268128208847887010630825541585042133410149582854277180669
4946338138816824519034448050492243551000331414292089422576831348001
9510419539564834283831689946997068936123952993364773605967379563001
6178031842261826199208163486761966027586644711808760325300708745355
0853575490894833166708013253482497118067652281580236070823339041442
8117022941352536003306330261124551686492275338976533327508837308773
5465914111897983419770812110908047137442356324199743619581423276774
0560044467491569494557871493554792225417642982230757366515960393995
6787295208307621299572905646333279790560873601966838068415216005334
0982287176820543030494829640714377958967789178526513442090147965669
9695860332176102839832232524209091874975695282502362444942356873550
1034701874199053002938096986090876149456728711268068719599242400664
6532771157004612346955067259630156672290905445568896694903638197993
7468465866534067955971944629775631645824343862403793489804730057557
0983951582161392144404188942268166553489541432820615539268199333881
3234143139879087206556441176100519791030792115944641248229869540339
5866978962963602248076632631118560938170907553225965817149254580995
0048642819307237586533109347410268460883510176552329792792588642996
9057722571390829119090719641708538459454433599189629618258137957666
1952533777093959309375586959791505854695906008160034355707922057228
4184858559961647715619063376850432936554547474297930822840340104221
4779400494818065457292244834261048015204893325978936823575947758448
9390796539861320097773887838900230664965067318652650568283958219662
5803380702097089887141462158565442623752543139384253212757340745333
1911629551711879136992703539172350814998662377944284188433457149299
2710333226630993271591811777984273789750147894332684972051543072337
5606399877296166872532347099071746405402407398765307649992827255555
7333971022446852281974406356741544233989522404042548339769553714773
1599039115199581609495985121037453659944243964558662189512073140220
1773556781853195745001591386191064089978693283136483900961375710662
7234780052282421184264275528316128586976015660464318335336103972333
7460199915388931573028588269160920494884541300922625883777140487996
5516015543593745110789847180884700960607789076220693684073784963336
0963425095847082572563368126700642910298222799915761939412305010666
5619324385291312270883071567471968202186272019484744691477509958773
7748660296312621123936262684323153391719356913789891966066712770997
3432280825198475061954062034493330703784267983799417718823847785773
0492398625585661163352861527957134353145248103916383517055077877222
2976239792084070887115866239919233193364955741099493754100667968880
1426502073106663321903729688246980408070541863178851938047827141222
5654179999425208472883282034768584897255257471819411411100417415666
7999996419753284032409331190631921047134670233785151816822986613443
8461795592228922727247929512697119023249639138044043995740500927122
0818613254294374946808034952740287866386243934171088576574565098559
4766948921845006405465630078576018633790396114271309657046386091776
3460387568116961674247700175701209622415995297606038534885700148144
0313700112802969454316372351125088021191385854262210568994899518330

180914171906159263693473649530715417590666788072282014882919882051
557077635832956721911220357704249516850618829530889889133774280092
605574823119088319103131939299334559231342822908244952580052392312
035468409591811803767004110412429520600416749760555822753840278557
228994429097079220373479880867350017022354028870748724156877915062
146524891733255247701844863336042379174274985534336281951376593862
764032817426362481472009657057617273393219713701624994376072232561
327874249377778589269330335964016213344136498402711391338427470757
769543778601175664910861942707182917441242654445981363785943440204
322865897546386434827291483675790906124620843234390391923443343496
772773556111421320014394443227320381369085729795736326744778943865
774890385918099259886296977925891374705285779546130320543303677522
033550855052641852468351949293468352432860294168994575328382103070
059714264453901409018029918233366474407788470720216230623856055975
822134483772962995988321194341336945834461478359693702832682714104
848145288290526166403281494081840243768279808314945204633401314793
187522373778064144956575621060530337373631466749971428199074239705
585981535036662090465058448358290370627882179517010954976396032910
465540606926458630212687402703333762870900863607757172312759161950
765391337763291958221560239574342934468871298084612180268971042434
170908330991098588888835254085942276917768288120756179439690119075
663452417006163200810141847533290811300309310975867707303631842545
293345309766615291752366323656474216904228061697515605333059925079
176825022364645999570337747610841475018859988302655204068322532391
058724489413214920420150763661972890004060592720424962760719992999
765156898504788208519098035733115741544655500524131490124398995076
737791147971421276661555365700029980643522358559463340291519655744
773725774525517368467724114822876372680019635844862426037986498657
582130805125486775367180449618700159104473879342430418785461787045
785436649442843850304116481926667184975252670736583993025400618865
946300442593498642188736746677914010289921935190341984732576022585
319484839338206114648070364899786708653140531734815143246518534005
640853019289907636016009140767076874864987866144724164384262549228
598167910812920521882291519447434704103619261982249688650183287881
228655261494487243355986406705534886676421607699601535508232824182
707156181963143431092962804052569380172100643874560935856366533754
096152099368441090064234555949678992586527173749829803717638644155
408339933247328130954900909116944267647099606051366703401744118303
662250489910202822410449800530639392246517643281963200444786431071
064518182924901554707466301366585027750507967666944709231116950742
845792691986465479689769857442471202502619936276904918689385379697
748241302056076304338922473675747538314713417546782974962447706654
093819818294053395278667728983884828299114239277363245716014373375
263048026324942165455657671976751934720546499442516009891508526537
508002510756054326553772723422307196967945272246615973866021741689
039122722547133825915532284525152266946972817303175525367108519113
588765425443579041298241035431744232764343271370654209963215706364
060968713845246245663352691301220789207803854120376020634119553945
346946694930916207958199116593075741982692987786665036590825853102
107170150184413675291384847390819223564708665621950319865198555690
374767109471408761353154871815930278188382078139400086999967045174
005890292947204951246680739095172243055169301048038278147544641937
702694249327243368125202460157153486104406075905633203741788371475
352143957277788274638618416087213432549823690048373821826384009251
021559976282492414832391100246927892536253848077699875241682775157
981445345592180912352016230923561872620356180637137437050124625681
248863511622694756689681361908739138611682781042246641848813774916
377582353071751093363651592078320285074878177329456795722880270292

5330393035629609655090811123459904500640983146260011339766003729813388131614498624607384004103873895233467701560476564767743753091353036027730649485481818157985558458713627831537680464822152484180500243604859204248195328836784036387899563193321631831778397529919375524219659608965065537394044608982289650830886050908902496512647211910969229403866059091378266635979448407832676362544382973826316123851271358831895110725809941985723942638965905949827824178092350475995807282287983383670661002041595376456908759360820905304646456054983510903778477908765197460005749378268569622689236564736896640023761421391404088530228530142292402293423918474607289182440158403161965703700511650374832836121305179276792029495844961075787312193123627924907087747049402772076686395128995958103791825552757370199035639855128240294793513430470149853316341488272414708705113722107326378167707957042443525424026587849103230994421850476571047629262215263799117735029455404147197973618939164136467958250810525362210095673087070599535110232822554068808184242461329055034112463682062595644292917574019200970574675178378709497383462000351520235096582205132349518812880974170138280072774927060738429578676545651223280696018735927938422502982394526545661537689095003761204162565183010735370039070291502047537142778943688059173203027118577899176666342571642695371669593318314176864699203932928731478065454996105563585878580355988938253256278427797527748695905829017843531703864196779140765048129809438387688116335995347497834963258404256655648835230230971526389610852632841399355173700557015792433145571339263506491269103287457433680168470883210198318057258996356417499479991411764640878309858738876012622439291525135127431631142409165957985442311940742639141995737008193686324395428889189215907335571177725165886954494464905156957324223604942910611398818787978145692300825681635089337688536087849150976140767272201765263270063040429882985323604100024040182990715058209534866786585491475231039176530439244445196651342514858865935725306187893317329084163403552216474104154352613758218181879127906528210805664458170081884621209532764188236193739371584541654500461376347557269167252476102557802111982212191616769247994681485102211083546869776047065079702326979179446640582545878412351378391598786857658017471735758400554500216991566248934327757053162343985746512112556697615957941655004309278395806436785620176109369534322744203237277829212641072792733153880542657187195231461476085124120711621453707052346098735285253526398555173759886215228325270623317177105764683442071121848969716263292124906141666241887604178683965335208134039931999745848516368676490886859104526807873062160502149585919378227149265333228609685365050398614037995783932359268091077890548555861088592428224225927744773651178182700198138853160730568033657967627178457774291699979193696296290729972681030497096970617503617848728049157145532340248970086518250571841390970899814432108632743076295346483010602917603173983162988558076971443395677290152947924948925730531036288092988571097742034339038942417749608496785311587575244607210626352217999579448328249649817968808777035604906974060975581511209516205013277091078039134611475100496986771957804672823682217588508555121873788238435502397135356476753128488751114558439441307561669080219404705402509256163887305799593571007095421524240238973866144984302696436156975938350358000865252066344823250934289128159468246881311076706480727153921338085490889321744630597885811274425344881319621755074539046922922607786828636587515668094475047862672273570769537148972648601362808015084422632659722114711872171544581877426158697079388695592310355347744844271027727918126541939125547604844318093436796646334042828332733741850629865499460012090566860910949503520844183899163403069633435199713722340451018393656283949057157411991738814206864491885648968163335512

9506600092884333252480673558417133749617150550934263718940232530354259938439418771874208814554354356164303489103148152057658869444782706449109953352128432519104912469054321738051067941859880544012894251232589909962312324053877398210144640584965597415865952320581449885251037693065497489313506032936074481814998982011182749277815201132404643038340009302231080547259597551216746706659229444385710758293568651598011790199480453582471723450301763989149022144948902160198684151758737919168266109838573845376528041890093375503234876758875765835081680848980488994613463846758358275894500466480260224707959607311234708701901229396384219925088768537111998543312937242948475788361151740833584375331090665942701325803295439815269206810548042155210247965114545433197115305740995493783836932001706564102399396852034151317330925138608298396103448375643485470945637411060456166683280263697605594107860053014854032125282532232725173232493557882265939595083733400950598453008448615493760830772932369780539020694898436522867928580781581080858064953263317305646816091785147125400088072257937135985919602032117698516618138205726664487971456050564764174273684189145067342456756416048290309818979175956744799704418481543956047023378435681267617715798737487316524458821001641061928767152951977309612579504013279951251230446071737653304434889758377502200674146778016973228005456734499425372413845823677596399572285545930783851914039504744136175891007414622681929769694988612865298551788024993319663563824838294192474319235584267635073198580303015343074861824378325227933579938356853781132755653864730024767430672375844555706643322396705837897501940110984584530312039741608149528633651224839511514265139521361994928047761456722848443128565961544973138278595330767369601494158637070362175658670104303586961145791714834458205482295971166547021136277282493540794629070601403720169035778923993263032726072545060040364605028380929610076000676210935821615488096827981804590876990755827971114967485871036597981779005599204619921086218833393864367675453578236336989088161935642182109559511009398375374775546586077865594330622484912789787545081355800095536186322477894557821672858215655834857416920557822343615032535519130694519600528949869404686558645288393239196124043995947790575543519058225812702468257321602699353123762173162563897324757116285960699970829394959814645468124291192894493216757893635877523658708312626129768952214037121333371373636570097496111467954738940216254866841463524981486568437129932566103690320984324524436374578928327453254010137873546087085784915339133018487965021588810929903714350114962119197243727036331890117992931009198972066058919499183852698678005809392309173781954298508516846681299233425946670761777675588620801261412614640886156063703867564612888143788618168840692105737310071471275560282552384610494287319949838014192749437510069479060959762757040742560527920403735132256437205320096902712617878841958243923433165252466820942546627297934824209502732777029535981564982473381806163938715477491975350493217917432066843409206201758084778305188754961244239520118964907047660186063573332139879373467391490808812351345513774071558682223545588457544686343337754031387130262607146224011717060240106522549119864684309641572194492446028281732525366703537230042424986606480531127501954356523225687382635156061797817749036314750495732032582722820879015800370394722078471144085353021626740506650512561669500573990832732506899521269752616060272524728366524467699546935694759472575668558118942585377725768098397685880649644185753871729087162366584295460006457283605313875813863629441043134629953741827762718530615919342612177132010310021145256576690287097455533109073858111289551403927166875224799849874991785025892689021482459578259051864454825308670960541524639164867481996956919637597196303980961058033546132789435981843508697452592000

054859003037296168307195762268543536417311817450957993316477690774
640274025905255388091862936860458673952113310468554748440381710725
066369101455731473828250535705756613939175526069518689649250344686
647491465261560855050379139420298199422219947354382317832230368471
373302474855942982638040651298489197127731269793994244683681397971
930894515313010228207176024113229639122806181570953761845202287863
361784261035310734175920397829165437023953430922591085010805655918
772527775548002700192946141441537672275682553321417372014074713478
844343631675916143872255943304949771961233842226616048964396242053
267797041430802411640119680891010920634290380279255156967953244161
928348664108382860544153699643659319691377778700593603048202291302
651459229613455802971827243841968767243708449263675507056334050268
371994493547326526563206627438083699582633516760708235495298561583
433119524392297003987910675268314944224875870597119750135716880807
708801638578432778181513027786831168589194611430108958921839289713
359413928885648854509163725939835974207671570746071497524605986398
966957462315777686048797201480357679564845898219702887616123194701
320955924214488355505762723234434842642601175322306182230356585080
470110118991932525717205499629266412977350428504370262289723585281
626756378963020389847435594806121738739066853543845303929312988193
883304118342377836147805975750584066225413362933578093194781966392
974235039084805932006978991767883396869131974825886474708627997131
325613717273081653340613946256855059072754586450686465652776825553
429721408833837278820102890293240313242102002610635664244369661208
304176869322010489934515597321174663009086712008355724205292251062
850302940669270580504400681819227351425634658435481109593207340127
496949000254472079736037916466970319503383284835516767605831036545
270857655498002823947822313718870396521642078414038632005016875592
892442489164321079620031371107462606935918955818239988365915310970
042358174294600735961247432905721092909762924104106566209235037924
431392689030306220340787058475213684434981400664399682817772883283
068082967474851072684228563950311923967939970227828083290403918794
270125640317319867054809038172901093826770327618187333823329928735
425179121467416968444384160995792173492547541151695503632929460672
187983817798488683627829099798430217204175362522299672743257163080
332626794270088346679931237227789280490726906343593863344827373494
687180880694508882406899726165871343751874071244353589993574950576
391055026023488483193010977628751845555614279728428487603938721304
909025418488426977514011626937613955045856899047300398762225695695
285227027007070022363127827564720918907236614533831506450866015716
672503044253134573076142482529934735508200948111074026427032879613
545589972387692438810975970444457279722559558214831857922116838192
022376660147053550332990566389961139502003559003953143148531999733
956110064596295558214961621580455163249615249846254913386661556613
057471073066064947612592513473986724042947052713945870057114461774
359248919999779853985891554580117570754584198570746444171573528708
831815566490671161372052484212406756883333463263093946744059153928
124346865274150763671083329467993079601213226236297192288906112943
956865890674688582258888398916501883553307523319815790355358685515
578206546821833215907429103474695675663392485415223645371500388621
789026343137853026622744881799998738533234152500505075994452916010
384924296473792314485199676400312042619311018390010745597693245743
996519682211157017225000078018520076909279952748195722352249009245
510210083294350604709038217623401235278483873772731431981235331216
735074162478419546325344615208289122378046922908509386280752677373
364891675275108867186907485731511798719112758973717212220069790268
627015397703337623539168573023532778080515008525981753295550807877
886672815650966691615839112721698699388759112688648485453452898384

500172007531788096127347744030045241675032393038367061707101305504
380587173067566833533745378303685599937759086951306218465528579235
933917419171205417969987256132453266577397569709321705621938004614
828574998937523164351347470736588209810605778865416514732489817870
094630138507925592226072971522620388194374843914310594095992584334
465657681739689326110459870100372754352511637744161227299994101861
956605142159694120635513144859719545286080974868254874524459036260
473138064839379734468186624970072155471060193500238648389343756227
635012792584941732643662372023278553594194930450011152493701147634
634157542640955747394306944563542362081212241176373576970867776359
301935638364440288936305078333228036674743943248657079895085250872
741832683527199515779265271987637499790762084389463472126203607830
817381428047878554978289786227472441770030163255013397053724176828
153235161769069219970255699962054642437265357754725102403129943553
864594831470194940156026684943031837836936554661866566254708258607
489483972825155891603855349506451384744221188275629862063313569213
435053541753254622942738570185142216047979181239135818570233638135
445357112771171943216604661431015474198215549290475621090189572080
606234908802904067854566746372417724868119007420655784822192950106
596683535208679087585534490092713251073537813112328600410529188355
048282568212439318097857966641441641974384650359754316704183852145
907794335773149648457421486085488674529131457458931518483420505854
272116027520701053028812182044257185040797177351938264441514303400
003896508354760695211261435151449409699151517833258517247989474052
420610045984073638435113829829335370285516415328184689878043592175
819760111037188260115715212198992803575460838874094737522040639123
362898280661873195323552920401422000951548088070610074538656397258
970803032798551240570967529948775250348381191484476396069023998008
588751011612900600807691194381030260949480659847619690480593217852
139982865901636139729473334245297578429975902328892122887617453643
431583753143784957460887473734258795875821990193538981422942391794
151561315397930251464137986089598876754136943230404870285554197809
229580446989901929045589068465978383379944925127160494133779070648
657858949675759940506175576329347568082892202911154918648820159214
617765449921182725498867656896225170636148321951406030844868842947
490817141227669895297665284671870107291933779292824435324313828520
635706158076925928260322211940276877904292408365323232151023540753
423210947605321017167804788960416851071973969399186187946346189679
713546786722440290516444396478293266946358491866150401165503213795
823884640354533706750014682450893963508407963388339316440021557629
487655451496229849457357045563984582865390103120311995586329789859
964274241654564022155269311761821934040528049770013958185699504506
269083218442209858065603603966505204050926529449163112247412243985
455233459397360215848895956457603560112394722600290911023235818327
077603181928957893191200422829722719276801057856446673340203186065
797599897673630045155344121222746492117841921042993023304754593408
148695733885585311878925724359962470195810494083427130065971636437
516574637102498705362916929006099797979820814714713112899508518492
003986404614653025099491414340358369556884216151820006672539858532
035670787534474101821344997039591787397534962114723677715107506443
419320670978481013906119468142996565946949980301501505043949916581
936434061754712006023253305100568566199539885210969917968103065156
627611400123939441274050406560022170985477796442468587486319694618
955103513339164119590397189387610544264230246441278596632014847955
273227434092863462009840598245338576386151933644320983391819574962
950525271704159411032941605520070797004452742655032910680168291821
505488657297908306573320056671104039316642894607397427613272069913
773588877646840767260164503796909067376249123181569461325842146511

243018088628385018727320829304932053488349080225799962089315382043
458746206252362968122407755716676147083325307435180280156466152412
335772666545968950153512096407409879933525112423683932555080407795
389065135984869314857268748994901408530010625403698440243398573821
267762945491927728192707271007595054194545037909180516361580836288
870015386724394500702749898432185567647403247143923664843411160620
931019601825031780683539857258391335713344930361449170866597972333
881453092174031811747752032581674338945826496752752520361126273672
109764543134023806587201125134514611723801638359472687522817638356
655896188613216729989394014941251035646583363688776090658837696741
829191920311945646978094249838609041603309637645292794234193002301
740054343225854625094743545517096835436975603565019923851473718492
670597233277579791173815247435316334241172984589412910750455504288
587776273734066330416039180826874172606596159893360778633070199222
318466648889304527152405511746120223016036619219393661579378673696
158162597300582128112825576467959494028146674576045577470673902200
197698318259700293819541492759081133733236058858777871610067258359
623260496001605899148893422047361613271007545230048439431098999163
722188623262572247230711979182304944435140335744766397083610698607
144570069276396639734920292183462976443818601893766880534512777038
481569085406140328036150280386094903353489323035792511739353041584
113326547129056739888443593082228303303222116592985419196559797184
885423887158089140369301617172570015570614836906812742295502793463
522645006869343077482074666368747614762002275018155179697826673741
459504387058872387338963291213957303994663054340289132774681687546
695021614124655037009126591798302903887348417613972343394556935660
083801609435561378553746892071454423377646719631384646526315701017
132358397487466544236302779285419045015666457881859979478971251481
140502377690261728979301308065657163121212079142907054215088898379
545365916435512334174598794809276941751149031174605522455785458135
586702153090077031955655899599746805741613338361641691140099233415
564386836225866442807940336267010522666936192467472371364090542898
520518835100369268187997465647052545068268393626406994422311791299
733364106678173591597162898327417728872302052609804248757771006988
196240372912716284558358478403404924364878183372432037161878814931
836632132424242420147187986601290829544902098739959542872139066776
982756308916794217401688235876539750420302448986418896369096316270
120557681969929154992775142543788129467665083250351267168466448444
547240410124528064217832732227760436916102880783588718437100518084
017958014108352816351636038053463076389194761501869867367060501475
565451912556348547440616202739383503562785615295889468170169994014
332311095287212448270472060546025850066704075791114136827906978686
587117792043561148929968719888032590349546258685078645156073721715
399533910705457420844700489981128289942160212220926244947274540561
035820926425126780398190545265944373751942813217137033612591057551
698992847294695342429807232562902588836268426784470298363132949660
544162538614748828347981673228810978487694132343671883348297513277
555209811183566129984856870217344971594558142051676013631681044749
870916364943156667001634124731526314666469447022286028071181392815
888751637214266832121415092317205731891117328825980525201560900415
547775952404089135009403651970848700749678332743233588694631268790
098502313172066141132108607604861957063566245230487204929701679457
814582009036192806782139458937433777693126987686811712481640849105
253884239333690894635409235802310817255763499799694364597544489485
664773280449886762357891730215026987964549842771233602523960136788
902639127631673348690099465888102863102237495535995017161877940595
427203256807509917230406040592447593475587819231150708603864364001
669769358844410773687028457703794092834941402822129586407527063935

399304447238508439688527577798355208317581070948268654551492346771
164511885672238076006299878184487827005272031293884799820971943202
275713635203988800756097935496850722217381909642757568466440784384
976235954164378986071667348604995364292157690926961517095282542108
602668881287621322828870123941112135608499848560226167435034883052
115199522213094722311882454739260808544121534421043454311042835336
107232244610950475490308238497623378772397985764670714850727011550
335079176889428553256555785689141110539376812300764172733233555555
695819795161678765161127158802381737058125843376445496393209033630
888423831346474132541575834085328701621478467527366035329814219899
900103996516639857816270835896248137581128520502746831434621865421
002873579845306419721733111903252007346192981287229517898245111770
328323475986403956270619085455073580791658971007776402290351977055
165146315695428841424375579757096894223288731250154465913235682234
856323088186214869175254442042503115517112520932667209352445385328
575930785720519631126771596563353595646066381215699176134271050357
968934692560977592291135575500449546809395941988076919375288865024
897112468591619511911805736623365074921836732839574906693966899486
388125465885588838303308642792235459716140863913280169686706096747
793497025136967094921185182680683710393297681827934909048809926852
979497855733371545681229119082889996496173672758296772254271826421
232866400132724327309242950923056622134697756027497131137749640216
045186933589599433451701314743167166992535535262519182296068551102
552106617693913058993047044013055539478586631684376918286472343532
485938877973370002374344405223057833850423369748670050160028663716
354807214257274236347165982592000599527350286342941390667926697237
987304373539379577587467043870950735671245544966030978961181945541
702455921930096405938055229427692173509881950338542439019622355656
650959811895084955834758326794413719433477706441743068760728732386
031909376467452918921839273405652449125058695651761156206981250039
315388458184406490819305513822068081023933630856535953832850815185
286024907380888193971974192664563416144842651154131695628352519591
124428382628810103084755454897369025403588236483142440595060433363
721723113697973766253778983291481467685475411897102364658779329452
455366084629871709766714521539359362956508416867938874745177684647
019705601206291119659392716942878200104738422691208420374736338838
627479266343817074600861816517701247380026891028324861454672894643
770339434204648424196702561879164897251838674622230416516000185643
129965411759820850056332395241632046675535001335372968491746764631
941349922374424722463302202185954740646378821188234593940899689958
667766370114295285312707935566323783256196678213665709220602831025
653913540119066214292393816411208069617216043809938799300327913519
396160545906725965724244388667309883949480405001995869954087761066
913890684279935646950245990878656104815262619488029162203772854404
310761915233096761345657898664927602310346708078390992627547645000
231115988151525016675637395740190577034126134204163590448083907653
748582777525966628543162988331420747782612095040776043338836635802
430892448403488354102870614733963283464657835796697459258740113463
457623216081042397622251689597347681742851273772134888431264298689
167069631623873420014694898521423020835510710710502557188462778564
403760534154873713405703530471604771067752932007990830085796335058
913648697747150937612256284483514279338752636745707222002567691274
834223794366061319862676094406210515237198485974737929740617724333
077735380254302218943957667695095667279812485008486264258848457967
719356146646462601496495146347149006188672601302167481074660541119
266891840637883531105630441708083578019992232956434743032959791358
894379380097270442582150692797998883144672532976896720924331096787
787043725470404969378268535332779967817629151867127754136572668369

3491087292566065622815915263350446694975679229497645839604031247826
0968080763245729179631357063805530181795061558934619200552502042127
68920472652351959084416370597622758052733539905727377292458984311
3466208946935684628077087959342361434261835739728412166526019543848
17745024429687378704478184580845669859181675745936300712509929945
59021579797126797928681418361794529381147438345911304949490625457
77573965744825041893661050156722391140633790442693276717835728234784
0242922904037674700397134683438554640642707102611753009130847612
7357563889344495780143671978013898265342437760672048730565920693328
1697377077205067321400057367553449808955405386888786715911240760240
28764936109146485632435139228289616920538474220896046608059038230
9965918933425890790062237040800669979202979819440927717350270127336
84682086738310270794793553022082277521544609273562071517195538748
9668190846802860662680526626173073955928932432766560820558926492281
14572078932587782368082793050500307417743535142587643209181854326
6940690676007919082134203963689530945256334022130730209864586297689
65547248652624284611047366575090417717320523237414075658489932392
70868216794264326875694735191217476911115775407999719992668288850
793903934061031042132964682504077064770521769095572432685966471769
863829141153779769760002581927239446920104966004285085470014809180
810817266504567967186688064620584788093007116714190784971339391499
399525524545209494650784349719810361428778184033220570694639515476
946972767747706424864607939235195654366350830702520798246537427425
699694577564626119873862943453280541508276209906622774358444862703
767092488431396731265635680597853428581984460900825022815051063672
691418876039788319773186265729314218073290550935385624444888087051
585120556194413737032854054757221463407137369326552108693222709423
907542994089944254445906867574114322524261672343521912782585438845
595167978299328323642737457452544546052939896806263513733587214850
808820205518659958034081488329701253781235056793050818818568505731
233257555542419605427358319447976432499228822660435558523349606680
905502905216337784746351934749713022329493965510415987839740167516
618593605179338950392466205245511268837311120785257244245799623294
450168341713595140252095179264681156829820313618827396426623321676
441524695487558164084358212585044247670699693803758573003905790110
515414779557179169312729095998221364115981595201458613678920666663
532183944579112942949372746424648239215477975615733670895761840575
322098504748583570891766352727809495354274482525113739382912378335
184147182784881809377625946725543342069023837559765846744498857297
100153365702593838609837888370559661656612261881245463878074036437
755829259340136451738584462455407649029616220229244791778901424327
249245624610572832994427679678314481934670551757083502942567326335
264906514141210237861093296718863103717170461762893116167259029067
712239858836596414924553081207285708410066076168543516663530341382
801133819677912289974126655244951348338934636181282256499053411503
179141167093830767768774232569803429140799802919107611396530776180
407622194451519402604063470356799353883274378588152011080406490885
175270082056238020512864218424823002632432055997998346926232665644
701956357300679539057244150398164239082136235132717714586191210328
112357269933087662553440894151205179902731473868182626644475280406
727464085723801550389418912595893739926501687752743769741533748172
422037707128664490771162603154417119414108348606899529507444772203
362744266818471196563615713772424615456070479650878312900133434911
136292975583609060175949453796861506817908507607566212738100117918
293076118629911635574502602021275654360951138569094815424476722607
340061037334261273608044855312147578890237559057711317455009411859
748652962705885639173897159515988987014175869648654185324863779433
780506989345553880505233124949841887573046444733144459850552473986

539970734623381939800857730435695476169828265893810030602411218665
685980207253371656135335099218859560107881521955992984830737114161
764839950330037898824790345410532502054955693588016154598918936886
572124748963613671862818854644786179243581710112551851317871774504
307353645029761507292301108330802551534951869294849716900991730394
769733378956502295614877878048366582834827540230192303690385819788
534303828558273006721561304247679650997367389863963084595330994467
366005278953510077510623540518095062072959121477879266263385428792
589775958630580646504484526239133538342627050430867009467036220406
339767252991365187842306583966702262580562122210733541161850293635
641616655779237766395860494693244550805903617986442755741294983021
046969861644931370103702775084860153961665864512853545304815598296
382985981545562592486591863288176301101499737206920153869877418621
655782087885028970856782970192695827695239408257958934666666883918
358815549069436830703532763207934945109365399450972042836730670351
441963155288753214822189325967173707812714051334747386080963694563
512019018439160557338408051663829148862479351379403713197966875856
259482942074632416148196268288849800968875641317790265769105550802
543228031258589984582872083257358894763134926062496271832200731813
542439536437705648192953995700144554383910878449144193680471065163
474031170374482458505185788180686628844170793566042698003163236349
120302919753700996010666193896217318762267071826314852284417279433
406818103101838417534997349697901352604608389864938417085293469279
158345594247787414758186260672246624811772249856862298974404384392
184024560360919123698959782488064463195555559308328167346023120406
670072487747599806326845273202557015621687662840583268894930505193
900504950495870154003485427760246248588466667342385974454567161141
984303835706397426666703855560964523903570201073652328352769206772
213666358574608076159948257589026155644286649673725692080468511746
267024678766860322879651197857616442650025536622079972039998656146
915511996591892609987569195721982755095064759786156264742355786450
113897041993509976406676557120850295842115591494729075235534992741
008512949193855962594032638202524988224921444475588270029003679518
705235762764423558418333071204601246299399154841958135512551467709
344714433092476373215011861279838185602557163141744264421039231841
248615613047098148024733881256960519677269438321490104652409981501
183394145060084222913194160995009964496196330766171680279966145964
908485717408237805713129439661036877272697904349031896749323216657
233190372154146103647188424635680197125709771242045599277189401630
807555791531803886385226329349122868944587124407187398513109807299
600005402969139086326671417923649756297192502128839909708484680439
071763198298386258976031273818102754934261012824458351039724617260
027124726441028393060367775439840384623746557117766042747940447110
253227526070881915259623881035944912100259215675509990359849028736
639465333622278560198785244807812000092267255630431187021878325473
868804409188331048255150339506237035345911575694871584408122253546
614612133683291417713871207911325632996961058630638814550382930706
507642500409597837720091354284328731106694070419993253056831695331
854406218096083461319779933817165917065487955211443993463691039132
585349777380538014249409345036276165813689500309512610570841234456
296013280703948714675890101664115170393932146989030266726605846735
059647527480561780786795393551032684912986766565426312732988529192
700824708774002213743115658696907606589908547798087756486559413089
027045689772974195596550109221935693238497816225875176465524209255
740925717695468860519010003160801289728987052861085422973909396815
077500965971737146008611522092622608527082988364373624387798127745
117082236808061077077413663347955743533547250663440979289899184082
181502006262900581367815452848577595273359535974840872450053882741

039998701952126233169862828034388497269141695862950362027229748868
984900397414716167457511413346027344974235505878072186655258735064
125308324573880356085157662659100847907204770453688975071997435665
063066316758761134751644189050994953044117199851499167397662294269
445166214080877491355367345306518299977582014657530815794081675035
725631308268975276869491317516603141962741227162095782997451259507
368949976478651309830445539167618793163664040969778731171580041226
555288637091406258178846923903643987679438994419596332277331510624
171111117589582042138226824715855862315936615312894321916548928211
959762276658143596743190469318970709546254984802349550186923112936
640292909966700863878400428904420862483661779064302063305933920322
434365160794325702465868466897715343280772170987980118148551579281
644492135430015252996137723601077292108595131459952461659422716415
747632365702571880611706348762926273236008312525699654343218937450
779674452915427894712722894704464813147441242211665900810057217233
044387008737360533164683029287005557200190699431998706454465506242
821727117124592068124294810550504047059241052883574006564845472456
074875624763472596201955416308086991308656786967875539700812791176
866919496838135150988085209582767929487854818158433903895764802898
509257246086253006148886286503065719865793656157955982572991894328
947716189620569354672805441856350184626344267485715560888443376776
775181119587963168418536391233749766123771258705575367714255354528
010236191288246608468567360849341333119579933540423335773588963780
531839093444280492270352162230871494436067300423117979682863905171
951575052097655902730996709989020051300226332647381845202399769112
952460615572933669965418267875614644743693887290887894259922714756
326206666732908094698629295343111076243281643273608630864133864864
668368334034117417243361379086047880568004597543289332721406080344
475032843441146117190967017625398428226686468388170610025364990074
317384700086148176164319642146091993738188776548270699793984153938
974909461030806089521056237233733955299064854565477711132351150583
518723974869707635229334354972561003011215891267832849264645292657
116115146530034496144130407078693714179233116662476964087635487399
017477537102018211428142144824621320489013665523144244134042877529
811835667348556593691796255853153675107980671452796637458994210311
881547454807524651853170218249967058200928170347143305649061103029
660077886218643958620309126219537459319155011169133155954733941172
086135358840520458592736046321982702240715420614033109614862990759
081033133065914757495394365387018430653038342790401430598298810968
662879396068421340105866813687700862550410669655362243076097486920
666744068427555947082594037595454393281264615197860109409221003946
623938100024885780821530539641236263035680445023302479433432134418
808431469281618392368201869189398393330782579391518765988615852658
830313054820647419923861166216919045975656253336318446768950752992
586777308978113220554526893234119637741580704297917296184933765166
937562151464881384172662171532362271080278418137745960978655724521
653492678760880091880707514451795591893207464840761990517355858488
913303280635078797052313167676931577373187959490721237263799259715
349422416504918609591639298051537541530560108354141244266350884117
088954264409770274228232128737818584813773935509749335551140624466
436894204535523793022955699025688892472476482856987927771770439584
369247240062220941325554943292326806265100656067112487799788039988
221458634529591716662481653228741155327526411248966562365362717905
170820153100267353958824702235281639972401534641220320257977808273
135512050193684281552081855499751491511016991412711608445400907620
830051416461882552963462036087371679019058251894683895404682662971
748668008393029512607766929924069435225777438631812759679506943700
156062505627855914341512413394030327712953253107118617480257722349

489292521980974308952122314619576662075923556359726690767986661233
291059527961018343106907702032228716252083611956494811752997132749
730597835528521285785478442861816852571073997916448507379463019479
486010937938364054003035089249948913801089313227030643660409213615
225175033647591255299336234508746206252211615213453346405907315273
240795593956003274879097386942606636143145093479579364252820760576
736682245561277978857985090507465575999523325768019785164732223573
444661249477999064293351032029241706181476957105077280191727166542
272028024548065568292656244457107484434380924735583240595727928137
009317949584280200678166703023483010740547421926860540197880276706
177331169854901005325265807003919332218325517622195004956023295431
880724870989224933073759045534887851895773428251250967651971856799
652910171995101746478143027813335716956422319340757137678346086967
122438121730798969383121704204911241451586221205738198926028132533
616506332709612681127354457645034386271837391993894379695856116712
668383393759855826461542797813317912057829123789989227627725615951
258427540001446320445791065468667324140533658619184280422625821688
273710321538212290016053895557458048149707951428828742756657075814
826054824202210612037688341073437044616953135658473158464995233288
974086138926037436545571031357309787030515797674186488333083334683
061776199649533323434059168678388645247041275531439579402788421613
759684918282328600669289116050761181598098057229676116423560905478
275530999022836011825568757238788125858293421121206435351362342333
545480003763735392284413374664475464899727153248706234324739394940
743678490417272542657426758951827960203343622606184340654829291096
947327758106315005802505689492133983705710619553810369925100616045
006231958956852776338414533870921568787580321274603112849248871469
759238966121654100784516651875999266072990204583456279634204397156
524456500393326975841615274186890528103396227728680145702700318962
787707751372895137492853891601345118147909121245542835114507476620
614502078740552719831064913195084319393794051393560862448712063282
330972563106568067159358712039921409666332251191044508321653543621
993777585843281227230971764972700282533520236033469451608228728472
752281846877737507229883391318768369026382449348885643460614702141
015933553708337592611935438143753258368050686926516021319638590042
494502607779328982929749310257474851915475821236842755637397781015
150277718846739673439741825642715865300921367338800791231126616041
891722846890638267871722469773414700303377094862942467836229172179
125739785889572304938003585912363996896312161385831046483707963766
267992976156682119846593415593391674446886200355689651840618965020
995787949475034213451064682941891357624099495577188337647484493614
890337338736408448766512857990600569180355802175743282237209829640
541398491768614254113578019232843223566220125337569971038210371450
536113521580875443258875177314981234159790077484154852468747186982
843716427756796612188225898363586461233727087316163958782993815527
341580288062228960322744791973151341958948838419529290567529135828
470288997290468242178115881254450027577348975661069369938306002844
248830408556897564911615693828782862045901715920661835559705573502
183092691196050687113637921989163882647003032398559982585297372067
596850212232594796092137013315436900473475800526697316366280876754
686843154412005445181096396331779963270733270078424261594328719836
710018530522110004993585898093472727826132452225547446633652346902
607995201882984865792935643341058619206357658021349497123815423332
633081824963302038636180607430078936284804945727476555968976904796
307725843589609723556268852771769509575485467415631893654443452682
522268733165858336717410453518601689739003705114038721607492565728
669414463434281934220107879944479315289080704416783720859140380787
192020468714895404296577827423277263006754826839257204742895691916

7600520523215382114088732406797255883699722977039781747786554451 33
9369528046730979198754644054050153559842149017649397089933682368 17
9786182637137747761899242139647546815218023565700846506246212580 09
3382393758939853525532473703072687613186932612577333372902749196 95
0150840481799877283736652550640271936147773259880890814946394227 30
7546211379742525447857306562061623275845663368716041054565558219 63
2284442580016130922925611695217058561742929711699372987985526865 73
6798162230768594917332186376150773517153378053363994725317379046 70
3857552722373827813588564532376608389812022949751795849901416896 63
4521878608358384118931384728325768648734746219535389978008754241 50
5867497801560159311365405520709508035255004812123123771815210729 80
0323101759183786254056596253994854471076202385234083415014218901 83
8963027669086460628899731583050006054166105211261833245630887494 23
7613211173832359910267154433339809030107675192156068609150992975 79
4898470913404847760372533164866332739977457417078705885849890364 78
2505006075652766776667301814279834629978631154724719046381308270 26
9502715524345837771328888401133228561232764247580549141453340043 07
3513682001671030489674079132204173293655886380819902402504247589 79
9061997394494240613938590020437450817126160362783912411472682090 85
6905268374225068910991937677220777687371267701529071296822615843 75
7149665346296154035289806984981990238158813249007282842031664545 86
4518677871817717727792832125269683229766412454967397152787968043 47
6589576126533852457391513438137845005187385915329634140536894844 39
7225508011960792690281162293670434371158371953865778600341946713 09
6653442535523561350392637433355902487780093167585566502026142451 75
5202310518037979241601868165327213490744741879263046379357019572 54
6568707696490256283113949083065981392587716575343290518298830744 22
0931539456267189136509327785275856141886915058431128180621164533 83
4614564998610279908878315999233208349703499009644828973619972608 41
3030501613834375735033502696791991003945764850313988998040534762 07
9799510355628009427119807714138625374689420067112929037940211050 99
3128817678635571212882205845259023298827844889728557676433765513 20
9837208453651972735662945407520786837748259937695085474585377854 40
1518668703212703251083788575535253274224674561655301752946970492 86
0349352376631937758153126911215712505456493662840461315754932343 61
6114386894155191795521160403279413870405973659682877235554936953 67
2492603352744989288822044886844365275158954689558858907183172928 91
2923457744284419272505276847550387027063282979975853882599387906 78
9963676634726367997091137000500451915150705020857447053203113428 37
5303964506837349474651525431616406958839656960477624810076981257 62
3240276563247145586781166535633573841332037563285771114579477361 17
7589109784495974871345499454050089749431237026691600227796215160 16
4431446321556746579869691343020917375379329537363102934825941848 51
5313457700649437390976420858957317742314576728829679067502992231 52
5732869833026341233526316349020649042970821006326488156767632425 44
4687039213337678948960012513626523547256517022255955699862842510 88
6689684710787260016733242215625124292721308055932622130721409368 64
3549968987874303526768849221231834492419076374715747446252159745 76
4663572427527952228915040642776786566115191933191817830567164653 04
8138101066673424591568641744576883906241920186541022526697061538 90
9990725499842854841956681924545197470930614227531512984453091827 57
7151361181673035809321460322584723528118255047060621542622432455 14
4689645726938231665552509598950410934253743085999797137004258858 34
0304497267109629969763233607776743734798788356730102864713845459 28
7916374901454066475193948993522123624743661317478304868846315160 36
5922435767627623446665395897964687905529239027020107572189191382 14
8316268524904958486754329312418264134662722820936532772839766755 72
6728973193812934194305723962072329200718638674667030636460133111 11

642546802512289430533112509853860120123607044969978521095859875329
303277162267982305510767692680002207418849030165005038534475971018
301673782681943612416569639252294741035743185176583656034123276433
900956511863260791733899126277207213516175222255241829612433962825
182328696862544411862381233064034533155601640695747232038365145663
557498734411685994161655182496042597983926781613148318090253450716
466644267026276118597649132476829527278057032238343515063672177066
376374024903046590962859602719797255378001418201998101813981259504
234866248344043921136487236662920206393962884531448374890102608403
614840731200674156229159669636694083603264334149637120985454752501
773669601971461784645155559941672637397085864959877953242158328218
410939164052835679070686421078034660757197989148155400542005107300
962796234727249970112217781656798449194332226334150338567530824467
734104550327428561157455387421400071928430177447314230098365760751
551277796281014722053066817420350596794105098046656313637782517247
091409925552471036812670513824675211720052849429521974886284898527
787835621060048781271144063499088164592445189801044293570832904722
016072696604619842607722478310717143909349289737950750564710538029
161874918869946353013572935018732066873115017315310912967948625497
958151216822075712318919091383383534471023659794480804712338827444
035053467999529133546094139272844651391190836076226579839815642463
829159990441628452768189353279135674740322735150689098775472181557
499848834669462227119434351395727560933187767215742857830330183042
225170496329716122968367527489832947231506974978874140021926700672
065677292131084935729407635928956182812900110978472432830384651974
375857368591230981783603031405282300813026631330413992533992179415
764798534708178636113772001408570838639437703529183497403741835116
223700401731882693932630875054875664529093265665030243944536227279
170800381578513252902365105680962589179424001638714961212169469925
442398674726206005713115387838833883078016537883877521159311944935
956949179394057884886062395944418497289287230849557926072113297712
137238869698636023682916222546471088062109447913239901540667816028
934694282155062721260541798291781738248919973382953016826679061778
013533650471886339784273533585623279185357977922662703802445696829
686254911874868530549785796598918486218623748556393532156304899283
486556154154064951221046610376548180602506765491340332738629416911
776263813834785118364105699966094920204489502629446168466855106066
242088314537401268779478139859577769903987707399417032565319355613
000528143599456061261608322358990324895659567527576985324574403560
761288607968185761977178876556198523752744722359927202060238916718
790814708867068302793989768378023337579683748471679204205611884614
435084238369737859482588497825952141431676898495921319389412875069
596149193271147035874533660814943754697142919529031019389435637183
593749148307423044934029596281116652389958110600093862221622655252
976610650745271358949733447407281673926348622262971347155532936244
457994650823197908769074458525370345709007744081534167863870148099
674124003837808523427397788174691080535330509119443313873040838043
067506030686269532124522901667503856318585859317437769494157410810
572749444384001399152295292401680667458424696605569107697596987310
950784518251857689800093942863712191016698078851710571144669507031
273706962004730035675368235205815249186823908397408809264852704581
680063915340134937352547150923527044161926572110042345848085322398
093081970121586417329130532589871715885516842060650340556996859371
591562193954595558557009347711681179835995842798195564356365309389
050941964641889243417661217711754573714429402729377177659183107443
058151531596094826350633655723861413920813075414610740512741348138
890687520896517547286443489020150187201836613841728079882729582018
977486126338360371109414086804414638189975514419051152014024187628

9786882338665288749564740110724599055379921751556478198091849558 76
7527782808038226298180439415639795617256940909295185774478836515 94
4787206826785963694547637062382066962023966206659210812781832191 27
4680814530314217798673533684893808266818969129998351994223212726 38
7715975764285213215158837171464854288124231224684028390561577968 19
9897855625102710706283793994319073579797536228737199478452103831 68
6685214208220192667231558101173724423756091514893863436665265794 26
0371682892815806931590571523794802566191268708876475069508501113 70
2578802333818019030210029759755926818216359535070641885719005949 74
4467974174202521309472461919502772132372470257029616316814647621 84
6436446517995358777590480917246955673967945537349710322193694559 62
7789377919383406972537884155020629583874830961954204615469902226 84
3474617677113197374866000879354436073024336632808653684733506687 07
4089001847030676982147531337315428622151551318140954149797246706 76
3436976964583092867952120199414066540432666834408196869186229176 54
4103649208078572924233887550618098365912226537972884111201306910 18
5760304983295326942141884259428662146952768806320825719648671342 24
6985264194190222362411863391302841718447248227557233799697074820 02
4375803717921807342020805369357406187656641696077391209098134947 02
1207251972136996423442093054784650692374464904208887326302261563 57
9196063092369916027823649300034497471237794559512408582397099465 70
2753667598133047775050505366345747155165583727731007857817871530 31
6132768489253576078462114788603518040297656960584867175676366593 08
7480160999279507871789131042038494789432860847970515042833265245 71
8864231983999328563422686078834437453092728931460925442990607871 11
7367669598496330621775148848993377878678597852652805705486612173 79
2135521247023953256081906788528038324229680755447174377489501430 23
1501469612254948953383627569448693046741980229225550650874297727 58
0760951068798271091938371422909682687285963219428367272424774439 09
0600368048527845438548199558287433441890955230992659295884828977 71
9675054392057716689385523977360925820906934305789867423572953120 51
4850903846524931400689961737317358162222944554161493578714775062 70
3761924980363844001609136117137295576618089263864679402793656703 85
3057799129885739447837576390926794433365054967707422859638087218 70
3995827147580004402224042140033035903609605480047188473046782868 07
7409898322252624531680320340844351093743194993802990812417921108 95
4239270965425821958485866799241157884478152195574983222583356742 26
7989600980320093548651085494676767134053103434998643497580002152 86
8358357213659782084357326046612605704644092005206437488086840419 99
5854086974773160175053902530649036204494584764408820400538605715 25
1822177935180194147116600865329482810600219159446927834603798292 68
8186777848837827131481606681284808747904302342003771308964647817 85
5994618375106206884413586284506303464419139428937623547427775867 69
0146782289070060926832522503246399533375667289976602542465979519 63
2609027426151574818652781929779836811013313396516257933184194070 26
9649889513869239612612753695920602296900874208347208408331884158 26
8380193833589732243351364122443211749794047668241678096352035664 15
4332541509645019779105414609437498159904457928380288801335624818 14
0726114232759728948241418870259574549342547227469899768771623160 99
3228850420280708381008140918873526333183584207407484465733978384 29
8053471060023742199872117626833349092090738653379590749280892830 30
1072075504724508511833346763047598206617899980044627448033701965 55
0213204413964236745069537087816973799693790616378482011697962707 21
2703584804794885806583089632312886734029638482411287659521853624 11
2569697491990574782803262998612317247930503236377058456987857745 31
6103866706755584406824089105118184290258032985140961573315387563 11
4385477921529836638382158713588240820127783840973623264758443526 30
2816647560799932214839271563212499908370989309463295598599287284 33

521252427433494379023824949445785164936127032642339094544808620028
353526261752981835525297880465028135399112847161281153414460389703
165467739525876538384445746110351561641809273346254142217903310714
720310599294953895958436885773489495225982103831596420623273071483
716691798967444541841890372511272835300592982739374737571099277652
356370360647348724784839684203742309758998874387876542841593565973
588345060936129924492587467691542804598132815825872999110300780631
592481722052213206010771492336601003182710066727266488949550942336
897935481055796423771544954137177407995177501466695465574100801557
934179598301318715461713838220333287263136997808093756281698575352
925390236568114358655398284283241700051641990051764383512005756933
430421802931523685411424059868057389737717209032816486238395498050
084360235358582554618855942442612928921434147898267094176760452225
134929872997435333820627622406331004883774527381188722581819982219
428293676666000040379914870018568674554412319573518712379305995148
215954867701054047820258539083335640618262225208028648666809763156
107137641890902360603954124553570380667535676524726680367517673845
564696693596022634258001555720896238403647713214296692193472420798
729629861675796746082959712748570679034670391578658581112738257432
519039782995445767430575299283028634186242545022496241979163982734
904359411395898404348957578332464822165249725331811930555856140503
105076548589915525542652886287528895545773678742029770378468475636
642494767084854307354132840361634913471074468329858980951110201242
544884643071227174886586964367223751257407663807577968593851823215
803790138851324567042252785387661013519568286523394604020035673386
025205513475307900746894526143616381246602094339688182998572534654
355285404636104131214993769216302614831518234694209627911549417194
660720665528440044356575326641438934277220905575184236912080347379
886707969228398693750888161460738382464200081539367400188625730736
953499730836725281014943043645634975213545319519500350764823703618
453849756361633974429430988638719898808188086747495831760222984672
501959183717870015464719437744024587964419343305273778617450245249
707149907000518726929283458717863091748438785506397547781397976147
102974805258930692216662225235373449011353986266028141926476293709
768013187204140666876255459542229249384946271177550175862021378876
760029805157411237809551927818159082066363654035686833244556620095
160463375225688255854582920019306381533873656517945743702588756264
732107732276466231522699379582538162507411935992575434703207518963
927929216230912990259044551217209318966179934694954150218683377015
220759113008886890238579915282639867824654608874627852622681424733
188588572416651261959000329224404728408961960264923773072793032869
835071995091733622206904266211379357378789633982192711117924375186
838175762134729227304841109052893127397566546440159910892056359539
550622684903481778340163888074775859106047358664560729940094200063
120435623081164981455149655513005854611735524052167155666041333475
875987920445592175677563283767227690115416492112246422360395403368
455011342654247448989545996792036442429665248273506879964950157404
621482511116740163812882370549267667972800574632906194561799730944
487237467063062834619376926372843710250629430239838747180411277944
515182108640001558475791284640128739950977629770826226345882505207
818345760505308157127681646160126745615131039107176973845578732241
330030005534719511669012581135208015630373046908093097927353658564
913574711350904412759076490299193882008262173939592861233365729706
646410270587838551318934657962685933047956026011545035967710140057
993336889004022075384825139930863716343366007923712406457617650036
410612205435688688177406253057006023018982911091534071177517124423
703643637158902201162317102635650130243991215404270127303916604348
528921717678005443537960268144769874794055715993778356399662100669

274192714681089620407361116347202589862464744081961204033687520897
010880633542844369252180174251211967856991105833494499916830944946
984707806367546667767825383723040528489291173054802989310613282285
243013974421278401082297992256374991861619095395092292352403872656
334962447446903480575135659465046250309625011185996363024036541878
244570740245894880605074168390715058032424183755862679604489403118
420715618426638993005968351960880991550054081911609426156177996494
555738936233509560216938453029407415354220170088505934108021537744
168969765523900070011310946928000344435606360766131030272873892742
266524989909815901237651570432773192185028448811193320110357105719
444387121835232255486772644086673404544135367403990104641792881141
327732957052332339987800916026700289290467003455063211355182259645
456365580270462153147060321476780387345442039887757315364197294374
658678276336231119864674608317162495938051631791016021743160036372
135135506555681162767164832287962390037143316348095868924384711690
483078965100591104965015992831438312018932525166768955897310518020
709156128212794785768231503099654870137801420342350862188944511309
174155201212503779765726305117588445579181661243191479349987937188
974667677782724332922702482645480284999856755494526946870327503783
940036651442685682081309020949057899622100814077366965566279789587
599381603739294081898326023119790605145978038449412185507347234440
464136333171482978197669866965514005181845419763310556350448849713
422360339130058979717346782373472329230517388505004636025681998062
728258112455591586015018439090409864180971710075461884773934911273
571127107533095079036197946170873344664805241788806067731106455884
142874312055368645075413123789205016418245598529170285529823491756
815198174953565040453735880040973693100210161974099408857233681398
906852305802152257830798584444988490026722154928888612925028852813
527173780318207628086658198702133918612113360246187362649128598385
704246054788599442082401809197362711751540474656341180486288643987
511052601860076320866403208005880981246682872769158288851453555992
972145134318817716645564502666336275157142261212702829023587031467
862427302335998951338331069080367912289759223209005353398361052808
487974347050510512429799469695877329008120707972879653583923242657
673392144380470361706529595672993234416869309201866257158203504592
227460113349178476867831063630236724355370932562694982307261863131
091050164320612674246086791670377930940669607135447772041240171387
152541478713374566022914274536828100929205588900795084837232678718
659556212837654930431227464459773811156396674092749919903096783157
044379273964166675109789264093117468241878846539287943914280719137
228194506211199604942014167567514155226569328596939900541011164776
752925649440428795835710036845090703458019087499993092734233237906
647410746289811710104027788338214509831606137185058427903895394961
345986945534332173388380442292218684824710117148515834710609975786
976196816012437330230684469271055789326166001295993498597491718450
334461056240840010952490311291513102073536606699142509744167108918
044279263850255766220625664347056888812091343129654781619845396751
548210810244160624449318587351214286010858155871519419397655261062
478092540814247596466270191943785507186983496876926575171350176402
003599383530178302781767102202449288655654620105595674157711590472
858301654225614200548268513719162768982527266000770336835926768927
117466145886443256295441705121686083735716597610278238848606701446
329636821363730331746487176320142788006742493485684457268867825525
550925006154697582885492108122224766822902775116822369502543987324
561861209996738050145752145346770108025915298160421223116328760264
578489208814442541782351787729463684916863787103355988029352879751
316600965034502135008786148165275693425491575825447858789779004210
159280113548097158154932538649021151389857756639270582004783308103

193586172095928503098371977956384664987334554901336566062958993312
667035425517958589534255685222167057206373166820932241554656528706
208202685332600866580058396609069504970302254534936941843479918148
540317521615318893601698982971238272732961881513540418704927348526
265666408136486378871680299743419921840452670036155802038750040963
721886553766105646252585967623112091455580614923744622486559052594
146783412301336488120864513178145054641794164567238577509045217705
499758332360916182468663731199597425637392431936836066334687888366
489399770870992397517694293270431571634050583519899477212598612465
956758031364020077933287978651130119476790122849334559372745446777
306994245626020238875493090223357398303966428565992346239434307543
557661485851861284466173143979975977684470929792773827647093562794
945093757497580940229719554370143859221216058081004239743853304543
467119143871226627091401261538446277366108865182715566402048997387
185384279740871780398587857487216892636293407937055160183714050877
149628160787383362335559788371360809666315218932287510522740371018
412548297128568954164194927943850639454838617154528632987007434474
646146503414460256193649389255719342320962385728409362207205517646
982530400643228756038069773146999660101861018409083474528089280983
391290914925830365117302996765473925151845027724484495376804763886
401906348729677479902124856127316639984427361862308855173182399678
817158183206309699648514729573723694647944254825014483727864303542
66996443153981527716867984468577773176724214993063597651813595392
768068710323045802519156036464184552722886148251459740929971994529
105998334724104185420272085136054307357487622738407920016763466151
090614719108133008769243989050542838285871745960020088457644825190
313755480860179403410944189883726523194071831370537998352344375954
898132153424084287482442809898880471971054529233998476551717751441
096350331443841574283608079013413016396157944559087366278909144275
984522976305439340866678264314016375717056188134506536372888736845
773001897543538641536393817376290182296333049441891940659730575385
121339862756462498470327918415111491211352501046851190089611707902
188891880624882538422836411906558748088381207312323141344233353144
433609656271921082476403927206088886262852588519928301333058905765
272829571426194979164995894363177324749580959841491639960872405594
058974095185184537010842391107823544795389772207975226175997379931
801766025841678345852154531357858420969913069952099187860988612444
010607411986374471530993510334286163756809485035927570474426589679
566193382876884746673876270357798755596549401466289989209986971648
540723033988839367611013303784045113078379970433116053326219954425
770307103968439752796919730812802511262236007775400051308597498304
645404951309704803426138354091344540564134101462193716056552804448
400880453039649492973826865022745282299484577467343378675502800997
560510091528866646587902625776895712418793158394872973887714835384
248129311916831606013543029978483686352773120290302971077830277473
895813465194275616066742843607020400238768610459207769656762678781
970656061203397304722965481373446191321988589232186743912322415257
741929078225709141401815695728457383362291885079486832949330533593
193572091676364595581367992386963556749298651132482713946073162855
012413231173726487739829651492342674132247288632846021041366966644
267728104149594302767238763428606644807904842677191598564512608618
704025727442774514307901736151561773151575005988399640141880497306
997550669101292407530374958155784627683114837351610082642105686878
635684085892011926825243703903525176669009238408264675261709260269
710407047148153102057397997681579182981289235304146491987593615632
212451682746172277968157330253255735223022968339827799416034826498
569382639736059056232139294855074276485329426710589699458926421441
196000845353331145040686537313195714843485415041517234706871596658

893468794776160506525205325518877942762000677929174286295148036393
715562492149219289945067840972054346001956298474409674862465363711
302087381417548333816616561518511191134684732365538248531987858181
814501053869413158042894105310850262582815712311114555123885490445
347986700257077621741380291892762345238939140280529309686455602087
074750296305685666872397749985911356208348594264702238540331396655
512294052067722982107716988749068312321865667889253484373928939824
303927063104601678559287530601787022213306811299142564872664971680
328549439089540115982149377017032767620929876361529476102296386400
390994665174286052716065117214013250959270559294839736129981798102
567138533177106675033131782787325121501327837748650207033135506227
558130481080029460517179886418646938301427222915794350397991778016
490528277130295624570910278494445900502500126475623251401612039820
325502752696951967074235168421191098209014734553452473851605450203
448865261194845794673910324946017546065949133473564878481268188018
707352591838083903679072721987136512691128737953771599527413426674
052986058267277760841997469706419659029959562956055600022176378828
180964658424294431160434101540324161837112411833413369086040738182
186785929660060152609792043026905143222568143657469655420071610492
607105516213629879300555912132665254334472375154831796125640786777
424307070087662202918140655021360191663843859998861232751529035298
703495321075289690611404016598021882803768053487149020830871917804
775313608584141065967519604324017985891535324434233629910033903677
261899140466810276148578721543032757524359320503117165170343024273
760823271009896214950638496910029025774167136585044898207551353446
944194185199121456681506843573075876541271316654235668122273722233
387587767393622874603410636815651866493228134230424204001730539139
580450340596804482575134055549046416335784381605886860227991791515
677699184838574581978981362012970538786726606889518850722007442610
297073712835694266977933820878091270526740228190344887810682804959
591079430888100469561835872093432323304409697612377196896298211991
687870983396113452620176959400345867383397823414732191382499749914
065896773447434028358031537479848996761924969985182240176819305210
022455108578603846905687663641289089751554366506561650619221818558
606395256352043478945916167981232360574968374823438905559643350429
275477260719321983082538071553885217730924299413144190263558021105
357988665362641510146460711985598292895490755148136944093607176494
262910340381718216143960417698528173282088210369061259770468314059
876589814268531700310662742574082809102331168159759586548561781614
606434476519302871734300921800100587395483454403762764601382427634
053294655808884773746683625616908343097270069974817824245741942626
077709798914229003500843321192397735909559457468156646947811010103
696356946867890309337571102762086607087821065555377926088164133752
939155961539106238153813148131766276032319888049792167796110491023
883227506396471007696524744146098226259447672975844810138808410145
215932988735385180730698100946012616786893086024378498607208280266
924451098153916959736018213287944079223067584129848490365630343690
870142583141989910541398522693075466950199902772011993438099809657
194828591987672414559171595955750006024391473464999909496228073208
901853177416621570733389283886391644137593974177979961906452774096
579769282536534878288646972253655754525228031688471039269429944017
744150565410839248185380972246265514689030002078212754945052791543
698175496661875134783191865741255835539740773733416015611445281501
716175117999639940611911008630470479571340953158279114969755061425
259661879019404745287573343889299080029769877893086987339902732472
293618765193297280946392158801058120917330356069608825523217970057
600041590448817939229844535803797460712947076082006515168336564512
412811294002079114608274243109520336002850578510317812969011196732

0860994900367426065788332367599890317467841882737621128226150437 35
782612823923583260235062150253881205038087610757792341102006638835
964616931815750428606621212402530812757970025787253844905787402407
677517611828280220570076803317314373322249720895322231769914830922
918525246749051877165871928339145127222439107688038146764776825605
199162428994666415868570033589710058172746117001313172720152645395
750670172388733144385271949699753724585045185112124532376009243047
239954398933276325847419966021261252980566184976823050412057268302
788959012984790370101236347773267203908107116393032892689698589802
760428530981257919573240805314535999506802816476376786162049908722
050571792632644701380210327447578509598153769279437353995599069201
108684572761587374741497813219922100979463616836883769800680193267
246356331393619802284466029082574970887611612619391798898914147203
605599369088389305805359369339114503166658376790682533810154946336
850527021605286589896942257096353454924087953244983450152302310368
334930834082351682915189641667157504762901953467655050454331891572
657051498776384149079126728380317905379403906551343242579313304132
494807608810469731249545345457856264329245753975443631106604365289
403443842934131029921856386196903953622936190101639935285350105729
932771839446878649027719241196947766796743216916617401837190656046
390007652119611483507207555929101785378770569542074600725347546329
875918008302027150297749789152839894533255407195166657532309264951
394211425540451153778645696623468005001055766568622256559753200069
485364386223037984856936822387490319549004916657833974366986091833
919987237194725884528872540128464505663054723627109926427857024582
922373042200103989251437607418119767998004961158488903136574404814
727769349793351969079124128680495050177445358305674042673285789757
264025168112914401728938893906007862203398066619650785808534824907
943715105931869232064049673865635312813040791072222135766548218780
519858530019883207194602635121427993700694070856559587246813655434
167121600702677482923620401452985056021224418548337825955416419100
110698441606111936134157284385573768224370273680210549049859651658
297294455519182415160406551183970720272020846402043930729863001390
554348608057272087118125877938449849043705292103749701001663998151
949476294999864284937367525363175218833130871088807978839241770462
788936077376914701380205788950494781158875639904502685755056174160
558994625034600921021093521309476759343508224228736527388837423211
347106010920493956173174885378022731466288416038867881534237539156
003774078668328693984834808067071923600158571920292311134173510221
745594119959835444561375619179631107040180474480380943839754826744
551977505936659329500786951398347929873388781017794560817544738135
591808299812498231500373506626543377645218316617295923566550503629
887119356012041679383725200771593141903519272458016944939389396886
129000119117055885151579807832197586364396223411559124784518708290
402202070552688856767767572084330196215790085294712798233970767046
678343101904313793909567418493179487559919905514096196893922557331
938718224016540438942429761659128259606455657678962695006754576610
574970349472098549641722192264151810279891105903306539154665967022
021495454292522568011997322331862993012889772600548883051801907365
617848724489615573216482574547538161434670840182571136375339420168
400511442960030308232427627244024934395610559393307378279093954401
080585108538114412665516154280952868117050960782891078997195299893
421677946200201699898496514405533694909314415663747898278927807417
117097798317152252276910176290637536782986869272805898815004823069
790734921618995536707907033479375433604945307207964877016335038661
247716798894046172089012433709581716007094122493621549649575492391
338905213792848132560065407087219295204117451146578362108110624285
418078166194941845801094848226063578640095318038055317525908824674

419440837169751263837722218999035166081850378401036964191489110716
279202497884078503577014056163478742264000063558174689957745981617
176542473582133634390557463367004182631314361141816033296676296760
016799420553340364035181666054990897216378910193314935297881620939
541968206581906428364266241323705903925680464546366588202705763264
918291587136360468736384505449748883936255634469025847997339724378
268667920048942544022238694891720046655825732880233249943539810894
646629386210678261585278995737113648254919496669990046514833047867
362138961073979915734993372656791738205067948903357851703480156848
711905733150307323648157543719277078267888498830184864653982118322
884774599068233974621561258538266237228319698602520433786277355751
555072010160597871217465069736999774885058236861823974059628238990
617184581682396699394042340380271521493416458066506094255166330604
931071671973308360331180912226728261653649177815454713336139513693
578970790381291008172086749705669639627505283727439791628764864557
681076979043877788536898437300360143129486649262310772749037059562
142587514293266878284788078762847818624595678168662583026820364459
788509829508925259441721135355859411423995153512414886100581148133
714476205748937224169221906391313782811620178787608643888605065870
832408698639465194511688837952774635359778005996422511881275601601
791590224752139769106798632092833840600861021846713981186612051037
717967858647158891191978082065110498720927329367444664555227833315
561279846519883483619760801583131790674551241002086775238220655461
455939748978692163232155531192906025885276633670028108500403677602
024625577852652669770340069592157761564764259634743356471602185512
767526489221675998015472591183530177901102148470226732507958525275
484231626158929674912801498005754149289437240746443811161096891279
255334866504394777647016689704662497021733473368079477321086193443
422642160858013035024637111089416681026503673752140328243429336919
373726378916898338751375557910265452952313728785719567272503523272
501149088524011122123152239535668141756360827968894201993232452749
115000568066190671007305621131256401829504993342817836112004413870
830454117779908282985239103165217553221739083863377240702608516018
650975472284511975391203976275960199053838294949822684160694237074
685285118596668768797229864602757184502991246920648994694897748305
050135197459222778942804945888936266175575585016684911380345406553
384045092547795648368531413220672805295322177576799732975000077209
030258510443246399340674510943312435873235986285879361322862400827
815076560815539481580746263592719106228645291219548991273889934768
984063069350153058083956513944024323250666224298765923968269410311
308341511967555361378398542211792194114495619165388491859795707643
267369745935938106687751104593905615875963496617956775816312907314
395200211716241602363878096329901332470378593865529140518948540202
174774349411807469378036532613139946208945557490603976970949550080
264968790833922207730630331527199447948997819818289566397872623599
650538450840226160712887069191795534834127291556345078392909554962
176378094144760392676202991209797852610126161587127075355867886070
133229374148009805349019787651172350139260320282831938137530461743
861854870731522878960438016260215193217278125010153660955395939482
662978500964721476963041420928560836755369714576744658251377926893
003498187673095366561540940181812138145157189348521141376323974759
124935970455118111351262638521822684142229057616723362217416385969
594285558415266032581735696873478715282538546866170831715678979869
207966857938520386732793631311097017509091536397157747854669238984
188000859849849311591372836081341437393598408772681388157631645299
040033170061435515871321048490860408630995545829324985126941508965
889662019644103033569857578797191371874747941989023985576445427531
759127821820679194009597944889802165519947491076702194965961007134

306836058843980625029333392918050437874958457839559752191849939915
665684207644401577026373497360798043894373233710357794629495956975
286424169076671625974311702801304335272139209895910162931503144061
676033044871310888930329252095324604243871580713741133334967521894
678420435201200510171558881014072790337090139060829623257365434902
251585715973438396432549682824253927771242235747636514746268630421
600367373905728097415180263325364778806297783650316962478876630494
658904139814536834964837676379724030131546539880841739693614258671
793819140481431262211849010477107002065136340198655824595491518936
088602077543374425879392350378338502501167727052720609919380261179
501593818710043945478642611784251461725602723804763286997966113116
147174598788554203789603048511936947192108774950855386289958503777
799044798797681917449414290009803597502443144572163879873259333474
843304573940812551247937720838298860465524871445206812031443287202
182491713332412389413032203595572780514404956058136514098616007905
100746445574326539394539164730244554090449359189950093007018061723
337167982022317326195486552606537659624069393912796408926084161148
803306464994054074645973148240396568634321593129943937077821600270
955871259263938062653090637227159030214454082789035367016709815238
983270423840016348101274986996593833187719507936973083569436728856
506110250945352047041905954246820198982796106997322621366281673631
229890562473777629237557610116540065593852372739150669064576794639
205897165228649774345022841403508880830934461816836667371572514163
826056268400920108841378388920760123000864027233105874037792368077
723633760999633454914229514026340740695000357192016355410390524035
290727326982389146458549806071219716833951774684572732705783001650
434385226732890660418884113825083413613799619810169705273677247197
959326117762234453981953204724407339455212937548499646212828779894
759263556471124809844788635485768440400796454086534311784469866699
631550715355346753318278942174905295408470023651559371913007076532
061016462428460575445913627408024944264302474203872311368140350116
491673880339796281288237086263147773710950925211669667728400056696
523553312357273447122505849334210006543804671533515249182317846165
102580881801644604999405884890852354086151838940436071934067129236
726069448064599978077724922090290386244074458697014205902219888068
460965151709482306000964657014364407668066372796875694071351567827
990649079063277209044524503248575792807082252032623968335485158606
931459783852836169456336186314956895751252054275834084337654387735
755811332332244587416913044623332885304034168185327650796295332567
196803046626222693929242338176147406217694381301816446836250602887
868826388486228440768649870505438229258065848704040355625732567495
201114319375477540770919620795371814882506166306925483188887162368
525155484810807574535347566506910899890257900674711653610446354848
625845329601116605524812366581334844340230338387669473085311468229
529009285203397072972478459503263973047096928772755667410787921270
676969147191629646778484264375541857569851081658718271514749550361
565003713207380545212738607371349328329950679483810466721696131667
455649838641066553851957114779798978040531315313046953559560125012
230730135122823590308974131531872460657676506927312075405356228053
969566709404554331001699200934016030151096700708703308962865869548
111711644722242956459262470228438373631682761826381454527381901157
150895220166955589525546220679207427677769230811522647511068244339
134165002524040693302585989456339270364194407539781200821821358504
554735215748043870509653774461478113468716565558883519727921318504
550683553943076050369009362962387836408667012944398938544441878508
815883750876290001144469012888129558556775237521659868493432422064
333126591574887295399533862251753806821534505112447440946911045116
323995851505755123125829401236747715157902678546634378329976843751

816713246639546430207887683845141331311200438362720947289667797439
488890340393339347714916556098784406261235812235129549256259585831
916362448449112395365765871050788073967088109766912105133672021088
490924983481410808514719793119832560149134071181692653771766948863
256773850811309929392427973112696774583490608959014679711219754532
868794910038496940607005645672377105349189064450652802955744757018
578593533302534373141442053035818947250256597419922390085503338479
296623707672334636290375995008754307502579639741502039884959037585
768291001734410030163901748485633064220117520177885798427457959125
026072781470357311880310825407223370561840398146430866701326413991
073500244188772556351318020125185808148975409736973081487305408871
737347442840919291643424402102449642639287357398240381058420037345
869531070327979850229309466268069017927241787098062523829754926742
717401093133908440060317715039883971756517156642506614086351975457
345974732854603525770816379080538731580692280533069866107176170472
318941722385413267567686410850693619772850880899912059322947870172
365995791125474049023042173561164395489353844038661966783227383630
991110052858370782496250614551882569385163576399303075590707409177
917689600909421662686399459309871665187527628061216776559917910290
609779887602911312938589553501801828228425127176741423279437724 9
083446842157094679010491342939738156593513336070619125183966348987
890494708726441344580810241396525389714439089177752252411780220168
874982430162373290165423895888029875750062831044553948727701249308
315249497974712676481104179236903256497908621475914072338569985684
899320722812683150370989919313076022276809177596019419663136065337
542651454170789726564216949912776720193565187129742389742007742270
600818331468689266029409808583955345298132643374294839713715782663
489388817585285996432152468492022170504236438629715317037861202578
285472396855010947264868652733936132705317091849608428679730630043
616542134626766101017003598757979069986223205488026418532486292510
961687965980769538976545361454574455400165223914248148929729381427
906255885970122387283489024057385524642344391199345027206577171521
049912790899211699242640970409416207231803949694168898542656153032
807224682554245811114270095732327190155988537895755711619245963123
390013892387272152786124203816814896467821416667587669182854585244
394137306771464037343309404136447692935783257567547224604923772545
306631226140550175638115999431970278836561469974535618662519921774
758789668022046667762597743833899566039040362829861482702138619053
606636684579151451491296624149189690080815398786558385378115703426
603443048225501319786604767627111519141329606396129679567514855605
359664271764873387754842166807326793446827374535661080150860574339
919862152957878761118559244723527131690090072760229277857204073949
284081028003889856654021555633375622291458982640581718488090352195
923229845591916946392957967530091549871090141039887383479249362893
105797115046206176901054689301366912564960764551910533627317915600
645964827476548057231889471398410986013028648665616266629576250098
178394457435203937949163186162324508410436164555398170233396828075
408160676789235051027647052040995697148193078321599322556225791336
901779370937542504178257657070596223970542412067164187424641557566
178175183211009184626487177650911903345723077873178804849377654425
394524714942409147933707351348787631457698510024967498296725718389
578378464947863985440231214546407023160932103605559461954760831841
078154975855244947322143893205233734975829477293697854244733192165
853383175552249465848759397461203136817692491287900551784037075161
061508632843344567384956658915034942405200789741383221214924671798
085284634286820447027578369882865730447370179875498833918216443632
043836027526113090044610037477990279490761245993811240516191996059
651390077909634293583119034305624356715734095056163628748278205876

154899881362284006319511195201780809674906704976589428203193245913
242559617114164316694416180155240661886331173995068796437781553809
722292974598686743643437724460225008217013149369918140245420915767
683955013168181074034283041126865254986803264579323184502950977452
013898055358194141019131984833867985554819940171661584883611814850
491864675639177286330583746651251909951762786218221778373921604284
381236585503598776831679887691766786403769600339672806404573452597
520193285403903843278475185561475310226363733593846397999451197734
568566544674283895819110350875024475420750117547265579343040641644
816400018548961723573698765002091463124400680506656182113202933685
956754722666466024686854200803926074056629829966228278866733064506
550328841629388295625887554096946807070658121980508578924056678207
301913200670603642168364916525631353776254830895948420536098722955
582752459315009433419009078154671122572710798521222737556158326103
023920531679278861411832982264597557653404542346104902957223958753
311957961950228946050308356974031984824793750389739827953899206897
189129627097026816017999488236851544102490634503793304638505980500
689368850921596092493454617018696647022532619388193016821226484368
777952396181368777350178398760142879720848366410773287642886925358
714697839726188810338450333711815171148471575357282911137713631319
778212024568460969777492196379684737496910945644214623527467527261
285301800789573543032753550589002760724171082427797722732735900626
663866696013522302560850972996315375782433792507162172074406333137
963875171443926623811455393900438867851842471758753790306636660932
688831931210323207235140907033605416575082209060337201668113885031
468464451916950436558866152125950693828434458152870871228293140727
555933699681210990351591016421256071107576563443063511705673167435
289581947549521611425193110025890413452890075077583181812267074861
693705113747405144794546197953017476006106793453483773940552135929
988183465458679825875860431734040554601182336493553306359083224391
666806121029285929309962757245031274894390964296332087307746715007
773300833934315885963701244337695776945482607716097670861548166679
423891035060904614604413039687136894886799835087804068064381621772
406347917811916200629577770139937093439443217249722182319521253794
132602753367456855860884410590851123027060655379689486119033343118
293391087619618565414570968938743695706123428019773355738962407681
631584433584877073360720706401263672416841255098300951381957688615
124648660191044190004053873335671201528782626114531444001949050115
641718014623553003346080217675891561479950371467332745815027281127
211826466922555444131883985950933419623985945561184947674786532207
149201414043587348389120710525816364490692039881387927289928539884
606794699973386287843222510037432806665926419930608469361675677484
717995553822497857465567250556748949309600038811165025990005993740
173866604706262123885284817010946710138768352200253700490944667104
755790008627486998607580100559897397752748532074183466193993789997
610753993025114426156892048551972307840758227848383123586478168286
347239705070337701551080372168639415071758912025235200309364453816
100089088130502039169341159108232754929969978413544833229671875424
182246552003796227904310697702416765482939497616404950028309838939
426022430461690484355804747722403871786693491539288578630229892431
436841730470301570109023060675037024472003326413487285601003219723
656520159094929341482621229998231733207306487960120379727647315563
630376092938373423468209183320342088037583199689240992749363529073
564984723927517964835646038113180744527184622345859794497228431805
274062500057844200483005238238751084855426648661840587880464120681
035919898396098727131150641081845490455579927609435421840067176453
548615105282475682962685981806029377282987924425294387085412073102
529404983278917912774900315217552148825260347141601819538454176711

806252183687581941540703676815615766181720477998692331464033613803
346520401842615803902641825361857224684486061288736869992720274162
680637666211206929034619695458113643447415987140189211660466226582
661590542069763943593123662045528756034216500347360119434225614914
032015794171185171542756396517256864538467095452483713059489858255
974527756437837209390373760644875780538089666661399183963055434635
153154818588677926291272536342628898525685446469814497461892414958
636636719814006506858886086022426733798812768796940649702991545245
272132575428195324917311506620858665207749095296510075340404922735
654828295702569062935888169041465106971777242095544613025854381786
304850806058990637380905430695026138424222705375354598590993266967
332165151948172534532747333602744725852724539478578704905484758633
115718366332359132347588259340641521039072871936326796375928473313
161233978154985650774595742630192501361344218177865732684594980392
574196969999876459824956709409559549064514319299753296990292901811
334684918939731673374047376102153497902801317223379127998639147101
057364580882496403779366914426022522432918220359694796522963241504
625930376366432840865616023121610990271779794048244237437724217545
327436903074926261725888065223326141060338165320932320266991087084
758681985639904985750117619963690596992541043687532918190720041575
982623454667270157369711333570414032093793451266060707990655868796
161579984934109540903212436544310873161586375727374817450178665573
793984866922911759920434224760064859760054978280629418739147496645
660197689263616598289656557445804099142689094724970673522047011619
153600945273632530666440201002320187322781976148686634898913273470
144482032429311784100915283333037691119705125251189029708294297488
398137149977805278164934370560432600535269810691898658868981610889
926992043454781553574046529382255475792396512578169849867342182185
312407343115296082141120919999406160101582191273730165017695811861
903668977927569046785710181059393731438811929147494435652218962602
863258663651901745365921218638768107774209158364690909165182739807
531030664998062448492774756188452973294727139148997268407785897786
865604872330575242285717247344366674181812327084159179147861681978
003287524219464801193159379351523941740904190984125780990903889407
794204672704915345000248604274553073068364722207589308219944523472
145218428256209291437681438780213969363997860221263221098220773571
441294126406537652642854348297069365511680672830614815535006779927
342874671740836666020537292204848408702523012585717914569665795239
635968627064590372072680587943981340066767014117658125223348104838
686771740587973689615599621784654973073934095466043145860154049561
577645616734472126427468746140830206387935980428496622472232550466
095231768172458636261128483387407650758288956774589588736109519742
072321262333556151933824717602181868389530067975021207690438838128
356258145012500711902715651443462706481495059019699613904056079067
372607241129244719947702838483531863329817619994731283314491596877
750429032797703476193806295512384013842291003576769296985959054439
828926666087801034405967055905207668370210159521951394544773118741
072352794560844354946676079288268193567646665891613621404247856427
926815625448506316685268327524656002747765241279427053419348280546
267028159924539124873937558094012591977834653365573562593766808769
975257460270216696492529983775381969384625470851886151047522647513
648918833573818916971219583268100419576537702119211827256650889668
246750486669965988504204119161533208988567238092601814281176234479
558294288085813698860737275497491213068743742194301486676625969169
519536885691174938231969755955794021793887372251515997140544728970
839551036548666281965036848684661039274556841436359017774403875651
208077145636487772844383315635724968367563148103943896809211928233
741450761863056577773779414533302578207887933713552328193066778103

474487881453302276711598246301467739131806469901714532318195729640
1713829934458665281042390292044404205030108503722889707226673204164
075838352116255472935420977067186526207629467204363364327350566320
411252128722589414997628046891485550759736146505117641257930283697
453203604650615692381197213251056180613452134381768173276284141810
216441341702491755843656811454797775195828066284424975037917477236
204204245057363060911154840242699564336003530143666597511828032803
953421054049191030567314210754130235793487723423907395938930043689
132814854688219705348268064061334476035746590906564609800971717699
575204375563545216850442243908278083480721568003121380513744755738
663358066128982569525355723266307395195406369794691392739195092970
992913488014867607271497851682702690507107678965765304404633626268
887226274293120287517384975542143150499890745646121569554253570152
014746265873588291544869367168210972638770366929876270333269267640
511235659178773632477046116118752837864088038280136349041450851318
295587380336571592375540437403660094312662493744735018369408835012
318057025510894184693666883038062360436168998681815046281454399370
843946723795281953032886060996315478054110539798317391048191798793
376309918240071636953592567835866999085256828346179992044849215828
682554266066694806590558837547674778900630307639773201191626441931
231373328223641811934383050586585544982998689911466813117119421891
601793736025759632185321048687499204734702994267871276133342376683
428225657565015748972028034318032062448495723097390057150931453891
843449438283973734515799805156259164322627014186206236944759302141
050850281203604910993905368478056021662704636855257274132906042289
956351025228475190703082532738499555330449578033090259275316352221
809889882629115980337112570172176766904545680649223051574746891557
171017567240354189350611288873024043144319869586521866760733038549
036027746096354501952529653407030159703240985115025293058865671901
125083284714968064894381300783718623924468179021621735691228872394
802164846473775176818942122207103565559650797948449900827193552814
791434040371387172081760903198856458746108109910593691774379471287
936895032477418648580648196799561464367082487089936839513150720305
653030078868598203607206699167376164147566542877193535910445211691
676928163963645629783407370647882740618340543570774121613832028737
879037858589327455361495644612550505547826687454455090886889469271
859889494234495074838218501843413032362004668070019175045926284083
850536431267686980340268115807098103458986041308417355099569441517
991754323348063307326133913997978800038210913276601454961115704285
802816067516233813538630524295638330950320192878164132492230047611
795358249560591453000424644788062130246897865596926292576357402879
940135692116755390400269966455602568297236950495909960271709738166
616867800483272929905942810296816157469630606061010622671702125396
674795138938137485389535175783294513642600693613777744000566993017
402011366773178770446945060129226074969110615762076378933450413733
651195600329078352359646532657474974352867211162980756758510838501
606998969358671522596463057009139087628741649254170816909684730954
886023329828880010165296280897698772319690742102700934888093445551
218818833651978431853559606747635072216117872873563946565543427614
068559412425912141707811630308010192587621993809895894305093968251
827713033033492664885329561879526644631906349389649279747796305818
237760658035402279669108180932267251426142876850855023403639597056
214125151376204672244428979978554541319013720560029456706340382429
917807512572448446357715258934722336845268000504905794076592611834
046276469983532198933127117327105112938774627200813172632086712472
478310369532505711668466933919993838341653013309247729429358470743
882634240070132171320972827494796116356678261507156628250212520627
638975156658513406045529010926112638166224236689927106490418862700

1442112873592393998250056580064325060750945893585007218072932230824
4610825818587467133406733443268051547565276112290094215465561831034
4126870172286541622690757446663740257850581983903372668539128342513
1388977610370155470596978428438121104166749642361936898406356138768
2279595452151468928813282394396366129450138781676590929250897532476
1669123683482751546078272804451824345375965504925680648532309992817
4514753455092755527796279414245574405255218825323955625085721179968
3530195675811774436762550973197511556514845137285424074904838081999
5588091516117939219104261909284857816139051482314744553101516159171
8414599947122390516596944103972729574115833974593906205007758070952
9676589892496143734348781563774420837499914618345134117857213565763
5100288216534378838906972299886294622686851956288323205705378942174
8959367844899972838082251295857374295653148704304032195433016472205
4581397905745288020747285881031140858798747211863286489844734053116
4604400480011189647421657199931158890372059003146641812617920911947
0887850066778010999185461909348926691850911899853281758015614963448
2527274202132308326262537829753747808496486205747377298059504902149
5550108969348064510974333005997985553203313182691751915919500655840
8843655165633523507949744148699554593468266676174984193192323919850
8493142907033972490741043353155071618577128445270455615148720821782
7901075809945990781903407684845590803485256121124463883238877600773
2564059505857614506172929101763421062016322763133570869841611333843
3351915955219934239104565565973100823169947997845631959834114305633
7058884135857232439459993716084515443224733325747432690293211134056
5360526090724168837533543614128702342378252708953823576585165964172
3281100423670224794265894895420024627797793098934507602136241713706
3106513275975961348992427004704717253332642277426234756632022517987
4249524982127655951139456814127007662315485158257359633538267179228
6699363339180668550948028966397016335803063577792061512929958681813
6023327826828756138695348983385807840486775650291623281022321262861
2370364711672590911622074499444703371546717193557960340649572183922
9132431571758689056357820119356227776342162367247566768761722061025
1521338942884427554638039142982934097063768466511699684549774924843
2162345498790190059012230711024880588049920820267341521334526194822
2718040452465922884429554190815449214580890457049392729832168834135
4299536825867464108367284683313287432198123007451303144400768357409
2446278097701300214218712351188443907814286457148671303162743814053
3388576038852946905077691124396402844275392116011246848558859087115
1204331369833551298317704475439527351180945626273650721342386754871
8162350966398758989078105843337220397544204986189921453439457001075
6699302333404507062355822832197939121071633904478457406495968373680
3599961027055981093432754571822658191627376408326491944633925414120
5704727893001218140995028817766321849854530856667900703762657705832
8273174956120917523247601272848854422298986799882662839508678945779
1438815809675505801148163295101341784549495324847435024616682604903
8605434986260707695220684576930888101993638860205690810166450518722
1815005743472746924004566280135244242904323796847683264995978599545
1876796098882406497426652295844069729776191462648978315102874006692
7923620332060404453547944198199894752531957170520855316177791641078
7276461392157117740299135555015167097966196524062222914160997227027
9865408714690791932911101746040120652081190334793350740933967335438
8106677644251621091064097827740393472409226971399864193240183367626
5787951661669211485708440347311098577186041438065703058114089652275
9903370706792777717324019606366905990239660061747596602743647723346
1713211256406957304300738718969760826253778407616890456503696412101
1726055110506318058783071771045716789172093155510051312624885074977
1257088277608184629735156660641381318577569232194221616981981833864
1591091112129640683476454149874892596769391552088999743483482510979

717173347748490424157044765736574577528870313708739190721825057729
9317720421259661778909462781073748939672753336694977597757614013339
0964005994959912477424058226022767434791404365977500711749068727622
6934563752876279153861033480986929574289849008704137552160375946788
7643984362695913728997237720073145336673352699683662926085657058399
0388235938311896147636133170436652976443607494016496971739566002322
4847531278261351162745169349859149728425780115663540112574883834499
5782054756513486752535339309492987778566824738322471363412781566388
2459050230733983253608300387302483963995418402866298087668996005433
6067463747817597385932001097038400943290848252148607855800720302833
9262481484210735676894365084782917239431353773078338286204525607933
7143479890247754480001573891165778949114366003679354363932067762633
0211052152101359215469454499705888762836579334060613239110233812344
7891165133960648232734302761158534325707822596745669263994450654922
8199905402788150706299036213505045231732501367062439410618076676133
7866141456378576604420749242292697703498450126514921671769633105166
7672678488372954900567865723978442763113473249771989060076187591400
8960730665821513844913456155557115108451321597382911001114287389599
9461623938505836032323442082881450433915073780818631937207838031133
6417583734875197650793352053542610648396468002283180323476626782433
8970343828285676740993880122455841828250616588718419177397134842499
5575355361542835106244832821141075660967969951048252279421587069311
5186868228906599054454289767683407842846866351695073592900594465255
1718651841204544327116374524591249405103177497432716433047861042522
0357940327121038480844643633301371529014988427523779498345747998755
2815119651594344029887214917065559184939637362023534636888218131444
3720813493658980418852618146166856463897428391505955837039471238322
1734527348213615696128326308516503821529565084208247108348556368411
5289277977777563665982862156502212507461167590321165420965414701222
9428385457567214173899297998005246418168473348180217325219882119500
3518467058280842927115925999701537509747900795093033188056558010133
9808122984565468161871538579928128610376600684408308498397279763700
0416603065246148266042831177932893558742055934518813264760502991799
8338271637395986023588785134609267323195158872972924667709763509899
4677014028229224590936493192519317428596941523665646599511192546855
8864800103777931630738794443787115163435808683855098036167341177466
7955250541569632555175659300110987103438333592007520317718713211699
4297373666504816162281397436919436021979331891137147757928460485100
5745428328748179328722787109615896826041519103216035886779474792599
2988509994990492164849713854412553391673798326983742448741274547099
6206337139047404836079415752936336390448179541411173493620260485122
0123053605543688879386291448078791005255598932825277335435924706733
9997269227399277565339725669671524096773073517612992214202555065311
4295490874261705335850333177746025891528937886543076661397186947433
5020469696687505676637825001336654434120149780395334094843058804088
0871386953158989175443230557614844599297128725620764700238088330822
5578637544806735453859876380858476365069526736280986119900402679811
1302046101019445980359274353057449296242273773395520169158005332066
6975513019731133703912561191330543297941699192948293905572679579522
8177269687932911425777320500214760199698152202061524517942389845811
8526827978979744054165648056210083302860547301031605032014574051888
8761984535029699992646579565001904482782417386095401791037025463811
4362445250887029226639233664043519678003566545443642503625079529644
8921390656484140182736971450214526431646662100373809950418558748966
3082465740733426300253099497815591421287519705271001157101716377499
8833787956568653934426611954407741443992487423206042266159771478000
6548964334962358396221135312572898201355984815657020457482109173733
7866280253930704465543688974749065847794940959812244787432218660155

3009734548024696172671294778795194415134401730118832367448720447806236637003524258617656838084857368856902370922908821222720834170089791292565435419407826899305573151916990118070501895885964740481390462609707341954494227067754033537102964836062032755617310215914346844155390956590974654992791537633294735996020089802640794682925361277898320585360585618611894514061132224271286111668672502570336348863158571739711603288212386637491874566260429531898520879176927985320596870827320607720490875624976239850639187378806361073721159075733629897056657468837735159852306207834856672673994501972457061604170286561431266850797557168950806738619613357613077933856652942611789955761282203962786163036697657292746317600522624881300262015934469599332301304443908514144069612949095143511324043728180378030527016147459666973182339616557550910094477201123130169927082110437284835364658022798435317648760439520807362259586407873458191531059455825240310753772157432145713447781843098447499918919885723488153921904520156617192555429987533454002381109748520270053711471238979747010158547538626802813231702862012903865851442364486492865523581713720293880175294101022520285691187186079645010876529842532971631174418650752018769292746421061313176203085067906658825606161624512329833385602122519961320728581640702090623127183448482230078940409243916327452408745667813673557003975514278073920034353313212822873286895420618818832914189042392958293492930594813919419210154303243567447699243068489549520239545645503065047097125895308641001156968732728057534628882092894998037694276715237246907452768749411737611248907019198792964232474948371863913292204033404762728529048057020058877226359767881747157982142176417664349005485153222335130502004742660842602758114308115877357853681413656836671339174031607056503790852843226782164643593015192070991234338444761974897013637518951684986306334712439357199345332511924340248672268509671224442280954862096706420714603892359340106844004753696386497513597358331093783260019092515744319203761229377089055745436284773845335137564981164123368922952288866851999159162996178672081918371734730700682281270186065027530298339014669995747944610702671611160278717065002344548526553180461527980301358894310966438222475439771623046764635318028199644937566237115116051978758708342921467498000152971410916725705796936154875615717823583111771013590125353955687127457997201759260654619005937960897846190272218145072358795484271499133150396203051241109165044196697558251321818617835694275540614559727053523826735711023180819720853948601822054826898663602869566818348668524544614408406952182633280487604446919008266967629645490754572236923327441664913195564864399458899338775870098805433186399855404932306776159182859287438960578046409842089740550683296113972392222269790364697767875517303966644741574726584654780659639564895358195570035797166891226946992715128448647722739811741814886633192899465947060089211318989429677196570486185276861342368815000041723800282976700527792276554084855433348616889849738718678861898732323800424009638640679843517162511269725924658678721107053801531949577164948506298157989469417142820421641655866599072861984938491754802695846196422947793149812238364153855703808978900761390103234971796963254719656491227455826354132341424364357459474929792785696077635914847280121218205712372291254433245566053407484951814467690589598069520034923001249866193762108500512364425478264357338213296609669731653535425624730809028817761133739720629836430505408619406221838502449854756687212600676339743731532578383548748244097809739336148731020239045338094741597766456031376811062989214090166123270039005050229476135188591241064706560312980146088899492786235478123370756373524321271800610530855171703405360330737630187113669353217698428260176112186006358489653414360670914199779246409721142744954698914635554828643401104

147223008474005897193942555677557844039936570126377009233040177201
570971402261897254902499639625668908485897750415713042927159289338
014627628178042451243346115672917087218116986695871312610665581097
155155569633481984422493772789984900169133406501392255837452536445
871131537749642845154005364042185976909329790072008362962024673223
965883741317529058662626944673521044260379193152110356061561327177
958332423894101137830862454629514095817189416538188260985813625507
028147207441010322838569770121266793214647280115968243771101640588
292038122298228255056488502000903159908409669801425015995974256102
202631836172557111491392144361101853384556828607031576644860576825
091946215850695082849408530180664499120714286759898668841279064653
948357153197916296821916428762691256721694722877436722690746310853
419544061133608487163008322078153715481543546458370259485036167470
707302758499672313280960162936123357408505167586704703228598724739
808647326794039491393791308497363241413902943928457663835198421867
634664301808689606921433831960422100947209843976665228225443683042
220547014325651194268703971992934248063911831147159679288276590160
658481161372294419943326376901682224343559260799088203400234350990
585913929771576049472707702830957584270709136977043713575902026722
712135534497330430506741037054407734595843092276937484039563820488
592647043863621119935422550000256114497085052705009162892960498473
983059770893141204198377018700063858078442617736127875809955159503
846662074848157250182123540825433798202752568074574177955302589468
194577646065374993269932888205395151847408514744363568210924250171
052586349534579159028715221299536595915807697373406864938135614834
686259397425293493723922991126095352789014741520946191693752339607
918005888183785066885788221740893022376707892649055901783573302904
986104756624088404630174420916460792765924033500521369750536665803
340501312807124279897000627372915259070166674643724566787432560019
555424209445336334393919567680459087133098344796212966325811637654
664808900711247402815156434346310814453273397154323345449268619307
448373532903424290227063234450908155379512377571610492712179818535
358509941553871821944942708611496926208222831105450526017646944214
984796916249383350864389979794372572585034947332112364201564544595
832321025867338212082720110236171813291628134769361336231630005551
854169945123703087471769347530638094914882823181146014847359176501
968305714704713971680541712076085415277906148408154352770547111386
619355191825554967376875375655901891589207674352614885293763210787
312387572064840823737530328846402348829287586745751741196425955473
254712998878441337697174478289514806062975015981041096517924873725
424158606070926343451122180515157680503952320798390703844559080248
976751242811186831122353594495362332805156428450911638253284682769
037798940560973049659821677479429060522906427115409075963049075004
578669480644240791416042498973639622383553426568824892490309401353
227598292267618021399446801899603206758034293979479500581123563398
697279023670197762898407331986142970899455340903726057682234474886
920102976488719461875862934213170932727776916518710024989966658550
838113356789617481139240080692044146256653829452233915516045948248
702775240265603080241608406335831049915931308539474269073234720884
119182024847075732911507212454468985268553115998511179393810802097
734738174933999888973856536994038759525336217482394715478348005894
603936659188928996217521047163046603844441237345091038293248389456
001298364934173204224321656427582862696462987054943708647463427711
852938248043935821601986070062171196591832591807574493655660319057
421033069753707322301404429391360729974231482186205712797240843229
742225306478470222877289889172044541364168301862059266947810650015
772730346839982955110599642751983442090994298239413615583265388406
852983750196100267432796083226766089824373992304583819359944552036

471095908251899166291593196398638609984425245591944423740980765055
611750578961464359199255642675963119627783751287465379652386652568
169570032696428785072018471660573792272520952321099076112702419491
396280748169651494320431930648996967523523778013360171535579415272
267440438354774783461541713610807197104730886023745031213890081325
624317204976886802282925502433493959917827467695941155443098503616
431316394425732596746141758066342449250604023220280294698737518293
127065541377829886195848109350266364520750931961525082015023951281
069618830208378779175314247378006661366107125561380956875490976302
248182547336957774425013633346505272962419515030700162982343399091
000615550249467371288432197235339945293806722341962170161634329247
937574459146657715626682851107920980138236027790852490861406132382
047029603361421239678916949923423217152888329799391129466525384726
864053187319793226777027601787151571127131902216836416945329045195
204615033553473446978714152244708770708456141208314980110666716520
746555367187872873746904987162762468053085758352280419199560732766
591756957730028792070628730635622829071093172254124410289965621943
930339359793127298249018850599820753028058182687345362620769884288
389289635517726997755270892807119838327126416498135850566092974668
194143322037636016031702386454010380419337568874559351238398276056
529937969463111573623676580351575643680207979098069735892895033363
102750947847813570006470316765317984374893859319928446797050501465
842227782696067591977743142284898346229638095752245329234359223513
044120345909610127448589140505827476775911036197187481126259602724
586676557147275493941205551336228916904263820835739952061572394645
174449899129702110657095944985564756710539101364046559061659117790
624364595739346071857771170611184517001545450809988500405931558750
951206165545631462007387394433274391565408222265516671149813613507
373995489339174808637419664809327817100263955025914047775193472052
693611721552919289489112851231256310527709723493867708930988562479
735893275980846342321851624985305036273164555086002448011287948708
902187528734539294131614662088148268086141620159155491220419860259
848860991001008935521986004274340573101214273402947594356726977628
542777276759795406783215499987080260583813286902818386210006100337
642379198001944237044206333199893214651697433457699128223182611409
070898614415408199147374743368164498243252660816669669733619695332
127776912977263579843015097108158562779524101403121972539950098548
370069915726381749334231984170867848596330912936697738356288707840
800239223578231036122923133431387087137560726479553068785676787614
086797853884183975085046835092841447196834356692453914539697267038
657031729624183897923545368707062910535840958625288172928169247104
639591376543397751033038618690541627854067967188564523146253468346
430020306636243007728041839150504839977463906523527004766822033701
569158523770139905412638347648466384117910763416394509626576134524
834091389875379348887108440822515024794471987688839920035737926073
657685493015534302684384838893140272196682038727684904065078641498
395483862399144327100354841428571466367581410868575684974964249205
885698437459468657448018493422802795823563775643882682326241877622
162260709045198459326773477350182854360693935241658960117450737611
406406895988292994464538186860664747288899190982296017892978047357
912479632186915368703655952944433499542516058090830492735940881012
512804591065050476649626758222413393315802709420923435482413754573
059087156567567670109209505467111783773210475976697943635702499917
247764099099618422342259389668469915441887720946530070344371831157
287057320673987595782140794073633423608496383233359179022771268263
032769487753200468018475770539434300795119666775243961591663082780
839590538322951127233820755074415307889777628677166251881091187535
197330098637717478618815476411602223903031955967898153733333258298

360045188973413138579600929777458806142401045915014782067973943636
291993558227602367510347827556486627121882555285317825358601035108
225814502611204747092401718602564690068461731767990573490110072728
768926194527588335875822194738432083457863305280755745493828952390
059845682729141346432348817148584606783059482601453596876215967081
249553230576378156493445652578255229382496265751170749498866876544
103827053374089892104036867736560454285845169503140223236337570264
179657785208175448924655709924081323665578698526453538880111889193
286251925922213556676815576092763061557593066264739260898327834768
021460555713159391575134197362381437944978888581196334372829232196
632033578012611307701085721598982028012452701419440551082110912628
261670708062742710620807375623747391179018806303915191898251718666
137575727597103898114628132094118243212011578288178755591908312841
658981012959939724582828850347090530282922251789724313294878973743
215073413895319923645094033008944417799497855061146956152948565531
122294623526306051560149924641646941653581717906597534647747475189
449033886376945491013384753795701243435328321449298275732064946005
703587974137284730855685002414057806994944420965645454206704067126
917703420558935459214751399465865637953244989394807296345359598977
325035224253669755202625966190223911374464701515637749468173440379
453288595394926777638755908647972478088680068172355853131435632975
431766043925383854057568997429850951712778248854066092032655982812
701957135642813925406613098387251913882874323038507006601992157068
887156531369864586671792836573552565862718814401443171436793748105
969137093212168062424716237296617153934399533680541456986793897178
488910159860309541293529874616910919252380974294455148855831849949
859479590242636642554865556331493468935615034148837488463129465300
565980746769773601945598152863062761262676635577359767581138421612
373314597087298604713841740124888891879713327363626251131133467653
762929984089037789520000853939976358474428197985767807210489634599
077801542669717456754261723840220327733647639755175491665338447273
368535249669156297692483436265047461988233594559385423887390136417
704694539579811875271215977684425117995807169454668617498200389141
367574252951992353630286409958477380806675941697155808335426239966
791371918119745650950142157414450246559428230866854834547550417532
809049243969757733834069200365962698238063210584211683115360806396
000302983486986250141895196159770985309893415906918264474621242983
607543464462434641837589126993823538014384957364332358908803400365
035629450989571731821193875360604033750257331182525704669344702757
566572460202434358051761798043050015766122068591071191644783678775
528755576514955386462900314778433524201822322818628898360499556710
094713073625117504656828874933451108004370570085720732275083196736
841092108726460308626987012176044090402806979491118396436605218431
492307351631588904445480567978322555962857732503063907386237033313
393794864907355954685179650429666182553105264598245173537563250283
739435510180592720530901051429092433527312786900151513055874053955
359526490302813127589266878502683802775398087841969542444707598265
277147636801344512270464696586160140500059813554266004555304125645
385648993160312805596469709727717647751362379318695356428514304456
301276104282649403679748029330190134439986092840586881002688832877
860690700575222916378845954295112712364162904172492592870335181217
772457206347444140710457987011683486538940860879346428858140532372
205220333882782491606550751428498895026730473386894146657715191706
700715462849334130545953261782576247455778605289070556812093921363
602079484001904534822717501991998503517218198291555373940524474881
608401142868298542198154173994615194467566539911086257026617289157
211616708612807864422596878065405524084076980926229798908974388648
718812412152858621071441713146827394151245402315271846416021045875

096948375943180736202192937400119027475027176567343594247367066180
398677673056064018589905357512300230660837087116869147579133638408
623253843492671860661390466843378796516790070950960770044545355631
362405135816161738439970087207800572797374766973300019518157166514
482156340621818656955569523059973209613527960436084916464544009853
402960861674533438096899823943693824949550947169541670641283942451
714126019162473827086697693118069609710155725814785319462574614535
039762605546512543502145241434329824924138121771320340323718671520
627359281633744103154710463963111770834535015448259457608665977571
739145766095877536672498405172457008259582124548521961643789313109
882481700384223320632885004325420849215944237347069301246933339188
876395624142540683244296139656862403164128403058782564652342818336
566518958550369909432595309425060808246841425531437037390665109896
765398087358749937703345895301949519517021752264520732036027546394
131137116116222899004570802847540361406381477089041361896398146793
609058294820541858067653745684521520114145135847400424917141834979
108526755786923646084051029640568547162911479605166051298601164218
923584706774478369791634369220302198889638490152417264835108736731
345839534421502246261553366336148347864323356138053007496676208428
757530744847676122129520464026842561574021989849634090361092184760
431288829692663808182477416243214918051745760516527671485956723605
854481485440213290753231193378970542137669259894146244375806251615
321799734696371796455473353549249001405607436631064741766799857256
986302528399444346379930518242598412579835864959062789069536518549
591816028252311296488624546624741498780234896199049347281966658307
147577253201586835547077836728257562399243554639377454477973382960
292239539101363924842457990895204656398045121789111868368461117367
495659523732158831922247696642959496940073685050284037768906265808
500246717295897639915288552871279469207921220672013205280939645226
322708682212314758006603178586184106934504552579097773956618012334
187417941362215786050078339034591252524540485754363277089363734813
762506583880204845701532917287753658510284304303738094645827944631
703476961344868288054938747420783607209181966956077978078659557407
096044302978609309079720730749607010815586850159480975343530527293
411617148317473396610051752170023014799010869034522977048775984057
286298941810215296900745556597243348361850377715055086033011150531
761641696187723661381272278710986517345203857378730216612722258062
394563423895118271063899938281939468089089171426867874887032369742
369825435588883246084582028402348362623588364349326648017559046034
282151721956396349530430084841662178271514494595409011794488525950
494726556911945792036793654037611386749376191352883897654886121318
115303047160619686704364428843498822552331296875029163545865426866
088946046929370596495128448974048567800358527040399356260489828221
525557199699352579454526174074327085989113001429067140022594327469
021898299517955344274871811164211742934346618581259577501754135341
180155914001252399483939017661752161192300632039269350307440800556
485321736481168158330203170589764678232920238182476764490923997157
484669006626848707926979745436105026659791718725654581872259956718
471895396896356398273911694540082867722083973564852019605960672645
551934292523068186375946771657471639851037580102664513149058946532
011702593902980926721553261881121687059584164729322719691537323315
514987881303473988948962542717046310852002030893497607474809695231
438144859523362875963931570347642900052519090875253165740792449294
631761411281605006043323678149217024471810409000252357290745094008
754190944850132342773779028203768777598838891022428946586307188578
363258401140040295820151572777505522049767174180652296812814453596
307746839919743615077556084901483048815266226168875496803462833040
684967248845831448961089841116418534724679049542984233687929502850

535622738086930362906434961063890273423981644437129896752462213499
807179098325385375182451431822981701498047147440520820677173482930
757424460717784725245946185748904930509650979539054225306921236070
170383791085714698302257724852517384591456079105588537047066293052
686115149625701677756605098715221893119931908608040958932727146520
031599118043637406495544985222116311079240253084120858743275083025
736046735590502428762009605821782540707253588194242748229061261156
506709906900009646228666919350261335698044849903060697708791796420
344947066473435831304985932397059589076521205938976976179995460990
255750129252950517564633281937784817982728921626883979150390284154
892848405010183293430169393085976918820760983272888921135516982344
564447333253072962398579235645767684446557407881847532800320620409
124850379079033696967998575698548117548118386688492826248933731346
365620962364360176047562884825574687983523166892032758120831192672
738707762830879194416406020746280318221576402945658339747608798691
752555031704962919619171215072124527733136375472863049900375024593
485960032115144992840662158257436742274475501063912224218890391206
885714990281250332229301019625987938312748207951457466369086901110
213105305738750610287625824804729782975970378866527021744112460837
370072764091503713333614971740090516021354287018659906055371259092
989698875726878000679158690910845740780273990101872583402502706752
349279084556458472338387936948393212193705663102735811096309442346
293573358743954610171509748417603259483536217516712490048287878693
443178634077789561343147653044727101587308359186544227533506094500
454270943829595234500617950815499122260677053695403470872316703773
580038588820185360607740785920309100130736686153320514309483297128
610836602524555926973266001032976141119174374276782789747510302954
650308104060484212662927492258713195804378325583814279728206104671
644545396678275066337611956154718081141066372890445086071121650660
339892385555376753205387993468505034921858653621561162560773785078
336813948450925056970346054311689014345656230772431780451284414990
211879930904828898966619644774295261486897574573204681701313930905
117056129681336246565767032752997884256367261046845139557876174554
261407949927885159419323455730645855363767666277904565194687523590
507070290264235937689217411258335714398554727179693347166990452457
385765734636323402095801122354476444172330199688759484111588591938
802652082412625415775923953557139009940619257885762438343967082535
985086771745203064771259716871629271981108722640716731620311995057
495353350785579058055228056768709400358862145084193945110212966418
030102507190041435180262583918416963342871083924470112172842730327
747013437984117330124469137759748817280837808632835848060410924220
865767728752209963240080429944929304986884989845824998371385891669
131411594805379770420015970689347111831573389010474647987808156521
926441124175366266821681770769432381466336419486790863825847134143
907867852662542025507987500598344208643353203403385407169700485895
423819416463202364499218696935197625148758953644751634449406416198
941671134104435014824843798746391600097858007148865413513572346046
623479297272831424155920800251034678954542752194241325704026306976
946540161354854687985714429486803039101844108638904144811237544371
285330823993732836681962313029569185695856627411377033885853664622
747193167250336110407331565700765207124240797569995015171682190064
511788702874635229298088187710072903397299225664211305601375775977
190139941236326728084538940031909615421499319261336411225553601183
662732783852674019875478187635393573394928471029582528710380997565
439732567129487558224783626807452739034903745390658115194195726455
858788269618859947491839526549635447571365041228605931178327747043
171702175554273381131644612205777914607365779146307623015698777942
799470800066693339080866312852037258042871394552756934418643828321

630754249357674340668984292481754076245634843585997894799507358408
972112726010980185913187269858204360215449353734228209983215127996
754771510867255688821989769067943231991850034564659754689420908586
518688541565005301770434777447943867270393095250807174811438806676
944040880337002762289229403949546456869467365627651215744427275561
854727297092316077100833032761204644001950108825543666118384017506
433079878960184957256409227026453638384878282644377846764678894521
861373535543656377606476678170898450543551146912314274141648367976
459749610075175159580739164799319511126936601648584829390733187973
916908788195618674358831373515539061314098627551521295444877104580
897721910582763398947484910278339169952254377681439407418668237567
124423323514823465867649964519452476330870536440687141456832606639
769454801930943710086795751239891190608598079561897702861704671402
026390040755211696790396797200717133559771467791845713611149407966
712462922999331477634216541227783574825862753499006792111978060307
885749546973284196464487248154923884504168748844032656277470952960
677481195278592514810702849070915018652287534294183631406112370858
732629402433909819838680897918601274620818939502098874883195920209
202041991431102432886184043867214698447218058827477611885531433454
775949915708112154724304881109826753085018792712236067265424722554
951167783499513760704930313675989221645767417615608894882995093114
276568187950445739072603866015581213816955577135842043549347895364
202338974649549276685353620131752865705505880944097716682618778503
565693248837006191686881325769898892153770164294154770352800561194
842247298518748777495354659986473128376681023168478386420803571506
610437608027590099241762684102073191041168647523492506036456386777
296180495366105618145387474536473562955760076828385002653903382204
235925539829328419394494205000899887248918062112870490391300294855
651474954344575244822871583406545423074678494274930963470015143263
124161298211097657797808646208963643472088059155364232264831264515
021605196502658472066706130120493386969922060721205507484698313250
445679036197937511451056109940597227061024553164341842315931353905
307277364315636726458013226763772668618633479296099412432700177449
539823043204002544985446412582181492056014921887888485004281841829
538377471703679191289376308701042720721052793407615909556056902878
841543593704129448706773764271263821528379114630861459968813851549
589693494777530091090895645062887987494998791897733005539554996967
223113032996223735743856778002884728964213358326697472583460615280
371262743221724325293392575924924474115450585976031425395401902732
717953482453447118183267533772568831319357002083161783185793469555
062509874148085073837262014483584640035336912705562119589062989355
562779178399088576495624037971430883909711102642258974629317668967
223404012789249994400301464679220203830421619880771734664735164681
098205658445677184987499742916295695277744170956312845961026901454
223339536443247908988275294511632099275307499379381898314756794441
245959637262578848779824592170128005575802716147579216877302876772
414278390459073912739294267884385771923968052299403405334707357333
451836725155426582639619999309836730795037244868646114937304957612
941570707066203289181107238915527538336663817080430330556707275261
677419463060608701555657445230874655839612405030148057910614581630
901314898861882107938274751304764124868278016019084967844218901110
183925596780158884405085393976838736014191230960600868884840958759
093979887545712509890277211540144019262217279654656498959921437569
114290202041111579248731265080755959728472786996827891626827869491
152476745851922811086526770098192794353379135535005146898579382371
388273535727171789383014221648571714102900699728235323288484621928
112894081707974024421905443693038017492997032084340110873321114536
842359999320908951566908596491522776672296396942242423418831803521

099116402806434847354437983200003628081909768558492561175239297741
658204184481090895126836470846247411739612714881019329455867381943
250861265358837368559920259078153960821287907306065333544905988347
470101680869637317737325829139402014992329209692706783167596814766
966752080774826807111167849293584619841862617211092532216068525388
159185598806277687216438183516049553852793642109031310360781624389
147125433165370049295435731311918042841965032161578090425201331248
560532036085914481767170549766907392764895140552152060925413291657
024918171664437203666136857876733251108285903819215447665286225246
359219175013034284393319549122972792697639531748622320787892026844
508352041249612609478597647640505134461645779957974192093941387311
276724057940541046207559701574182718191565611832096658777408146769
169774837664183860817525478596851524694807752817906293992706525231
293089486645014790454710761515539979963895457354995616420964604747
459853772405194520424469515511057601494221445985078562898005200150
144217236030394428342444870888738111756954845868810158847305082029
360514301370104506990268158198945951504537485723487980716132368998
892862049934134778445964826238868934495641306886939680162402256960
972590583690359144783046409691845826547581534945007765160758195664
124007433611728666605780640979068506843839086550136603417156612177
413653524666292403852731631584292475107182073761997425700526636287
342485276970912414632604391164682571938447497652741279128833276475
340045879787567219728508025158776549056558922047149620525210401201
669876445381749387615396217620998186695643493775204078670455027574
954208283438265272799066404046308555601579354158018388708877140523
005777747910133607583463708160374140335816621710523779547780310828
789311389894479586116939228137724820976622315374165551870724300378
446838734446101858764966248302353552906856208893670501291450337471
297708298592055240518783105621652132246122880034754732559325711750
916176594166482394972913352370543886272408483705528170029629809058
650804794954624582240135714158490067330844573881811967445142911521
434279392699655622571986439196067753038374686672221703556890842503
483294766784150367836819897475626360760561739594959045378728870880
119654187892476530782025541234215275554653752784851164219300210400
696015444285500717437035400703359356505398651785707006582099804195
744951235876447812486104147556590450055377874542573276631373882502
017264896961612910104812793263745673134738711663877099845420670270
029601117226376272726745210181186559105258614533881970128991196384
735029017400070680631462301308053975457760287247409909750691788261
928319716472128495873791803549559085450061798813211982114298258375
305635097899123594054486017902486260767194835184423490587190753372
944339592409185352802957201038394209623342775620874772317011752756
872410122453028153879584509634857983910451921318634956903039125641
139059641254019436292949491921353071715344840968420710642282289811
864026763507160796935047021002318781098561356791065930660078977625
531978982500663151562983354439164449258057007801061628032102201957
047579865658116809332423000560664896736948762426172410119907596206
943468594040616410905711553454537680923271287235399907443591953983
973721101334949165692714299302802031477456050544661845753230590170
786156443038197017914956765394045943560606605070173938931321346258
503810731950386744835560194918228051677305768502688432549589089560
814199507525651893554022636610084816146203865446477107121879516306
983362021407461243273856073300741729085341371467646620823326530075
778457801275507872627830161825087008428187745332078797789429648585
975819284204996482962042735407338531005469939541254619473472170399
527022703577938585129683664406788983746565636135444780666838466976
517661499961854398962350237176711027408909193995831451468723612871
384972420690809504422367855102876286804251881635840261629851807211

528332237580970905745356917840193816002439654325782504544519694034
884092434085789998277191512303094738055403082315560818607161583433
955617281063733110606015264964148156840431946235604363017431750920
771304908868560472738551730953808475014486517604975677360783315447
229253433596384563021521710498738592531020397895814333663841559299
255089446027807017962274521055506711913163262652799366963598923830
060969816001670881344300203911771916307016377800383003711264182414
601498704171480566260338497751756038495491915791417929536849597062
863297174522149452643640004011685127587387943486668837572288996134
299386640236405894482452912428201658004781669418478063660478483817
618565155840174603728978215856590831489306511779198572317164764724
189304315319990881549971377420721011833196861968494405184713480510
376244887581817277233442721570874000852493919493398103083199952288
542626308518145514104967489642576817203145774197605540116651437193
376372188186506524854450399937660922677770747939980142258086621498
719124701387469895676580981634240795135703733486839946074001483818
809109122785049874225639471028589036178924869455199904917116231709
297408195172163625062371420825261190713179187638003738209989415516
736290310549402905372537989577370008817865887049043920910261127811
112935519422778192147007436373735190083294733687322396549476329928
275318351812624007118920345658855468095030263042519219879777374432
637260928911109005219868755372281053055764147614824639858637189772
797761937308767042649704411511412890062126113885306037367229595816
117021395030074141766112848332886016736716732035880470158024784864
639807999576764707923310644566260337307361589922617875267426013536
007295278511447312992791452450623340290963971759232197958011191466
992839606609054620079823745212245036016910411563221953297269544555
151828409453955078674040937185323660387796280514312676627403643982
398318817605978528134663946956055581184589398070501135751682068069
489438552913508828544734828151760971542385952213273086132204129233
077656558692790957004784303955681994015964223359594550228105654377
995470862448559080037069501560801930721464897267316393892553815995
861702205913973027090063858841495346162764260442837389125191847819
850025498263035851006341034437633407334699031270355830801124354815
866116467990470409954792381287897186780109815204978806050476668203
662967250936939607313669337472036724300318966620499750652520175471
357865734643836467637926850195846151069676536390244748995432199723
190611693296228778946122656683064351895616389957450772210945127991
885324449376487789040544224233470979587265217693777637079604073278
970245582953869616412632465754921044812238089336380764949967196348
615540609091415949767808774619122770828684460532572718019232463199
946676789260303597957811827900047139409217193998740760009997069581
634479233605106166460077875593954578581356191179734847242756439544
469001853703038899472199830805883405836720473010593371645853777333
738261881997860740674509062922554889908344358447071868346283907929
470801169686394851185081164381346028123477126650093708643498081061
192511699839069112411278849225010740467001002498755498035240563673
715644048348352246102196750403342268090196091918367697539184488898
103076931360368464907518519208998079674849520642528150398821992945
016312244419290790582175500212464156438780114736353486032318176976
992568862342243651161413783584860345729184564597310145801442339103
436619091211751414322400433814714649570280368174781573399255278767
581363359753605595393840176867674304746201122791642138790162717829
363320257354064982943159500554714114406637280225906499077297215318
483539621059207509481870223099482546729701848378246112123226391943
500731777620066954059960374037654410628719241786662420882146482782
794381136197446758843595640054338403532921278595748814000737497083
250483278575562787738665283977888843093724219594555354368165329377

1988636343681790751801961273509345804109446551725884968026121015344
6697273811614985607135933184212517820869764413662803131959266299800
0800499938017991534491839141860014917652009555057429439030632354051
2913272285289533183861280090024201859206830124557688515998603667088
2144036179949757693010158168404896369505707194161819229869985461
8110664316242154343885744834338880719947667423092554142522046461326
3330219254123326554225179003962370011877224880121899739867454023278
3101115581388876253275234665649792845609117583939724769569229581
6479170577534606301700752743140171314093470826207580556365138365779
7778566866723143389971585405128381753951728867267924335193242794464
0427484557220427137038338428243358563142551037569101814745835641
4678953450868562901848676091677061998800659230534436395717282508884
2599663928971247757401309355439247332407918204555381766372353322209
3512540132481590298902642974259278789454750065499469212124666206
6260821434932002080552240572239843830449363282819228454889328958740
2257932082077749921263608591189029646609838958881002923882049246229
7133229297037751993136100980352670524486853226374478046384325646
3010008144862912199457156447900994460842936828479652744612765333244
8811033242025174738622234490697236755378803399596664030721437536023
3103696573323152377229874426905668961779628232189871890962510009
6673816079948561699112561646645110175597163799499487451735865867708
4047168447477084990976997944707107221646280139462754592336253361858
4457602386869037340402342997958662188971415880457537565078504261
0212069743697096921440941134689942630874378569318126994043871459489
5998350024823390435296021410434798710306835342977082983320775180715
2848088283370145995157366923408952207467531109020004087766773452
0830410725541593900525760346091208140284177420377130700842437158672
9360593480664925608906006214007352462203466943404377629737141729565
7738443594005475357783364787173858831995725380639809960264540532
7205628731511229781571608629573746845665423600829004305765331541271
6898974622851338510767066427511106126351131616092424346656970070932
9952178094757112910514811469846816362099491211915737590934654666
1760859252499642964904995300849587607819636004710267394007407320843
6244200346144947032423951767853242453480993775280280525924048657628
4671412186729974077030839307426174014500322104972620715170167184
9128134389819559697665219201908137000367278208254808444077054889497
7352900740939641152159281309852432760682475952253308028248314091145
5034964805588336314363788086926850984022754356109530387770701212
0002898032517901049232507788502590832634143548516877220099829477199
6023052438855804487383316035861722692030067101878742606941786040706
9990250750049323362692993214094658099646531428589402950507599383
7424671389269904330889696893171221522509329615283223140401522472006
9622519312187694832867420029173664435680663582105332804176726151562
3021242888554325019347747162804383419392847933486122205735240128
7750089411533192309765082818111896355024958467106845292644845557427
7121347428588612865531692904976784566259641824726692778344002660727
9474144408370664575851237670920004831219403483729208560022902779
7730864854147461858811157024028731490423374710220512254210599660703
5383950648233459260971244250184778080977172673924731940165503960786
7012304739576533280658508348412526008894658467311915729174574224
1779493354979891900782062130861080386551622375812464835540650724329
2929115450926671318592967693090324380500504705798029574716346546186
8596663348164737563758253029528629237343678949466010883529136131
4666383280711983717491455000642982081727450617511533164317850686055
9958041447050514513443466135434913237773369000477575850404699354952
8650821231068855209618997124393434111680987953962481708529338557
6090027022794974124179740475717835891513010194831142088683249433148
1780233765095332429955285944368343551972731851780494655835099194

093702256819318024684488318677087309347278038059155250231204064223
609470988530160758370543677837414644116053421760045932648901251010
943688839493750108078235517849509082358995407264746204374288810508
396455884266548692765048403283121820919225254911472664063622030793
455066039883857248600510852807898750922954152053685929261987791689
221592205220551985320147926147108591884318686574115963789931121609
989761109796335654449027343590983289478678839749661090310579656789
884814633779378097206339058401025151480018804012308861312975542072
153696492705801455275021614678086913660749812251621634354851006334
434910353420533934694524974769550862656936276212610915726891851277
303763839795715936693067949298648386633844544863127608551005181894
581104146470845401536291458227457290153410579881693540552831867360
382508835230473920214607034933191067272651277179914138372267050300
428895154913480292363239288242207957730865773544300787149940796063
032576958992623920596601385554180341966989324367028510494283621790
242444777381925654599726442141645880183324265738561878678959852363
478423536809059927119995597854014483596606215632951638907300427568
254001923588832030019113497523286130065109787692945531139668955583
476437080703315692464770566831708735818394804538875307517147833711
950768797640772884648664979182318450231538105517587340718962538798
537621437172436820710468814205249239365508704489135541655626666713
154192176366666445461341970658844048039586284011613603368548134550
509359031416572525760552586987870305119319075536363454402515452339
582336587160381608528218500714103549936084662784075061236838764462
145891921779142593006497312418546365599567512958502030822784103261
371511351983906124159646333982390087897387993371672887203567894869
612784691802988400077024046141684357096461162379484580024369153446
231929702763704581054668618648920064818578844704613762942820614210
703480363084411167800614815023913690139665758030939659044159125120
969529735812730979032583292747939969282438314920625902933092860103
323917403838342745711351398457747832024488386021968076716331653498
673034745401399921598221116711151254425853760916734327699904005844
974347590556420630769469347283565064991077767958926507983234810840
182244891170749665104061875918474857697210367432681514842019569722
074734482208792869960836293587631653890478390048742747935151528419
727078614321965828417069390496815772568280501220207510923634655176
931515723238105018022585517518247822341364317881652068506613942262
653446972893597805755792607832166738898066125192388000169534325226
200528899561086132879950759573554749552474243083287019180305647708
273670143445393759376315501750935185158798505069463905231958292523
097514074052545956314007436631365318598857577378878419026141186895
445650421603370647862526272470854341759779500692649026951120275026
309543674058016472131592679453794369497526101844660858000783127191
316021235091382970425870233641604644846128470918634315198653654660
902676182247471801225355996813235223866795597369258068959753037126
480244820458137018203432869086371659833775710858330103687434657741
106218143176556339621006385831674674809188717077376535589866220294
998738274442554792411634654679406036502474602456189525909349966735
951227127320524011111391852302706761427723092229472881013319296333
997818550318293443263220646980101295170455704300632501562504315083
657628326741230020495063971736784188910051425253052496886256738738
477796628662164973624028836930961735437337313667758358357017944714
574708124906980229776815688257225708949890899120660554025206080132
245048251208137567437661986796426412986059431128300054088818812331
334729747312126744443118675943209106681841781026557335326213877374
737553457827904151159313218518285887774417722966204691386602093496
942560536450662133317325961987682588594298794267093801141054153993
918960836361924874187916930646357844807215658399312037940118324480

201556714142859863727859846970740475543618234815879601141366235245
480672034561475693978012289565852162256169671298369008539004383451
036299591188765554858501038242000728257383191539907527071272412720
139581995535663735512890906976251070304892027945259155650048553046
678249437412341710845111272716022109419314554015799975257597062357
119650920779653514558284969464124712726275202638568898807683516345
882147443822121862964661262708267422635057195047392386350754121166
483026200971276710048982671613245191035278362070128544446701113052
325226930150870306338451974189270634069245458809137680372957533468
067793504686478745877073762192530528748136198511385757845429291076
654292834071343502250882818892915244527783987472190081314380720430
207245467931758778466626656846528861507688403122321218733296072442
684943391394823440048794731810015672345261770257670886790779488435
759761351817722330324699911665759663561548880404973201297560095265
988234960223329496042355117872785529240802858776678063370228800022
181033547073381937382622675719292593356370954061572778057244148311
164042802001173781045377356971226702822063493126905454981671849950
281156890107968802900112565891790555923454722921378528723282181212
503451820595480967722776607131017786034388295733182064235872369934
100981061723496382468683009133256534492346840680693901747353201504
440611383475519042887754060775819161781154130039925740378644359130
190784611315598122874333833098537839728020727286892320298943973394
819817757139247491694646666789612342910937033879325123377397138802
549835070664655016435659685314582650756107057247029983740904860172
437641981422704314803738452936874360053639126726507615680781314200
412241195949403929770163428124078720808521666306459230567032070981
617225290269602306308129260227978177435716138102919298062250972902
342140272119169380327132983200837285066796162815923582866865760999
044159915872039418368224730903669496907177457012177714467268351119
457992357643789469356535420860629730104673071982276607743930230946
886154828109515202159705255023615647835579419688175556091385778521
922259647769941023057003836674762355069788231896556982414650286786
318921131224060618093860488326451730840169501420821573260642922288
691115250254993602180051041932609690738474883239140241558533260115
285070430660932244424825241441746074448844534185528241403762246430
116084929486645829985520542671517405454420206280703433294106933727
264297066891081535848401490945693824621684799297070687378774062892
832545134226040883718721990383555267472209412312676596338155725024
484611269592746975238144932164044468989516224006928370958627380688
833629163724004187595864552046374627569583050798453815347152306641
100725692362934927639367109131351270403054576969966845535847145591
819283771246258352141244581202749660784771810569945704336050816850
958945374630795183950034717251948443599494854468526812973590190690
653598903356956031006447968263120457319101154449655511226841732515
227738630308135975821722905976613762764176616347690912507016199955
375964321155753439662168827108403675119299960008862463219998754180
943600530874133962692998207629668015488090523558718680761698556060
434175392524049679996465176000269269165516987526525067739508513040
805388445060926010964368810894202685615907389985099082501549463918
220970064845536636689968589228638215971107671797678975011542808723
039128878869961867893071982867549919743262709341000268510325929632
688185241489579124432764872180145298218574977142929436668937836438
222965859111417940518494207357064528325988459122593949274445571466
776515114569290313952537580463375857964158116362187227661518982412
205351322422488256167742459676541254033178449883841113760735007720
085697277626487365278338916361424964210630883493089033208487794286
440497222682861859946689343794851334855905828206964612394649757412
236283139773381908745580331675172722386647360336322942216531277635

847730631534297372774923149739427339168139875171650178103261317455
063776577097886959767574221493716352884568741975606953600393373320
206516493697081492295834331163103727409098662574705051470227230962
962287676893693773871239020465167295592539637570422968270137215978
496180362348043379063970358558242210882352987239496885357705045182
895099193763474732035193828111442092546739336782292584965322008001
526318029140864688824845131277306267980815595476482850417271139264
031553850405835488218720632498225683083781144749672788833320028717
670034369690112633377140681492485609922237095518547384457179054176
873927917178516593198682887564181867768768410191491807939961128907
075158854552469947650821767567721164663642768199852241009652130504
650834072757448496619761614608405906074102214449762236679944848377
775461200772349048346804799553637492002228711271851356066168229123
239218005582781418581599044062405262546367710924438317339847632851
470653500079783184915824011759565900535027064038408707123341254904
300589255268336910947101885680630974863894076607300957659146215650
501976073448899217067459599010087108436183443327787653682587723082
233443454329275264503508275103688527876967792475290543516348471778
306004342306802510416927098404294232615492831376121879256159805549
617993488223404322283765653188612575026407804515295419719419547797
740615546242676714336470510868155403216644525162310712260123089371
047550682508603240463908671443690773244134398492841467882847147933
299621527265676834010400353802720252754184352253722834489706581156
085710599336667745198566047220084160190860000788059526818266913138
417341819905590105823592902013540514610372925984089244405799629261
209829819631751214535332103905565185435755015506330230393983217424
163887658141828375495738248135795353764156486001991020976353392075
484934838869281611240904286051688972415625937579583189895007292459
604679885544190931123329852718446233567773599333480407470372053280
347069763700271572820230730576961414871966420425572750491950366323
004651395418140725108930709443978312110733276687592803776507172513
608755719376485636744855888825788766133918449302119188229270901950
014684234363699275319954611567138685704507441432163390407802999234
905814465652044962335154357201055418206044026298913181811835652148
013865548465039391744227689983209599473453261485153380908818440673
726935784293194085081800541112501203457445303331397380446948852770
989980569600051914114142279477629690392241524461598136812557513984
940301589089128390396906823715967622826543755905616030020457274561
527945965191825007133487156545101752772344850870016671622088134714
559577331251876805648529105407392802221120032862781056402439800380
701905697739652978779098800316200668984037215519624334297992810095
608616020149108819115097937929003694499120621765377482371955324580
636150130098086504424252934783569851494288463384019650862826192681
818133145352271022161786885639796180425572709401969041952782218972
371157604600163990908887257182510468842834618913181202969641334893
176005480461049509279897517631114740226421967576451984887245324003
253302518248307749123252566884756169542393488977846191575794422770
855820578541006163487982613985550919249337634419693864702415434328
232827684568414269943837235402540939373073804634343828207196553140
326715847016941483313914996741090812530998431631207310850501690632
931910182110539558556703982419629169520765719992723071763730813642
389401482326265470550903841961663957458368747626735252558119907191
836237358436871834305909221799544996922233003428708226933056544676
836776755877960837571832810682555956854316804574768968447920124443
974874700573757245740874921782756424733258593382718360118550637271
168238142462458904590760296921428081805778560188655269099927922154
712708959240179476507844514414645517172724548476941607662478326065
735413894461988583756749847678053698392957632660226472399204136521

623736361466640323155185415154811185810844339855150436734807098016
306252475101971504669545974914141011308661681636860421033880745651
994932458611604871116486279983802481253941899013637727311133834266
778532592324533344853759664716208338537412263555308937443901951541
575679942453238033408307216841994789968124268884616597060833397337
177144364986798767187972512615063197288554063191512610386496203137
400515441345721044904467051945156922739366732497685739160310543114
816892225159257668780953462048818191351201284162581472102780965979
991944160344384182326231448081673218912379946597469447371994734475
461447290698588542010162523064196805972372284233732451140654028375
526303970784269804597321019493457002525055959469814542210702836906
765111338008271970430451924780925117856272910352627916974258068402
627307584190214628440917898442561629867390910053700297885506985823
190928855440993457717507878492547917137854322631465566615358702116
916043172098426523231396606548893085383019683401924136867142069727
633671975814778723614330172612555205583002475666557171155769559720
731113661647649212410007432536721117181902698647349658130101367113
732229307682146982330958626017552721672584247759443215834483251667
717953813744964440656738138326645751744905748004650568402111858982
706460025498422293207274982206974769806226082660110961848556935211
806622929940380157261010384282960889874606563046798502292990209291
932461771606160384801422508869123734248586441731267184746634512149
080855321275811894748251785940175844722914259381996647903390875103
666661541646865470072022022545975348098423501364848574947885547459
213375096376782165427914135474670062812767442222991188279981357269
073785469091101556810429717305778842476385374026797415237094624639
434605121639245148210507976032685986609400873234156423535667666375
312276348010107704548905103240579565966741308311579279748096695434
726072474106920153392090933458277744733961650093575247112417075063
503208867717412193495146667638712637372846116040877063015837600111
533649212190203318068500324666379221737979268046636376195583620471
957455881725511200080419911461363395552011300394239159753566741136
702232551901934176455731469482202225229548333297745560513730774251
770977444659807607594546606593103127348715553264389083383702773822
074314568944586437175412106604933774542490470014903959465745943771
237897280058429396210552675039566321492376729814066350061202360793
595072500261188229881702440932306066540097229824335376524377994159
185149339041722501469974253353780504362141093577235490088186907390
269514016697214836261672332385111763897273755722811689919980399572
937460322172819284534093325844116963040623830035426887429021182429
856451245795207347984627346195104552425613736299433014983937291110
870529969519183533650534844242848046310476522083420859365173096584
496130285833654819543598186756220294161384321163257685982562967201
828906781124186868784597313387140418729700711919867701293106293096
949899354813921875928804839845138740758643027656157147335183544073
506255312343664960053109148813032384462652043513629026265933306812
051158885104358569945649938869570706111923572757110294196928994187
655436884256928063861435130310638444334313396196979733561523242666
417066390240362365593574944251038356824938543066369565628381349757
831909024277049909445141111241230206043422328892597491438231575907
984423517784541128724259493533330985710978755386839817548252121751
810308218176505155563452429948453904577562674465785517591489162251
178070532881170459740597598645830080056103223325384300750981134310
120450833190422865468587799440122965616563890815959223940343922260
010197221765736217116359902575752900033866022749259421935596129475
518513699393249692786635065238826768941167638908982314619095968338
612311858671495757270575686399745427113036591818384717808180841752
010065566213047632675249466820599746393688064999076413425808930820

409023632383517830632217617206433632011040344099409158405146878326
260477568040712615484260346833880268094044793089193734239036386440
254924481157390763168026646799679017556718706413633240288705087457
165871395916429253614402597840290871343774441758956655811307376296
889347527173711313779000310082729387122487986914124280084502725122
546352721992018762423508027844796784337023680736143992859048111112
541931101350959312727661124888954689194535563621879329974884586783
481448626980470399009162895288368911374616731561702410045157757001
603778370339572539261354053250114657419224801218243169853035363945
988575041132622240054109705194916292574379281916876204926756847774
860345138396946799094353055861500427944483112063090593443247000937
536710056044926556034727477807907836395045187624483926979873135352
843484638881332304397927748022015296192355486000473427309507867806
253076736433322824196132427056557794522660656950161892625626948238
005695033649150471162428579689682908969058363758278283892895520363
223930960420462287810637658111782742762532340505564585343287393682
881055582302015544340256660561199160833124527637674938321952334956
317862584221341665748262887744717933870329083625039959451591113255
050506004055193310678540221401392893077471031783341055948291837130
769245697952206414022795846705868857757846872528947007508518500453
068757078397466638450736019535737073785356700362585582066737243338
623835066357323527255029874737157104957827619393563501675928367423
085383857351276128826173200948780873129781099401372087532187962176
750723431042040983005430754543089347560999967053006260089395875398
030047816817127195093934191068331792429451595438511210909172267321
832118162279570595447822536126829509548622172312363166507257218634
531741072397650382647261206586272339002819509088574096005768787459
135373146151589768102894467346086010997367803156129155718923796941
378351231627407516945694908680544178759792003655469263444618177373
227167003444266776046094924812058797064658497352880792415315639324
344125789177935725901786375825693806342504430545882795813741075602
287584447810965427651767062223706972419791802152291454833956256228
460783866292668106052637667735843824873378258642885012123329247207
096075960682756058028935698068009042477941448052246140801929827445
359142613006731539974220398080445375011953972619448484495199114028
190660032628026970954487165779231879915526503112323553639686684530
243015961973492262352274323053604223375606417777316238560718050405
591823508941421612604389373200349753263396931768396397408340876148
966053467650020180180950179015247573815905144668404233204625195859
647960289531559077547204187516804221048827397952482737496742588221
229084184267327354050629747395625186097845807013227661151733251592
801250066103078456552279339066119554676984670693114454341653858729
999117725534075836267307205981923186415819683344077561735876011585
410628859025148597066302566272781881934320443544059426417472874446
384970887538924365482695425677051955005030485739671925936918313224
995238290395190787500747741928834128339315143605456554992740034000
514752860117649136881975405835181301064281918542772397988891155654
420613295214834039746559537469317679712605932622735788936943952814
037155498125622918360289709884483519995909272476142927384761134273
942707646596586099675123050324376092528374535447598558719279745135
456040928446312383889192976387224509486946643316458586117087884072
595663446488772838981448069759334634892092084747933664114769169483
043759599830298448510466971167611803157567043074868319135015108662
681481108066267644488187637341191046301486433951333169438648671912
530511977122226051292720662888283651460221944708196954631978248180
623064295919343803191070756728911303416669390683766514373340098291
769177833502351137723780700801344937512480505007321973812385162506
320810496669536517392868858139774907719078245297941956168869722316

7521045066713791920865389367499863148664101700444576299589453219555
9866395809179418510560086861372835205544642033275428459604284332900
4254398613235909889616104911040370538129550774681638755768131629911
9025081570271907649077578436021697722790417283215248311154673779866
7534863300970984071885291772936383789686704544938022017157424305999
0922776633024297441704500745899447515007657427829025938963776349355
3159478320022542432672518423005068820208254972129214056337255815811
1271047415701853893178293987877127982748865671504632246643855553488
4887868766413556127610485824205891865197234353363957236099480816811
7397403119030930451000439618069123447708555149247296678508952198611
0901655248983577004961920373861655837363132652345982453199510591600
5837900039799695177706979524695229836760743149900854856414332722000
3498903384042853124211234021004981624291858924222434957536080826033
0676240154695788064729619266845275111600959053785483163671245484866
7788201725205463985586500358235002021508516423663500787760715198566
1452562649515910555074772785379815406327168195111754102288929837822
2254533675666519025121682301691819839425989997594117695875215092794
6376619633608719250944468590221362185710407220499663863587129905300
5552702841046772620212744667454521545772370823644453357064522514977
5678705171948005008025678246078181854875838922588816417620490361122
9043128167483207669348522857760679348464586576690952066100878790644
3016816753391621152056810844678941591233741463682113883375773261400
2746246664515098921044063818083056080401370100890741719376629584444
2169122790893283198267723332127920076809166102683872384324544206866
7975603948267365820673451550426763088181585580393191617327544295577
6436516201516644668557593725940971151878369217329993841578827660222
6709252914746182341866367219311226984236086854520418831280199780333
4878756588271058702370961302747991323482258137696121704622742249611
0167337547880106340855148662286995691527162633501789803398273644877
7428231538148290013432567888322876071651101159587187145010578347622
9752887433927458182768600045277571772478802098965643852942388173877
9991874712975874116541332391556510890877525768628661680719210903433
2650301463542749204474931246520147323197577036120450117479398628211
5253549720267179089505195085909795621538912180564878996785730688499
9639032778132294015207305052020960765468832525175264101355065145022
9802134353365875559161683674942894412148048659982256111987972086699
3021284995016647952381706495642735155258468462892001418813857435100
6708068039340064939802782040845015597431112977796802358220439971899
1827408195202452301617599479708280586003288928867410624713286909466
9466843904201205774106699462157238511091569237592785586844939773600
6880019229349147175801631652547472728540411178250031540494164953211
1474507549665480231018551844742049336821498678673878924957514706900
2466239047396630200661578109357920463627713503946978434359174142644
3778031190219547522692089547968878254856457071355666985023275461233
9882302786890131757321917167849301636501389552913159011742248960733
7494602029485127985592450773793569081333869747037415739655825885733
7413490358278143407462554235516439689046077958386649966494450747566
5796993514935135973200133033720811662891676509869480729440329917611
2907230111404658911382427272632968517609428418793980260523956540666
4593300789657415766970867192092945253931552743735282800482345750911
4485335424049182058302117366937604973842272159134835520404257616999
2806428547140193685561411027658280857040342325875865694650092023088
4983082678432727748692779550406611100435976476867865384955027225588
8542249861365736317396148099893608474097176495471543340623707326588
6975276459213374297141242070511225644949907914419244483283937913800
4206362380029700282062393180756192264853973949330832519708731384588
1198570171002491365252271986840831840478469364290251112927517669933
9886203438789175172675722174421453857611002834874321905243332939922

809488390615294064110187937539411343031719168526355316735298536398
677616350661196822472348640340968103858504606729601476131074024007
426534024368037921068446153419708080881220768071106438905886342157
852825822877436754701408310031138429853493528249358504036234592392
668831144807754671059106940654723734658778941924873236437024020240
175175970468295402550796773098444317986354134645953902276574320351
884311155975463523304523550552928506363115240811767846454714132798
134065927467320835452822766343059530547343093817503778723176464890
964910442558796940411705277662970232569524636717758458788220284605
305305466181722096550981839675444011935670278272108335560644665752
280980586287033307578738210821129210210389616523122848792032803766
538720195820518561825014424096283660984633225284110157417361488234
146028737749849149845904629889032849256083957399140591024120684557
624803459047235953688392746190063530060252868443454660057857456872
500288797407812699501435969649476414931850496255521694445285574529
480723243302773655574561042966088356974253073611130310823800031585
387362868849210917491803390548285054627864100013169471998948894209
530864465026796100715048439262063311711860861208187157327345513700
141867686921967048859010362423315167760172717422330504953061585247
919628896759444213462356519312219428440714309789550559858862442017
362826073505116384635711187846834715883490623342588343614274793829
548341263417416882602888735547816653238321540768359096812054884548
171892692062036709653605640898759284508157427478621941367169943229
458693304953537229679978004871910203478247394917971719767262538849
528173051360089227052430855648745041216033551514931039641863808926
595190343501979503662299371070610980328347286934541513596718150629
766374430994932369570495349591419352727151418737658694512236367107
938011524216624494119800446557212597535804639991023932797708387184
753479985436030661774685481674302535091141422536356338388354354468
600110863848021479276315847935107106227221232890003040085551034607
680665195521686567189181334850680693770039068701376254055246684976
710144599349618422468980417018602351019649901337786508323436869443
782163920218850859965813111265889482917734897361101747392459963978
823770846435932564640554466354564506278165078910000603578958471411
788114001470455657924684793389859044356095193955983048411907085968
390826969646301033129195405483566334707548255971622409572456078995
227513743172920432944214571757021119664927329504589243511542249892
841829309680162790999014391000651606646547657233038464624395113830
677701241619910309399289403981160616742076033829175930656604400871
622422948641209276800548402635460460212864312968617604867685458733
245904904458154468976001291767593717828778157463447497443174722457
141782495933265895990123263165431809785578257753550495717798199024
612577728494463535252170334339313436451383042589815147736236791994
181688328599187157217228765199470314248248787596411631008191276660
288566473109611646667671189367634721290963008692396234207088629338
631255612873406534679097419938288166385060278732800485054491820199
337871130829493390254440845445283110790671755781580093867536003860
355768063981064235751099733184028068507709966620139938302157057490
439491154383090561583001130141099139583290325869583767619707448919
113263121640981843472560087662111596951333890462589050402103971688
752976341156530163761401724174127541567757338515633409689244301406
179749753717442566473493454579246967993011026194337636448667537561
087691613043613748330479441225952612415148981699807681018481895780
038325763387804353118569719951740840404292157320717893877089593155
702274272826581614974080133206343384008689023889391833314200451596
140089861121562924364169472543135617018117920055959285439183334369
451919451431715413500742006390506071676581905824216202897696844090
552454470012818868581435495454205566898387862448320752121741094873

647410915786040991025855586394013091551756002797658653840756823639
735834723364825533520524772296088193054082105328131130488092625504
406239557590391944317141526527540808952986572630716340732243950379
987148815126244606312813852410741435979408576657852516943899274655
621805886920662325044937029212885127459270213767483429277774127189
221554062683300828600901792187538294862915016245407247778866998890
070980505692506985818373901350763943654187232930311836581686333644
779329007078574510611399148091109971279294384939136701584241896910
938623802725764521667814022361322904680977248778268641881228779934
329767071638705695119901896323092458999902179757131345174259360325
136902088395860854675047773229290628464817203195072814911800959505
125813447571570554678484436237769148191799840529066771547929117426
693348858567088139473448486214381111595475449852804057422506951464
720084246244722993215792264672178814520648208302769361192173852367
856740962791085234229560906326667104802881922637139090737684448093
184449896992931060368700953087272410262136788706972698569734002280
363504755236880049558697359039020691931283070710617913556767421587
725759822191294318645745477205132894587827375775210307119425545175
288583633445935800552400893120991882570655486639231448086237441459
530559003065809529244042617675254206771033553684955246546435770101
789796416313038674952396108289032577244899186229965198423278274995
958934083103129326766102724108073795462818807634269861761703310093
468008306518347713287054254996232603250116192827302129934934139799
634261512648506347348327591363178682472894449321466061847965057304
067187482841519147416841690897229561606700728197766108311410618692
743573355356462725414379409813463832286243364133478978890912641531
873040605317247738103537082669410654440622661293766233632590613838
197631940130398985582094820953918602481990989664862713566498757014
979534006764478586820491076270969775705491508796197691944139015941
256832679426395790182782545568969968032231781589778225657613871677
013214802115527276731117341653118922038451473699023164776475938806
016075537483382328545825950629102393600165447353942982876682073712
192752999073697440811342372020131423404505259316972775590585657003
132022465479086657583451266545682630554619314754718739127923972118
469217783762006326246681456322496877656028010455006968281528657542
598234834009264710128328430643025697652644694135027062145831911049
179319414349301770348702633346016871029183608374125327587763154022
303956288776844723280302142987294946474939503146491804133514202393
881524875937371592838326600354064289535416985061992235303829218610
486918255269025574988931977847206199198050179722622476371814459796
413713846207982090839588211870480155631852081343051685237415842174
781458011563058311767877089770942569153607878091136284354824022828
394565804195220130311977227965959838840936358355901185742704482665
056343842162536049834085438904028543049268993066135302956244002028
267343672871926207940297350617969254101291753762660825396822180621
641812462173118967334743094220887670606305467169963141821559029243
513784364350632262093120680143169163849781012271071502167924720562
634687067390887567539442448270838250878826535655819744166357784924
176318814836216441222232363549938942990784092165099611235325120110
314233835506549388909275961105369398083023861037130475667626055583
092784943578519785639053474326745056049094077085918865106554530081
982644525281740877465478991615116348753930674193023342758365049641
568635388344929702698830212838507501173072253194741218860306066086
656547714244902618109150955830742760829485811035201107033030587092
579512353389221572474247856716767883589737676177211751305869343355
367649036743738817044405436987385939266494471535038152596325055300
204906764624458522605213931219629970578255032704577980448589560702
099021534466953706842845217821445238667104694081075061673174785697

1897942787887160528345042902212243983433906947676464131458180704811
842165818603669376409894336493814267999197179815233510841570647616
502760453863299952244303389384486986948796492541509969476646546897
692164861423923568275318509654088133533236031501845430918115897953
009608823801822954836466507308346158753739094675311255426108040965
927527145627225527350121765782432201282217368454018834091125636960
586741735441883030291042295409312139163251665271628121402003934852
462926770253355678013212110007468751049272921506773328246340543305
146411016945801523928106487165119374849628471452059228602216430922
707329113148505514626087654910369689708578112513994774893832884265
980561212183161153030419155186977220696407051706558307454295568020
558606479198561137208320213973371589718010093419529924086318041862
299694415900148445348986206796450530773611839913611440073059304205
749678639537317291277835848215629148003084298917636403425821977585
909988615422915064881854893919464924424427073460653662824110438068
746346424452489217270080026988968400977049906879061899434905998791
232993931686542977873405363741086041168212232803214430184507966819
142023711524639482201770931427298845543362729864739836067619735520
646544148606206582731163150571772420887655624872226829266602037148
511214624414964999515202973569634689579349118486138732356737272362
867229569307022272826189362420914468343426468002660771995022165093
651912429912989094967348869160997557084153856326697999287231066968
120038735043570013902925124556125259003322197307426285577090519268
291420781601592068468518949602680324164502321797845493500368685311
200743998786753531880447347851395431773960600553611144063536421618
126021263865730946905932559063972194920380562876788287430919096154
068691521231893627892498701245388290743083816074862738967877453782
363709467889116034175404550891697540592273940492666239120406468558
191112089876130221444569725686254529501304112171998091066911541574
687485849599866199083983781712633106815336413320408361685895059251
501682768475240163473441553578291894992138591091122483181871721948
688386571304048294777424440601099690156383523782761290959674815107
225829181329982874270549873596774842208562067520671599421809118851
021464388153607962345415092134034300612997868682579602938497659187
127068051527071418619605739031888512824338726837664102076717571266
109274582233522905129948528281613592546990669160185027594016816244
982303860880138242498830699639176230939613485459945178006710782255
193242050873901267954978440156989887507912316527747212894791531731
284579690612883700197518951091669085067985676051658730747998414456
849249212797902881242410088408847783731591936132045482630356747492
775654138559987303215905407629514363788522298669818514967083486052
744652644981763753211029230625903686358567994891492488089604126511
073389096634435933844124958326982682427601020989659454604773652398
711801751865136733933944944267677542321191082309423728968680220347
439593248623769437410866602820174765563194951087225889202215249803
245839271724279586677378380658016613729297771184466502501152581240
730709630180406940749655684993087263042183001570412013792245678731
940258213109454610936997492226185837465197323220368127821679785482
540385357995868520967119563235803556744705872326862792820603648717
936660559441175390180898377902808434422479687088565952716127883634
043276080005804509481613762417573420339477986303223673828425719406
058354743783890446415406579099993185608124308463533967991722881263
788799160033833788588455471982316793889336283777320641146617025954
208508851805129008431630715043310753954554199079646509023164428834
474068719718935466735649456812354304961298884537609297708931994214
630482207660235398243215761625487612842541210616113313364882245413
244897545356626534914240822491340206617500721126943061249663413321
878554680294591249172174641038186713621514571649507321984896957276

872688364311053604427157154289136681571274428332133397633430005081
273956718748263504621039314324319975491958090961365625700243201665
807095188730589919787067936829524404853420238652758845077629278714
634221930150056380457251317594012285611355436854201081823715869013
394106131783292979204109913274541054713071745330047233839565461871
634457034018556047181381578089815947036849425786821926363634477428
221860596424745794721701500258173333022732047386573215346948938772
327005556946006475062041487331611568622852690741688093499017469127
606927198938505564840024337032655975293686023874269601591645095650
888549020898484988762500950696676359381231697790345117805540667349
228798064769733991389207356808640524705632218673824785071644611430
980954948809247373180071966058926964767438019702682241032886561113
658492748669631268073768413367434448435491569475817285335944010063
322752305783993875303255072167800795954106798161051287012353251890
481593561721703239862529923914117857155601316674495414313623225134
309093811713897244019512308210327892658362850240295904940492941532
776864235979783872458059395139056795560489022429600734317792826184
751933955564593715046875619975797431690153572144066875808686554524
850048273571308531731244135792320993581940084780355302666178999034
001645004709491013833401772294629926564233454788104605647714030170
786181447811161624796255323924406800969011790922851352731479550364
501613013003828067884533563391135173141024267843977071244855993926
430774456327190903208839351852366033052369976131317334834526825772
849605743916715539515852956333008194184226563499761732066839099307
221655802854054586971189012219660240669460829422781432154324365761
017502059129601843671261833291453458847496239270976581693940402863
874677684859859221382070348649830522504843916857753454819551137494
718952124618141523990215336585113352535414111656440333991014817160
305596064373428680323910031407094111326232632399839699537619227136
973500148398583884971448168151714974590795901774492774451113062728
420131635843764179209332924316744005546123114291616263976070663560
386006560837140438303004134347463989548459451126970333775832905533
641222535927524973455348333723258625709633843342035966408972856443
178958761351810094275452037400888010727884818895951672312621189125
001920873733861336501373434886404252252001770462072668820070446561
847389682355647147107826826300452149043241055363554525591842135419
686511373978866630975008142564319847403775914587895906098457426078
857863202314402576460524637248392024315470427111900318904204033381
700098642286434180747777779834425559893089229069745701872020468182
941675249134855996061980098948447489166287604198006025970012736569
393629754093208594546675623408046150135458215508632072266038934013
767305762534065551698152777855992998824194642665167687761191736222
702092278336052507704807075907180343633570756382836596813995390760
727068181365657591986683751054611521808378119196475540967095824956
017828245672736856312185020980470362464176198682717748478222463490
327810885463141517371814329792883256249937115629715737390115836310
870448602510300496946914258386937065120377046630824216489443358000
596868730214852492879538242286100073642036496791486942425477306447
281042550872919341960667052564506409608790024404064247311413566099
006514678880932791384938464806546101789056276456355644526787973176
600856459859045759450452936327322914034062409343851631402526002102
085325002803141809837523389639583076237367334254811893427718926930
339828412036495177176010034675192081583382936321282066313108914560
201482252304552882944291740051438913118279809819848432290298386962
825148739445820391094065328018875407720949074786117915770017190387
912806376236617440144045207022924523204540576280696579308502039812
183784020672025012026675295531308349435347193634177273406360262579
603136511978554856693728464042046848927715778043458677610085289607

369314413346487377352501592452119765975459087695020605617578193591
077403625835765360080893765328137084369439022722986532221828843740
013882581116297155345756740321498609755428688657987436900949705097
986093770278357223388331453980493989210171433582618967400312252799
730336457106160728496826402668234770455830154585574827171372435847
099486137265871302549402449573855889966053537090338925114540555812
456929413788827165199000437610796725728059987482047989567855938858
499483469651949308978149972776347330585707179027093568227576306393
049702296633955287633799130785859314207811335111432012102601987304
216706260143575841179770790458083808849808816662618535883559242006
305302464346289923082030708064941073041567597710077523985586867594
573174476709455684268903853112849498801814477456650509614898991517
629924164287800047413850804520329530539184097689946319969559127867
694931959273366205430918120556692462152740786651432352659207070867
879558641686045277535750207487671433377060119129403158574310767777
795213590261308082898324883948320949988456830767241759299430340209
439932270827548357388507419917136940049879858619423446279608414447
356652037928295317016335118153029312723025435629105545863957777802
211658866611269335740729443614557490563720071282544811355783402901
604851760524329698135502747147052635429352648136623886958489819516
790476124747446800847725887139455273671088784750842568825983963683
066764766451330823429953840637149396551260259641269166395532942221
627797607874955291748568842182486374632474778324492983235440257156
760792867425952849433898967643436575482307575478403350369653768736
549802239878011920354404912882683594195397184364725540905314210556
663207320463884838276837926105500380573953794021513641366249674935
373241044043486238233624920495354428579053065452772650722034659290
443202201716324235831378351252109576415274124465776261675436094709
743356400769041436221806829935515109138556573734119489032184562204
438771527004821101276120814078245264988636103832650848085252951495
226355426460671844543042653382666861006655771695171442956555905423
681933938717532038641155224288474087963872655996503545316017872842
995906248975694314657253297995656442753810259566672558761130308635
459508684842081702309037760107313710623429337807454750823785605494
798769021390566558589286009199045602603206378272907615539703831101
800844901121481192777967483910272882057559782053508834615002190348
376576463110568401425042106378331650979093472594994266170452072326
910171868068931598950080623997586948389705241612230171728940390466
998494272133929568126161004650902845621267573941439279503195865023
504811047168563578354042648572127540263881287194620920381325464811
617031358676710643658766055165513311331702271823215687736219584821
685646528460697066190543954014065106309733365138119633316594903039
216427085354228049798026714911895636425174891344121426361554780892
145283670822169402598711263211438852993916963048048178929629882011
238074901305294249294801611435330239008067065721378167971985686130
290301299399445124984690100198919360598279169730514759434649602883
328969660815056345056609378129236133490585780550945642103530907360
195844637121650731982015642422013268456687741832331024731921868515
643412032717030573066078517538509706917170791725285511743627871301
600952208920242405030575640215372736959266799747810707279372391235
577709346828475601076301279131199539176281861594303820778398243261
731966313336206379349676875089524023642469231904541673862358360482
837439278866547759485902892040201939593770656732119490991043352855
179871403502030760557820191483882880946496482084241766992456758312
262478070390557653141263260242922436203719532918554718091596443185
685205788235010309107612806044570442514799758960888028125997862387
743549659904929673220844972443458243503689780365184909951214229401
566917453416838309035284779643067608611599763678720495505795636516

693834521021205712467189023635837908339119080206899596896990188122
321855252869348573651888630160452941028179736080689549524036066488
944683485357371170607994305471921648759431314126975952516610252290
957537550950933718544900072907676126346765291664645580371533060205
534741620555668380872331011456706082197136019911669601177265351241
440510936203601001758405334468987565349002447580184990285112905603
628154372796762883123816577437517662456404578370496485690904281846
741434107660754984114657421533437962825237739351775877039942552131
816901739901861642141354392779733470876597369481710103318186376892
728376366023019205919792959179148224416394031804147790028285712517
764484105931564467536330924157970212626481304280838933770672398228
654341731736481424562966180793136953250911287546949801550317994516
691228413844646308741027987820955877346176667793320063616141299836
112387852698449676224949460162224198481882844175972508965043238838
826776211538694490722314080038640966747955659603365865500834501574
668100371549812154559177082855269058782746268018954840985480647767
322593083364643266678951981323034384780554257118933244880337102766
080664261976800040145768192614123421421090837882603488039871589674
691868127595035419040689672781395132198842118325610948747352764866
436713359368373719071671361534428920725273057077805616065916154423
589107846465547369563439707372217818591230109443692313952203010113
674073457059526133029367437932120406159970890681203507862354127805
416826582353742593856966435762710973540865230333395749249771995346
662569428121211926674888665256315169706607240021939626684282515447
561496357933365845237724099687357953227591900979741551721334845333
578681422873993851902093678274021559991420456446438381600099906505
371881484938160865503572270641774386629751678966655499987889572179
026230908454480646518569309255696453172241089451645426796761819728
832958413935133844596041672854573991415080495944661353439845014276
180542209659848671099440825081513239252136069510626733736792233221
425995230222936409047664596154505594842048813114413172046469267049
759749059935116920439027605157446677396870803247804063437778416725
021988849435409828211600072772915050759869365684722016941046189444
582618551160041549451062815887248514034519005556346661524473749607
661135778748374003886293884886101950281280781792745034958405752928
452983890915764913247310105633314781346402650462629156753779092137
247828970031963259689125133021524656120543583762268609282030777416
870045904352635817494636724551789784931750675390464041603363847240
546498075003930024576610714660605719495109140248232735266912214960
160708972207220546288100387307622968906215262971114289273463392143
785758381679957096512975121288247076229375657213489062361860141899
595000293934330117463300332972907834026382527837960530000473559275
468487189299720656136533751537477921962495517969220085573147944574
288225924228767773212885980653704654024619938729649935943563230213
110848242495018006757189398611897262182430778317833445857036118160
941397634465162725658288616878213013425589073818405734222752790944
015079633506963068315858425959758344133931666799730480514710420516
213562175409048777330227396980656495900945695698536584320835620615
934529254241892916173052220979352465712270664005413539212620953741
607025988131267956667461709323717405236296319608936529844425074302
280497664164038282925713716360306176259672499571761536958524866449
317201096085345723423625450385444144127163847672628333081895855593
647600616352498590632887445032551137768181305334664669950154774932
420985686593504901062114129914177309980459978865399855599720886527
297388216508774800198668603163056123011444933193578407633418331385
977273234527021265265772962648846204405032377509270264409159921265
248626771659965913245715413925400153811699661401449792205985286546
311988145874191873375518550958118710196924176642924238937549451631

5947724531101984145080087615562644078821720935112593426184468303521073794000418382893605854407065172644916885787285452650728104911722412941522346848448989734965331556939326855402116655944907515310397083246234459570196856432675680385445193586873351496819597696008201253799008400105463352336418912796054468763570371065141356837155124483618491925094994141446246321784596766719116487767444895994644315839584871818846627420278441899928803275124496669648679345894132986023303482928876260637136445807371340101726992400314099962898759328239973248787138226525474190348822177498195455707963780042780145879194411890770714358011030266245429362515054346165151986079342385623906645515459086899700987275783385647691033468638899428963619169533138310635144431946929978952150427343027450548912822404656751683738409173741484373181971188226411967029514001048449736868836048926288540745371246015784688794778131708392027701850083959940135078751064535614615484503534678749015340275140901834645675419760454833086921693902489806750922992294071550692377787826669912301589909380813372850555299059934716784235078673905803655389520181114771552751613837266566870550325145683158295906535700608065726990227214337914923752422195825551552739047664151524230841309327935561940500532444145395061094916327038715303701528100887540809332947909865917839654089741191987143734113651271643824052441584288769757149771141471427950829588
7029927924683321337051526756439423113502628776890344646636321844459217157587924113199632987541312018325222678696789964132934113176366538896832051191636223996373640065062421869198223064419813515321973198591015636256986218174854708888378220216171014912432492165323865576908527472547859682981249480686066444493519183037483665508175542257335268514038987865030070402899334381972301961473408648283476126073019822268614411798984367558389159008469991314054138319391816564308843497882991517174297486490963838967343065171217360275453757834311352172150182695929149322787473742572457213602566263841389526262793021300099661963003232522013138218844822215385253127676763048551870068314684039926818548765384056384831921002472231916610091343950767855513837048214284915101698975339078975632339921778903880476336813748465168922635716230718406415663249241086692396760121601081445609232133742914578448806124786377388264102086180249513057338836941585087823197098151586711709517388028679580151067880449339024806890990529195328446696828825455292078708090501661485367533081336907004801338828585461654064133202506938355963174243658840647261575760099347841140840629982366482357485543533590505361262742820018784805295304476986322636627829632741637011531118234081786739876610728127325778513921138076815418944404176329463049006186478075989126428325729987352871612774183368051756379419524402321288854911774150653111681836226989531900495922925083762608050033174333856378486749582231058631889407398076144969201791751393353298858853433644997913001657128680999951557636883579690344998472342604194318599122046582749564413763677702161143127001434771612016464832132927118257132879105841357861931189374595323631023912708890139129091665271923774586864170364801203295328751612012917060959270907773561674019391174412447124601417849679728249366145899072550082434997089096809636416891569620898451925626719343047171456304432399815568869354337262302614980035283716651359121693178382309796485222062854188473486939359438432529987537651192492335099196668931068393430992917742911260879728304331663875840237022011217239456114473365412763340270584541778577485248631649999170485476948432053120929273998661075263131976433765380295221416374236023722185067791138872580576777554374253574423899796335819714032277935613974470711946114165176151512388236279056488635894726860573344797283092570943913779516563058538904168168987692580836500

688250093611926107891124270988122269346853198517066371742046809637
6655728936417132493864433405288735279025508689950937615120464984 50
9308482094646064177940775927273518750614934528181767517108450236 52
0442367768151326743193251095192005876749184930277695596540981225 39
6357711694671126060236069439457213648076464990166378437484109735 73
0098749733872155726959760331137128831583803062490323833048619521 14
9826235866733363594360815330962043523180699058672531667967198977 57
3967198505633203916276929612784504325093027849365575704663665005 04
2353807000210433790543654526769156321162307081538667932875280399 18
1022287966754927414138146006565485087779489944785505088949148052 88
2658768844456627293908196144006839830805240372569506411438993318 11
6637701630751930445002156616091239778765007387433986121377676316 37
9949916035800294253941509361182877925648901997063611511833437732 28
7805137817006854618939770780027545047057465744096115186501688721 67
8158080161854864108089863222334099124749225808111853269987957362 03
0363601202486339705294671240192398688862699835431092004562279169 98
4416988321201809559455053488532617542549536385150631189625309217 66
5291658243159004583496939706876586542432819456476478537355251530 68
9891097966688781002569839068711319214254198866419286668754537724 43
1761446354156657628714055353642878518017662196471266899624319482 73
1009397417104259055243749687333036596872146018899966928025823050 00
2504947431957887361774398118194129480046029505427368669231007938 33
5527797500383591562081647286299516181415118243048649558704764203 87
1577064527587236770808180590408423523775775754008846877561116658 13
9251193567319094020961428901109648995715039720715905042478578296 41
9139818646456980690038836467983679810123769463228883609158544301 04
9426148760350379903441776859995675993305022532347652546889955258 06
2893178117218231637950877845934372878641514463873034437300982480 49
2495540033223434378058884644265651671117254089024251656807434576 02
9571481282240947846055854321075345638218480483756258915751706013 71
4681964216897177605495301992469530239019961482626017062848187963 57
9912396970015944414686775318564583127254717439445008216298283049 37
5695975213397439120310652126169622928117872149914975372547212930 68
7038508756506150275226420337304121616234963978809943527080416693 32
2721835932242791116573630925466496712499296143990750000976357102 05
0913521721026748783818004596833106999955907782554648912836743394 51
5824781528057461034151134356381056637703548798094032652665484582 48
6845829067556435863245918075346077580169583997580648813770434341 30
1059688439299179317417474286712514331325517759566739120611354673 64
8311519793542086154722283275856040177338917321114186236520276449 17
6308259943093916713016035555066396640063769917744823839840452727 76
4172011229122906118559512750665064983546029610296574754375906955 55
0751018593507588378946923408088442421040443517845101844946977660 22
4325727576337213826673283184851041913722572799003023019519881457 02
1217165722765189190273755803239808560285417910869633038050283058 25
4155207922154675509988166071263796669062669622288041052194375553 59
9347863223933308807429440316363392974318457429479645304848126672 42
9605547789372416592547542572729481830358524079897060138339019218 81
6473115578505264328106710783042538278625507357514417809437945152 08
7696441803929450533710695800288060095926155424042953849392236692 82
5186545787154155054376817216194941624398023669701764585168224184 82
3494985612261220525940694686843355828800042360426716492051983003 04
0063908216049484182231793780018789714732654139165969414662854460 72
0116633852755083190003281934916500791575742541572642210731921314 24
0334532607660005408832422430395364285170101907195968996222168572 42
0582700804488458661600852468547117664403374541716972573166435712 99
3493887181992917594663181328648661847971944939975673768896889421 87
4125051812865226543689028478952394531890759781837842937386927112 33

245224027048550113680713014991275390637656776195040824729457795161
472517833405829363143893747277449678965136481140700231327461989829
246746688558984335554557604277573762760912058048480271999849553952
672342626971751222462169690127800810984444255359151750836095039154
280956032294024501253444800135907132943742644076571567194141395791
922713654100901617029910319986570525840925799843414159079094047612
707383047817895510947309066257504993635142278626507467665960409187
273722547794729752121567356857260978856646457541013819301847821233
651569977226361516999711623081473538687445595345401386655999956253
624683462963168340979755045640501027726108378785182034937053327921
389434083704172860535162743180971964185158133463861786405808528993
261626747920282290077980614873787741173358302761312079602560784881
890468622896278439020499837036853688102771127764916480789399444390
409250759048332890872832414244933523646308167981840710198476936630
553895402873674490337398474907585950356060720035878450430168811021
442649884729717744959410584520038230125316607870885990663037128041
215289078551534221312154711394784386313780256937275762215857679289
152126300066971699384726344308284630682783195321247975797640301436
814373461526469198950210342181762593659784532667602506674488467124
609668661730097066252450176922788520569067359008431604124592847480
566894697818276779475588470103788134571631881749442899892987167278
685725466553677372831124446176730408752350650543917283196198305056
380900140711890771221329209083766220493049679457866788418100358637
383427091353528093942551819807934978546448024964273686684335521670
808965836820495433367410868993443622970414443439610988612701962123
616829423893580447197020973891992082302323146423505671064991136035
773195638847191819769880710058067038705725015301906153585559014641
266966919236290595038548687337612191372174427144615555267452282574
000580347074835030814855107153993891683837311092750205817019512313
117767785184487776872680421393928603421323899581851327766693655981
806455715585403801215929712677686438428537188809179099573080680102
254116516429854798597801200530325322575249974103543108838019843220
023575674082733060839664255593659517583051615349713443826367990287
717942890826604259749491147707142297025251125860603900529602402545
826248325755757561216131279581281215685384085591627805709293724661
243672058886815767907693035051789575639340031112592979725357775442
005699664022021383473566037691695441318906191606144682518131601766
098616772320663497456046509728826595127539727333686941755084872178
893886406183984600371686896850918522983446577551641562981490543467
626842114452483994131230385258051848680195708892261883252235536436
873645834791469035678722598255759755960216814522299491973792689788
065727749960206183123619125984229997445917931919070044699554058436
069326731670892612617013398426718889342124987556990243059505953676
654027533075503094906893359337655573217538335664890410728780373174
267309618140745156207212598314724574830121106609479787962949043813
324270611655269733179812220467342712122664138192914732789436609182
787888276414614697642220502911444841844138184923763527714914690697
433608081450429276576158754217052493940928386373294735778423424077
954882095312623534027550350571028903943133681481995153566109244774
270469991167237898955163904637498396603242741993113944290390576059
074155553325065548215179292254764254508718962213113516699330454312
000074718298006506387389892625648905439739686679432127054939232744
427995717336359106333484418514695342981280896868740832375408026260
594329862056291817544122229001840210059258435570500116263341389111
647224103293543067992468631553900279513923299722276621299513099409
795053020739055958119151243330404078852497109253724174743013883031
797018441085704513576815129153624429492503752616110118373210046518
961467826972444261780434649844070818194648857015566472912494001832

315747489212272150548567617331055173286755555137275257228070158444
443069091168420794485271927516752388469452014058436541244190068829
957459005435743080561559465242288193127203292340924903397654714651
811131459251905725804935151124366891654022600627554580176117435281
431489499916146718935238144336846404276729538716752608133950987596
207785727789249855982834823289177208117777338346633424188492279198
052968309263756731847097048722337076247583698147177421148043213630
941487254781492630874667847895245556100534989078888984592118410223
597827373165212801974854134198697705439538874973901457412211904805
390085525475177691827060709796771265972488441968233810582599435298
238267236317342426715578296460105068310046137927489065603076363259
810279366112357062254609303845922309569944746489959435280359572812
207359002148467487609628497018798980716170871860113170396984354371
096843517664924795544202742247063771600035752294276137432881027737
424376338465481823242545858652299370190888474776740026800100967319
726684955864544676707987877175135398088398320732770178046249932786
188807671330925433892842895473399804678267914598196746901983068398
922634392903571857330959662853884503112265863257014951784436813918
535839204296433758389492384812217565502103554067105827726887575137
843597979044491452691790592703508814671877816814014900991554621690
142569780350359587247391497616190334804564991698043894828487160573
309708072050466548034875571233312222486247330163998671379512788679
864381025542560425357927516241316245495529731023645919930113496142
952218531698295710406851480382213988837696390758142551957119935917
111875508775962547737751359233870322994013917636580370678440085956
246876399514014714572246854340128078585643043939470699712197594064
592144290107129319140574265334713416412866451075856458812395114011
779550807321636781016037343376015731556349255659393736716561935500
458810732233559302448256969965558388305341318667616899808566682827
713235687068122625484629821031317607718012390587255347242047415200
161766602180588246194966487460645638789963150712442915388404232450
756032140477624258036526092051914829101027157745924142628710445597
292699956501128606688546274875718766506696977960282304138110846930
878716848357909254627803494426425458612045997199608003166303479589
928945632553125425344317399853694598058360286745185081053313047647
528537628745709777675413077142430023253474040930306942182911168164
390391655747003216588110006242071852475797469805276517097274515302
509461865993728504011681495778142596361240147809683786888511251471
276223179153314870448712057937765503040166429701507673885504773832
888178731212460074527612354176665768817010114942899257349101235646
676396258065112713396498422824502730566937089237358164609535611643
437505650299631516797453409382353289997025627180216562436255117986
972162498323095658719682960254668065000046716222402396653824185505
730658144606359055955496419820113969652844393015739310520628308914
921806342871553537005900350470864609635410978841060965660343653544
490617007078995831805614533906504770527431566417609721517919489283
364812866046083530718819480534421773042360408411915761644613091367
593152863992339638705407205479884795798861699621806442015353531790
044765255822727670645936350572878042757348558987682966892335724288
086806246324897918958416944579002959286322888293828009160324606353
202382231247377367874061794090104138153305761028300884886494159225
575438094606302586267698917318461563936799577053825149341530483493
122434806333316884026997670244732749061897363345433278280820774402
667097781782078312085726344560947085548521426584891018495735031866
421748229856734063285256420887466425340533950450231027544934290191
600084415039849520215325600163927669366477809584126560429064525680
617095585204187128148134743445153937464754963442205389261099549442
891463675389578760558424841902583118172885021588583788068989305945

215392813746540887753610042351014931084607654329094608679691001884
403841622500908888374112448306461237752331765454201486843335315258
075266734685821776462554798771580037807371524124840869256907049289
006667811402797916365374333951451614111072264561762822599124788490
992848729888705298083065245993551737408241133677579727233568268033
781163575499834766699082383781455439162155128563855768188044803432
132102939421624081354802623088222419123119256612052550161349899775
372113033318398096362166247186330045413600338330530579386079021129
320328871749951452720450623958005426893173481835408084873470938873
886190102136217565025959113514421270210116480930930374941672915936
245687860034660224003395352251424491516060429976479424234983779611
349866591027178292993124652842563039824406078979869734206039517007
531875786306161264714500100320811594169604357882471847656444135133
850918620897857462180539472705749147588858463426651824146838798580
804824882080550201928877634902053551585624001893464332426863663411
740303122342371725194337451401469092871472905890150615238956228461
520314617026175667585862095154776828356254506431626437458076071417
857800275876080483325967588788531809595965814816008065212981791958
439859252951844584692724664770760915168517463856471876221491932156
230101271310528445074810700265024464178587243567799221303996521838
279141848265281625104614721163047907822420234842176235064391415298
230055436257014763699588784501440513057481801186730872375965246520
464350934313039666558562939251568103816946666203136394399173448967
139829815627411988262723510952512218217047506862533992675377978466
809995420421499113435407010220569268199940425166589339284985656673
473325794934373118520489614803989074911035031394683340777866936873
547549110776112694702987821125647656814915666919095529367320559577
279295129820907151577300917884779633743002145803603144778906200771
554904764805424270513167766893532669437359097224008315940237583883
147635421404408604212995770165367296599020483630577798545770670281
905871864830613825275278600758790702435874381211840974392908362239
891253893167318426595596595484958814557352731191074691798283457437
678588414439809369945323260657259969758824219293587914543693491043
904226378176755732249873147569570134160414988729796068385741483909
738944823408130109565830165946280719178447982633284555363597451218
726033253578179240687001068616506202782368106342928741450813730609
548908924744506622773308385268109020908132431315118495335969689890
391031708643714328426824906481266624069267042133671604705742655313
824243422085609793500650141268388679333024186546223074720253207178
938050317199178734911226776218997084782360811160079801956068213562
664092459514059419198886596052780459618987988978124604450752043911
951087425762535033742853443599668025487721129385619101220742965112
088842954685544392519090409345969976232251366844939593914310582200
549776165119323633557844773870072751670887701833608973105333061674
009407487608485728705025403965220624984387807914212329203806188310
481723210930017201914851255372112309151571901612713740653683546403
459090175169190773763122126257226586645496449591237496183719395515
196650457314903486981404538174573697589822751137745630786723562169
766825239245298159046756218528584558914530148222658405359526390985
393717661971015878387327823837558472442882536372621081866574074402
013077213982940343245984550348898469160893504606046029720752430522
250508848409813445599990758681315475222046561457662331404526326965
352792923797929373929190374869671964630718060724784747396550517097
475096606260234290376468444505822472220213238638855714513234749820
349966040662117777729786064434146736621110648053316143070546516482
946603376435620929127032409021043510275954039706547299792721089618
396731508470303622049840208056686992252465953583737496013314179003
537005246456058694776746889730944136910107442020272238575142052254

708190896349914219443174041123748517288954308018457409103199946112
805564334422622895793405173650295313360283143297024936562201188073
837965968669385630403655424493757197421024937405701936945138482569
860019532151625689714018351165254960063601103120281995349670461609
746208291773657299785645713069651650016227778852738340725983559673
970824046315259176738042297431785283156494449545036956401109369855
817985115027211915917638004829658130789859470397312065378020322760
344162973296980120590668246901430294939952501589890477105080253835
157158428051781526426400657458402791703655628341155199917788499516
885789808814050968676482560815758716892137852614348240198670085959
491834379968727493803924399001240892926764545234221922075784137853
342487883353547493246859780197430738916781429610504444966285797198
684931704497491550675521279111615838057069681965725948152986672133
352580867678999596495159606109888930622886966132631217557575864832
627968571141533502647214079502359859585276482031363986556281374476
129381484774020225044508591218250956247790738896549452650203707851
005311569656220298499374750861361904397629959903131190080431975245
809400009145582174545266258052740399813169325700182768421722318051
406820050230929661772701854460037043301432345251646866456105217206
929060367202733353961577082848882372881358894045344902269945387687
846572485781928755820170263348795417825355455575490682500699797395
059504613420534309269819057255312303387133029128503192281356963960
128385345521159435691409774601581987774123819889586672711142729583
108270898639204621803453794556243397185624971271409579259619230781
884045355529797774221068893673388554858810722367687848593822515403
544099482252905928348478013601350091515811453292144235396298755483
068015588531659665633944781862223936580697312612851200242204741143
375961776991063339146375805203581547030622952772170351482123853049
326570584461131965622545238528606444933091816747127236972720295002
626694938676067390723574413268607147813063279625225213583451461753
197073528090113543146777394534710240060895178155583075721182150799
500558837744547319261292538304998174304023070223890981607615311099
288865287256021794988663396420618209213160431768011778154296636735
078724191834058059780194136413801628579298183208684244469747609594
675465935139271920270860666700964469126425789697600503752819096615
375661855458062643522949216579083498437925743197158770646868200181
823204868998256456334050138496655764029708344806187866968931216351
339668783136235117749794199305482289866190400647154359595792275442
777794396672633729746627797753573196084347249181190210119294392590
380260264841748444782005168568430346614412500612254411855360366968
299480657213953513340788692453270591291498280174112107188413426878
788829800210711931841547690632321330356647042801998341625726105167
041311684938677002775094988441085136931695644486075931708354676736
901777389429731545511459227701110360843055771824121223403292822987
443986446401919560923000143949934530604425799693849177239781614945
113120420486863791675253063490066523958044028984353925557848458072
200332029250346597448132614017337334841522087264985836723648805643
312830469305304873539059684897769410662489968164655101825562769089
233065437474773251574823464207618269372020011128849083740841566637
879049177157916261744725335692110279631363639619333830316909605856
347865158364104095218542189253938453651900094568218823512196785349
129074727334576190879527700714534296428857778919797005177373318942
564746778705951416709501512543632545858505909277772235744136906107
059254179657940736448940133684621259740377694362926710786480691656
941449476496275547975269975061123929065905556029980618277579232119
869045159059424907676014494433021447538110788616839417362682473795
362048578667366194340183753995078873570769569736334890609662341520
330327366441684091559726750606818691954289729554967800742088808731

999842293318016422639183011407959704912671956726619387623534230677
837450373992155604973161965453791841362376013666098734374056156461
634598523847828523319730791370198250905853269294286401288966155623
665336680867967626902193385870094706204085027017894505168178682770
319342784307016451931313911485790961696844160662092837320833387867
641488391352989258481845308669975884128896586702428755687731235900
349616499576082923775226893655570763541340826557724889024357548539
752579091134201798302611534745174893942282388277104497423443592282
036621472973991367403671012159709430824875344769801066976990314194
078502080100063845162203542748953285695525801669871401279094554658
446853172976638859223272280239229572551621704395377986809188708511
955501483450065354205895881728190715946327770613634760904731651841
773200177627496686192983004847842222516625268124106031714365194567
283488928109589044695107654103618988534832669434021847931347638061
335551520236021763656182711315453253152483185016002550353002350998
118745684013978413245041292489951063561883988605939985186066266983
743068215608935364080372210569221706210654029033468957152390066799
698439819719944948847363799265627137914408554512627737680336924879
096474511063094304810474408259752902764930190996182867206680083812
477082804253485451549448267335177099158651397207444535596290620297
896514822799643822846241004949253809663171584947464968773242941714
860117757925464809222939256348473448497344768767897255186768445780
419301043588384787449847191575466125277421065198340368876821770985
647989749664179637585327608894833993789803869359050038859150041822
476926213916322211511707329740757299950592161419534179545395648258
069575581914101054740858366976388974854435670380887776225342372523
668586252868607011120737664441770347592390220540292118336359207682
874681916357344362122584685518491173782814989331732943286878667341
277094195061406784309559634661183009377235593155008408188204299011
125362549515865879877793320160602302539963958208885785246406838930
603148815511881851063392801380688294775533868576870062873818717550
962023016789082957729937039481235532251177306514137747970534389379
645194776233680444566103772824237746406531747191228550875257012485
553034958425477551119231041741260896041764530473844861849598768824
455494974223707962742522613785956150815270717355225140609247146628
770765759232800006362366178185182014661299689732045067019387912233
902801967928485764215175360503242804953741260170275740303053422716
418639495786000064599523927669172889510347832507317813674423737276
438574252177536186049961577845164056212512007571126869254391270548
041741306290852654801964879811114373415755475499917082236619650715
279722050896985205136490535547278448297207107814574514568460861115
729565963175793886474842463316376564944811616192160462873702904040
975367288613066251380909350984914309152013685940349903629793136440
331259011869648801208786661412089289781050701755926315932894759333
535558539615357374864732778846929005148375626964569271383010871929
842282561144132628796930855435148219592948067080592226824590669598
704980565202263218860004581338482133838010714011937050319998655891
249460661314089799465045029166977232883060195184978556532435522347
947617679257654458205266051679944760722705502604025380693054988610
650921746556588887301788838412895999596591593227930457380841437898
235779781221663915400107412133609571689636670057484589520547926161
961736661796689247300318163307768429123981774002938069046482005059
305672109704707235857627655971528668574058099115356058690572447224
208349859427076514578043398793416795768137963620833903950832934495
580595363760485462231136251679236438135424774841948043589332145988
194213605792941674122615999836108550167244026493529026929476241342
582563872303197435078616064617695101218541063220308171661124148867
644033887297576584439522022196100737434541485089168713374426783595

270561315212526207386933218305935658930621030492920953553814549511
601214641984397939037189643986934878415890922090939070427578219059
357094307672370243890053453120967003508961922242988160876864329829
397148824960412446513280821124892241883314447492688036342391829666
716628224156781839675243796659674581169914928136901450227978013597
693138653945547206845777174591385361784792669537103695089637722 79
061281236547915708886907667689081937493406103684106738600541100262
787008747059471065864514391969805597069505565050151233936665890571
733133644764213070656757319919039388118938253075210882859516147506
809468839245740011135470274786982168621274321497665188300319603334
562235534421417368117005957663493676223290691848803237345192434912
465665329718238417396919865871333134120710517073683417241234472371
867249415108427049615549503795501528738224860538460676720392875868
626261698438228056015875786683092512230401599897538489228360095980
752159490258074717157735374806690050015349853590369767229710437159
210984693912049054262463396085508249182328658439340262938268563715
259623894744717833699966180201154788249913323652215956653404857011
232582770818862150130715779346002743951689275243551823962408391501
234739246686510022276735154153398174438062936818843187021953946745
788068387330450266993482047409308509529400887069518186325483548249
662607066502499564681941064704071227311004215441855491231634073401
961809074987236703389974993439243991658806512836679056416957365216
050282244885217573611331742947356357748308478330984929574305730604
504128402971148973655233370252933328593415448831374005810726242464
775155356118977342742942596840194068133338141610749091640443078052
777297700938276873668269280836283467725910032841281289357876118865
330379943915710991731308768414829814731674389241507081233304663866
652688517152287734958086507090211027130801148807052510861641816152
556748171047862194001056128001346471000489600816181363398613143759
537835734463470097380223970667333178847121742166237978339505084945
840564804300591120184173005022419629811376432555086259936672979212
123968336262543307920197457555379857786033399361139731479735858804
674826631905550317147510740826575455384526005243911716394798545438
546404774452744423208201158058940110410945383309204755983130127803
405876733811345178470423962088493582933994762948927492630761519594
758086352305003906352697550897371963214320279758088695852977316219
835944256689466634986556641828527840530710394603837055319530705781
433206165483720876373054215104981963982316223946155540162448192274
889889915481816161014129111422332742480710512027849723849044026429
680769803440316010136598808564229607540695695571335080053565951888
414562653198365459981493547035333965788049476127320900485531135908
697471453536890157189698415775481177794107604190191456527288840405
188279508490082645360132429152288889379751999559985968288936089112
710910309973067570621865972967346398430619284295504292105466916091
541828035178323684155218186556796340711124306438551541562489751763
977188126209840873609829923836373030275059418770626263573784813688
683682933396988927744468696662949968966027691600369860596890471 84
171600019718412362651997930127874191392722798698022724595229401524
322084048175398124008257637136067030334477654114042743699620541251
450482700210515174118908825492609774721462055366779007552008799892
323465359252612737727695456712154449995014845268543259740875744450
235595031758880946786706242795049681223173819531934699556151004209
215360832603215306918572722599298600395392547343180646477064441544
096308598332098942811738979506827495524870662827328053647924741072
354611945944265379787498697959643221449501435206166327360833877895
746269008896094162137344263820026765753391034189247610563598881700
835396449558521922407698130525217319501323741964534289761658135407
331302630302854780224851925520783232374548326796328907125627475246

122929296414094248502905947415575992751242508506996634735376429407
383918207419091625416097284459162561447272170590829385767671304543
843359908261608628467196328751602860804035347208536219374949413665
519915085368923735127485074294814451965416938229179315309180378204
728722389455877264858456583583688835417610564721255643864015185687
695779882751742224347111552623436972117076334504665327247663342377
821195879117615783397228747084512798865992451832791641445982802144
372701894626680357923333751748064104993185218845506821183608568975
632511813875046094241955744326397198431078927752472356672288395527
355236066225987885985396328772844546836949236760648441227353682921
913245547040744216668206746126567079643012005535159904741708546163
733620270386595227380642312621874062689090399816710861502195826500
644977817357318505215771516084763131429710068248249139162492892556
126384767386218233345228302857013815543747650578465690588394825313
419981396295736250191985710580846679236491105929088055068338217718
370944062699938269197068244705320057945408351861003661161560945082
423986504199873162383835746664545218873590261219345316048583392126
663772506208519054623623733732811425816643842498897985966795417592
003691300453703719627536068718301376481212741056148244879598635108
500548734902984477529757534939665530715055154410390938653741666521
591833549973825668932645268620823596214023963409712242682687002533
955826932243805998324269084530478141991498931107101571694749555763
521945874576862963018389905824201278786755796934723185030744610603
483914598794977948711391354629025486282224974389447438682661643606
831812488598723268791076616230538008602921583381443284532240746235
541879988817472381285359683828950062022524646357316108266360364314
856355316050499154144130887215414433174525373210651396119733069487
813913096873318613666961939402572004993080999953482194276558781132
352187781245718342397646806973069793406081383018907785379227621548
466408823126429816421239417456971356661539825555435294981722390145
222359192574194314642182664776888667725021712329415228978446162910
566285420071453883416781489134566744506929129063191356184691533158
558135076487541321859455745770156486652616746620858010700235568168
758105959676998901985472706417531288487494139070866420808062769445
013196701970335518100417192425136442744852197815370357770961797803
655471501006418180502754073583631210075848690420360453063743034388
761523828983557372852602790109658113583990082025106415006848860377
851451703993626938322618882301899591271000879075416628748322394452
285023918486791381569205686354321704163358637035324353038603138245
178894425200804853014804232640065209962960096641776937613082080687
020130883472099991664558057470297265064248590310071846989531069017
432283784757153675098497043483482059931223224751985485354554519808
422814507464169325174171166032932667762278190834897227510030808975
252050302466493512646127848908741183038587799856966390634505200221
239345266865799204423861484757242890105114328883814583700148678228
333016407276114036941362115737169985605841735445608033688890692524
353338105397159315045259209401288682676195785113132383976361566212
8576482640972356689220650459488317985864101056438186988942899276314
816131141197839485143896402016161447028222175648273420064615301617
015673045186184377052127062573422587150628959854886176205229616886
565215837784247149479866487707067324817990842497441413030772781221
727570393898531076626569482761976332874465960455935018021232313616
829469105165367996131496561881423079790028197020753072041377449667
453062511078456579246380038273856860224589540614393614994048484286
969806483262108464380743336558398688089988471514295701014512054966
842896674866101866876512973139628321441026834165860359911438931807
625644344609274750282537324722439635823144186618983533732369168086
950292204814362372048123472392174822684291066611784943531672592385

041053779311049081572958008218904109965374052294046201984820594719
565468430076822037328399061467920788031306210807428878267456522279
510397530185492450108066714356522034098520971712751588390486131129
466673396409924349264716231223460568160044054572146286566256168928
699746838216339043317628637080958285081909697417621207405508511001
815330208171813671768543487272089172606743181038687549909642874280
410652857444783139948749789244343537320188375097795346044005281197
852692754424896325741629879428825506076395165108387117664673766387
526975088379398903288357402112295635432087437414162494910515768227
117417711932232945391974092136590860000476202432818881161163644928
715559908299814543584037170956530527567900610385822005025774224292
569773732296609385467336929449681543260568582340850739091504592315
081322676781063632505958627455148922828565406945222105635580286224
167640557695260322183356239637398808014246118755054609555094122720
020016673290789780007096384828312446295596545022120743326436571869
713451446896888922951080200162568079951218413160983309702178276860
244871443361314459232060147349748148691320774245973643394920073088
574820672241184792682405330459869275458970721315458415404772322220
839208036324127217631162891881643394036869317135582680006351732097
450524378305263342982051585729293729065144082252093140038334428600
943717769650829294111897120873707840935527547594667607700739582996
325838861067374507926180433067251405352116133767896036538579850322
184508372345725893974482449203287338602799204201279950628458617692
934934748645046491968635338391449569329353499139922453664188100631
030710950568773445423096458954361418630876241494447419866698347713
405300957797872079291462389626390884639299690639310163833638321319
539379304280498487596279495977933648358480037841610186331741498133
643427387980302577970218308865036418106221571029282021587181445626
643551912892390746449491042735969276652311469566584458181144763773
752350128593126592576075055650198433567754320917506901135878671619
549365520291390943771733201558080722733319100177931651968154228088
370576507598837597021754117738087137985338962896830262981628055301
107557758978534823854812982810501496288588718232218048882601827461
644879029172841840002936746970665260086282843883088133563358024351
057763528593351544438010102449942174781896553188470873781552236440
714542829548321311895375408182160748659797776227910230823364843617
233660291719339926167882868980057891191156961286113730404222996244
445645228811797471536635791461504943812179699911719553392915467985
888569082819110314718381129967865651453059679813190800422182709005
693044807483008345642515023609363752556383193517427034362926840234
776413899039043362351851350263930095966444898776041743786038172342
060790714371194447539522843551677888570909340590984262800755500248
725830650557511259353896315171826065846001289326829742161791308116
878212721039217579698337007055600479265997432364952544755986234844
740409617147566288275325091737591546032508096011443270411987315969
680079689360407597750180374094171469981885046628982630503406281730
282319799125530918362807799251133065557772589580549721937547685450
346607218411557053096747424723286992072949541768648905189668750773
621842979151157585159066981543346997356951876553230061572819957408
798433268786548387703704838867969634471044881036662552958628343438
480462678122147642516601976422702036294508798790923068997762622023
363411771182015399050173071493996115548403715228268577998385109384
004528263675761260563984391352940873945574277648499241414685824291
385791775623295402016824786676002102151382666411013004217800623443
217919523686177696138805006592509070252900155749948752601372319426
962837691739012328002602992780683106302734901011003140670779004579
276982793136849451630895091829048302965001908928336498837214396180
793208742328768068649099204449507359860528957211699519040408338984

0835633066438541288900714754386656707085018469537900325716436271571
3573472251059295865110984068456897156582545572563335559457657774761
8020156837852364031497853809831566253185809425785105813904615465
2480727198329095772958055300883576439354657145791359276746643254483
8454558273091398616717779959434994550317477143659796683456454234578
2349530220337939230896227344286671746679865568253732514537743009
2237212027531693856659776107823598018863075075604083677127418714589
66983457027538487036030425842802127788310713511327727774992046483
0373404864279022583676007739008365615912219662842690363666029854323
5363179945147033963949613868716717763056546091885655184434451689033
462458468291241431753586574989124759556089604029215539397744642887
7279516223061246477930882654235748010717809152774016548710468265
5357030989813108310430948667539415116316766582814037008668655476438
3397704275712504474922142296908062278760854440485881399571274756130
19026375150738783118851441005371031418316347433675117492320531768
2583915034235450586022630586870277924322969161754595344045744739971
17121192077899158121806247094415506947273514012345502046290677833
7817621419189014690880707981810067348593967972669348769652383220191
08208731369657998137760621433456083913079919949161884261517662011
5163301336524026865060392172540343455286751808258010462905820836468
1107351833729751961456122525371356771188784251994023543962242477
5173733453533891507262882321321961008440631515479985995215888847115
9978375100106259724395444290564783724282711276886130872971766745038
7784470605049817926326301121793285779630213417290584506938423127
8574470982819903689333232252456587848649909717503202216728521499882
7754658306559015958435161855520548978267361357962795749330522011
1916108420802369961389004399328350663451816407683899879224132306415
8867250047986219148727609138365553456717578454745567604129133224460
9551483125353611287145210743043635547898213697720092793013726170
4890828039390999835574082898005613032632804878407025880190853877303
1881871273074613664205091087496124190176913449970774575283633978323
1561103564821247090359536816103938413756883377157827938294135462
3916270576056022717798353211081825134419902677286104968703506073372
0893553086400814265991650872235972694624860483666589113039585075104
7449472699392645264605522665189249764530807213109352096231576084
8831138260364791668246800841422358877741046115569322707887932687436
1283795757685381840746778209846776273672446911189165465543048479710
4215239779289206763896635896383566418058944214745396226231753265
5797252681466311769780129937110982453405229270933003996295137144383
1951350573178805666396104212257787252801325283848330829972881825074
9885183147176842056425852484751295545343386763129354644077734050
007219968380140522695947091991189551884053700772316581952105304731
14914491375858791465623887194647984526528480268964713172715150104012
602307121222879224688811363287433466723782055811179420272164792256
5370422448776329697012927691315004252022598108009997988559023568
9043290231478538738724020947448385394177836794323325613093817720501
7343097962453249510339055541937311556781096005736046904087935062129
87488240528497439396469465846777436237028014143003044016617901165
7976026979051136930909194130040439925056649562424683802034050894802
9000263762200578640552156227401553880280034689559175431276218613
1476052556899895094989323834728790825399842346397579120047011707656
4797800856626474611921493201815268567633485843782147331176775382064
24894580965820041347269571623703837207793565976200522780225182252
9632003253692765319844596583810375507928342527858259174564350062608
4344163112970195537547485185666661090821301768897917608118674529
4529881571076612860214031901965386239562915131391540587849663072019
4218580207054805464477547695567872089601597179073617241406114197727
65025290138599281353137970925603612068498388821519225181321799800

933359782131751070483806021942235771089945917470518247086038195757
880028161556161166585331628472637285890244233722087246293327028353
174928410044347263041799008694169287372227838080288266378013920532
928677292804236565912564514894549289320084006096841831783905934902
376205000224339124261918283291801084770695741558673641192801283496
458206833115754626233916641813906198852245734368306773983610104642
316464133135532352273752664453382030040955103219288976104028788257
165434018178388741015541294894921097507774609559771524786912881124
482928425719746882048856549095615768512861059352678026561439383358
592178867356600596530098536546206425434637910629888573898318354369
679219264775780379760991519977631569730191138816967770383136174316
445378545700731936052197001517354100766869601305437275881607049987
789365017422246617438193269192862429301061984254163460485330613122
444410053811904217052950210203949284993280229187520880003182408337
953638642237831826693545467637857036064039922133069977838159195259
555588878191552733115500131708794901667727284263034494974713565876
728143942654920526300619080005910944956218545217579084841829846693
841949558812074700106037683563441033205450016151657240720125298604
958894707972183425970164384759848658280980869054903677261462021539
863629416377179304762721831365968096850029180311410797043113811864
184914158697584986602245464927651310287275862938670400213000595178
163586440778748117806522568506530713507342458944602683462083458031
339214535422338754448630386070872785027777775086776299202224027107
432459134004028928720902658654473562108425271922286631314180112202
868765811959272712835132421508816450191208996690219737367720181554
670989399273542199116273165262450694992002848523663471619210135317
944601819327396072124887398157503934618170208223027956393354316765
552788502935163273459472657951040114997344823774206587573034636025
051615613927268982066048321085542322084072024003091375158254174604
210574559615339198458900273971574375380224264155677787593079348042
453601445500804634412405440897265939966330079979725921292231094194
707838420418307596625539432445609635895414225661367379692854237137
647495263375569771626021992267349139427236091784676196587205759703
367639965915756363993425058788943766830142891641757385033888100786
002186250388008817542820476784272595671960484060571210079656164926
916996939208557744994249775621141413332432379515093640966413408O8
447528614157971242508505925805081064620512457221688482019793441153
229915524820485989751301007559884796958676495248802794232312419807
388735906666496491511396292448871057045643419978174371093169216647
620690940566563479122208766735316201439579444576216638684660165500
533947931580877471076476445478396109992723489002851457979744344660
440511176045586177008433876053148008853673570211565036104548799284
037532175914820188299399708652690645538159173954184083082629694214
229603619265688038545999145315531953051939183455018588454934955788
237465098560821298424007951804176372673129537115995329871379480968
186645546885144362583503666244085255859306244147002018821220464219
259172345933989619257901631775292386555197656249237162846568538934
472706908824411028132584191077575505481596675431195699439784151633
240688940704392660811215618619025303220713906467697732683681506611
237692800248968355757137231128842582768928782310956781189966969774
094893487241466149739727949412661076369402958236283034824223717633
199718432399903981284939398586827244646054071699259408451818357188
910943512641768469147790922528378375323956019474534909055101642338
078115996634482620714158723813542032404931757575337079350969461348
285274651377146834205626236321971729619991708666383043815049988726
067172676572483899667394934781864059973119900529660035329941393264
852632809300822108367705019712870766990024781300851305272966844060
610164378230719136307049422049383419600953509993987135158792521973

942806151356564313408161568884901747824857836606800403926759962908
630937903111506727671941876882462830751887950689739054897988939998
836266317622380542165500973438436075892142420468068102248730738778
094787723527390164557430678984175586097805980115965586660818087835
319300271259737913358957897334008763443118861486976837881121510877
126677572310183325111391985166650796809644853255663841758311669493
885921614166745675555382378604424455712633396677214622446741586901
295620545652768104736368260978986496300568279073769198631560129161
425693064781006989197020226538674162603049633997127366767957428955
566314014881184615445820075931678835668267089919455698580240906776
542744450798568453549054758781082742772021979660038202099786595196
994492933543169491649170554412944820929676092514799032258890049539
549957229930180621792621124071101622095785527048886053819284236085
295701406576742213483133260263421770543730953570108907807302213549
826362852887826558691568563466259473132585195659138468924462445834
402277049670665349938723547520909770648817090001106391255718740682
470471367225709217122286721119172532204691459692215612297524374555
068820561736954940666273325260413704462908654461510442560076329179
486145106922588794437481577891250885911134172233031567497381920863
972206513520158280086982468765373753233446669783773281011145261959
958866650108216881597594956660290352758332149372864358745996764765
258208605552447339121171297976729814037989097286506976492032209927
924040206629297956083333483709734371103831364074116484760050698520
156744722778358999608425578842724735306117051602021864568180148423
771285876616591199011868814095160940245806826199051129611212754574
119275346382293994753499107485956141079594010471612965889159165679
925544442250779692987057697058479143040118254545356111724273371399
999432672127719323193391300068902626785230042044775981367284743790
128671709651764782559460090760126770386665955450974046848589127133
239909729337983586535080972670948531616454530790871573529955075169
242502752012548206339883390344782848948625326384370394044505434363
120240495681948503862902856933719155477929628988453250576597682076
434462946898145244334205580449946585823750536595705362244038184299
359354415068135070920577444979990516676905380209621766365606835781
587320379231026760528625950776545290579527210420413852461568605765
628218747553890252057850800740693372942987737463057925699377504026
856615866168040761542216193889794638536338311259582441879709719549
522407479595395194229768582513900769548365478993386356880618290567
934076519758024674217910250332216964377600441282077990490323308123
176112379972572146928331218471752129580119166422739351443766983751
998453064578736640777380699652918703123194595004164514120225826972
469814614881846289049872728361923812720419779161557131344799687575
703393540193254612893602565440312289217822034095434438836935460408
954458024790180847629703419796230216029451611247691650186005981164
172743826673072895297840924401656957765725555729576130242533547909
506761981919701424151665935744603959673618532551061007924434665329
441818070121476460301248629639975333472474598343390086851604672402
252161362633437520040663234254993084214185882609820943615743240845
647108254431018830907726258570251121046551644620072039153746473932
152920633797970985170747730380605362838981511969546064420171139295
668853118832806264334317017170205170264852813184125163439247307171
335549506051586713611010580504697835880611507229261275769395214080
302982839704314172657091329508291125343176943080754686551329222427
649904174047481341076368194957397746437968651830444656683983184841
948244176059863821383782353137304522859498310101762249439405390186
494271323242724894320227208505266704016110654929802726886299503201
407835500681783266124429473379347087040369339474448836401463014307
665488869199951906540631166476781940497301003751985705416725276470

2308591992273998423414933499839097864034390769224272933766892660493494416947156971554705990421742192588257534259299956598642676845141061238468788065445791771750402776282360633007943758407436694813190183015709126766620798933170017202053954906864094514977409774109437345210942859684717270234064506710071428745863558686782369963390799448807437608835336820312113732445157104041864292587944963777514577235117586608817493878267538776413037795190605040647630268064742690687941447448269351953938097017849673194645289143892223863280101218343141180980750479702438991935727257052706054704728147464744620822245407471416940652069695167600105591770136489713227842017003356643205551146221793313232221711932737347771577886583769699079117113172835374019357198631824447047615448184577025234412484550968128116664970906043227471833668098116783651570046801876817095688932418440736231060256627475747969763747209063548402949173472748730812019505270963758360746254547935295423417127268198133990264190257633736116569738550874413024110469983643222100126772868218094989076236868926338441751885626283212965994121375179698905209247519987894668451205783735845043148908445688161384015880396987292009854086296947132259863231317127321942891413549432335912293724230966015461649969855796276327555457798445440322304090493465934666330885736959602328575018026850212000712714207655565772640798302072919480651293602177611360939113593935308121773628431894417396213554536050024613878796067604080531693002509344182571342161361444011915228953065300777905397200339662894179465964177798355925342228777465640003439352647735178351593305571994715981212503801755954757774595152071390843361001153790490150789070567088184457411450883051229970020996961130971218937285330835942880990492700746796012809697182928394128198960521323361070521443176014995019958953589718336907828313863423685795679656341929304976981520997452887831214597368460756747663606003968791743542138503489532629582054474876924133036611832868911277831754602912791295567600741873322554290824475967304300804589663453378198753699486335053772244515901054165665887069898901375388802432758515141185845435365298749157271886535640826832722511014700909898627167722415287768986226770369839699597828165579408882537183764537402218188411874481338287947196445493757002072346962533601592218202808179726049128292420726712980024237600224648500879889885723158842214694614749102789155465212305942486102726047126981324149381499017673574896094118268050477173013164589468234540907505186166101541070179554175975982804229386271555107777996745912246616384747714601117896485867721918610441753073190603997309812718219106724424419481471152783430392065368122142465502269302065675881276475434385573474263281549277056266006654671184876520726733565473166966217706983364583582683020776633777864748958731255219478599052629324698436382468573872328427778983992573759790403828529778739768466380962417547759148309642991552814516580372824423195752092772658269323059752461245056435575591405340142976750824433474662439858343761487938996414440251411300246886937195215783044869344384073455908669094644813823535320421925347916889980143917862323760175521459465427445917974760636166524018620618884755864873805830893796002947147554901679495904281561842872515852939829836320669197995673894788001995879803482831259925329759910502073507362660254243105132862940349554176399109476329448542904448102689152595895214573201226639910332168000686350486200735703485896106179027766071816770681793663180453823791912595619843885760951802894321579652120565761109398991549688403137754939354085695344990800901270384017262618018204667379599468295436971942325792206474709758952510700203774171942638934649675715427250404693871883572775634448769445950849863887761683550588497002868572692805421291795858131914228380387137282755286830645433314868809215169723787601375527981104596698829172

7796241097070913703788393045064501245988678589578863709104821652 98
115205833227808177991560826384334655419760315048884191986084840626
490039958781693294270619622974531271365326944415146362569734275241
608734402697978790021463626962620120377533883677549691572082415463
924241350575749432317953795546323852419930894060511341098518780558
840927355911671616701871181553505823660985691939227000646822883589
944865752267148004631656752194201966183070345216392823182511277834
283289541424721726008101478758030212294751534403712723321670865724
341810804779578414426518997788601140202712329482376233826892096411
116301103221754850809433535043407762834159300300053391341804464235
262400380739510951370111585095347324822374380350893528935216587780
976003257121283541953122550820412698760354189007713651108604718194
108088431110742536391713898813597531932334651579864775046845758698
939196311882411441543035704000826401267779538411066650964079049875
221717226415649043495962670656328990457837601136851326246834602134
845575646260777352188360216622168327326752466009077868093484338791
981564661208248486780506442969584602102930453724633487602599622427
009937073587107459968463323761050293787408079067362688314322240026
342541834946497494337876425107862940494355970889509680133762402481
909558113491329791361379976702061469804350149070673315063787624020
662390702718327904802851482956061154740695997256194929668302102119
305025062268263880896540629845561979338912841975881135820072574356
168576772366593657751853637407687010082486727325827055947358759499
152718354765991563039137857167298544040275171738826587384991774630
988127769334111333640702276667861050716885045092417768179812507691
095090914411583370303122408506723054581245437271259392013793712989
504976889641046583485074819454011857702359172469012966511482150074
342299282812227997873756699200712962845547283485924965768203078846
795064702194730980149497744309949779104146628500906670090421960298
663311030110011132782301805889845558966393460875372851907436002284
230389621517161956418065627000999956013489692855739326265725163640
020407998471412336038886746834087295761469762659715075739705145216
740388083854201531984940935620834941808448216518439071864548579354
119886526224032719177493852757822503822693597054005494545632486688
166937021367054984886527552679637592542953115273943389962168015529
068835137032902484582581507127636005483568596542941065170419630389
669909871302275853459041651175097486133027113604353170371718416809
873141819585031564870772149478854628003926277518456650430912603414
221842304210133140285691502890354177509096542281408332982473259563
282470188681318906977341224009824572047781021244257867941962179708
245494715165738807912130559425579829365910185929521458891989736410
574890894887746130638684259775642325268634634396779838391211928481
559046325726844298069038018489373878662677601466755693021431752909
926805769995789731762891660092351933832885941822434444837337458570
622675049768273613929212565903885590939178962936286792195698567220
771145167687115170363840099018030189287795668529739177054160961453
069937591596227833917112798101298430027748909358748945398117353381
576846139508418563804583298672849362869287801275472398663892413528
204505780353885364847097327544925680094275596516029103457751245135
941932152689509014544595241696113698064708110231533338827666229870
284100724886605287603754043021857842964223163531335034068040278444
147520082689003786354784156536368956731168839504335456317801016615
510364384488614982713956079572913905790086466129824415228134778644
226453349015863717448862610877742837337586277208196830696383180588
110789389572837677830118699970089433656062457189838150176746551248
089349447700083734530619482002243872523604954757117394662913618252
446057626009488669025658132931135067443779323202503802054350185299
498077810525998530448875507249312550651003885719082485478389932660

2860337393568736445574675696601191916014388077529876643945135794760714470988893277660530741163115301391104923282193110588097367047432344058908828564002679759435346427421078414906154092962408338791081565789909498815712690236620043280215289589615775222060621457988284049182338365735125431269368037987268684755236920077772138117964924003615902345770034941153406833557382487391313539191475815852762541337589984203618879551380731734622447712358536727905300835514369174708516100914754482240609224557576103986096635678828945500333604333720846556725164894623272786930989509455863098301143787825883212299067132918193976522025724558400814024130932133420950689694190778702026153575802182105123290813528319509157259925550067198796875146302345713152953633128866961298875104615085935633839150702622404505679511688694605110946627672376072375052884555332350474774899801582880457530050460916902159645238303826292106303225851732156752808913584883548548712412653274247165752201579356043381984648837766055270265526784708356010243568608832661178809770313606137790936091130872340772096181023901578532920354712719691056747947044146433121314395609675166261128944405036638819340286420485038072860987919829804873133499004845521940657346541555378014662305783921185114327966512426186044783706656942465109697462111066255726717641719632000060679461544447383009587849363123252352851899857198091600068141919186168389015181248046434719012840007070411738005402484159936710284924075593039634872403013753519911575118044416261522200880897896833332452200044042973126122516176556942460302075359589324020852892492435270739656513885729183164947634488104460321439087648326551672987621999736837094585493934338332588462059401572984464297862778628233290690449232765932924499124046133833969015247585601019682761237203430551089792317528677738782013266845098807180268203922028048492157434242568046730697177121873456085715203567062170083893698275361917197371079407399906036839520612792285497138600225654467398562769675644776992563009495709270131191929824955775763750859423691449068347634546043944371318679563025883826817928975790738675774381973520813126806852841944365315510971335681257482834697901789014318277526180883313639973602829599010000519724377015255864819106123617676411458323693479550647375250340609927897230719508277849700119603131624755510087288521738129185608767747856196063893512409250785806286682155371236246489693259203489219130671347171099770337362895959783509532523598271289649198711044815613010829185812739292211017926948642819683286246929210846438959969288165507695822898733723861578329428488075621932309574063083808914628364138116929229083233675690406787653576163961754266645938024360197471995403483650856887128855292429351867994655684451320866302074899531698788879839089895456546759232060581922617788376612225335473386370967729593023991180556622809264950044987752773346252173326389389494914654038212432180736158453611404602155525975366720223919881050284681073770437723293121597536227505157238764529436348387913528988787905821550111104233584518310227611334335804789714149771525157789848298936164491828979317790326467228749418675453269183640879828266619105953142528663092670701732405950706227386670579287338827184951879760685322806148088186465932879942779746124529540952671249690441046131073909192112396940683518446969930471686617424050519222976752985296684867348368116257663525545752244031843922462332556165225141042359232732018883363608901360504726337496205823706184846895299865267466363021958716136936786724835356109940373813996989004405153889590391032827945728151139758776274744531842930536613637951698172746052088546469232041759114350013503950753484896156924950900207556055754384170290146078181869924923939119438241100257051821388230098035458587811640045530311277179266614743774837366237460202073538403482309687677893623056167893806731785663137163538703870

471587401728905272491252082716893043739822965883776322658705827681
347353299478638582774381654779360985613156779341800020147580424559
377378303603956313491357634013503034840739927578659534391275516020
753086523653852745037888597124866716500398774192653741450111604950
710018649301535827573069553026842287584834032104779305348522095490
792573563977027573732045507991015818436798097731303516449897806847
700924124658901717949986390152345242314464073314623970454745260504
301874212994382125706449150735469297093206380290377591188187390157
910382794684926286064935577057927535699984474878454484558005063460
310194327718272203125080977502995191976880246589639811415337135068
436100113109962982510923400768862681738142858204141106078957011495
068943086279652602887953539761168458073043529965627122092196855252
288491697344907527823409037934366431756882408319294978354314731449
399148449444634289657179655332850400946759399635949907338642665621
874810726324787243040629049467920253848591539802660863028206837106
819258636756161674883003149343012810529959988806188629972368964165
204568060779510100917746573081454691925813273129673025592058716565
880420339131539744159172871948757014262221471927891106602750761289
442732242913669946659270657251041936310238598175490798699438924388
900893934634121382813621947180798111450300020433901579204393125539
951922260908899971256309233027142912501440398187050042025960878087
081358686649017724447369521944670349065022384096930518259399680394
210385832160164007694778919242121489543593744009993796437285613036
289431167437089467447379716761820864159316835618424004845427076218
560664395978802142164316651900960728174606413768465552889186181960
348825852074845556619089693189055115991626908725698821763884637459
550647377739141580667407665009778341493484216184403838831093760153
938893631063154871345972529048370368834150168607515857990254115319
535607077038149712274469609689409530526009808174927009219332674213
887448974859582609816278112393479338277056197406663789713662110111
506206417832730909438642104434100156848794624469675999352470493084
992705731112482397592335989864528277041548277629085165037960815057
835098230275874215779597790045920608880043548743473529828147036766
578453926047834167045941769174894680825377283621606685686911351945
238338908918911109127985145874140765028525906720911115279925914212
843554397575899852207175909946241446928463268626340215826602498292
115869480107657666054916190877864527586671942368344343143419381233
500212897771314250005292249716731077710017168511888229988920847294
675210622424553471607991208322047262682159688664508167350961643933
992447751146236967030823020942646253674913470340742458766524088261
910336251980464113711612273934979644756701454581288427010677196263
293691784822862791205618498280909007323886154644578857828584097096
047744112659161889517766291662527168721718762516513631708979617646
484309698655020383274990369013956616772453347773594284105079107689
335238793554981878467812308125958197651326354256394023461702890360
708166424177501440151789871339407195406803684014377753823023274168
651273314467179277067541525937370934213197597040931481491994889872
286782267469651931566305291459571361839749552474801943392794936563
511497990843542657131020197144345952011778759458037507874625180499
505221398981478459503317862578489997751009183675879921922826055038
028507810017854415807312470071381244813199018918287915172974806315
354184027249731986676050304698921400122077849186541670628894614373
987362169714665740339540354657042071325868663336279283212156148810
545073264464398983800241706849219912974800942850816694356492957834
344123652616984823031940948633410216606988284623109833870141892807
820737483205430749541642896324813950945589933704491826186642654150
819005827072358841898280998019151035177063881643966427934704377364
802695785368103679866531939037687765826608503687181035728366643365

0577172278666728793090809972219221888136713093480501052572641573 81
3406411781621048067871430238916681156631072876053694575377847806 50
5850299526911703233303716719601123523444074752681289283558682868 40
2632571605697450019444495170180661810819064410545524662199746055 10
8376658288581298144515267490380226956781150070305237616097616075 16
4743583933410407798055772293477599134331367215978661055073422783 71
1677618319948593027585726139705865847098686679533960946291886780 55
7171136878610078550074388185710641269205096699149289422749742545 10
8502926884893954474822863067499394273403248683744914556473583037 87
8860598475691837004542330128662758579270951067896905333597342936 14
2003288246714880458353144138630797626597404893087110768851232307 86
0793424512201715455801841692164076089577132875645199431380232720 75
0051287556376203397533006053915208115880105429443178555893398246 35
6458310469241582866117884901004634140760949982144654146039283751 02
4735058944073491964954037027224534572201244636870031384833984230 91
8324024901579518659337859928294701598579591968598386859819449054 41
2980974841995536896369963547172061818135855259262329953991693759 17
0924286136642185584676677206230544414885826253705320824543744822 90
3027802706575103800171088178328186514598655832587195546458525341 97
5776978217729236120713336412402816349700143731500885527129175891 96
0828973889802021760821048775450013336131917131976208564149148137 96
4066304065403542908487514460930454287978881572479698005656607995 94
3883648202831603389466790445113655307314233276057871082079267604 39
5353546642253678185026829228847438639303958374009738587014265108 63
4462047051758476054990457272575031508505858568197468429290417067 16
6141331885043846980797356017771048117683664107793967943620268481 91
1773148240899769255512882631452780126438139137569639489110846479 98
4997677906299545449515731787008040712480283337111702642723015442 39
1360206618534063071130828152074975371931468400971062250371959216 38
6582428228940836492726282455960515525235059120784146707605675873 67
3361894111742761679155530171994367568479285326732265780455932978 64
4256669444338925456899171225377298404289632547282555336798903507 72
2310316422225593686622402932897079007749621309571349629289649293 87
8759756447666331001001208538049136577804869477100465384219708755 53
3249565430227984049186231967906253176993147358452802777820588676 92
2324779653239355985991799263382568607931297153065955394878327773 88
8071369814974640506625175143141064669754807888250621080369303014 95
2360247668717017783045944939821354666812018915558951093237791066 39
7432171715286101290073335180113311141356684680079103996224531505 96
2071620704028551570261433581030078027781650237751720096785624016 90
7881512749267410160630231957867333096674195332631791548690087721 25
1730723578980925225302256322654190233991410380309934353845802706 80
3344427165192772582342536905924927564449959931893373020241561339 21
7286882111688625658527099872906016565710880738948758361695217062 09
5632682460903996183788978720182268702378535683441810012149346172 30
6767528635990112808891008964737792459795688250073985023807750959 12
9815553066924895357372764132385668467817781405763877234876040325 12
9467647135943665941345531063140695856263463368973106516380743553 43
1261006909674537650144051981183492353188719407993999095538928957 79
8750477277803270846609361548855965799697025956232802846174744164 82
6320487241282989494781029882283774618561858232334667185868834958 18
4219194388322204129256621821361627794490041022380140242165823660 43
6391323122954434656949827222067908232880702415137352416231227477 57
3032561247042685443385322470127977785997835181995430214875947781 60
7618852708382020848349974712755282025796946996655381939593798289 61
3778443007953018540036966166115762868120795797161535606620273576 26
7247120993482629114587258566100302026165460068481438714608372797 92
5961459932392110170397337698734954390474516654195473774411618809 16

7007285249734723534800924594736914410232283436343841037207710013462
20579466406707530982408555035768869970078481436755104015453365221
918883832021327917374952250859104094126462615872664616191769631733
1416633744493848851485951358679018700795817364758504070965634444530
0631086513401545686454609857793768228464230331017327992712144695555
313966505481727640197265790621953881325350963250947445989891087859
016969225819860487325161631487225332086811525038778390309210963973
140870146326277487361999251603690351640181322863841015778913834548
208695394911416541921224410372588235373528329662254040539599551254
188046955347016927965818084221691146779495770903181471995224200489
058855937464416153490934682109527381906924934012585401621298388823
606711299047278538251093221267600863567887299111060647443854063130
702691579329114716835748930860734176203484242255797432510010038643
688160552466827732801481669787349633209963417237792378830351660548
716717928740011191447262456712470024976224582240273977070270235032
377124169131491308448027264009944972595720923593023069927300052249
073651419777811827203052590605053664793101848708283976243597654102
454719021296462440721878685429130719911560221343598109261278099244
929883532142115168804430524223133517203668759109206121817157215013
230491503852431276016026780710277905987836302849099513323332565542
428323312697082604828410911646293553079701347159992856426889889700
767442334648965004511482489448843811905203162023956125155080114293
455938402258904452354916067705752641775197360904402044833678818915
689702778936604499831675503334609974345390667968123798331363984458
622049182698598018506280836505817585632828672397021647037926115754
368783456640465906078885859361572607337647947362839418949283576050
483364494011349865491208210048132550683756281970256869699549187621
976397204502790044667563951193761315600645448648552507497994208500
289544449953357450468366227668720824831641359948030706016118223091
561752595284900289952934287376173510267424188159371599489096979222
577214401390912722461788838743608051967515303147911414335732073658
590493042773379844712919544464543044009597518309741823376186337811
529128015178663600901647697454495895732314679554993893375139495643
626014549592646737347216021885313265446860088537207722134527510310
595262530711102355378856916499591169220838887707805173543839856786
701509637808868647575766982532354044245428400882687477770328538261
997625425819929342059121797780827787051185845230897298563876865112
750727634100359941466012227948957495592036099460378048483855259599
108171236282744204017849802110317627877887503036302263616097666758
010603955547997874569981579733423399742444758845313933453664591755
258134755046344267161094890817996895922670464402169176805100590718
447352631235416442486477743878776517385347897501402520406932991135
325561481360435329683129289912953561529040275913176773412770463655
308522132575486307933547882996383406999371515422494380882406473326
312335046138821594795169175925450984809791108923311377895396640746
083457300976511706075241436288346609180038490635692685329640055165
359978579130606640474557190848662504146276335720442508766033207641
200276837147202583957757254830817635228170657759415327083266255391
096897305850456225936898498975622702158265265280620025184416489819
196909558212078989726717646133800839566487722019320463671881723954
704930209279866104118469570486847004963864125953067376660389421766
189387542375224018745815972284425229079773722925510180886739908398
854921449138635625388637891615918884240512998193651713692591695779
199884949414977115194315755826307059948575863534749639756855970386
267805400720089745025270519397969812529688311916459045209756305283
373094860238329627213225690073767533911168294719812770574262437522
137582503200873637532046450005738917934659235577083622041452850139
079464067246673601827537985447814076921256085694481054166195675264

750745239025451705310940662636682474575734607040652757535777432010
239133411381357750332256114390097609946952139817702841461088413608
565918393299393135808195270706927092760772171777909876385463446024
051690499497747577482873009339789406414736945719850482990513484286
707099150933044579663919535589147801094434509827017367724097904948
059288384657526908214068409367522488842466125605269509780101260577
282287359937984997704573176117586941984674742904864012319967446222
686363326007641107029348897236012621498459684160318742453158435205
489185904535694196446063337988493153116954758361115749766774070315
448057897817050457319225881549431143902579345049989550037270423618
264568041589970013697709364618431829666069073135476364512034680880
448544639479881054680984967013179549428668138827658444650585179771
236814267458547557138229072663460316438137501465429194535993436082
062827907253188657517973424574661225027443019092242962776936653158
716809444242786249840749466556352680450276843578211362734069435616
4251537923224666645823710793214590444611109221070397604565101012869
760593556579799723039393868396179918986917991593869470863242416010
161030988737854395677314829723489659476714272134128400437621066020
055056620233395195755864512830241771428237157769328767978452275710
423728172468445461622447270366618640546724925014467120456547835726
921447053879805427443650665491900369785230070372006141837257113091
116810217228672125895948574600435329503311469579656490062446226953
912511252868037826375208346201091939205299406735316501758378263276
410048994464890719508214784102083666996441555489973118544459531232
788198843519364669075619174436387489862636276503027206860925188097
236088479380162529503922552102831859119520952160308797092230631824
304905136125178526678309896484076261871121193856452332588015635845
663256815365974140063516653852783302799332761818731642928434366351
615663255280877405476696700018814831299264949756061744994556048405
651692066062944190747116474057556195518345387406404646634465233320
35103778447675885666609017287520982244711564504556724311091957346
662677919503511119124849140645554352577254965663926785221917623854
753819710831983228483946922294953737493172577554258096479498589102
686359453576135514660375139149684512296745547842471779306074999924
871503917371133105984182400457742575917866712195051742896119673898
889045793126077836316129782569411368450788843444978664044958957817
797753763317503868656921432845659076387703508545492288177459213464
479036409671937884800156599085262761750977394016437406423215378834
130050262017131975912486458792300685002533813548915131998471093397
988436544604827289154971076037317445126097171706215491523093558078
456283921799509366499044096091569942149387112429146631205469132238
606335268740464186976497513460031842898257475120258445983103982014
060948468707691618383086238789106146824197283200526150385110681990
583517695632365696941423626101521553817250369391988202927136854440
106294367264512033344244808295285077865022358866847987292336334526
758265461364764488099277633165502130074494529895433961752661174901
691213005810955424491226738528512234383695983978048397524645101205
882674283063999608907655734436344801490488298357189816409645101192
898539876088229692264354208244568412368752332589778385243845422759
205676092607958467279386639764013337529817410380083971366987501792
518889005096162725302906385122448156294734866718079216757439502335
418797146370341359507068879603101501646447422392328672923717256538
429014706590688672940694842542715905205340933901432108131385458259
704348580931485506339418705437548201917022688231751090132941361718
770058091133457961642203012598022043107382966864907037504453868442
844087909458071383896209544920759961553665571306844046952712994878
309713450788275724844899897349703962246511049877700417937126319866
550424826450427132291612309324616413533039167689451483585692702166

031906568999303527296694254093298585047142854083867108892734431087363457002691119243249637729822940094402075202466206644738391720442575483401453940803546273409990964069072075622907374684131198586578798855914252147080351784967358936933535007544672324613125258268704637563439646390594790703928961259764866705690718158460299360428566416523782711376077456210903179808657173199934312817969129429620455695201243315446083595765650783244672112585007760996890714299062146372250183703199851692200508139102053789839156229925006468735679795406627829502247459266561768688629321162565605008454294559032917372009820858817353746878318206447022686127649760906343394156649026426219449599726278798874206865377484001240271202527473344361668130227204754587027046409864346757364149445560401804690256490853251672716709512790052393421702743032886141323309616964755602018386215997872360962122757042109968737000712257994295186963004129541887796287240932784617980486479076998905777338860558382491142283163748692878538148143146224283984962337855773508605110105092612932309949247418926751316188186207532574038684806964904698279991221611386656638203260191359684025156492479064439833300318078952369616518405614103384347993761781821004743519090706548064032056911716643220992154712404616942471043152222051048853663827047208352220722817923077243786214629860668300394431840318971195938758807198115048397750862492845205376609935703511384695978429595440648575150506208497122812336063954148045231830375903923041931293580470253223963911512793759360151408705351460629899519407457553548868619822693246955382102194720212488490442636553953053943533004050613359968320166698794772079525866914331899092118652260584960881496268365467234984048143810943198574036837746637093658063733929458794664451682611483334598089481323014234497363000817700302901541674017957443616201842207605357765423162845642764409375568971553787286959872245740725586288916275422740013939248909372055545616078424153956188399905582479740297074147881435727079149221043557745460934900573768159682819680197715906457966057549425418144532992479819966571196455188565565681215133490980465803768476182660137371756837274130617046443808292439165371329638261653072310606823338899995102553073274412094269941379201101046632087497154105874458261159959068772409428697875946269429880547786077645800522940757030840638516043605931255565855331231165546386554103007269934477311816907866280119553224809956171278815563935190125607711288469473226363577830259656423269738474469674793817191834984412010284235192195947941188864520779602313430632171743540692488623758813507950130195421256853896066931254279329444504604143997511059306830758986663120897091786738144310626732857291352473357373341399649816225605641974178798441560213301230296004214891147848575264386251814296191368983822274941558639578740823780903834140879297644511888802337200988640122361741764305063703810769278341189017294013294623856393085315322444222768818571728893885168650075904844157097366365393941138141433007084179831172343974321289826930882817908454608352276168839236706701819377906387518688982678985926122487707255370774680909173812195568154246781758249863590845775282210873370947100534470431626453265098754187048260408504943289449671151155640450375992218315315062189417680797400402678059163735949230580218910561624590130191307342309220118774890541763475234787205095750830124580097608944902014228321517081786382971517875410232779377854072683639518037227273990724613281166726202385362958044768744894558935561294166787711514445952150728011245289783898892439805792611339511716337272476322035613413766554936091076077542886394153750911283550953891017569927348105802052447498860656941406880598157145534961021164041299207119157382239649687900615771795957511675590848192969043559344490289369648619008661184836408445470922988082018696435010241658928067289346189212883

998058867547233822662874674898276007213969179081994180723645143829
894301735530322511478911846799356943769256545351140882462644178781
754058520462752091194551715071532232290031783786392997264579504136
224307388747429588420386537963008878284974910153671404487270605223
983274654434529356528076960477221503024060329960820144287406646309
024369558220175148190212769591948548065002515966276672115626582703
870721458114744697943698506765768823503506327908552602752457845213
931189712195956022277801052170563123963444611270021258672357370900
902467406949257666965304797371427626570535957448790876199299797549
154709567456866266693317816026949924563786133450401286482682564546
781442573431384860066826797672708278086896403276259416788405714594
114804629164881285200102610561984527854316767343019418002873928094
615194818546866310990795150448813365012546122141354279122839130369
472625897800273316800303122198079222723393023339699024932381363017
812136011313683103886773390012252524103762883920011468747397830196
815162344845844170847115405630671221502524006009566845020996544235
7785547880065844530633545865197485
517271104686923708210374238344516214463591642683264697674851191611
783934195142162634345728069393696716440345231117981331367472558103
023300335647091931311841549327154187214539550089621519955776480953
224728170568462835256462754305762000017214990289645138438331171165
858417764510618582508210472454698908552605715433473640776605980218
446223023035764928698353547722866911672550929264234953591129778086
706764009141760472511018422954289469724271931395782511177137364661
288610993859615446366855566406324240965511527124487408138633958403
290683016637505159378894470032446794442050062323805678075861405161
794915675878485475379803613320458867201313746842227773933830101592
787382664035207938573727331878722116006978868491056887673735468207
179344205169186912073390602304035953144024848275524988496686390561
518129135491333068919805095831954745243476885587738310414344539933
978264379056007932577903268772389335970408929063798623591326882769
120482353226853311130949276614545789111470718167829879548739779664
939334049995804451114426378780550061812019428565801151160496597514
709360848244784071510165688191515476308537089917774950031546779199
405543023845556843295871228070339303655080520359026902225743269417
733783302077850881645997749984355147030418993109278863628555954986
664521514608322432702939865354711714611209786446464432561800235200
048641692809012519555879677770712014158540324292727965139982142625
427852383618248974400837646571991833956603365094970785232889745881
493347730994863973831820193244687919192275981928705919005907540673
571852348118683464347785054157828224490798584087005861205284471633
587772330438082709137396889505684555352326182211102373127136881420
583983854747049000536093865761777730487830785597217538818617272005
256836873008672176915441262877549503239222116487221786152262091124
259237746705501612558235461544208744584214964776025595727402918471
645315888525882788428685588949650842703942989935442747557848840925
342436759646126543810920255629982051541480193747004803579667745874
100884131811872582385785448488816682771330320509148049902706338669
469099351248792271005092774614149529146261051764859906929923817599
024416187949702356571809514425854995765179296210567446002214133673
754807986035969594685698337977267285287592506044418464357782403623
776670298728323706045274425550681518095558886835891475330457011692
173081904136821961979244460426499343848452732374619113711082446433
501694801550253284184628733492266134568944139002470663355470788141
605485679668656432669813031783621646465882083005036445481292288496
446164101250237576828218945511845805957320909394620648677509380243
791289601800827940474817422063327914712842095137010561943271762928
685790909493218055568979066286289154737548673198693738466419585618

899770827990016924649425190347377703988630149201118352837232791996
507771558163406176196984072223186782701235403499438429168556505151
743837735392032256115992975687965574856371399849841889818723863447
747735515013535079191081808269895360125247825470432140977846932329
438014725512584376086099814602199698631548473576292080996702231230
779999766892614937094813131176126725029020251125017695385831757933
248237475871601959893096899542945715238027789223568504876418241391
023269149165574444845124608305145787417507387176744173551101307645
537897887522221852058613301075912720128415816099012918291185666715
739299809291799149161000466033329225776086756566635965341818542256
059884318442721810942318109063106059677332784039505960669772102777
361411827206434298538442465877284718517883633752819325425830054996
146148373504141918616198629106706387911951762050556410548148530782
364372016539996520950423890411674976436029024341956762244685142089
456568032327777818280402353171727161613847452643425617030040388071
688888421475795728132416306939771904869321017748493439522088977977
460641321606591235428730663498564951384299151119375415682688046403 4
407400319164875242281289908496049108875248189766295443946375362198
306085302662976776229728237088410640306798395704550798642556241329
569706903126069372722704973858490635481194665353366026431535545612
762002245436501409287070103845024942299682469894819311063805848963
834966842315468958573941781004780274310243436170639373226671414047
645055320685254527772713379959897191293351095335218376237814482821
238983318392269540362944194447793933862947820856539160276865474221
602197454162503479486573308748696362146050796657211558568264712564
019832368722180162737027408546123315314874653193936261343872784984
098267899861969122026697545901203347487171527203423784853201997739
410893991832399353436083831944835040717016050019719407955692916944
124826846029055460248055663749256769023585654963056305499094738338
682002253272751014765382015718968917643861760384669147127050209010
166793143538898179926138949582056843152542717333984584967784219554
228496937753821419875398362804151385327095150706778317618492686749
245187887825652388078755933987418992394106466084284159517680029189
967446045623476841746284361490524099614609132990782507767172994873
799300497060952190291591878815655029486924994826388639682384956086
850057999208125916980957625006325227429775722353244646312991916029
527828387808637437948487816007986691844944952033890911819968400143
601937093305472219047178616199521109291127917001976672020216396691
842224134953526405415034347849373009481075000992303709153882015508
200330120076040367400475028238121723533105469837101009657554881166
142817419714224111146539649408810687135316799674897427937226351358
103899882545160553672510213641692900321073122343007239955691422524
643012627356668178228590169033995255886470851754284397934232749253
399892584039232079835993252157435842523037436661389938632000800645
747508807093799846274709665708094369299361070027345381568480143981
800226497961654983924247214953855166490613388699479448764070625660
160551717891131051578981248406744154043863432180804960357763693369
650750249675465965351715008599750764000455954263701196268335042396
940932473254073217465365771218978633545568241703910378182426567244
157818438494538256203497811749471046589508232140820478205399922170
830963792471914357052689273788296301720459841639676597939924684512
021673155759406108501108401501493958481324314326483170638352293389
835732862962500645396532323409016634553497614539775435455101800022
729878166610572423124306235039912669272559398387044682244056902175
272089059731403171949939375760651704430817843584689023226409067025
582563156527103991987874499600566965311694201789033319307912876404
500245292607775735544830851499121604626040796635700429294141521078
517939512489293113108723403687549333211997169415582242253234526991

651484270807496498243209108709130271922073605282398890333776482440
248216436744892838932717872463012952137775840656766503422548447952
734389296263521706924829572233723726052121486755901243751068863616
862068481075325255190808700823937566799300052564004105686873213457
742011004302127479640462677207960288680754533284461163963670296167
636106120956409159039226759772561277082336910179793240276009477905
049390594990355097623285524569201492338038955511453694537989642439
077531543866107961725493579716448034461266623538041455573676426251
445905719258022229306403304943177399110774599480518484341690301247
105284001145301170159264176031004668798434006763661357541593810739
490233845959978566490063310019258076179659274890217308818654512491
561008456492191733984184936400789242534005288512740978260728184499
362334439677783416430328617074655574470958871066122859798438328988
827786089949825934445706255208466693362073645613299517534649909660
709934312563597490296567184680351887876443719273432284967575348743
806058683938732087107123411960330893060235219350237964753015141593
728621182295259067018575855904869810336131061953704410772086023300
066943559822989972003894205071241309633012473989889865016134460416
369764129918551398564133480244010903820420980509818816370765602535
422885206425047489586808991794668611719325033248230241059805584766
380455213789323057235020097155747602593772076776087468148213452253
163020878882398535566840846201887763338893823940059693823475558119
660440536601708515543140928633570921594481160175329658341333471773
027110597090517811589017086602990160512479450702430123230670262179
701141510682002268139997507258321303561667949126100542012864532298
006726890009482097075854102198848852954596019747306361328429698553
852265238161308896659145091248868131259535362960576603197504295041
188439397247053605789479862831714003968480764211909414275681202732
454233195931119523950562906226110099643989483816464487458668307548
577853287408199375727485219741371809429677774117222393641356033211
909334407556787838113045199845148628980006084838694206218527192801
877804248668080299512897034732944631709460038595125453386835579689
058465172300670448889684061086304061213515520387421392844962022257
546585820866986406049865542588590814553099484349384273384217864505
139854273974290958570085614625618349527002281417325367653979469127
529747013170063835415965446342449683526350594853447447210780561078
108296494264788100259793187756392390432917853276342037522975657527
434082950845479470152452608993138857831239117512692255667572885133
404397696254039311749337139944952935680106037969445956859752498772
673480790732676182452335521216214968023449292542886551457337565576
594555709239533428142462903172781540399834155641983771801898211247
608559555189995062073007140345208155033298149750702442677264360338
737539731484313740709266544922952042319900734594639311996535056807
332981486584110919944394627232845367711284847362246063313602859105
963523719387163459869636443906854053223193152413546932487576730463
381703029447983522602051814944458504961203269092337527162355133526
234320721943009358815033935989744933526957874572783140396703969100
170734149325310220632630169252370180120244226884929098195551171956
120838155014485836571665102690866487173238190148609924699131546082
001992705047305688761418932981083102352648281081024854502208757221
283441343794849997279202583543417204425984693274091417821439492801
799745659873698287428268267484421213715468232751128534165237031653
070432582833721123713760969593993754953622322221974659619332529074
042487602513819524269739101756371975343004479617825043115331506758
256273534347625253914251527570478784376788524187196634624199270080
257610839274976226365490018653206454995155802908398513272627321967
284783025385221904792786893895387803686993188466031043633524373271
546998988111864436701140284262026150473882358997472814933432570654

746370224518872890612550302737919026403965774176068989769834566464
705204716359214483070995843064717275076337180207145974456525141885
050371637738189029696852844092581931744100555760898502923271016008
982572238173945436985296547694901873840464656437307131959011407613
174282203883313602970852614512349073071476245340502454237636666855
757401206040598869556301144154431416969860740322078860031327905539
178696741635552402507676530856322427378471497460377840646093468129
918719028927597630701598408877817451926901476910300302349794585110
001808866062162868011109151161040983273088089954337551187183173786
558776487358854490366879074169182538313306362338205820154885449827
883821742437580549238159729640619631058215167091903263187309338138
501130913327709303425112210972155056104913870504262198052602476116
075059710379436647715293534917186125066116367383304995648787793656
979112931958782777740601075333724327900097324072560703888008711373
096596344570960411750894447911916217455169709648447620461741281545
361284226015513015895258628069570639244435478023905168613385498619
266567622760358234985569192248906901164598660961567955415492157581
283540920253931708073781465078832035266513457070655368569928112426
567084480177864614974045492118431227621845224410884715075701908834
950224375698850494542410572662460945832095962572872030994776540107
398558069966198019534500506514501054924018861089134173060759238439
461246569861605609094541772907364009391321956768364333299619997965
424348026569406836986706175874131676505060271358825744337072164588
195226133970545205234412809231730650519899545028585383522873787286
982917275807824209826106060901509252110908989964389297862943014111
400676287749920781723794746209168998389618948630773060274910267038
839433524742434212367121770246101160240611185716870508244049162389
434350470250813649155155104327250747941024737478192265205933551362
553018121964249924882129926017740801037198842125474472160296950027
742685077521758669179938013625842241739856076699165432757061230452
867280707631894705895440618842131571380033984874086809414461845854
230344951448521053991248932455486659305335584578277144237743385339
208241277632165967538326650643063880695569156202622259469414290079
987698344209146999897956832667090414139806863332515652569687878992
257432796139643702654314463933379900081985753079788176133743609483
928302233803279732038653646242498055114022469226478931592944918040
382983649034888638697564414855608560537177228737148228236864278113
657203947496906937239915610036828075141178473782562212775995916775
814038532986888513655232313938431742258535628070191544007763016347
647781261324380248421865669855274007641051190109545289838256348407
045580809052214769722042873822020644511165580202158137220466347663
335175617990500897780885600932081454176443903235241939731547218920
920202474270405857913543792600976807636298756614782644338926121213
456594456801042227616524183764018673453391488079001363603528432174
780401683146726188067936493046865873646311483282698049202278762554
540178509177497728294675692935451666098641948145836444789096038304
582853698956080665666190360310045304720024226393881572068674690061
929873082248490016816348921255433754447580388736158658859248597558
742783859992954170991722511534025422229692234366177781929653313496
747757220978430193818445059850750805649483189679220583434147890510
257617490997582001234724410285079412318437601471421378295110218735
899391708168680559881335469913794537831377114135491971243465810931
127833266217592227589369934770498435251921073517573702005457345130
587313221438462087602775184053489371323766290711205526949053003888
228042048082108519287610767728145489279440322723628412479431926441
924307968137038294820058697420150132353198720519920353877314215882
211485974318238790989199325393415037876899596958043272517776898661
258893954420139171306418862951066526896062414520844803403474113314

880043138647317158446815754836531670512601746640760728095967213272
942245361042667928094697735836383498228114766916959695573277028279
120997926086381701765421015111581109268328748595064626236299259249
694378182229169234325485361604152514206369252147745980941988926814
776443905376111917463026074170414492241949800170623866816946607989
247516971850009428744446624100586380355863065063609572709797349307
096488907606301907923346170197456656248712884986738267854626894512
094622905482754233025173213282785316517586934054111845715104834632
832008101152525413119367954561261216103197427832103879548253917431
409877065257006037671968383047869291003267483442066840667351508858
609166297657227799692600386827334964187583321180809168618517134591
156850893149404481996107250233789677989918872582686705377574351246
508137986281348350664313246627092452365469835174070426513698824143
308835526319454754253248458840939937846318673381336610310058114645
515187730501413081566601806113226835296397114624010498314846460439
520061637354258469826052125453859150536462014165930615241377433037
246441039759850015689210279093786786031851767240469599157234052900
381676072424770169781521486151947462705461422112569127225381590502
039583051468585003602420054909455026826185095875426210973991322095
029548958289174232981343154069257570588015736545351789274152712894
131431826947690258885478659919689883599904388542274846947311875197
488771215019159190888581326376998121590808969182335059079714874613
336803970635003695553942259073453693326389696162384254104794629483
793746381324612408253069026914650215171965524256788471272297526679
202803841296615750218468110886939399252687943950326728700875818861
049300859750196928095204823757138945438844241621756626373518033643
277401734125942745582026754402788121409286880412030002270631808259
318676648149044725799446704594238281114878611771247129940234353193
476389778948446256041745478020529553081502542980157090392382147214
574805502696844438096038016443726195300440399081842658748795326360
174773439634741333029275581820008464886098183291707862124370345940
428150160414770581856441322231887793921639889612736992400225160535
128293723655737319319389834175384397083090358533308571836931136503
700819056545043298422099381490045445400448618221405506052871683134
142627896441695333980296879517536667847550967256739077347181693399
759001189891113962465206160718856491192664269401606959061610443780
149866699828433246525760882571010899195911118083503036507974281230
709395198402548016944626205923636351071990148156774400012313072541
025605601593168405328169973390707153720880901326541540840848694648
513376227482849916127474705322255057918337197829980217375914243447
148663438084599101392554944659667423730119121569104847330698050817
129727313806629229678493165707003108305567889791232981303751031746
783401120813530914660733675118762187223247896837038279501239544495
396758853738446641347202470015885201761312154814372133479265672244
691795625863300306994583628910381264895233888076384381880921180739
792768314123086880946917176552671971341129027158146752944276252132
950154301153369038922138410133788327539359202090519420939389794128
938076595308702735507730422191143004325668462407228903402171151273
168905339467851873822784851582247048412773926828056517260376445844
006828466737354482592496916214239033889318117011389131501922285410
738181452292592185148575252476183848077583829866667556762888310086
015263589358635712742177728951544583129347098008471782896727341290
370760715970897838993427926255738188956319405072752087325999456545
608586855358263133708493406413934913749179077218228531160094982703
667927892358788431608491838953362361576576833422289592702393915386
811958152996066452081886184389697200189356785489494221651236101718
473760460603829616442733117304025869985215372164775363206607206123
292932396240780047428067808124542992795093505143976021192911303780

2170395082950990699443939119550034072157414801775922997193282716303971339380034926791334165089113946424796613209472508981957237504911331291669842737114895866286493361339703036247163012832100708415202627689963068189695266669440516751132937869050034120042841739429541445844475412467718508710301949763730646456618634940656615955590222038813571361768234778463109885474803141607518313054403428112703507195990142030588149232148841293569445296431703131903577937739190165691257717806985121801152036378471823289495344465514626784682026303966630199069226106232408625749366744026581397192480133160604128043094030117818395338456973477787554965052267198920398064650880987659599040268354582908404887435901210248570719056955851822996481632457015703748335071625617787840260248079543643142774097520462960077059523215937839265605847631831645394608691291390297075293245752831122063165307794559970935880191017954784682220298137949673390087099348352365925215317478091492963595768036416453157419840829497042403902353402659221352598530803324317858577406056900395174966247831146154707471015241092709901906946055592396830561480772653739984996188802045261369572230890736822583697253467329304349079623158386261263444240863141034997403655086921605004628097939425957370775224212775596279285841773136930903645943638449398233929185489553676473560878989971977807038662092746318519850851926852624538258702495738050109938163238708202285644740218903503702051586824571125520231530878090161943705387176816448293944911865897681228582282863058898610296052832544386045241598879043704773773713685021353938226539490234217108897837100517498175970206868257027259712399904777313320890674211212008218398677787056562942469382004237813491306663028758752092564773273167463696647462570612003467156409034789631481868213459806127296825654557674985919728673797538106742173858019486939329232978545561007900054725330516708185495508295733164530389667280573878280582588338674395672132016122364271902399903185069780948472980377051720009130562696720528431664964904631103134009037815217492434067144662452624788444797032670809204796602152536229777984130352918249166775473338610975771752089257006270953984192767246810212714644651636182903867855736355070011836724154289540477483432843483747564304527445068084429432880032635348132660476017214226940034962856397025725628371882800895476023866630654974704534984376640385989464581448053195091992594514982336136539044123167407129663261870424198840786560346889440980735651117190884162131337038328475271580140233374087460550901973370836047200902016509576637603786372188320038639008631870025211594327839328479264705620690613940364883094552023943727600115564487678447540835616039984885137729230343235300979396783369830091277799794971704628531410043534933382267484965817752353127196015906172828462137140103053343920270345130194910703446174565771792191324143736496939690489657328257566913276453108344568715944990050920224047579942148514139245457253260782716471305699581372348962272410151358146339359857391762405734462715784143189580687674488008034901047315958190724146417291159828969702593777767500673203833675999208981411198985757705456900880667351053470372132934890554554972053530105573246966105380660995007027547522626763831652725279154833145361939167195510302515194171781239124482761114532218866777176734174064523789930150371042110232238847769373142553479838888837413246016948494522990510710895587932162056322085156530074079505592494459743510349190441133791566366617724617723425057713516044266303431268508796541039734739274529051405512410302983625893362358342678655320477807539090909460140438067643829114783029646518215386189201400711494551862692991324737572992206115252478291665457569566383251147867252560975782740644380460707154246177387337680719306797191303107259747170951488737474695034915202425718743866194207982872883105710281579364027146345320

798473494139024208229738660143735485609080295713469226533118264067965254434989996978086293470385536157001037969986461806802893285729725290142829019704050111709396040179940077279073005957406453592391666388114459764187426920093782970522564055698299485145116253966586742236308393508148778211469714515626421839723245197256393926186481618297743853241064349252541686264352270431372380466259855686036939297507794006992109272687025326458806166692255729635224420485867181204509342716663189051926245014908460068805223509444346582740225829051295030497996140166077255644874614627097868897325672101929230098245476543800864374001097572366609241372318680077447626862945263917248970267674567927348695426329629330779938306069517425895653753303319825137466974625871617196767115785959129389464190051959423116255426558903604042611724998909306405095319996461071997051693828158842491614923639600111384532591716540276495476617295659031279164951736029421362818726459267767827689602966497224763374234588532554323573191763216539724350146857623916565043387680021015694435823608634845735010253174638070912058156818796838583945104236795876705668608026594829523255942029210268875291154369222894717898363306284089773039313699219114714816289438323424291014432554651237764299212082763929737715940641397405209230530964078416316554355424023706082178182299215828215654017676697661208991448060059529906543762363612026305988951007723575565165921971451678367435512908451113629555953087586708377800191996181655683100455702282789191613024036183516412231627090454293979674128235084330945220216062668426891971808149654830769221468092724377218327397092955067524792981311566988231593310969899391225434479357745606611269046429656407405419288226478547979797445592299821353002931553127176172218631970898223531161069406848815755289481620820918166724813128908104623769907013229353284450081408941518931109879654072146182757480558580243538161513918772004445850657984792025456944114779663992297905320277130234997864403442182496163201891811804326478311151594681114816472645477617634978713086688756952976260303166684121463430262440794686978285987418395031713942900135590877225577053738582054889531696018068632325879151070588932716859422071560763890785976077655084303731907717669314552391351862236311427116085445804084750002479987582300587088265491462207872672680636374537598067416479448481497389238754728459343875279286766443272564795561569831372462510454288850073348951302504367500924192903435436010856692082942618503883972921380359209785263348133849959272530132582108608715627994119122426533013518546830147588361727164882181498350287788557539659788906106832228618619529827640257722566057247446559340325286581601438651853736161416307557297037999446651141140540794271475377811114255133972834961152875330388644328160811651900971960558504031993456527982222342807299181713054322774875923028252948026550571740861992523706296814981242042637768598819539599684750680120317039135076007001949208483688796385142405835386068968037754420706427165194190884481774909538052581044824739134996228296437835613093745711476150935895945792653518444582440734844891009395575602291056062448456125600438212279003427907039318710752380856389211364039358354010582073711565980725630772823585173136193707794908570998474013366850020841298191122359596968222596454588321433935711948347789268345889740076030693945402135727476634284866657596679093779764676816301584881677064603897065832759236308140929955039458378138514377201135323628926420377834841213595082140727120895337331687881000034208405761803890377556602679235794264582504634285826405824664704136419947470546611833543879107633145242000537808999550347417398247970896323065778806615087882093271595756544842616883205894028796721171980537283624065611890799913802883209434331124691268141432182067023539066525496563617615132401567956891035488079558258253280000374

072431650591530590694165524402644222655346570827097143842841856265
032262749319629589024754165345761282409353540627014400709114820954
833364938657662856625027302154425979845382948191301499938168390326
408029823488774147168249587848181800555206691015613702532736823984
640258918801203376500920647729115868497705912814253936463325614938
138098819347295892191223730295843415750510217738760027425700671307
21327155850271832631656732297416556993878969323828886660475346398
736332850561625487738543568830057262497407546851550544779206649515
963229258022932661722962213907725474952264621797546086820993904542
065712223201937656293829780886180306195284931320849673872332603947
486973079385678500759409394786742549882024204154706671982406807377
080366075125464173710459356950619561033855527322098109391227546654
430715285653966082482186099201307482570769885348946915431971656972
247661616176670651988734448966245862862515222538429015608740899543
421769517541033533634037347503819645696162086050486414145849222445
318556939210460917094993512309706812433674499298196274387393132097
040166953757317336392406620673366066435460951047803390531981705875
771238273780252473499031335004611778877727476072034257314815970711
634540909184231751982744277637794025829492137246161424412299249358
946143400880938914467003203465218983727289742397437971531983072961
242850269656158846639448405567776686058195053148337097686851718630
667649597890678887068315052510880215627001700423292565257755357147
488071703303840646594213132225602881837518818002778199301674099864
410627199825274556959680616423014905837129420328352608681346582068
661120881999425608719239598657559906884794479895728471897115760112
663523321187199746658400358021813404365355789510224096323064467036
239649691027401415384026186040025210407010782659915044971893946376
538974233959444780941259644679388105954017706171034931790601028584
817942869277680251606346981864876158623370152516023637181787999034
379595511508651454025879726423200572504444194331712013746825419070
853107215208512693984662801771110264244563807915882495667434928755
342215336739800701841459689064069363816415346937335804134862168236
281248551962820737251711644710048433926771290470954498217712459973
537949895925018192667009919231981513968720392407813173328822740618
348993689159625882779434181259782237468233565569661617070377394245
553860213043349364007531953398491086996333561330849820046220523794
212611273864697734352984061412029335747698542837985073142302960860
064583902032668329710664748592802807062228941198468523711846288178
252337801817573627386563385765251145897691425173865797681334553312
596108921679675992162004777773660173969815700518930556320934768057
520823924709307505648653540147096925863324475352400235795142080886
099352369049792716495297330731217627022775828058433099277819938043
921726811176593651677463485868115239136038172399380436191370870417
832458368707326879275915124213279306924936806725671640937958115437
410084474318079847981845622953378315920943705859879306743149584212
809177146937159988393383659676333285508452144871734987298280228722
459721110033706788519570863646932674715906123201811286192207037816
689825406153183076538439839566907198048513952994033311865280881232
170777351327009709343772864506905524832018864054459121311179044127
994901780460651193462138351820079194171186947790208647877508811872
244776343972876005334911972357654068682019368086771886415436808009
906851236046326960994085099039694836217157071869815680859943192755
078361763106352286244358297577723971617124439000785272578744254553
882651665801545049441516401692449890426834573456261734020571401179
382531553966917865085328616022779776182844821286729462937149110911
635104493201078007237074496349256912189049313573617672737075794898
819870814803294560802701424574027992891569507497718776325901218558
321168332456383246354264136630474420695339068746180487426957308252

892854977557044655307253726535449091655058544905009080736081330077
728805917621134078127022071577217991846919996476476550010097766017
279646966552244526699337699312900316835211790528327287495447512981
340250629138109549668572838779529050442889661515542282376017449137
351386273975389837428783645708577787917772282941837862509262813945
141402838181071249937085703496006797685633696864767208107940134332
689922920321079715285432230936878389824978469977558977758416212889
666118309718939561805589888734788223858629836061482819706388537663
870236997190568879142001500589327815766795541265615324077751183701
666268023336345078784136697950895864028584925040484933796171180328
045570796932170830887117625919959435644139714952826220987117939305
641225493818743814308084727553083891726934629489967863754936115462
433363099267699468701922308814839034814606660954452470388376120831
651420100763183375893493999620082480099860462830624324904927573357
191805826053249355127411073586030225305769820499460021459863975785
058321391016158208938102536640432838562215605048187456596545074877
137045502581458868787094158414236369582539050044102606727943451061
502477228062235096633157361251426679434140746652063534546583922261
146323557839399370970262019162213473885624539830201655471462084762
972652574642687233863623153135535568166360519035718952446642375866
198041144802521990130259589349990701834644312706805990043256138711
210450689055750679076762563050384262622513729065225654942654827321
349984841605395004718249856560184731449074269196457452658113570265
107162387733468833725899778643672591741155701655292484206315218737
915952464483195251598063394603742186735024198039034291728820585693
526786658158201195876069825239649292348914679443084786574974508366
962329607901893079624458748437251749229859571678125574842331673035
806137323872079009336336925742457891953867586676113412582471603070
894316874964912571672763444303055435879439672798391605502135148333
240544829591240121878313403045929441621292750499845016709464849534
409152471837782557600293979425014893421463386758834589638702611272
977948184530344423147131244078498214846735862732653628625501039736
030179463212553543423298346504287829926979525076211766041627496983
635949960324349579121030004621920146211722288584413301742909151997
456174122142548151012748826300946974835123007217022380251636265424
573166829154744421810027776127607297892368258611620666702210658425
698166382179841203878410264487735566199629191877992434897623591813
120793421262858085245471431809776763721364584043359927672555158766
872926818986466457737181567137271273270691744607683702302787924243
821403830439878125470062137965560074412906471083531304202892912152
146345225675356683968136278189995449676285459172951332462312686271
207307031686740866015957099166315864652238874562344964515990749792
099459034313921494067984830272254572430514353045490785504685756559
850314186308483486501057512449287567182899127645724607259255296433
846454729452076411844381790283425846409298456812175616938935965975
740429295571529150768297078020239789169692521995691674357951072811
013584487803476120458651798666327827480150636490227523192057452153
557288024819586565693666305469970629511442206125550456869148032744
860281726828102742488640261601893418136540881702751903632798220382
703820898351245577903536165344698442851334548386435254810831284998
328941817291612083907139068486878921381010367965044352512042221465
614364722014989420021438344201240970146623634385827269296108625255
251189212907148360456679559516865330531054510197832165741762682855
934691871492472425479123271529093087674353283875056316259536391996
859258022570941304541646785723973762668711162282093474137383953097
453856228395401248478081748766221827151570135695466014514527686148
821945134110598019590863768978510290474547665743821518113451025024
651282130788257311518251357320827342206955041620563142444929775785

4181047996194442936394669739813593669111845157777992643506435444 77
8907866885667636555675101330203920641099446748697238001890185771 23
7393338518911517615291790335703578359795955444897859498954246647 15
4327706708272651894378379480640334221433772404786786940630662072 05
6502773700258523743934557949437175759482223948482130909053923116 98
6640964837350683077249445046879290633705387963710117044090375203 85
2640296257030044175089847800778547400690983159410928873587189533 94
7358288473512024777514415286414333015237602025716546639313515169 58
0288664731538340423443705796376486698042917498972943309837151215 68
6192965419767908754359006588519119491014260755969465368844561880 99
0145071492835593653328658780734465634881032988679671646781357384 38
8603935675481267316383463260815222677433610342562799044580710243 72
9086055639419844097513553481936898944385856295365499862588604857 13
4920887479532609109770303465012940402286028361334223505478683117 53
1048043788706828828150004082704666900724460766081328348616471638 16
9678446051551761653711887635152359278589755531581273539168302801 96
8872202551866090543478414559163466458713173467524042320513784665 14
5484852108274337280013486724506825679412532619761659887652396688 87
3925240799849352814127096654205069769479109091969184310175731322 50
7064339087907860867329003063983535165159800074053082689602417037 02
3267069764470297602604698157613952922096431184121990812443297453 49
6971403552504286138984205987355762655435347212310996418075573943 04
9847583589778675340827775255945346907202949290138613691171938131 73
6016464766254974355119237231903375664039955424477839442983518287 74
2464123279166224872611661531195565153183793037448307105649190863 76
9246430392533328182321026516298438247988940816153152609817835820 54
2047575742391907906610890617263336352753588367285253235669995686 27
0183081216740528018000255368992933693867881167440777299165427880 44
6784135620093629755456915180767133129637553148165799090729310413 79
6284759941779072489099883994658129887050988367268841726245600654 68
1144806371742950845879829312533822895706426355589519574792100474 87
8009906747134908177116597027874004848558461844362188045597553613 97
8187711001600120973806585206022746739843219801950690953316230458 98
2917616258601136021828935305946736287128555704204874035807380175 22
4160105364492072700313587362744654707779352664844640806718320237 27
9420143447234741680498214353219066185429925469027839023946936756 58
5504715201141750008863744375280986335535666305314474278010855994 61
6123990295628653163830851747979431177026166211075066725911367956 57
3126107906874252713210208934204306864426562190889801026878816775 86
3339198793606817796800152073864581118643322230027606609792372849 18
8165221926276820901885478038944356032042433072568734606173702324 52
6804366175896199744461169110304860590553199705636008633935746768 25
4932730261029297265221999701378474566833692781960326841205387250 39
6773387410094302331065949859757562894408874945023244710451411575 92
8385431904365609979441778694565059086737279405018103589133007802 25
1836704712947858393258945203373711540965251726143245821365109492 86
4963727906756677570290788108245219873727940381999502492852736340 74
3617223491460131337418826157775394499817582444937381706204950516 72
2942428537471667761788064434756742240965920803803416278472569426 82
9022925212523848585337347913671592469499736083501009084159991613 78
0484158077661793091915947188569099610232560063679650977588295435 73
8186298518032859284770413724366489514614505019206944691005545175 31
6280653305226400767770893310898674759236311424921196473798385954 25
5778544792305750680638612690209013250630793951922213386091859506 51
2594966211156752477031726132363270363423717204669236175272964371 71
7948451046238560425822273820574669416399792178115941355964646929 84
8306709201425779742380093529530764213118796303250033849846428603 63
4072498312855593980962748682443195781859038887550090259136755043 75

891472026058362137766642009090107059305338719095934833830299912 81
6614493302348832428627809450374459419962277192591212973961871592 02
0847315534698082291794557411069295622770746468292250640769884404 75
9019173477414664989263523613471702165066560590473280364968243983 68
5148167372969698615723107288050308655420546534599832179968137693 85
2187938647137415299348482991880895775760669754960742573489972049 99
4459247477655065588130988577915322125348254266184290083358153300 42
5533240532142124836043612819221729578384448001546002989505011823 89
6463097856070910788010264937937656509471879322583388446088955461 52
9462664001960838911309128568907495244109929559185087086298774924 62
9350984305416318920651890102210836873850768604495583670088449719 94
1471180764413202319502904398729819740588179575559249432469415479 94
0500957863464910789359582772786600741560112775892715697466918567 20
8804615859568973929234646086518259734809876278032735783122824239 71
4918079349952189648914987489119544660184648597939334327981695217 34
8104730074648312530680755197063807910667955898766453000450685243 34
5844501419438076057321597242893329409535776902892813273095037334 41
3744484240496526726491230745760280033902974672600719069651789305 68
4608570486241921921895529501206499382979045221890711544996993791 44
3408977751170261408258401444153573912575268782112047795676433288 75
3969726244731879032952501475268642593745614354879964023555025562 41
2865641888711495639054779427685872504112799119785252786355553260 54
9077541637281878794216675674857856141623043363824076503788015601 98
8095772380487988087768681885315507155213567545824862107453652890 42
2991722156412432965485960404760340108960793000197018816034018706 68
7673493011680676253758341019449395995975179929452901381967248764 29
4353034940384045489020690811451703580193819159005399253854990428 11
6443209598104297256009893982978142801815867903361601288340891824 26
5607696572754763199672245330775663565149889240332801785290967159 12
1559220796605920051664715113084015747198573315595081493132744386 09
6777289684562866947981365031356609445293868587621647238419472667 52
6482797803646166461654600938432009638665105879383584087496361419 70
6343732440744061759639504054302308420453116892618690547745512308 14
2928671314547872493672262714019480580720895607295402660357300016 59
1846228694429707353592797791351415457236366805613510337359416057 98
6935094459307645925364350129491834074656822106802432954472119886 04
2088970448772597852229355144143595866617108405761912964802496895 72
9633619081064734292915801249233415950727908608747347297779283102 21
1703600785545769509313647869059130192897508136820693747662440979 73
9060858195703694795621733909224235687871954488870765540417538648 94
9470012505326595490659115857931270481659345687647710613834516572 86
3565673081448107224136252029771512301152163664361755541537773135 31
2607367384511610608415135837496499914467183123847817266127832291 01
1902305693426788974768845305927887905349031050776142554299629387 54
8417519639979120671487710566996732225389139322340156445850150383 58
9716631779696503376087263341625665152168570773753040224794403987 54
5693099761184759503630211288883923449592670037904222571028065129 80
5454695532114953758276649718670663197079169226050790892188740761 77
6634726929343000028544451729601647189015641206994309986169366851 89
8334010548662959489946569035360554157029370869503683225813239174 00
1133578912283864381866214276391120167628509170158013239407971658 67
8751993359226067740973101511742268902396322001301650111700896408 56
6091596419960202060399859516759933616460872516105373830608301385 47
0114691786335380234107417724977129694982389334746097814666330889 06
2394193197079768488622039448966521855308553719676675096359880517 79
7472617930326912831826748620578092652565290342801908827059014054 66
3747001383302588936160171501548886893591056944044972172021139245 64
8474988858366001193030933405042481909480846789876003827669218171 90

8676966018297820355992071897780429236183663066794572605188960538234
7287593282301195158655518017828313356583098613731652593503080582396
2559082865729213865472195779312243359147323752403786908253602164
6294813204884573987051367246382465059987311460376225349778221030101
4542987511382244821367352673721070466677797424225083858464887294909
6005218614774771519966024655226069621270620854168787239515997826
8612079223288649559947129439200099676084626144529668818191118094488
9919558814713799314815293295825160760107116624951556593720289303451
3965776120215825001792716582114749398982521641313983316292159116
7878631149035037080467291134675664573677603167044711872286977774937
2049841155253422836893646994865992816389029333295967050233310631
8645471594619892117469604407479301121141664974922769663879341360554
3628013565218859169191601265017034734921985779121559965545078845902
8002419792836146886166968729406732657944855141210293316476780504
3203023892916209496994094626811268847761941929888728302045325483555
9564561049750752610524425580938627342063589277682844228129581464734
7367073622559728294372637748776839928637632345393663445058464032
2202749734150248757659910215195448391414894528223832681483980519970
7655926889831544715769511831555106187300676856804057123078324335686
2781303169868434085520815414852556772088289519403587858372024544
7816863460841197036059946920420502238950509990547462252473281286675
5075605926657023819679854436973843036347551353010142231318596659835
5017290912266356068396272443084046523628652842323814234990867660
9158081152998567318827000131093821576191329659314579978119982342630
5914119833894125626021521474556185978394081691455551300017513102083
8255631736162154590351291061800153799212994811409282642152270031
8799959583363724143264712437805197524452586298660913976536312050348
5519687014261642737394425538704104093401178690284831732444669643839
2741321758809800049498861502455683932136997226039513159990952783
7014548012759527925657066876033943012129119785059365743941306541784
6820219003381050360714952969682719340824995408242161639655390093100
7144638876203134913407756275562058777480798439458119495188200713
2052594033442134001243688746110151026668901067251610584232452648551
3982392400435721956683073657863463628471394771876051423987077753537
1198854467657293463584698847810339146678478547087315150429087424
5923946132610892919503710118254923184207210437942006267224493626435
0959550337583817195105443116873279605675329829161312575435682524564
6500812280522636814611597532119917066036435974480828856219322673
9368656062542938224900619956077533306524648443072734872088797672926
9681479748532637460821151712272174344612137262433632401184329188986
3711234758307389741059168181881668955953718239958310915895586515
5107939110515371592823919727238518934595024177790551515157264975708
7242876794409731453020409590769173875009613264837074559534153513313
4490003875280310133785644191147423502245236200886553420535485956
2097776348591737878062122554402259252738483077651799963738230090961
9759380174752578307961563233626646373083895738467111670927506441574
7632824210968186670214207763268375526077611108988944964673277534
3901491089616361841443514027645812228960506038155465315732310359157
3592275891134925690093560714797768870073195410228342717487574907091
8716304762388723409696302534078247465097250027224145260335082791
7050952440893757333123198203021541635078677826550932171378171231371
6114212318124408063309815360743763950265425574723877747951603707602
5486348948281530335202194134646696375143271528080291002816293441
8264108275919524951817369371136515145376975746303550396881557703
9389834871549884013238769153330886083961520387926598342627243177492
7686269635413106846562448434931165089668748446934710340534822954844
0424944548029015008712091167917658606527872481257977534747880316
6890035108745856817454970704973599571133983455436889482161005371152

614530056399124244539962580313280228578155567533705179614335935483
1260719900258511108667542907999170353700606436838865760343284213 46
749363284798134599509524459413666885886365358016564396724558897521
3805763615902148421583350868717691213845760044375608187454847305 37
879160685430938408101949720610599381353773087430936080254374618360
436914874112722209890114767287794789539517337789411265620467480077
129380534584076556161636714032813645067389621785209078922246439167
986043804019848760595357572978480805364654179647434163208018815226
299727917536184190105725391023526100666128579386128482872115114433
121748164404005618360186728632793253969282324260140007259899509705
126468119851380702881169297470365138827816180181143146872793323314
543151025048027376973590692969718888934545315353695151898759688924
675788779434750697095948389187091999856782139078432637031657987840
807613470059542315330631356291972347631112370126374371698836456993
918020402360170654847410448271684991511973761915708006875431889672
294915351919561931247877010488364900343071220216932716448737890748
697168890556697893495574826859945388159342379901066924553808660356
930934748516271997000837266625946091636911918668340876039816053457
187304488378784459945641066194649282790298714485138296622770697710
186797262748362345055249868433462175825351994893583892640008216042
578581501014868869194413913566869688314459862119923349722584933741
055324623722317841154042257919783776260572497686118088856865797980
045007436559961684910508497230735345599811561675513166841957334475
132922964429136515799663255383479450766103289684869876281724653418
103830016943452175880854960747849007567303970474979941243512618421
371502775616682736902616881508892134935073218269322806605182315763
054160723036713898748377933405015841980710583153109134517143956718
801250305988695063116544061961806470807361237675368395022824398752
860510511351814191973795694693638681274531652810635038346828357384
405514229348007993668210804493606862164600676634483031922495893155
954045816949724136805749636567933079196367152569807186187473119745
962143444787453875567679230213614859728630338941823745049891769740
071428842397668062831729011908574032503385452223540337598944008979
329603741205460354384182007632588093628697893595580850949756506799
535033458370680057239672681329462140754013128286368823074537737549
664487670662370586745285605262876843710312085978307077429889423331
966599337067247096895252498544582098143949212079393436556802569455
922608937043796808830592173549902808187239423500831667258629898918
865217070485809184394517416456009022597384114577622103057688690926
001961997563649835723155371164800780419034073499583084414551229428
177602152104935813182396627678715737149982841408036881971422738830
208745015739858523972510668956996234962835492727345082689120271475
257042705061118459464718285320545427233451594086986241199063270746
182667956011701275258350864738849204602785712850234784675339031318
786296649552070645507689584383918676790667856947756213003776080245
180827345252143205516063315040369941548606130675953365971680023592
160894781404681853314710609546833691621848065587071341055193617451
037101599216136199509708650137780533897593988366937873954822789683
336138162870025109398023076921640166695991773931224839082644791280
998578064053243409137186218853230491028901137161083086808748672381
158597421815653709296744655184929287500406515807192028280529922444
162735432238256495251742467157748268961216185256399893656944505583
510328185664131997626697439111677809487179369657369037614319223 83
476655463730888517770884496832380581866104908902147878769073115712
614123453649639008426994470802551462468087502320398977365460713304
328417053734413903893234842503181688302691387388458847942035579891
651177287920689338631682700432147008424675785294166046964037538411
912376432743868418340633769086563342469199412844660048651217780432

768985518402277518098790110696764581909532313211287890901497686946
981263359885419545567175712676678837155763126702761525977769925616
437210301084993130354371898992470093957528242987296922410711118009
672641573072618623927137157828061141430020171114264825848892720722
572122032771300998294999206516489224551883661421595958912823752483
606217204449590248575680996915586234438165167146316331004873922932
262219431953654657677812098448625420396083011277674528313406762294
368841354220939496071825983260013557530996909691637349665597450373
805541787929382030075698430766954390311872706744220840025986793092
414366290522730548733203749931817038992564161674496493569266521534
815077105717773031882845221753638550909028760052076444558521723466
926597049347060455327562960679060663231026724420595594961738355220
588146676672261525390990922373470014065613975006335694487509687715
208483235189794212322592920100695072008942754098085726809450590641
548218430923520598808493156199837134863086316081775309934313568261
193911313197553117878918315599227750248461596706646640528488092119
285325699549573270133662891020185295971510209873181846394428005269
519090433002235567601977870530906642648447231165417685422211916748
623508214055524163362856193729156026563037485196337983124937125125
846685449441793989395036130563585381465349742945202428280473039319
639196656867950978121194503715184948395534618570760753296976206042
126445050572723736239756574400005188506438255472818396964755953980
263000973297590967668112501920350862913964308563802687805424226912
067084666956677938084288797590663333851918316580733312886410779699
802773881216321646181972297993823279225034392320715570655636931529
218829355461902365071690769166585341141620278688145206333435182444
586927795980466279701274348819999836714161593004038549093477123216
230853924966881367722657236650480074286645066723197281356544204314
442205442795569289248165106790636054314227622982051060394683907359
874274419025274298058005737842467721405075868932757823896493302953
931675436558263682933422786679969086201880895596168898194833665683
085048883617646031216687630865949198367526097189379850864296154278
013157388422626909720754930123834769332599468506448850358448438659
834930060179435497954684711880581531834838854670090003623901656750
909851974382608917629705175162644632104682240045354860639954363499
876179329543924509327532211671851255361710720256583335435269680085
114896326771841394897101579682237123237779981704531349779534409755
378224041468783103118732043028771398412667428430830099637565151994
256408235324995905280936608017708154802977468046987301844281722489
133366907642573498314953015491797186038684886416413668203152784150
730160382876090478550704679705102972376240049732679654044375743461
492630923299395310213857334039465464313803932847546016682894570398
520289897056199050058566331681025424796122497994161923808081718695
617683355593082034329171118611940661424593023416858928325402281122
375144878383804375333860052459837715219808574847409115965605101261
021357390877587448522307072786751026934059525840044387691660888998
376929711576754644468668682258216315938415334021845430200445567878
616535387790068479648161154614774256766434666786165714321395605805
106852492930203486311187697906757373061308658049805399624983088516
297448323420918709324865566316859988821807634263361803803309370806
856552116308357042659878493962774257427221268652608755377034324279
721316247186562181502127210015338143527640446743840817921398524717
656064532716663053443606587885020021620083222433975474388465690808
482297610959890936151291814324694190177542972016826029260693628677
593944130399807004856247227074616381708027260932449104071616943112
721693245961346699250726493583327369223637207752705679531859869893
932974519234065803202897787347160231747227460805571629448861637690
049880287681783446200622032710191351233577036490080845554425576826

7109148155967365538582594382219513580156377119716793670206222456863
3485469059877803465897456584478524088192688309227770546049463556615
8414097453554239477673427530500839360542653385834292408867914093368
1442328587900922305291527999159050090651924744141709100477084998889
0303385633941944104864392190202256628773984626697129628687375722216
1881712782123563349047154994707588680405946324980613245053389545523
8627255245644008130368634687268413792193795785077498902782431583382
7323503310967089933015706641952401640480259861958294666114657087889
6993126661948681911951688997857138260889720165022115150000459167559
1831413795284292401626307590692810259150476906872272115545836998447
2444222110127830084214948985427598928757962681408284246202734481156
3776158858566606287075979845389858885397359150678466677440735588889
6211764902638877304631228815008241486403525126070075059042685515545
8730819944836142517500969198812147177694290558463647557815938880666
2395420189374908403227510206348923283093410282378940889895317257077
2781466983925467615050901133856273474822826535359010089528178689923
8513054833708012163757061868763785954802148810067207114027051724446
8180760760129942225757837851526237298044375489744603759100293991448
7767534772424112309983814691187957254447449604200948758632104967556
2261710980657037545797784528755506706813330119403702836846318300550
6680753062470647522436185743826977839833542129935793422513520349223
5503103226324224496188486719775355803165214710619958410406221190883
5966907897963380812136398928437310743158230935296944233518933301334
3708243264385327899082614976500246622336013479717464642080798369554
6513329453775576622725244620507851699672019899993401013335072075880
7710403826558364817000188252048738626947279776868198412449713014436
7444617738360378450588677310415521380295511482941381968111653016223
5598910147759480759411771570116508692185411471004985307661544503226
3624343420505278561286837117886986242284537112278047537319214048895
6991086183575809549838444566013084746527651201522516404600863882554
0892101024615835361898855615679545559434153937745029100661215587006
4016652981681454915048709104536360233696267900742045245107874767111
1085816038833504907301984545965754311516272250132882641327327200445
8647504003597538841150858712366767330536716517667235923474108220555
6620738971458967361244286013184480990099661941855126591403124482668
2150505096821172238621231152652300713165865427360924785213735015226
3087364504209708686975277506519538734683752316717031793864707833338
1254703056742160675957181244817241549006779553950339497434406511101
4026688323398138407299525779426860509803857100388472248482378758770
2492339217271606723237837596682806558779053366211090973343419979778
4433485265324350722533603987194609870643016788954090843383183273880
0955490568085092791321896161996636262009622696371104592305859857993
3213945718121849704692397468471194090316286548267278160233466412445
8675531537220698657075888456159200392763767615955391438114106410771
2803664182738485702131664766755240750094911376831891968759459457667
7975505054359139588476862792044160738994386605970487557360320761889
3992907847325701218938635124345040256111531106159816041062934721225
9033810339622107691013592064184427275725636244992188419296928450448
8655716808147667896609363464271937555630095802657166740606967045007
0055976452397530935669267213475656322310521709797267882011756733884
4202585858563099582772237670124261950140214124151701706257482391999
3757315398056518447478149788507156871414235362443327302122681085447
0827797568225700932570140588369636640436028018657355839449184790333
6263501554324008794445528858414945115640942709224065884058157027446
9906282629123540380245799757493270182391447626286719728006741510664
6157842608708921008843375777396856008810813692857565080184359309996
3392248748227346979480784064776775774350810648131138541202668180114
6216960634863869351822833302134661336932791685950307992469114783332

5130820766910151785797169586601857927299671940055236690498805765228
8834054038295723294956666106181631097892263994073011570024576283747
7735763081837981616381190797360315872121983138196203449769816206423
3985075228327733732583324372882160597886109873551913778558814037298
6508381751163266745475940834529696709262816998084488901044363992941
7133550491721853044413612755372740438019661670623338297380240490
629825860951393502749589875052807206731837864730248913057905481562
736693420315336593480354522123759323198928884374803732410786208605
622462175566914066496560325627015246939470098514711600994089128351
947568274832967227217668299349444534067907365525417174886583901039
319287413336870559291380027727314775486977554119840138896045288554
164615529596730625328830411855501188829841586911577081853736377506
071335054326871353825913285097958561423027436039576496067859801089
379556543087594553873213235007603007730107917896408379918870861963
208679051158891374126204838541157848822039592359433270452459141147
350780545504033581903384706481014248689197256381168631933216497629
814849539646083874849543969458515257951809116266545236733517450163
608333529739655892210921156911978316729184425792575755004030749046
664227090664322428513245440807605030997258302179025792182169082377
943883480865654516580322492664139624733960511524759583935636607443
829936677311897124381434507144263490668336746267965144875760421649
004657804566810897623735246630448651394648231966040726712639274053
714806002028814119479141742109645063130559424100563987780307683154
549550715730058201479251595904602466115178393678560161253240627524
204371192506137964850891981909587770580992490842085600103886023943
155706409262296585461940599098696476507408909037102041073773228330
001943441313189898291146076879347947563792607660871483258647930931
942606503765031220789605973721194264580743339322946456217152992869
877572374421745243510593701522448697613048297775612559901751454759
543095729786727400721774104428762419527057513081889666990390251341
804618791396391751999610688039579457814086994355792939886140071141
724989460512023152862732692324098027034403935721351903458402887798
823381422660989331849667478892669887427451477269584954658077358949
663204319684227293905402342069936593465517594644019356968088757365
135655273782755845600317812578547257973901689044629670212624861217
876626477548370653350285918705939390177804647175942432362408204797
958379349852045596799025405159404945477441760839577973686737690585
564791827948871367856297647036197192772736875817422061934212158392
214716939705250724783165836869092120660602977814422914515406119505
865265141288187110649187969794316047996512884740365408399967083236
314679272132449362698570740704713058434826329318845440510586619403
755873250257315665275392902152362207415301446575930722750888326706
370582148843196156531041890179125548457874634053818750561404423146
119784513097056545369126825579444878042588295007696823218986262381
111072368744992142469150404040031332186682305915435954967189013559
031469691373622407761443103122648603764791939267717493540753416257
102558871122830098045539403337048732823588397650909521672656474725
802054809063989279095949756542290618460679476258129147809703755742
924808981654174485509672708892033514269360692215766563468441714251
418841300734634211770913388497281568269755648308409133263367172477
250081903833257398187374366036429341681541608528746458725565350762
115073088506880345696823291535406069272424136126383496243025222734
822076674328244625195343816866329833335123189264153753902689802092
306902469188086616534259713703199646563655178418522520774003775501
336093586141637044909219989129808172359620295384773165945159325457
512762182658826965023083274877952126416176015483903845869845831937
117209368199083288932591601683152378984175095542145657354244770307
986890738854236551194035529997686151218503691185811806196552576296

458247439549463884952305229390431920834700408595906247758692673900
383856751959635718838147734081913671101305078535558976019724131868
873517693888960920970811996086393237611436761070356756751954509856
677260928307830333384947896302610290498277851677349656630179240458
141888901686110371492187075536854421284230029436184629978447099023
892090870282586775997932900240687404128958781800155126238506698352
076101525810292220691850589879780761031752744058602314927111485381
252502212065908659017820258780104224742644030508149340088935536994
215541242794024288330163556008454806114251973600079468367674392891
368037545225852503564337492304061188134789864950179120395213927258
935188503227479728304555377830648563922152548181723320806672527665
964316205418059448070937337627385191779318699473024590811653170846
477848979352443357203806146987009232700653873512378118935558807382
761431387104773213306585242921769520098652215583227076240478674720
185383578343770223504250814245712843756571479689310363418089373299
722019185677528387336013394417726381562202849015960447422841069146
815777966019357848536075667691643346140295482150176278079402653275
401698834354341953169825972572703237672327104388502145755116078107
849036727341375685054751283331828168180687923483942357902830465325
709099698933929319568594221510427531613778589133026238399572492462
565209238098216310022009938517838786291284754647499738084609884915
717838740446198137448390687340591284238313992268355061730953776007
733441551971134477801136367129304953999001983705760561472107745833
441235752258798197320154370849321291768820404507449491093051786970
567117701141965616954874695699554579466490245988058182052267828055
440063055171620109170645496657728091231282730371179344888819275752
509942568057204571560030883512548354531821670031202098881756656024
815643339856121033521803122203872454617649277197607561639899925558
844824712539754441995752875533816075238289074957943408478409819050
499547223491767808998973555428169119866029105054819004663413715557
369930816878792785736669646282662826784498376781127049916168005880
869983507642972740292518890639492218318736923256039915873045117744
833426791251685385329353340557406954661639399223125662373328913082
446605159607568186413772904955157885328899061541234378136169948046
390831109473541619189442527956102391550363062024648582096751952056
686309608898274241602664868431018535792010934148995913294012970080
979209338728524506836770635227193756121070552995770056852165473956
309340145995070906849439995261099503701149114858356584035694439244
018137587295066820507129554209918508765071118127238305255094270970
180836733246047964391637119624816712878168808667228632754357219976
027958550212499604293420723785566103352134288354032472088407536227
477076722657032216145985308480701432711332327955896270335331133019
138930987426335720748101442606041221949987395209820431409400117396
015001163746493739333742500935967983549598081681749426411617589002
974453790246451001157325681153660550492182290718208490667306837347
413540876864688036281053463660636396370508400603225944423680684070
109041479140807437243253754204529454923205488540944727773308677289
572844835199306240623336014894657010295372769319239800791374246128
988062094042510718216870035418271782469358852896936838712339508180
711265203231606942139435044164221180458659728470198747058770491745
236140621664718268422765043098722130253292080624410135651901924297
683194184224795323048872227619999813059343435409634087341494009836
113799290104049021651980016965345105093201186528895001349855481579
764869199753554001996239218303715570495661114074906989061468803162
745650430929296856492049391426632560049095467246245060386702779065
977825588642987245795155182788954929379136186433549495607479606299
394332898956071018500741297402790275983298534453665473738254430506
492187558490547253663137453707765892998875453181707580339014469761

261208012192364849601319145375873842088703277363104544410317520421
681702024924246854339384818323972011733672714375914035732497421907
662839518726209487736422890355550709956806448138539121394944076998
176571221767587769774137476930080385309241470259267309724342514738
979433308220709198444296349368273455599927565430849214500589594985
838897219490804800211031010774694575030279867204560296682902433004
901958656561523385066010860852470512592510723689039144260448041910
688569171156055467655775413133784673435728191355792152125244163426
728793514579872623606847687942449245432959375932256803824124308040
441517032330354680593025545980840181419388391309913137803951658668
856405344250459768630684647038529304228125371288812406383719196825
131550640458658212202703344525150024555697185204494271266175570977
907652201631409924345624965823463274199966965919096303150772162295
973794133044906912354662899976787063964427543970530720101567866765
146256209664985206977071028331992535522210179071542554910668909890
157143522523208824935483264058254433228993388181433246077620211927
635355605540181246640118064490748656792493045753030540635899858103
643050669178836044633760072521059307210192292241895322382915890934
128228750510980146316239573671434576541180542227401565044111311050
586337680869378330384195969453861337328924716025322293697313224937
997292800599267556724797579095349634141700203866341961453441828590
549528053409997763087934339975978910568604133901260650786125608232
043804545448631332510663723910133243023185466526509293911805432574
169027595407190841762886773529998642546058514480703245585088002374
921985388998257635690469402036938827446681840139984177397803802254
291492591957492773178379574501072916189699932883137541980767264918
001306438990549637448406914582846426124204961678749190028707996979
188534126248108795055420743526441794719404034479651091027244817919
032055597758773842727381310581436032811962348249687706680871902988
723417289527936418706406948463980108956431535233422900314798101668
431369479196147206097308580136150705516651333914433244858694690120
492477325571823058188574716991463603187793301384759759861120961707
162675773157297613346857048140979691548600125124206029878855353376
478465112312928998520040610540065834250345163468563030940509789836
252773934123544691012936261701989971395671039397745310096305490105
448365702167199187220346357563638244111617093788893854939355612500
904793637171542240806103438118860330575561248673326845606941752793
440949702599774350146701995027107914478321097845715562188832741071
097653063416812979334593467427567072441346943145162167047337673582
685317196054281712858870830159316048841492190324363058050330721966
018280900940432717917990576993235443881050324067491860691578406289
873447376709234225782244945434828081265677173212580402386928936112
556530820450653066340561490103696865856206381088416211250724374687
218924209263026533476485100648824018753110775238799051914751301701
155512593650950277663865604759932677726955347806327049303948934897
959809117789256537443265439374227850627165326171004913012764765858
878130048084071184414269029062542006789764961699662037240749990183
839249623080167971334236069975708749062665937334634933117472389156
734441286767762850073286742893474298435416914069489814464185413445
247285102226600079613809607527010407727596892661516744436606657917
119518927091206931157006078461310486009590279729514654677233831975
300392998202306775086147937831034092325166793058858094449717802012
406075320584269045332099732793580656207789144551244404825526930353
303513359014814445164701717409678054134220952991809060291260715683
392766168926744561155320928000933552341934762481168750783337505214
486412300469359127245516840949343564359202084008663972887452644764
168122243197900574037675204113145935690829486365028866513866718709
840191265208719382146104962917716056112413262298472918197350192326

469347606735917920473460195021468502042227254990605003905271739830
882393469613295460582355961688596144385517732556825720040864066715
726142874215865629365346667650305399437264337771175524863334654686
617471029474257074711452408406935745933058106647910587257708703941
215958349720801434732021667320029592177831146547941567632358090159
344983934360311394701960236806436471015526548330332290324948488740
174871625554178432345983583131736856741194821648828321983039293782
089006668641656356329990025891242536746598742757842445313505681163
336650379813616103342876913997790939565375874699178205295126606543
587480249531054620790828692382531734870934885092202989974921677075
930466511581133383047832465845377999596422451105520528225985513579
954331407804687382883091817168865047464734200601615944581759276487
831751006154057153340802777001733934869159725448358499570311690890
502347900418269611277438910111368249836511243522173294127706038130
263418165235751483500779868261068935781083578681115816638025428639
454882447431521714465318821226560337168643885527949083722967271505
859983902007370435204519621300668261863897112457539798316748358028
660902437533659703795530174286017098228525434662822605029782281922
967974950706846947014111471827123771794543954247545582317637072002
093952480305502486152919425838074644561247566303293621119406438535
126173363837578519909303377895635070998487264756328815771858778297
353705484562184061665163805211633553595615713655488304023083904849
905346402275363505322131262857984748871208797423919712980651571562
251453573762296496995785161894725860193048018878841407706427789821
115503893404172990784288779139603190909475642774628234645049618558
957186727089305050991750825906016230356085410026150659958294094188
223171176685610343109409015195560359419762952715191446546570114627
356476034166407335530107840661217068804877676582960344592623864758
557477341228559099455126197261503356980467429465446524107479989467
997846489274548144629270461024277249451728542720251707513725879735
089028835651237307514021621311702640482513319750428220989513845528
136268841773267008825254317243579889892752698716039884633307640274
102072542860753914632056334190051780169548164179493173488781224447
251861194100883513137555490494181672864244172188026388165627539857
333600411059599433600445109382525788027664814425790955484257632566
676861865912705148389804415975502020223084423164817145782010230876
136894006217159186369664756680115058939506917948617938811069135739
111929119476457163842439850676760927015601387625473877555130821614
917863311075676996932639836360199843056398867930350363110146212592
618232432920230504873973555103880618396303383920224450218778063418
013902925080016547655990603908806917718524407509635151958193085485
349436375269314283472601286321556955893475903752173339569860535581
813340404683458712039407449236354697080135396702968920564153270576
178507436941042162002813859740994458039484371712237808591610625472
912894185014337332011394192377699272849879216795704857208482621178
953745099590160573191451033015921950477998616399735136343018127076
636196256421829613557147414196825197784512923995180948027615779051
505299624564676859410800319655247777844310184875368377693048120859
493475149575363519083664510383481178383040200872495432943598018399
096116144252080810246154834377215900747465469707895682559178102153
564440601396893159844515933212019827378778074605279848063188533935
925532640568047587139273617127439049444206400176046596009726741995
011180194421994703076386808201891521069608033731147927545046918070
866330683047177127699388843497520361508386403092367707966596240746
653032058855795435358985947775420846585446621311741732136381937611
174526719845377107365956594981659688759535272565530522586777874361
969955452700888850431275909414330236429519830928170463636710577004
082355626345787874785234482399846943780739800388210355197146779367

439484397950422615555306393729577597612139082829477616090698661599
524434740720825487274741637905412032043763264976757883944911594852
617550814823643520144900684490375525495045287112775902440268289660
239913812266687287169439142423356907167219748529854906502866938531
390027800622281054659491949657677340871738526222585319584765741013
650016883548356236992354401223596936006051229704848086706559828336
254616249888405808056838747680592416721489925466769707042797594707
443992401921713587689294557714824440483700282760938444366726557959
205333286363821183436202774646087176456018236920499752142614111949
509141365939939598884968732539054561689863096296277455693159627111
291389068753371428581683265582291531673412889027734335549344788683
553410612823002184662365260252030829905573599629412128403615848769
828447672166506050843093323577916341259867252410741162855560887417
648349820714209069639040582853918262162289982686959759493805904885
753681523517451496466142696587956201997664381005061504180068707658
470453477147005963307233577907943767064211961192058242544441864130
889629668960333915001324327960992277835339589184662575993194526690
242146365986846158650593407148400860403033855263822463815891581183
633596643738185621040582013281656985403167355638163019680564587348
039675160571644904016838278201603100326068032668396046855898129134
031175368012912557689000970360499259145265139775772983468530585536
936351824757233378044007504755143509075612721952284629606722106216
074612377151537118688504003714786281788426461390580536475028946907
239289094722636256621257205691977369329031393413587569782287912428
335072502728595632347802504078961201978921641323874369299169139774
347271497800996496729789539148727048958122750145899044623890586964
294927230354129335323876189211564588764429713638978164132213843945
580346265579131440291412501168851998922870799882033327458850878739
620195842849169998809625666397846140216095059729972870961243304576
253129268156432918037383948191514649529198853619766896498777534700
409893333797271594905193918030312440938121636064272059749937430095
796162204706746117408573410974428749024072224071920084911858181518
124276338523114088091933869905247375517969791533483698607788473417
923759000206964547789804654420961655824545657572601098292794621201
603586459098001214611081297486526766493775485550163800936391440387
470440680741730711149120395595564763786368725212586641996518155272
682610249104716189727921996372881405772954371894830012920612558250
088095864823435031158427250447144179924088583160443635426313119988
381503447473273977326572582918374248682532213362019148473697626755
507600478474750713026331527914424648458310542617927325595978995021
636498056801672170239863642215138491367894696651895996369818952892
920910915814558041583029638779178693541218300409986888887076505606
757845234883714489299580313972269250026344239337293778361219989460
046080519291815736507140605213243665711748651865109586655317669933
181738303448325237239280960676905236851464558272384358920906669573
835462780112429104142056474580713944479048166588098158783472998391
031027522874694740469677382116151097247127560918182160321327115448
287990220915809954467179102398577577600759370662369931528510617800
162228001306895034828243805988974280780978633732375367387515639962
500202688917156087205681980381321592713346498607978324698826325052
172467732321585052767727690807395180206332392022289351307434265978
605937025106926387895048939556321921166611355155598132690575754094
401663689426009267552040653336553951459594430336472986972522461302
873983497304830196186945556575297910677872775472113472308106665122
026618370236590083531181275297824104741768120054732854088244838854
668374142336505912599422868792294835077262714575470462006165094003
489129260399554319578326832004035426871828068254965253831583532577
307988741429846387393058843241116758545328754899971955023003383521

3264235652711070175079374880683078560332541460194332096770637493574
1539533003747883990990070253146296598041526455897799394876475410
7248509319276032948979171741362137841981035068496164039387135610981
8785335064948225067534562645152529774032989275375616918174853755507
3371637048051131082092768493599453069558121008228531454181705533962
37627676852364626589367737334280355878578128082111574306197915537
124356435476888116318086833937758278931522464199549300169784479090
00797664761987833614645661921975754528302389984112801986210384988
3015774370873841082808014473728766681903237096742894197093402433644
5816131807477228213377537599246894948856887259048714181460237646959
9508013866043470594351749860090523183122013945918488907530401736
8699612543946672139967231403034936228627011018302110667511115697441
3093694485088430863920946963800556700634047876561037082409804867884
2658505599647762752933451721794819545507384938113304238594644463
9016837234401990718808607747458465023324552057248971165150373546124
8395335503707166335469558335922089003314811093105035625241575155460
73932444462024389516294507183976761698709746973277318500836328590
62863381325773471767970860082863657847710142436557087371372940575
3606851996199014232615351912187818324038266010409932276803870251828
26899050139287494337547628268055926443806446358529156983797510240
8599405715559620169061180606385304794627810116368837111501855642083
24098816256980545241961108050107591342574231162743886126499208689
2643935521215084790616735964953417920335729931922987009457311999116
97842268853665105393723073414833627765946108202750720135484799053
7719775211020802148813910728443483895833745239607913126446165738853
18211704659936653431264959034724197008910572073105140310031420016
078368342775492638478125557268114790797901786907065870634749514416
2525321346591354161159377354271127487844264010320913869535451417510
4568359401016226775468370908677917638329951341468046889569352868045
36200975579858801075441759285242964102754439417498319758454369167
15453758318798583064671534276462601661707365201502412509413289171
747243577279364230528420491538431367186886237867006886699026954982
42234826535568866776437975758217353681724178526139621292352814651019
03304020295980863199433281222029898589174133129412548255309686872
331162921846782131002620265685696863338986031149068251518406535826
20284920369110801300451065828997688939862230200298730202666823959
8343372148343594114186800944102423948059712951621528595803182583624
5884073891924717130756271362697428833359520054337402297168977565143
85002397963122083229688685441518076875750485099198641600385192906
4901878184328260738036579415375088922473330912890232978391570165470
98990259096337756258327711521976990127206542767363431443596338669
8378990691427314298771210280981354038990518196590257528717110177255
3598109188971805969066534622525599610871060290385068261037365951
903659809459038756802348958120983781845663284751012262558117615391
1397278786965663647603878330958458695212974136021230392623072758316
20171532709809176029470213889754474404764535418138440232395192710
500836541126144987477629576646131529273040826246467017087921767316
2155902352103397158595470580242283827027971494018602228872477449515
01920484063908977847063936837638424702769184371401132639953490553
91609284364993786270814923084851585691045365720342141118382724192599
6098440307151328839084613953670714121052722050610253405101940294
0749759574527174929539079385860638632271697588309131577548083427308
4500345820943756785117623829181332285007239565267328818090238219283
4149414495655428426022137905886102004188339197317863254722606967
86349814689795481129245649195627574858991085116766023520108670357206
24104191113989650805631017762544678994028211648920629930993950416
2691936328525056590712236826429134597500011438126624463961940292261
2493139664600821783860242226340290988260707141310134022518229251

811450745324961179827809809090405986688873946543453374152928352732
068452037422867061801875774419308457568459008304866895218185054620
583640072765206482316024479229457650350271610240236048276091892925
914186544310797306158572168975813014599779416671685835670145627974
813776287791201997077337600915488505485437349191072444887826850797
672742474988775037169509964568506621052359813315597357709655906404
999570137621979292143842319021934015133733714638856997560257526096
919920416796982308783513389340972127413617967133318021610655335147
840122718050005605899625441087429177105963861488871216534202742021
940010898234916321433410966455236456415744254761628061499486226281
979471209953326569288357570768742314825654762139665761587018860883
087352063421381805508095387106264331097921834012391015587323449789
928640434008566433244035520634294570835086745978222019072043491820
981652741547556192053287163770669883912653893258830090785933097325
279803007139032546111667906126220914849586424631374604742928512122
584090588471531943843113310747680446329529101441178853360841472418
307882287955388926542866644843467401260175278300532377950471739461
989498412658617883899732766773092597723637251124093693571530993445
334363159572110004778061319562566494190266100292052756670249815648
374796640972093861428742821806717729444668642296989806010450055271
820474193533036594764842861974188173599121091811051783171735572336
204876797734979795164258297228610893435015799839631133567144207775
122452215944588812353931831789842776790776195747512520272576345924
105999269154185950946053770947153664423368160345377494478203803147
994524854190241582254730780105109221383043888730097415958976243928
516827241735402495335256497883617447651981462148737973733502013899
631749840480314174733112535768108772820544027530157949921224822818
831585990321764218085761179589830507631045793941516754013599164596
088966112035636072409926071387687035353083602313716182758794943707
880262354513499947100575161658408314018141609641484855569557304840
323932205248542084091772149915796670505394094970913094260358442410
735665967515059412976505726814953177565470672315031304636084548358
457214462467208837762651946049230729108575517180870401192629859967
437399667039842997856292449157836794560501938232289199784202291438
461928771033981179532791964008706484999927364161019298282836441987
022831823536960133729526964003143205504271571656300347801719246420
651854607568110387948042645886919236548593033626064402769482209740
683542342439780194853171920260633603021898499877395705143192427941
574283714669171775653622153838039556125883362532556198988813839413
151905940783614415697879733902202666436676056612603417723852733817
170074654328762267357799173442064014595759856058119852043609907487
862010633095050398949713531747581834943611833358525756392124646558
514617733143009987470829349366305014653167457492149127422582208884
946092094232114334628251716078318242748223680631197587626810722779
63874119144812076079613539844997832458778085584707914035804032279
332157013895936581773539678475775385919860590770257149851997929188
620717554066504414367406195975690246107524513634966072493582493815
286236865926413923632758445954235165302660337023066455584086230656
244569711087919783006102976488461105742426529547417648662520787040
049090179046710359849647006034864761711029493672651497009872703284
799059993478928185130602369007493095737937181386951682139546812959
146498623414918326207550263876824895095674867632026469345517551029
281824983911964679091823935241871555252286326831894208769977596787
361174983485889930089824631185447842241011310191145821330652805811
241230053589649036369265243691936406940486516075632836894857192461
337719895892533652652570482026720647698022098371415108748082727121
455265654004946322613711755652255785578543862048439727451281124698
930395385132755720873858613633284515498099912162217608194229832953

752884308497481526598950959603170767549866453741376304678326072883
851651589828190598366244240984123976754338199564138877339025561910
404340709254058733122719515004390733257007402291089271063985702642
339450723016625621780326505250808879203903983023905630409308301813
017261457073083950018428619529012573812444218064366115969970222769 3
367937704896765160022948925518417169030129907212012965013335062700
714227663549741111999219819664698709566640066532421003947145178129
100001780324540645368945014739497490056690622425714606805692549462
264794670488663628935046253209784701286810903059627837913196010909
078160372575988890915668049431931958905969736237831810429437253396
100728725746329776748022624482511578553027500586014154190875372211
315288767244349548893937126811823576507975737559186226095475879390
068550537922635207130175199884858141373912082390955291049480886320
773452653449560697377315653885478357543068230985809033063451846343
524211935900991772519327329122989298239984803314307134208898676864
918317664827645516485097831831275719666859409654673991686667380311
428772560547672156667644589756821784995803697938800350918275358548
373510238035096603225525565991415554441736919449621569243311265081
247949877523397160098964043204516324156612432501455034316605675360
644354019814710729774780115502323050776586429235572979795505513976
023219507014587792644147392121187155759311788108567349467436775790
869700486860076104855396740093966826692529948537691346709983406583
106232213642074997103676648809063665818289088678365447656052399611
687466435038854549657939336678299942212390575467578961132002146388
875142770428485161410379085362672854329928261900912400426930018423
089741947233718827707653645996344376750730597244890946843733502536
860175083172039515236001787907322728885243637033300444409278129059
345368663141470104659341883474689282629988236301306013766926988217
798851721245414573378488230382467191665951105174632431279031560874
148860708155483110213254013356868540558834310188708893876139373250
234088079659382014804830316448112317620154024345025897217767005259
876857529110799488761703346812320199323113219287434184661259987018
174656117914611868926837025201652991198988874948829242061696496543
089442346341753064626206632041270524790465222259474852629882180166
510377391520956925717676051391512907908330630891313846707678071360
829899189944905399843274940243889710601762751648654324350417468217
404772053579072978819030064762179565605159378531746997543678504299
622806859383605835065216371814375812035946389801353857890087538637
799944252751397164285764558538815095998654259961111212635252183537
375408938382994071476719479556565333810335609209165135879604317564
521490021087374521940701660790742117146389209287184760160902492319
110422671510290601789567464238340951983591142408642645711070748530
076249802206736383779844598841477515071622932192031026050055150907
697894319437834821122313171976968730832874683832939868019319165370
266382003482464988882800995308021917638041975946273043423705049816
862663146331381992449951350409336852132648622166261430456380155416
702997567018107991459837143013400320349765295216438577834202480497
460481356556278767001411676453276570915946987857471095170775617589
719547014691405289876238634466607521691840515292037064341671434458
101488124590410883667693696301612214043030796233418792780707414554
309612195098803307323271225143074674379294908470001118157872176047
256284368744402999903490723523364779561482607275430475073383579416
952085411858141421163366331884361393046086404438120305008737474074
303519812587955651210154379618540181768351639553142978892109793350
644218922063827926017080859661513409231014455095980500497093334182
603462822266136524578624368933828748180808311663214088601896279333
796917967023892600395108849232222624879146995246944822132220716228
187633754117440717644082563597774910049844113158664565521693479469

9385345895276480298615840226409999421000433420644939416446515860822
2749727905680465910580231998140418166646897107038158991782599052443
7941647676653136370381649556880784171970666908881871118929635540970
8944935083808672087408738589167828057846463873013356329005608175
565705186898351828853855818941876184643188554188353220558655149196
084013505109130429643867372670176920946256840482169559422438162836
317605490729939838290187707137864821959627958273728438493021076517
011141209712718951367781133634522511943256406092909203989203031142
869311029961628971574165135312265097656638725415021881894576960633
826540252017462748433137865936683535892728894413722271223237303189
976271218756359030552405933440680406716588549910892233951031852280
400316307779313938878812426373994576617350578045486470971336561226
910545268032335170946578223513263471197754156648001216476189153839
445438270741357110988027382524358192945270638724302898388786237397
269948101909956476339872677974381882407864696372061345750204043865
140481454084863722948089187495333684538332918569261160013609052698
074850778808097199220790549384644912998116044510512482015768134230
369758459793135250764991726718978359204624413558353968020439011298
808208487927059939845208151455527716045554509166391086146598101094
364855299583415894050113221759189182274078858545057370754171980793
576571347642256640078552027123596498418147809185247540517829859835
871945090092645620322145679360032009803658914036592480297059704238
934014178494089834058894208281375410845327194765940157849180879884
127867128834697304445346330011340784244697467610052163252314696074
617972352275188891136610847282504473338769880899788249617457143265
389593198919380945373562006977956600732920737598787739533401224262
824638117604665529549327760151654443398797796575964213036484953802
973362973405409536566027156662095624204018972541002690308873068859
675832363484860800313674933788046988108179243487055585861260443351
113415506834721028038863079884248647959934426910709807053082895065
139289872456094740899115049915932660761263981350418642126839879243
828106390190244271673507646240245768175241297734377047211534086168
041782949967650685806251274752995065595324988186611187221699214720
955606547552197614550491099906975684236752153392973559712252757150
876656596645027191717820529388510936944721032791299729978949595372
179654148220468484710797133152924225658106596490768857512128315157
570089156883907751592339497055571554396120342875806175188670398308
678334081013481683943703392193419742431633468771675540102879059518
554697024410748369099885315922357683605018587567855736374585771484
106340133489759087774905833455397705795352135901682664773827250855
655781354887635988320027857706316422404683951616571696563311771164
541224971808621652553084508026356189132604359629200964032384354637
212951594753702934135578205609103465031482793614106566034544208285
371600231136681319091964102873049208500417437038337446281046462094
277696378558093427578759878418333403996601935420267148826128194886
255395043815153360888198352817494735425296130520588989474529789819
276536230214649271640863202923565929941917524547761440843060223793
185676064830394341621875362704147497613963842986391528708311459385
176684853692245247913397018567966189810070204722123318045419230799
439221508991833972212946648542669182478057987878265388133877917479
992986271645433393042460911284741410076110542008971258536672836314
860898634346456934102417486756764886499932016760769139511745616303
273744980446090780906403046763494443155886989737215023060224087689
628089967772008295400972862196936979990856286378189206873431243425
191257166586084885331322342618432605583673517357559462474494240918
913520207424891718440223182667020736467686101862473648492758014735
888129615711645307777309918790610298886287149302046792275251671037
080716394391237431679286682193444622476572604070545998596828789594

818122960996644984189543550512697462222284055821601781563848932415
629429410235472447440652982759565085230803988104176753109539450829
566866700980596803972387830710888730991670839909866670302161465717
22478408522623338425720816810073396534603214984320697266393091865
149254801370103838705478495805692390809071470146803194411882916774
100108676071463670346097016587747938619865572514916032126199719973
803490164842267544912596739312397990074831055385068661830482906443
355681392530449017556754977224586553701311488545214557527650034001
289474274223755834032167742658602941502854059595734178734907098015
908582653022046578069213686344182383358550580440690789048769469523
016824226895303019503849045740947723785841308094244812638676254526
179071856678494915944757525890432985971556253916870664050033869114
702527528774632307639477366220502124317111976697554070733311267595
581143076643508377661383937418821198728140243019592577233992497745
653599173737048234552569017468386181605906850252368717229255820454
717814319918580749491682119101061410175466753076202891546321342918
722601569145323392446783536092923925956317992477364265588541429930
289457142976436732322262923602401555030564320283705186440270320700
941330893074078971459341135466306263658728571889770055691796392094
089540494967577669166831282615198053868579516388745693396126973669
872220449857426520785733934500552182495973648387278103946120544515
637979612030291659476574699341543271014074745772892654422996600802
191430751632012114712233628868911003141982697620811610237200462099
132116432607069198868028640972266780902380740359354214499157461979
683557148136771420102843682700410344318799421436138119770538705702
515776750087453539287747201965450490621594472377056510619675999908
569487775939149115942015050991367741964053191223539274975510275226
212593290315929202063227431563163988355989476949127802825984508358
367998620353352020685460559216786552835764981566953231585885723872
988882219155944803787090891648567299072137386053604371214396169103
856951761602847570707412208855744548038615549299960111090089529305
615092834665028803983155291889086590281766493385503602113010042614
046121856202729086358517057052077500603308295180906193350336573369
268872311459864004662237348473629802877988102147101924585493748777
453115962897925405501780747491964778406746552790393195565813896692
543928611681270286078016492471757947690040713838418710229217335189
894076408089714318830892216393659687537987014204003784913012750100
361893552864648042380140726687789499470242525139568329366720126727
746887603228486942873013499735546344984108290399024614311248528848
255524681487627399427149890898964065884653827774882015498940055948
650851084658197861933024860833800725503537057526726162627120895748
385707810716790396321406114798575892731652066513874141839901415240
806942716415312484146575073671621014372856615067280484820945901214
115397057048462215390455053205451408649083481693367506628520708504
476168704764247062925198421823405671193175977385071213843566161200
541291487091099968133185503456755250273948056094553333242616500497
427369923689595571203234581644450618398094463681201084189262133146
656721599470819817686659148832682318546016554172883453416704493091
663748465689767634231201898326438391034187584136241967457994649202
221979834593056563692756849359777671093103041411307312539564248638
501455500757943604266544947470225968985102663374383018153260704636
104120350698291007740247523365758424349259806781961067661254989366
947457932038348011891804623993440204860547400539729198870648908353
273846254259781523770165393409066396161418136993626227242206373381
984306775264803874177190613456070869512882942134188943261411559837
419843096506180799248248599557473975865979178350016251247911768205
661124568789795467228944116120724622182150361118719603867594046340
815340520931954899452801363923920455820705023281591771107908638599

432662526833708351622186279069635134610001892728789722396733421122
488552537949623348050174564571416968863601005387174928821497469289
625347403249065911079477469955016629027142984650883917957439011915
442316633387279050548931573371400843033387711793984550288105152253
878558588527678672465468225260139414212638002515110525362020285088
336811671179131453518274582690793621433828736367147855025406183150
742638171351310767393576500651872257966213558484525199814004650496
644293694462643253534227048108735843865153165747836934943817561843
938910192099339207935917302351336134333617409378894332436367662102
057520640498600339476261177306597900717338435086119046672830919191
405487618249035409603611171758738428295310712978874130067815729007
187202852534737368305268388208851900652888992067114141756148218048
590301612699363022004245730365450630834445212718140481106462655021
833491808728134317000593894546477780717800755411594479566368752313
028096856384976646741642397940380978024006822393043975148776185510
146807492444313049368424027979663806970107218594446946675695263158
838285262613400278056513954164726797847201873928734317431956342714
686128687031868026805130778331133364970514243458619433993760383134
891953616522198571734006026268164233315262753256152699866044674282
100016307871335675641760570610365397244034349964075523914459700042
488278070090182478520476973060681827286895011123040202596546463916
882653440624513894380086858263099263707383047836303898086010994899
412575125614015344638442370874909562441301959987563891046520966754
587766008659039521526930724947593463765524999573981368704682383578
222135022751562771743922399554134549014307806588887145132813370761
485025768523236382933147428059668809646209984224762074394269002794
291723758974789327985624247296590853215947205332369490434027966266
307402731316432230471242896578160810904602256804488197247067993494
893743915075505173557882736746630113365128062806763873894435107340
477854284494581032402153026889267092892734321622288665308079172552
536648253192224860467190401188149796691897238390489921449906378342
247258297448757138716393766038353195822125838995005317567009552936
485078884042900036232460798510809447041187766965698527002242365421
484082307424965912899096508885363087254327321514159891816287567811
307051625685105581512671359344832178026783508960472580054261710332
895188363891032447371674832059178733650962829745596943462409255652
816656642813369025930758740440023467313737677792486726102625840368
808169386094183043542160512328994311377533910651173174257919038774
427555774666030406620099040630426051492029870431846013273895090998
152703064336944690410044571202235451171011328756403959370242331710
298393490082072739036495979673246070117441657434325499611780691764
675964746879791515572781516247306058334526364851289816778469808818
991132100393955511186968360232676578194608392777588773560940755982
917754280861145433013950045524655124291004911372885966068671895355
711890373330064908975683351650049482437502013368515728499636967464
259149536037394115496098234431435109320221809709359780329549759598
895081104350136062164200304054253525182009155876233217544217588085
941929940166160003634391015340094039861381614185296591895827468622
176004007540224052349144874115414450603504256362329696036597208236
492559421476520771374574795122002325330757727354406667254606385566
002002468570446003727540392329608743253281392448927596263699974608
198030761215869443681254346476005823451709865886875789643460227054
800708379004133051417219265941576156879115019134029748585051714860
817315609739898187117889639975438593851481271228565920278693528607
609610014500468628214330810028800342379908031603885040608297629418
230827838086035227249810236770590604646347730952402490251187179864
243391902530458957320390858507871952255017770376521626642185281981
740507340026663725152809340520811671011269698677937225985693349519

432693201259024230765182777135271884472532778020551144835864447823
011547118441835229325114932572698861749122603284020727778843300201
824351288952626434850401801176692189400301384623039255957312898153
724381695307731589478556460254890123359844526030584211078366417704
984380422727756181463614970822052978940468419642105195952976344279
449380087623752745873654043686032392568120396815397806203184411751
734063549646449468864312900565992397103980260552719134441217649315
767012502328215868291339917094347218601990614994727041937223244811
365777364784334202259996962798552988234835813451982181425675924349
886313315764355498522016187470094484862457290141545591894888707730
437495867207924838385743401098250062896166079971094418369987478443
956767929238886241602443690271546527600224939349036905471674482965
770830739242100152832723379609356923990338824465601298007919176430
314202194237399396437444250881398720311047330446839944062988196979
371975773532541936499970332980309505730194490517681341165244535932
990515291198614709570353745265578742451856888960135130446546702707
588099460903301835695366013279171879444954101560343692286480222247
044767586960903220968422563613405634836829717434394913450350154562
712113070691281968263867332213184044441497703738450944461754830545
368993606820580388987724741195238929242163746784562498542798503144
932995331585543002766715402629626516695809146078810174714306991744
199865847329040165535665857626308050241495588477533489852364672238
934163656532479436451005902522586321364641258499846796161843552340
352324721110521226636091573602713021329448208976614103780709193655
802622181784957122075851190422878000874592867736276332300969043780
313708952520766671757271829986143936555118371669223725419466798082
166668111039566043933750372807554514848068166043674678943264045371
156658637505315120812713275492053068222000525692985014308858791838
338588827226166775683455460042038732166503756308540835999973834420
318792535151098838338539003290965874054873988529729683799722936601
292312307160205509733930936050345903955144350530779986167924716144
327074762450851301978973869927099332578952464554750676366826464527
152552254333880535483627391626239252966766458754894673447577273356
013838273729005393896656592230598571048482774398049720583821115538
200989209661369468931771991114747170373374826981059627061291313996
060882187721485255788982496057151197409955071399286692015456583834
310142603080858688493271922984158950926435718314092471047051845128
758699884109287359028743120393437627985164110324412262926311001109
691495544503094533576921409803315676548064212577277675625253662101
808506368182957928716083982340214720353625982063645520085231280580
032671686683448151104637370484997348399072102721190358008843242221
164334445080022597795281797172269973237438645179469844576480639489
491833438525180428786932632752902447890475937940428598452749922277
972100023891121548938382391382872989931731194761739061150447827928
769110237647550252257173219481814737063013088417889819598162999541
083390244410692706737595956997119535930938496110286574076506367694
490893018558649870372897272343345722492789153260922324770228772629
642491769808030278236217239379885400503625715548875361008901145686
498282437678150512482820550492067614725271465218966300496885795997
677522593974060305110289858039626218819712821705192632230895174681
586477249400663476252399854173196026161036924195715977601971694902
399328727439746588043656593649688016852863977515522475999764941859
502680405006409698435113073797110441197918005746465493078021521252
981008731406046947356590646892418148391263600007362471055648198258
938088745764536277429937681358765419179735722961270008929684713696
493683678963525182303891310399263375859652579616496449908909552435
508658902553027859907755325901273060023553112413722883395464048657
778331615768298615178650924137474237208870130880543952259278853023

943092165956490984077060959426129628247967788111335332629528747975
409878835566787900429195451576744148678404482363922335095660072754
793914016971072318582441279892338820023779406397575365725162501335
163672644359159774750611925713016230090937345100474527618016380709
677370094376805966714229413589600824755383245974803932060796044905
017692070585123672619845895683093796806254340250957462165951887975
505779654919550494928671233251337556738716057356380028942990248851
218801240568679236189247556048248749553282638731464641642059885385
147743343317259129731711974000426498722243810614211032749924136371
337547432406296672518156579138643702562024303964790489005044298526
244657566236218820854094942368505732727377622836552938642131946178
526062604999062547968847458530441305937394727793077535078193557627
344106921558940727573628596944966388909215851327061017106149797620
538570852812095752763294985766777194759352152421676877868173437055
674237402436509635179971533020571431114640135864028290245151732610
767169202252500633762431074161787476243110180290133180972231123824
004466527025579134333864823384782408364150914263032146655473661759
625616966594331206659851276704614504355650567632319272380345140253
542128096185364065860659568650090054298405004609354853062062677047
658456432303555796213970401284145071551329589154551669286582783894
033915299223882332902538885726058492433074205048077496581896610609
181058545419793248020379655682803999261459692054638058771364903148
774404809112742816548241917457211102449742316156169247547908473075
166326609819523795676463876788253431508822081795667477147068016351
059647568318898324971204609208556997133757414465046934783022432710
038421476879322142485713565646283401032424128263276542081608944807
016915495419078899085838997387070670154166653384195835071697145193
419203744574382051040777297327360839324163745628589224133765386 36
749550495430566377084345083651770046466463815328674448226290496018
468605036883440776084482397002567762132357213772691392393095925237
942205667698370439260789034826737347545283328576599177610125695553
501926205517993980215710312414311453023069858987010303589421288523
151506444142065284953493622024421560328509445445462874140740184508
573337343507763059426122501925255325129918634214765821403830797952
738737610527302639241822426415421509064600988318441525643072600146
861460116194913024036693824750171418942259202080670774549157595384
542378138860870217866424786028682455382570607007852827332226510563
344566490874361582295226450690960831695617260526525349150207041380
219034005701788311831237419981786872388251010597475120234906541684
015733501431783733524819386198287179971086117048195607925864281956
197702496700421100095380047388039200472454678730906292796860054268
202283888668402908313352076886505277918656290128921312403151147840
465000757126177971158769600362591788995845532035287764184783978631
665070737509669088361316739147668310680483001761136059412558390261
849754766696217285340358592190345237671511643133726006710559414359
332135805934319651546323178338090818578233195716802322563645435465
739653891585126961726835665295452993366536165073980298734018388646
124416365174666669893892482737826454263142720386501175530970761558
733454310267608916815162421264870580775063592788200735717780569088
816079843345659706100924240360984178262541720215278830719157976674
288514505877381337614484000839126439568917135693227613352816047973
256116480024364781339419493919981444634503389773048307901722189787
611415267584913782767136404814522241700976380245927541667269859014
203411158804515183793647076944899216519582332638281683336325513023
426351694440084457734264891932074127715509564322610386891038570095
852192162848418489882732686554704236675275075298431229087305419839
504408942021416678082196809827976707749289849712423880933541449510
829425629732782669230041011618064786854216339301274558922324247867

491607615769541168830213454217159658460908480197196494872285422924
913322695771899106521926823520973428529362798860921167917076294858
474961499783598343087200700477102185689744126172310910355862262499
468390249780248231061077389080430317290598477045224303210033049575
696595575909808971877355132748296339886457187784691064035564489612
527351448682310530027781884310676814363488368688151979359194805864
518378586597310271207805878176828347642204580417485465272557925932
127542209355067091521746074186345010479544484728043228759042785327
989258645322429852338633257207854943441007130491816007509571981783
809560002874758275571459591214237982410344201199042980008348466798
477917366763391675598123307360449981783300027146207947153962607424
019051778269682879307334273726355455968205132147577968851655215785
638215061003757442106878698175908797231054718785979450934163531730
971342755736848046549368460858932795193878054835351838457955127888
971075385264812591819795227144673148897830668144129480904387647541
720328836793153948731927842820614083782111238551859257372026423444
646616985206338453406008552668716999882546853183684501164335422424
676631974561346008496308560574537359030332058584604742117198315800
728930013561157562071742314893304796447468064963812931642923523581
139029669949468001450688385729504988003174294755623676743764994243
612959018878163634223194934072584973173897184738742749355098506472
696968441265206780502194204287610736288893858850387324568556438816
578846280988661820320357823033380099305913007233341323450960259737
460520043570998600298145509578462832001513573592546027351596756441
636530112264712786403244824007737996917646650602387339665635679340
398356568072219654048851193224882054279809129711007700450022775461
206617166915591398097656598227169631737132380233081894643812813486
645249599544573599602734037495319810341373545859961495498360917612
628539530787384570759463293037148822519303817175115438350026708995
826545263811037252548877439260135406025221454919816995798737164535
132550990520879677994407822530807758169956027111277585448684402760
529394514288800290953802848541101226157784149158140774999841496292
240198891308317859666915388229009946947450247844902571367356972639
792830403286063454681985901480867741408921089040105765750311041922
161494187431458784761367147739183053531438322669545383299223940456
133606017821411886509292207929496640912160035905115388056492162705
446419123651890820653277589199738922293901200268232222369773672330
039382172367465305265074391406830947473212603208840098990148026780
199482685855351480657053914005769345471367320387577245130697596060
567953900372658461138451132306458337250580531679344725994305521750
085317786363398194721774384983941664621448550518877066168902788747
419777507278594616784819648879238392429701230219526438487691711692
941913676453989753022131894427468986445119523361135808699525657384
995132272344858932311386797831195178438771350648230787048299803447
155070141882053104142668229481600816095024682359788933239467695015
594757502235926020424722638494100311367044097453658610308012059308
927527610728526394257529284362186377642535427818993064800665696367
275161697181990722601937571168925947974476124876288821798650136747
507500638323479883964977400488412357566686571614215831108473609139
345000273200513079812815702225616906552683303083665638141347007081
942216648482210415934349190820405640859522403880037807349261650300
231717999314825929118003774744659501565939981386238692869062652382
061233623674596407209835077011082990790280690341091750963573145618
231904447704954866187160692280303501373595224123316964183487990807
480804086899822172755131619587809677521653989830962034894093683856
539421196123081021103471051742416434655171920779277138529506026751
864243969265536723344784100681455951149036782838817570535380038946
002769070563127023230141413066316801746797335097254146260959957881

594107278065966542285301608309809482798087779954151330634185197787
230301266392253999559413949621100419546078252067442508032881805033
938921875652444516995541376477841671637307558479723386593926352240
182260803169276708468269071288406191974911765628699969084970730823
375647797687484667530526919298507928036681821437679607305087380808
301446429759825417007864397304961083418619696619596322018403591635
634118435818598205141363191530912517440662404939092451358851907627
068893662709905594646893766800692046828363046250164021027437917854
480248512861821612512114570003573467406925367903689095025923989154
817162254182524520806003906004061554058929077320687309580061749971
920364712097884192446667092044497498748240886590526693588948775257
516401354367423792014530722023535768345446812068659513932726355927
699659957377744110379091071568358658465622085862107139549354539122
567328062952751900754940904896394388806425455707262211593631243949
164597256491018425754082200472288884663451280304483190178400740116
764773956154364713952355819997693590108417752197336203083262576165
968411936614585331142075321195292766971704206705185984249976283460
412316390812279089005602391472762547230446561373891934829119845493
060944629450961591153675525286261059127121220414468417749781863050
111297400394111935081890835733329055114407430444467585330390819867
745858706466753105873320444866438195473708480984019014571108015111
144466295074606523305173459452577257589307863700719576792849542202
391372656825993183849635737174554050387357805408322354286682509834
074246191721241065928405281116620092328296030172136384928510477358
529839208709892631698435885742206374457995610541443705248822335802
675674609925440227768400935931817775078576733453207311853083797369
573820246047450096045240556006415683554046864181064155915986925744
890303471460863686842071415295195399688863994416298501262198265478
995063129214796056471849993133924449529728833783355225306656081139
111557599979071382892418373574090519324118083275321057583443407862
876642948811335953007811514259578279640928378127631674688525323298
028567924732045320938542101580714740180947946116048627767867343775
751143759233304925499457206276842336439469327017336108444018756535
693160788031270156774329211095460374669864630589643299619579908391
638851073583655397358685803947562940402286352096347217039450470385
257108531336244754542001052596712178357874633359416592323562570393
312801881979934876980850885387379015678885924959933804104507095668
197806890979130475312701446911990817138057938235367271579787439956
478915490640769381923678366723218190582136399034973143981196742174
048660691965065868831513483401876813467904264395573859006548375807
152818128951074144096045017043965485359053827804348135830772445160
037860973737431472179402649530772942955247321642858586419313390462
255573142876790225334478786885637977093220704754382447137072108172
807262161922034516766385698542146002937106613178446743494946034274
590970779402571198873753139912381326000956320636823628583078987415
322744621275917935463121492158563100688909580778060593728283740660
451733814756940668968790744643728903240457174689316227991526076700
874957946365529810800605632053593234614913221150818691711550065566
655477454978755929060742276192490131286777580134210840162883087292
122615776509522101508044663744032978226504795848394929088091378349
110527018915866659781539522433630203819430779722100749295291901417
577525169929771479350013718996448891152064736296676121821839308489
926024600418991546699738521967567293096434216988980634192953311166
015202689067552639251081017259294741159705724670208362379144576573
076310550469479661341506294987476166418457078238555743704747405720
187095339272312325000336576544182150162660235171847267215331210750
964015851018981377491426545299866692087088903694910230493046303417
508983514679902569728765115044510267583560834962773334541439538796

196861122862718377026264999954378975661863845224244739492492150548510122167075552405102103873300284593613184584427867338231426176973563642708421202831884367381928347131950871731221910120316721141109395899922884674801741656760993787819687707634475970187870115363507042680620343222196248189679109056279926872063157344359507897852923069671951104333055667838495384096125277958389105487968484862086797174930084521443594253462001124108426656675868978082776276840134698294192958020330574004749139789710591226422104073255789131404774670952163373109546710714788243474697322536208971843414016895152093293728957961799009745313228076318182899433189695689530472370399538905839657483550150819470100336494607541568093909482754499811810031151431124371620602850821167716052901503038399817787498619635004890805220896906827949155038157223974665114420407121328005606536244601968573857325813809450794347406603605435911681038547455413901005210856826964174364592697573011123142761569164064382930414419125809700150147626045084302994739777044340602558483155183709862104371824449093244999094123969680727355749909747543929025579847970934821903280850591023318505659588569341036975217879661677104230494235235108630072812871321479327804020664614262300785614084032598348925571208511898538223851362097287919518774650641861010501100015239214019881155010333190671539149661273638135349062018988011860626488814169435292751302012074448506939497156569637005281044364579654008558044162484257185448372086643338665752522858109482892172578391581914769136460326844762022558337884307066268201365625670604291660967399373963337255981754023690188353530079901593967249287745723100178133888506294267768452361064262085472070806053673762684766876846210436566255254577155820968489551256042709483869900453706023638867136791042491149199630147564672600279406939362920852680415939165569428310137017215002461341255538803212017480246619940571602598114205384973309909585864771311219005778516821354656769254369586839553959226979119815105678624278738635596963515965257801008877751613948594765302893365917624022970657836985360711004953475675722840793387469639698205275488541386380912804655679578673802477962455807493572388749181720103008919889932379533927562492951430639175417565236205655375337478403547514349918016962421277305751753172714089928417997105437997664693048399857656970388916180268894828664983964738224030523683857879176549873616284716015227511055535642270930341290634121405037470653876110440576312776776879558283969360687974929924730557570145071286487760372167136663996479516812181508956359322145080853486264524413804231937636533552748353332155834128888664778013962249460243584302230591757415527544778471665151580601596831434699386022411670339610331434441421523781212705290041529683283581427457205480763417399768540321142787027099465821456696142049358600517832030749599849994536775963901544332983729598770215879840453042417236885395654311324912800166886143213359018145988153451156496930872268799815440163790362584744940276762231405838302463232783555897049122876375516099352286387594826470923454896604043955282969349632732961945392634125404435830649127279699414425771537866021215962838480080776486006844211951284281111860656338162758796685046790939303024381941471345044461099623814170804588938597963438244761200943147501391451102903534584642339866533775034032887511784456217019070082687537123489425484526795290596728991141621687172072527895413036625313121616871840029084914010882474192903310039585332809030568981619595841464035008818383544776616176408343356576282916036527855053342920173444239999129821560656392330968312326061134984745904753481757247935228998935009434950753963734828911547110172984407907116384882298841792185428317498575601644356222646122594640283086477663873594598842450470990867877167500913930038211751981118425649944996192501939380472533739945933377312525224

630640434299251006362772644042522129335363983888712558650282148393
519537829121923251329550479427077479817573069098139817583642674915
675638034024163503008997458846644559510526377303887533487344021772
585481657032600335620490417735579097347598439475995845429765463674
121075351507013851212617101709438816386818003253445607801138931545
723258763168759141418393365682229624660091462055145978337911564647
926663543627823302548582197820709974731091603511064700974874000731
522287664739629127786218446835550020204307191420072846279018318639
787025702772268782391036972445486411058889166911105922029444932943
627035413309880526880087934617095630484602882766011907089407300282
006643598669430991288386695237929866628178898427269704888604473767
609420261537717791790967751278719747104408091559906791907723417208
080859904286004545456751422771384737823411005311824430632388715284
408626875660506972347847736219620237658441103372159043811894698293
130692861159856453139893139948999833404400924228379125175552174621
891287605139468988472677187466504785270664362574831916908491537125
880541454036326747869539649103724005746130220293199503101987750602
880237975002552157499644642453349885915909369543958084528045004936
639830563782254105626241683217301132374663650818321551390498019391
996251482034852336035202979892243773111150091658570103260035364444
751774246989158935734705658751497625632680396958169694903975994610
639763432305422721308762466857346704606223493784199198380130993928
023652274191986054264249711792282050370537587427136667271485530946
080779629080935838546546834984036355521684570343035006341023502853
487766353047125068844087232667590565579334784591133212607890192869
809935963677578312895726970428837993551303926951240589199844906046
319277629905646039476875652776188987807508202115485364253791970754
729071126344281360599281191735709921525555198027605603718090518902
071857735055523271391396250159427253930237186445017661783595005367
424528353346296600400846807272853318083527248634331602064968738739
216160955927770747209186383619128575571939484457227933909841306594
059996512638479997333289827244713523630011731945879729854695574966
414860678319364121215726453407658070668960253185401478248747972806
312019166738072237763920872324754210132174021931705246883119566130
365670703052191237861779392569076272238477050523927062222837494238
143061034403779823821088774143963139015107082031275456607954643371
353459928062871969469725559248762340560859976025423380535602919869
909560761373682770704428667046412247405699674920985983836128293650
677449802452216780957009937928110107393230867893546477556514877507
479466500875692695049132556126428060059883949951551625764082779816
057275574439612018147497800451321782129786374375109974767337631313
444066932216989790648141522459605796036374929385390580458098260355
681952893952216695741564220430366437229914696760438644194213013675
900169324226934913049246702707782481845523113461103453489273315060
001230285383342303638247155025551368745632166936656044414642455569
818231927411945082796887046941767029660195074502498516529806186805
463813475251438433278991996092710858122008935766222569799359869922
149925464717682101276519959597824700501422174754586194296039239459
092882841814687748419136141898738281264835534324101696493465526295
345563461708335109501680694022867505677634457147413217775167306207
782187706492244447520828000983425570457784919191688417677178688630
332126895491976457394075370098837140048702542926032963877928754377
069560437339990100294852638150032628997285511301036985819326744885
052228421918054554082277475276074653898905064374798169834717774907
610376006282890619457639678129928802002759672944986154770652047321
954189029670858378060569502688599152022861683177931813811133700846
648282316429401940350166748929939240870575647942513199958612783309
735265384335938416752475309684246977819186243437711155992528282731

329513697878214074254516312686452327578082174391542146889435909773
181565802205796404419421225370147991892788537903377743287340955117
413783520191979152796500139386884855693747482161292716729572785638
473863246938584052924674904022413438951883238010793146018342916216
331965737001597942739004500063841651314517655908597002647003221302
219852249741391577952987929096349728985117601811374469220942531031
313834496135599318178835441647145038785547166597698246724797440311
660606198912250415690904476466245712836382061667427564702775968974
627841810514767013580425903857530620365729378401649166948271359285
692735430676917886700049220273231626404070255027956209349621622733
861948681106084493589560178708588313384417288763890931537407240007
280253256276428402648656501968697974430425922584958047417922792534
005525247449502340839265617239093094230060936630323480202108678868
089659181684792736833014327146956844570493654212738523641976274894
176037602975201615359389448762202357391354683427259462829509057651
431942095955160726127413535983319184123578419642134288725668738970
843831141046585600376882203246308656515410799296469046577706523795
053459602461494020615605448430643787299452582262636091970063423456
958121081018804294851368286739852132534519851986806527920161753896
561841182522425296893463498323878626573832248821467182212392161452
163325275670017042893990524654825877851241251856125788689455531665
497546430475350319035590232143812858179275339840124608238907170546
058359605867719902183465283057186827751076250665370945298883021196
273029318588927084757014856899852966505733847103862059963894320941
335957796447699221415378655112464853794392540736219275246848238284
997312571864576555150869582415134979815701743782733663799343065090
606498092983863033353942502182256638127320974354662244588764349940
735538863587706720633681111322942298365405268821561270245962885723
548264218314546143319125458331181255979147364840129146862219867375
818977195188232785208093327828052850343881380195284554650513932469
026911560267684358544393507628566726126650839453589830932080370010
789324365829155080132238129887146480913564402924712524410024525254
450802324615782206358687167110556932854380162468346196749237552277
513105100126776057643879915719948597065176021389146406317350223384
643458394835435027981902728797303202850846884019875949870378146179
668646287546670399896304248334225490492446701329392472583236231531
199712398944621765884271933825466621610382140069902302774264438571
417574587943978979594815804972905977772621874827919154213901567104
042498796038383987308071550425303932011381726233669143418847662675
503258634492672941635544061641605812600689785048902465409536738448
508044199481231522643777835892801077052872357981319176422544079026
297752232994316244056822824048979585862042095903016753077009841255
04143951737057720575550817551260179018120073513341772372476220812
000860440795123951426598964340376424506082959966615608890385710684
640291412717376571513488794464268910769410895310119099929995630930
905035222777233262914701401786445146353118738378495543882500856927
308783947452874920176886447311783104110199160063149881892999061015
277816870842162138183955707918405119806759776959987531377577268878
910886459165446898313347423547929805191092151468307163238553510387
271875446767082952974905345953765259319251659451479336850638167973
478663688327078954395966772983270966800627905395999829457773168238
326073880180654102514617216288678835870661909367729796642225593369
082458671032121453015761406563848832046204655115731003310627177636
632725355105114011372947974242341799659537348942142140023658440811
338831976175255058900924545313775605884224762865238760627246990302
126704707809451241471629495570270401899866663201798423005507008440
753327962569991771876542652570331254951397086494471914527294488305
094601841529556251474040952579800990146338379776902129394085310248

856156735060633863492368448950752823340100752025828306207113719059
426781552141092186057054209610307132937255536822579473558746256777
651645331092982287602837922593025131851658133770605209210865756174
301233428908469922349735151163142174525426713978924805002517223209
082124574110776116353591686046523764118520831045560051390958949873
097070872311142547023121673320381085480920178739148793448883726854
568921487783039001654774176228126058072835541533136900793139630006
376970200762535050726123344151011142807093681940223698999130824742
465401270194011322299993204833287467135538349457963583689928862329
043972258449381710772590580394971625950663691604242881282548386971
596653055474254354559734332016501747169426140864138038046659532238
806099596893049398139891441778108044017768041263118730703803284078
136515237865950551008740358384973781723210016623052721994787990743
605742314099283345866153030265910880284894388262719286059268854625
261181150655431439186047386383201495201419924016510173976740922604
325484294565925858177689977165202674986419890749336425882430300822
991408842303703349200032109476423574937082515388359612855402857151
199968412130951329760106062238446785330430360528332459477151752110
913218469296890135992039906751746663771754089316263526915922316675
852838151330957335182944234019485759992887571589611373525007335299
446864517727781072935550662001116627864068458347421220153546184274
562778139563100350380090185222039972627590546827269914375360065865
512634531653422399403325698761990327001829322904538021646980531553
098829533761896730953445713037712859925458180227261374655690582259
578692098980461167400939173233575445142418155942790416484050121752
751116222484137648793952894876891106208346787576323688199506508172
349368185004920139539693115045084063183316979565001151633008378271
107497728604641519331149777186200581721183571765889164635570184488
733065674121671104599185285061221968011073225482951877407666997960
230384720072533276005946786952679051431952573547714111157306283794
871723879901011073719703379511138790244228576611951347093824055168
672986987094588552809896555090500583947977681636213599589645466936
774116795236559330196254317145982816376377348304158535288710628200
928673451317867057905586242287769770380335867189664400760452105077
801090263740143632780046286289324312169848956969268126996557009611
629781048808333226401158444986578869198915511649877595008201165471
079495476162725359744314069895014347915521487018052440688805318244
505486151055750824583348306015305152714103401346158717620493273768
228117936382237726367695089960600576457607434908380867249533034011
936473642216403187735017426283830918160337130530819470054814566633
422929439437912961361179742997959789822201838204339375151390081879
567578084988196711699577981480046861111020299855976962841938868761
232745152462773308044657336954636549384040081977760970663913237654
253918686820356685427661932684390288591996788147248350231950588774
756415910641899124069125309416312561954109543530881464234340833160
970495044930981167353983129373553934118732008867086710676292802662
313136660983836430756156824337100324761286608742139189356752130595
062633620498264655008206650187746333184048109653726939935499250846
093222363891818790058724923861078321577979026003556222664391725444
460628932945945429583100156730055075437247426211846516371207702459
968277475890212707746082328108777465643762205089221176286259492333
732230679917615024643599135638162060740858439742513315938986338310
272411438507532080538973380115912508795623407291394530386270706817
801468194772402893961722164417584863020451648879583761092985067605
371677640104122787817955001823319726057461761188377946845473203989
183811701977866220808018101648347143140329254503142495220082111433
074466401362422531925987509157512173913243296534940120953928653470
846315882150495516801442870649484831563843727263048169479579203556

684457786382972288953534411852061006954504177044547449259708669886
360993447006199388647273449927912722231658528362329253648259342107
355249952854844231273220467471078064243669958423852863743227324420
182834397340003224185901923803059005872229289610551499388306141350
064936910473902129154397749453605108064872080131190490223110707230
770624283391952893722091148778390879044959631522298968270822053048
965601639594558607553522222159573834959609286492041366112049876816
520941632691258940484528222903607027727550910423476071510260847037
204995330735661652016080315883563879622431208900709419217345047787
877409407146870679225942590522751818094928229533182148904042084393
337728589025366508426327725814394860195937648754924471152085966166
588308595533616071705852042479775057905952120494899134627373339351
797353749095540180502086242529471556100879915414706965354572999224
070932580384255389746776351480895187698836463589425494284220731203
645100502716078039833613170002276335732205805047209990128777689353
375985741664585200763921687804857367539294950338409822939797065831
425555392829591922969806877722796639729390777908217851732476108735
564189670849418232302926913249449134037576977880000852120689948851
950118704243081970477677656477051666007382064988485717104832272345
711925918065271167048969229098580751536275170955052842903922436500
482488074481318574364656698445218053666467548379873567916422013296
190351708641479733715775410615161742404449579958031556111579103087
313472099035301894999465821929921964771056882282986141014201946390
542328584438171240836332265624325123838594776356730120676441085014
753981446342859310494968693638264004641625964695149031961110485447
759191706584392706760240031145212717647083332009417568873875947770
632409980920684630534774332419452200217630004662282023808277804197
794933893918898522440855068666909872615099934327559421951361489460
327548540028247463818557430386722484814571204128940220014152688477
096246122211499922887643919191089940007645004267363603359564464427
081897852741770774513395840957604462114327655989257121246407049760
606889475217788884675365773130888483170413084708302811779259466701
208771841286594199018778750963200281102375514363561230486554615329
882829990461745177485814776012313343417313877109055770936706573655
020317579004306722930314450241991977428096762212425199286327402583
704007529728174354804106393450637326750684346881838874833235411216
634188042412330340349096757794165377908412586879828861032352788573
321553381519883058804585315346904313089809636940664181370415485931
496667115981308994408254571535523006525082284961728723967465082519
004532455823574868772006674794971216360282085235430278386536117112
453214864879424132133170085231543372774607680663766996188951228804
910891117659551573649847388606952471668475237514464152133654892467
276122585393614841651438581869173841675434827813176631429116937855
646181716609663402912720536530254447638306533550451146415224708651
212131290099900196815169592152430391022949696439063552199065139432
163036534539747151573501445915609700314795373825072228643267911802
228545445051006686838264972907481325848087102088749505142696429373
925813677184169065452156108761573780205352795800446849136136917468
253717280353678435036189012457777583386467700487187551541811503714
129454911427269687720886195290311000652148060479389430426121125047
463622256753934768192222192006351687668258215068279880160735706110
805557861686704947486404202700061440097794418761478549764582395624
980544495512570910640270832390814460092511777876520638039371357117
644763292216214126564837394710745132290507372055423326208635230121
119230099328216475364369237906325033568253135543303478962915330449
231153809199575553294498705280190335116740752763665598147220612180
438573003072978792173568500012562331806742598872401099689698138523
973061919559283369486119032394925359441583659581613839121854119515

199265507043722245110633671266896256727586677388238790791336450938
651172201396285944786544296218326678451700202781884192400936490366
272357443728744856331087287895845848235250820156274220792392203392
045082819462261529184460706197582285213387796963236786401331304109
955645374774064577757684903513791673253218265004401500646241636404
631178277966053575667603716137442026691617218914299163923048497382
542894221998545478689482567054577120830606966401517547011398438289
931933635228885729811548286913596032428511636219222076679819006388
404842715260865907155370497185933522605711810415045793473539632763
998872325606368960841031544136421487826119285418384995743044276868
385145914918918742400661902831447985922644596334799531028630278018
311500893000765762808870776888556671136106186168996249963879937029
113619500621550959100266394298058423177896496506627565297834415149
733882552363364465203622013216280321350049361959750702691727832370
138371576432302888101329633287393824573874624509689508223833084417
619240847605102724686019144743039151080377748192387105291127959055
174988229390755127440803641693282921255378008849192870285467542546
669735739705365362454007222398956201306760481133915634972776056714
496409064045114809482486851179621640442806897195762975356223618168
885002728569433652880013184412121411238983851952785119481467901665
284068838218695868306612959039774599056148703612289809841138200615
859142471286229860041718906453010082032794088580385760890512269876
008642460648269485048618629651722184875183556528814663127523768706
746675269172441672973545695673316677184928439431385995773850485061
097313805782920944994446323943060687595811900386026190492109839871
969933647463311406629451114715205569480402798735824309185973826397
713404114160166237752693577223614775634790555275216648241460998148
628132876631187524107417432987436275385045777742542057576627393156
984043856772914383783590182351736877088048034374286323665907452288
539522835778681347219537660500846861989626330050330936040997822291
481514752577183795281384891568049192181238360412271358296116497247
108026125459205952486511422783391156497546662744867185218756181629
471196471380668777153608541786941838614660748536539552580901696623
778000065583681884719769824445873229844530886990299337887795265719
728089915979394193436752271866343782907936824440320624639601866990
497231903150243625040813055353383065316109237895273339143697925936
907286974042623404247587033791700221492583435241015718645398347845
451758922412361367352913626017121554410849303321644230075969711058
854695869571172632037985137192940144871195015371587916332125383079
389694412746892273986101183720851428693197150286469098732848172073
873815201591163794512301010196666203644541295629190355481051912534
387131600152412478550452245480417085800974416436084037596380188386
074895352662695035328164809681679448801761593992935630643145711148
351667475654627759421672537822961337952004829042288165999567050760
734870429085908499684909529491046326851763652246317013487998937688
779842092948512962785230159883015336126834299177661463925494770519
302050031055605493677633916328395389557886997769714313544610132496
189019170570120182066702116577665414605136853434511733028437410975
267518355759247185151889091689894865760416453321241702808114846759
077301327254794609415509728678967187961801220443350296879621964404
832788637996040983882536293823039583969837394961017123582184217743
974270364691125810751594526635546467514367886879782290229559947715
764306712652597185561511035747661042096417841247683015840339793601
121187811200823174503714075700409271083743540108919934594983756706
127409717699213954110952101250839813654956204515024366843113398973
858736113065124745242321542571509170983114140086026489053937071277
441244066907683167085424057300361178690524323205442682356865003270
303065015077480473870024026729241448002051530677327019111454898739

634929248920628971290478304492685380028314875358105997056148380692
737300968661098886378902955732473773218392968237265964099999476679
557605307182161869394599277816445253696965812245009356458994432191
727916867639855789253996966098824872270586902492001784902712148635
395532805946828846993357856689685299143803410528336938389808106541
631250749494609447408886469083652165710685290293790114001017104187
582043926198243372615611135685841730762865206310031274971446997819
103881992609016646179754069102972565847469045071925244946583352764
174639951788616905673265931633412458545178258082449007188501785142
887176672083115995559292672621178256119044595069348961757228325071
147520441276776575050868936709803366686786798668095854516356450456
700098282130467124423758025533584949678345502763107561618567611024
200622908622178680112434591564775661362731079617325234681409070011
050097945863457244190266200577367179046123274420853797609726268687
700946422725868500716364595723606381633847494349975206543190488268
758253505156910742713458684179456955827177098027528168620203131954
435974916468654922876308046662143131853417398650352264519025805451
724237931971335479894431301843024011898085682842876356115113592545
051759006609029317534197237037316626763104552677057284108266195395
396768023500467639232238198895390409926916785915668921976462053713
869576979999088841317689151137434627023755761356023595321292951339
330688041066225809559753015227590711430726120998040611204959544702
529022458298103260460366610790784614562477180721220945378224379608
920847836988153399857843835847623311114552944993163589565451707434
941008645637568236524522552890279717199986729963816213783471325388
298076612871462553478352971463013937978843229852958454395196768038
647708119996215817080944398958038250707113582707983347809856610300
809248363340106643785171705008672856057256658249006303816659250276
035940142072432533503290715340643720991049554417219296172851893187
876675409135877109975306839422832961708480658343497111814009227825
302615934813947551736035584089426644749330958461998620681292484299
900690495309560199167359270034227705807772579429891924835075000026
253575382687483236342276724808711441393032576445162636301415773729
913585526476183106154750550543500397887915345327702159604456635703
067706610019201793214017147969716738469733339707056058598922830925
312952649427953618367607928799401770860176084753039347911247886123
969453298233627503274176462432178205058631210032808102535309052281
121335769067348278937719290836686403502827994706248624768867044020
859538534724137046928259372275289596415597499167757872687009614379
339091219386991136301973189710945603730161110976662442440018178065
055572462339859256865538611682612704334070095180088689713989492131
948076545616095446512264314966934969743616983961687411240926925087
916495101225186752483635616057123486384689279645666764984846476716
504656126699086548540370528105028232541582319648245828614979004180
345759695865716578935991202692404754468625626567071441627711432070
572623204570586425486485386428718325923588272100501781925910321862
102525429061064196493219738482292467214508802767736310025106146589
875281845672592050079006099263317935029302633914975478998055915983
874072282012111603184744607313092642236057201406831874074143684735
669302813859684496367816355466904575253185482659911617918864750699
221326838807888021781507987526270959165282807676731436874076260554
027715833284666790562252441503160456864894181125999979503530707283
995418800406218376904052860463782206835537443655485694778361506263
598993634787027909030997462772184241100176482159012705671182087668
782275764676994285411305424284697967712936556371908112434752499188
941044238998876558149098163133828344398678830561422069948656437056
345681695102097143423812653705290231148917416269759846890675493815
136882312553178553493746115050458035667819443184768513482917267953

046515495980756411689982379368626545225447682319382165559881689756
544989847223360804023621521263789857002732047970983507338475588088
526560046011136366410695357973449086862143285777692977138838668754
917368355359148530578245719109983029831395137570525256209580954017
897695413946151720261764966079521063305486458118903323277535560804
209288079548131044308314254117564693796449370088051788439064650598
699529934562288497813679005684246906689823480376722839141414639383
441970505255527456615243070311689399586409521846800689011361913009
089342682782883757056395195330125180182350049293106972725805703196
643197756434141864919570951944115202257960157942174332998712495398
481643215884016823180156768220588903344340576906238372620605419470
830269886808831940015177925067757175174593722384717722050820930704
159311736220200038813060788840091117739664188836733320446529646445
934419768596428126244512562577886323153831909565428679230834512402
761688835965251028829254701745885087785467432335413143581398900523
422703880060771431783425266802996652515958052673968256629757854112
732459999634827193710570217727679088300584907363364013164799368378
780942754761608277906353980263547708948992177734451897291008461649
056912644584004920708308526064556605541887941017689160277283372571
529263391248090560002823379201775264068935118044977919973237802038
054845153464214411215740926117175317752534252312656527895654799495
249996613418668561137172657535761612467563936363465852902198835935
831392192491393418642454135934428166038405794303405858305951612584
120866417970404500557090151031427979014579958567197456136453537244
757325971762416221665609815477651079243328459730350221418019104377
848724061746812837199614628391664253480309667240241178483790511869
883383917902679307649564913279665781977169564574759333133134262607
748971367197005879051641105756086803903926865826348706345405515763
139861676381077414451225941285507544942159529485739898630568471553
514877119332279431038600662876069707269223883921101042205418231418
783870028474888838905667506331222092051480787061361084283744060089
044614667973715826272029111684229324748247891789685877780597760941
818644316340028850264536445513550671213401188690785557499410205012
020584369359438338431421187984966957966712318296941911718158049435
257952406018375850997934371130880264021542881644344306720286303061
244985371567180909678367412752020111345413499839171117253538517021
424306732100031441372887105544078958247023764904752320309705960620
761202742331730176569032003677492694227330322757762751700794150691
302352338229522938042374299195531100137570087357404896049301491001
310514828563869984292941736475578552941533379493920244023171942716
029023127159436936461304778015704697510260615433560235322727132552
378164940552536518894649839034517885744396354358013434976027147384
385511984781089286682294577257535978429545434990952690776186980501
260973242575667396516641860943350384149618387370350938070380101695
366304616092407294362211337355372256317992452086818271670641961004
506900017835172681539217865847481240698829943944692847539212047696
704008917516980044735013401137800552105630498825434932067996417341
838113208226066190871983360217148256562393710727708004426030257864
375469141406467379988133306274980434048844433937285851420929071406
931327851505346968127345232046363566630091702633597632388614244380
188240491008510158252293256556727930099661715167571103702279090057
724322645193485395815336762018043079066346938595228276348528073739
266954153406812865943469956911804724376608938315621924386564103131
340589115080721932867391688323814944776071992081035475388423453896
732654849684408063510671575237120307503288768536916612388601773535
404009108803958927512100254971669370797871866429220140145588245623
424144670313230350128103244201632163057653771387099052725968494087
829811861525888492527218603289522182402628298323270081763455612997

1457746583785472429674618246643849029786530077631593791964425478394882826806550176331623401014632709472597201882333538813353025456539046348310517300849704261537367640620330137906478738737121464525553365835582825312986908539600263668907255056827141000417352289848217175999402680746491418887030638147115329646789559318086512230266369972047113174786349052776694142734227232795808700025982805258013785387832003118087215098462322707431627761529412804042731738766997695548191538084277357093281373760561766937072880612119558068900815993982648764512003321785648698432090637602562999928889730761247741228383269616110751648915228250644546268306417227180338343173765819712463951447878320009351333318655222338955660251647081019002244674779398750108774616269889409502813107485697512863709006577191414377029675485623143832515950385251731366442655028598105764183707048240607320787117705529545309698183519729294115418251958353083363474955997898763199425104174380877385642307717332540519763611239063521989491743905255002477559239394461077761413186765509240689222302864431715623756205532535947588834188411031832605661608570780124121329727491660000489927474140215834370124815741912988770947116933111041130464645731987871069570113548766016847239555580887290897174691220369251189724680591711257457394391145651806106080563786530895784773539118878095224396978001845823644395448244656556278922902372298460832554705494068221878803473178991834160540268599674872180081320778855338243052788952528970977080260850788175268441974747503008944242700277303247293819695799127666762690253597622952462332687883138948400393681704468721851013957132476754082232304378228175049812122184923811060720044101737240292002257194762803149945154783344703033464531637313152749162692772871965807579765624902962412134273947494949960580458288719222182437360162808616446829421784486643308194165490980503506193935373441844498848185595049650263222645086225208709839417951613729261563166641163790862599661958483269538206406102682517040494898838579192421686509829170475839529326011944310572999700948820006462825064142980885784611984385093174349933158754056846184430872481690382849694454914912112838991744269803554425667205923759401508528758412056238186705431189016681809717891902212293518874279092195515518088868903134477084577771454928357845296172487465733320431666064130222407809409924086148619661646179157317812411352085815169918245541054412567621643344107017351203236836922470239475223198646809466576700844147762711278182037067394773027252712992031143845135201994634708981058146681732870787756102442048074753084204104430163487263326788345044502448423109177551673670760528410517521452293493248028426483884846900209944528626464184203472216570956864347798111036622042605284032034121534186240396136792653976305723917678082394197387937396993118579045446878731500279916476825885174078440005612703428031312415940062560080603168967960775267805585158444773757320409868661508956832617959871934719108242562218826890023341053971891760363056471342188593599166100404311956899866854709529630760786863475180887668213990046769273709484748663262578526322996526490290475572655642628171067361227793268188511621382424146385141980061848256020216207964774601224999669672286852450602851380061764826341859670837636160177178787584787211352425712748345276492317626462574367092266211307733555205683386054307054158740244929003575611165555716998579313100068193328538001828777472325091411581985057695450951287072005765226634271771499575351994237585201083275572559101341983066117809208403270159630241973591496606810901929538788649629120915479131840927623462313114441025278015853644351302631195924384614550783343687132109051148727123095875779712220718360713602361416279336302762006615130143175584243644725271284482860833476749411206799900184731931904696130141786043225526710083095029661516123391400723248127406943372

484813194585701844194851954609071396254069592655653623192382949857
221286126450946391949541107269221906175681772129328239509816329423
697312472408434620676415165837242952236930174326841387410209413223
159043112309008559178089809863981147242343125977273072587496545079
884608503649403556360642136024636725029758258821423970906963894751
585219601005670875761743422200688184018678289640797134211987989424
200542623226391091608083282217206238321815660095637661311507035253
943137043847640671257073659863704705747299557705633292492870667671
578426397484164818987464420627326291809186345695140821112621118307
784231880550483902301823855961986897258663753836854851880890027567
239148796757475871447704496390596664763884055513983208511051808694
673344214696438893651987429294500796357933677630658354791344094374
984874917811052595293494608869603961792375636352705682866323356938
754782849604914955943558112337629627949110896272845630669590312923
738949873906464548234526530112459709369166368198429401975703961105
018093963707677695746134167365949186840715979940977492129514475364
355705104049071822680477534689219219223966559889264013833854256494
287750824045655818033979875280750093213251659556264896843264720950
845726942676196203246524253611380812855410809861388993231752761000
593682748189193057268792705270668165094738441124135225224621640589
669773776626694722306047925937658904054510890872719669296026156460
569223470830776597249422251734490049588103258711734985129334074828
896282286845140658705958220885463566222379692684577270800624286247
083910001271322746693291077595784116055523253942755096006076083705
334480806961357479866100345694290504874288654158520571824749343029
266450201290152285085761374552109727391108825404901954679022537325
594370109330222334353367924791554865089056103150920105329770033114
909933191441582540393767103856151258970841315151528321798116250944
078384463599269824851477998262383671542281850696667162662017616097
056709486112509359420925767250273704083583389316097505678303544284
000039700202864233335323800308367275769471670632072715632881451354
026654528053705616337565756556156045683973582112723349302665713737
615780888148416954606951892450897761458277305644711560367234013737
512391133422213509952010356177643077090804473048268999177976468760
034480364441486413463468999507845551020302988863338483281810726992
000889828571936841389153981116763523701359960477679432735219462494
183398303417727528719732165352397478366615988300018701354800725499
677948156412225073198207773749493693405159261512147252409133124328
535226609509917886242062147076181444365168205906693702697284844303
506025219140497755126145044657256971231595797642958217968313207204
976676286570471311714659716899414141941558552792132916553410803586
453942360439763461695335289846339014437097710317188526335297860098
669308669843526393418436970318857439062865471068519080023824792265
970669579691292282779776008111989619170518765770471548040762342014
690147470123007236720063747941465248848800218697254454637056860047
232674220196980822142277847213930550996393066658835120573420953623
270683351905374323509642416928024349246375291319682400703838920994
682079708205085530265060841729064678943292489042266623714939148718
520453336050928192722002667835450900672192934483571874004864525843
619500945520255338530150193608275455081483677629431734666870183989
663273687066717388978381705851435561662657530589349283799568837156
619051174693401985358752506727461577175427929766541124306616885792
146630482653762362917863634478732060481168564451331963377597452108
914206426210773371687162905791090473783763999340317610132958656601
786861508413202599439184688026600919412070156736705275210446025424
647662225537968562211299822221366194969278051234613589388009378700
644588895530093096780802205671222911732449621946663360850150959491
680911944318831887557272880726049204842257269502347772736256681742

643079240727324305549238831405486394592952167346120593473310812267
074435854430639051354861245846923527729555959508163391240344880846
155748316511028056596912604738220096242987861895952287301938329285
962799349844728509583416182154386610869136544064259089115896981298
974427147086063734408895081120792563243439121604867098037269298223
248558249957089431108637654840373752138369775403725350930868402408
318659218947543425465681993319202869736416876380780559427264909405
431860868835870623993038093248937760639588088169278821723284010080
077874468552849300953561681336987821881319879609157078006065875120
413681055150138991407216054540732098424457112407869027529556371764
996922732097345339032749384224697177560429121963794004392913939936
963834312381057271231601654623818608034169377923236080648416685167
008845800707990539901913898692886788685012546791682529572979509077
814007758372919595259230778985290095374969314464885604201830724836
681645348889006164184872131401761979206738425388528296023984285540
130893392381411757012080830155418887191011712203543960412588136888
048929394096629476679405622656481939225363716863010600798228698905
371847071955248636144245298398605497226673813992712323269791352678
194750815424751582595707182151747793330838053854225259358687900112
017697150694846872323977569602190530277291344179895332845717225695
951393984500808185505028461731209346332389767439668678411629825366
441222235054206323638997861301160460642764252472119953879776525470
989913875733370958754446068818103330791592335169400268050996900920
168136950287589393771494933112157241590212362251549726987858042362
441274878998655931459382697569314305549817950653144186683273288195
130275199567217538237057152252291788997389839063017399172994785964
732882451480573157662397274681272069283546859972049158200654932142
637378536537776577631054256491563772800189810994441267947276921150
956072802362828488060198203017705573603550343134769074127602842407
027856245018676049368092179666630506285791925690321609215503829815
738436504956833388199142037563207628943768460247661039435202294481
010140411684096352222244652669840429640253001700640703723317193522
076178313500357425684523102015448618474112946240496328898364055154
538023000657624314766841533398052677981987237595528463455943508759
753081225407831152856459138266985406198907598592026853727923008414
753034616218457484881555487518028075008701148602056630051107952626
218165099970462460938200305624610355311040342287433668786969896589
571460526360133947402955027742886004823589976160326074985704712218
455866713227141006978846958171262714993858982858592146253686919607
865356133568450075766467433310863247115800710250863570422004275510
279692222982886795051603903278422738873811183032977329682416042683
236925334343948056151302774756556422435386312834139392655972966202
638496945337587293946902596287388740148807094633806597996983165111
929088025119256028581730499108412164179968432523640204120266603390
613564414013138932212028730629445326131983133356541252058211952929
321494053648823003371378130699337526267525734272054718259851934397
122847549742322825404076626173085591797748712629887002266741047470
611468698028702735148198879330690780405185216982872231913175583775
553832930641934332767058711857276687145649647500467923706677199070
691387000871163039442974822989518150941074191583828498300089051563
374997092344581268411890557203901380937449267263259914733455221666
514058384741593179377470138831092920729725748072689274863625450102
261803654579949694183630518520334858306138860891537475768145068904
830504743231041756725444567867754056535324624426384501125401588113
376287922791445769993245490207100571938902433231581806774444726672
317664560768234838627921390923872430415110888337404826020756447675
776852313457857843464984582933624074648014159794645214350928554441
465662367260070571074429471480899305462524615053954667294574547752

230988593834922732118140121819937289727478363913024222954228322658
127299397886975817429336440054623339798479236619185224022625456201
012629622742562381753005177632863755395427686041957675848786829356
580164847516468108506725307386935018654431860678211748070671023860
613289732571244782397944323926851468558707175932678693358768547160
344896167761171634129966733645058979211075460183012363336069114496
418838793412184219493537874996652379751539176305915964610347152121
465642747239185396502131632591123081652835029486819565713588747677
239629019169319916776864587305875528874759709015918885841340231494
453516371582046119392953865006309019687811487252002463250058595509
732656697594088092488527662674442466726398494549409633358854494438
550708277866043263766955889909423392133453243745869236955358408441
578541048678823088765914992585877613493789393381723956612673264586
058860998331302388177066929334834048048944814411828434656375280816
656029472988769848951911289727995059763032773051776937678299759925
957344752814862839444189362992099002413580600242332685520325343646
493589775270690343598809038877648352811417289852206157665771897459
969312690499427459585774890071501771028005051021850874633374802818
267238663761105936721215117891006644603828092457244431417385808314
417365876863724975750172418050556481564588826944241362569737929225
594590205061321039231722794686286895619967419234007390131687938180
418212831728509935919804705998908531525506061112902960745527654160
555432346261016708812851520318516352330546845016309787686886251609
553921820193843043220857880847407848236511516852457920537636285830
047248894990623220277150103893542479206727218039032318085454935230
021570322404830357516834614195045183770461312945022064049232543372
082330956689578982080018613350050687537855173898229608645792613460
122933642789412934723737724118347105671994749881325566302417485511
254461353073138250801775959002057552568829353541033294058247633459
548911914800263059411228562902099198297089226752024511822200112557
157924073365057461275883823812394802411040449071889793901792134917
798575028751711212449707103662889052674505062509392601996539954670
766856145659300467217310496756990455624866338937724735088968724553
086783819397974149839080870071248444061484882489613102697330738591
249879037418706260010514215839040887612370365371352029294878765054
888518285342824841003839855366231337645767092370447705443448028249
088623220965866449859194336311920583162054531014457848223373995095
568172734145085035650280593064829271852974721285323881753240007762
565488990111484683462321804607071758237816362115737939333656351436
126557882430018387059786827453486224103312709824869444225463205182
429773306319378288052473627727901023657515838777044573638023243101
059133025223974603254422842530476392499368741225941252534427457191
435790426198559803235541075551717960222573100794037929632241778553
617780508804949631587383212867555429706886595155552168285084918184
671511976087907235697860364620410919720649300412315018883777045831
139762918700923805268182097875166508952119937827049455139920444798
943378848423122248762725989299789548257466434857557926460375862242
308540160622023123958379396790618608202073848623338500638603716795
394641282798171911311961478216700083080895078544581326695481816638
625695092523164821917822134624141759133543797902834142377835388892
059566846197981052319282576652938328809119668761048185889645442440
220542748969112069333534552351730720139527954521612369056345572702
560858266064853839180881791607076066138641953390753463104231631434
614551495468392152545717652301762790713467029896411934810468624873
109129058828693056154855010986571699431794832040020461502892242832
539872040350919383645420568065798193492377973992361643392328441222
291241613102368123841230940085955594392123890261014800241184367325
721856692868521171174389577355671369440365534188266303219673712204

778461396724242393438206557571014652108390411058025499057430927093
659718121325372945327612925571603381159932729512007956007811205331
463611272220893115014719251795352428209704638353628132373305039579
921425714309960203390688005783518739818893141181303060737189155369
873116976049855114076377510951304991139839324182677506786129309334
341944600471092978714189848380110311027418843783292048283906220114
592454197652212689145317872121451331267798784556044561595952497545
298575352221546817148984145111384250814105501308548962342436284979
104194400095354198478294098804365041833757195053081693362546548668
506765948602108440320888369791785745623588814599483392712832581756
647814893076301831884503175187702543381512172174738086474183691780
511854271392830592551520369615442655792743340951740879029284689484
767512818289936936963800520966258096309522447841141623347063886751
542015041317535385000813287716280810470018834689655555443257656803
765673502026726529968266884467810665749563509998596178894324430751
583105497717634532380639058204773181162089074001240149200801923869
544920213679302425802464651769831056714850197856958739975556787502
966173286707949082756613216383025793652727117235764937197729881838
765016004696019807626071729733871958649870990996872471749476111410
147825901880118245361021522042204981976181635300339885999787260560
375797598680307331475224756400757151879220164485890554090220069215
710067763592498572399552763201444121684915435778005526595484999851
247978090199909088142554531420111741169391548331482057382804145436
271804646866262913735823496648287522089699583629003659621294068548
508879007970609715361504930307097144793566401490311205530808240950
244384198758241647086058648990739406875441311017445035194648723317
674626024900661157888610971626885032390425642166579301971423307771
445355387862843251433602125018990945261445400526852137717787667494
322391925935590651440122799532365738785963366718867982100511224848
175402924750136695005047596708441801263734588010662253040018506698
181097190490881302291872876366011259816340730258132566262078794293
937730883405816982294048034393246806755200085304321405383703681196
744973642664329903378153525502252468254277644827260490649082697721
388698375592442072377285780670194840754825024590313667177787679458
280971200747091410334539792304070212470478959724163063167939042624
636533153824680278462999849295582970677703673617809127448651096131
947837554214734726097785221422069774417333930237588915451744621841
465888174063321925106639986263693688001561290539774891786922752271
866000006486886069438433416956897619104793155040737906994805414239
314034277212056417610191846519831622755248470937887500888830317863
573072829187673035632713538749271862784783688027045784857087073472
818436550765235117062567559404561475108174628886513889489019616918
735866440178911396503312482862821277323414956625703814366703949649
642201742696525412503138667154925779242582471839304062211931552939
524729565961088349107731184650661085378223722765072330072986433681
676406634827126596611335519405462150242795988260339343777851368966
589207774770380912306198797675448538884934886151790229895133551513
178169447938984480551016044753872934602081056423999956531329438181
181794916820664342298614174888862468891091040157838357890464703385
062422545091526178581720960154959041901980817249863332365323996203
529983358128818444003123166844128209215710365003177932767165548592
678876429119443885218233896509449510829929260775654351813998833350
031659441874901573825151534911730252921091190759492242574830715970
710339463947729017711117954838753245430821919571097116313655851113
361677992674500225456746172702619265822809693016765263536797856218
150440685524250206327743120789245928073083160954493228199057876042
271412546989922037225580941931329073979529846907496688497302828612
768342445094025419733427838637133216298271886802877048859039816542

665131221746650688390343880540662876132415147364980113225683524539
644591778808774654570209538890575598696204337257885828876643040148
602881347856677752231677008528156703135170869936872283959797761427
043044338753674046103409626598140079595373380376608206680710192988
098346461125352172626474614809062450843560918326623328614765717887
367070432644964237558311181086135320630452731355013389325846980396
507589459952787098686773661665652729409662709536189923808343523250
645354065363667008123808431421291608489392606475750424360773370076
978010486226866973272061313087712428838079513682325960493546269875
478506976087090621394446709870504353997170682855777324556183385967
258415295843880954100363797690748326392232269676310863039981067968
923416082594660541196578250833791005176430719600669142267780803108
635894954912666019682168984872798099736518826787773105328505919123
036083903834063911136575293847387327396475869511903909612921446578
009656278230854852576498319237213841985818804914914081220298366647
625638953591530954244210238114009422010543587336021765607515378419
898361830584080950957923288723131448256881159002930870419488419522
251557714253601969600071163474474393500568456344376900335741760282
554910888521532392506087844859788167278966902631720010672064720740
459424890050807628233972035138346041011685589515018945459228325869
99099358318483888333495905712543219713999285566983682627054269275
987881498938895553277521957161988467584092669237122724294525243982
523836417638668895023936487670293181515076725859767848492337458449
430892319353106512504708445945982293233904494552069195194753050359
746278833569846132022212993897490693428402335529626356027699332292
725089430202063972785105589058443007897205048804412923489474672886
783891502622888529128742952750435565020962942247367934640352551269
544793314931432012374843865246657866338104602907702516740675225470
354471781686148529224587986189617232446589528197151406141012192732
756948471047837285769460924518169168799535580404984124110491975743
929251100959314280976592191588701463865514029775960129535847007686
116829226443748883090358961861126606849828180729560094573218650739
506343957012535482591503536895771466916509576445043362651251199168
204088534882183992149037468832063892195839677180721260732788561951
313557657524341345366570848659341598443546453769453590903140796550
810660494682247214518383466501317890674110392803618900144192600451
772699029465191226253027545038060324885188360479364632249905482580
495776019740854482383090288704159731204703163934836548926547230251
529080407727077303618518251961201662424935513390875866910423295025
219622274262425667159298289304043119006795704120100840947826597883
650327603103028484313256421105347720758350314603861753293827376171
032952138127566993973744418533716325063558390500476440504318465550
507304089903892699362886204694026958443150631088978643382529879170
065955281987833755417779176288761977750252490672963806218479450140
143711027157594365404088338258179644194308333085998477598891768522
529027457842168969003684371389240369032563217458039652881882758186
777509035040778567728215280374417828553924639303017935575994696195
281418099816035856227245541275974536963753619557098053523451326657
4644468262355483975934275684583454305809159838250894738928769210297
688742998711895415173204358065191585613271735168111490983541922118
283470365728867448815599802621633472873434300014617603878659001368
802558127766026346001449208170959073372666103607362423085988438525
246934735966099379697569178349256036933896156460246531209080086702
727847741561036000878975336766394492456229509234066383358361325146
393239122021141047583736381538827391201590659474884818049489836365
636223485421468944007752508002307778637642480862819102818203471183
174373034933442617797543695377194812821564298546505610964355938031
147766430355133888829485169813786387513074991074046317672875953236

553329126594764048735628441175079713904740055133239389619555128569
785980204776976005252060680548352054715812429473628012190883115120
816936817092279617805040894557835991309347632280801514996988913569
688136111051402341987841705950776564048246311888590148083377611155
237681938306357143194096425742267143549818473954077948135087788954
885441300133174612510004307332540107531424253624326777980106057834
007304622567359488688561912669235601232984355772650000647431975147
022267052828038895005700215205390805702685168817909665359775812636
888591476941979748297001132585765878572669679968003208967718995220
502920349071802140169102005628654772960086926380272911146940147119
550677284396877248732715812748042859781030245051328997441075754153
570752061036910290943137069230002758489532125119784688464230106804
490373289192260583773886130912107117705877528703187465304552555815
403887856524173249573697748876076701195049289418324591821807077006
224950287899840599660972843531403320074981937074803208342455636186
316599741500158189254372358414756584357119349433485975635464919175
251174560830819180438633576468307192414107500409488685010605996185
014204586165368969551147587396066060761951716262525023678143505929
992743236542178715953380317592362788987829491326901896017961588736
995835363153030503048325861920935222145942082074130397798738379090
640621247797034395114163048800821786819413639283924963789204424567
103999952897567048617902880627342384547397844728193551281160733812
632791742199283209721893969611128149769722842643702754075034764079
013453331331324564963028811571355381128154995238826309068009825704
032522248214189545731194710504933927455593513204206562153689294936
646864090563109585365986127655029652850490850254774598215669295127
371133217455907531571802909943258834053869948164099672325312246083
210899317524899234438119482066431676943205728014253352052621878287
214890835065610874192721644374574088327016759943094565014599538832
556482404066112833322934694473822981475820213179753550555457762420
963255122256361396446854997894034439749368161016591941235650173277
012122574966526646311730711573483666997513141825911584614328108578
758134217376132983820767519555975541957172396642226764547465200211
986278228782024036452599026354617705964647041183230009657954902487
137117915631899562108167542835268880911798918327001510089430933502
265509880417268148908812291287082952109766415444761833098113691278
977477122980202133212746589852634671926624555388319277144999140834
101059524872569030654767321855578141002838442058890414682109669054
337555206532913423204111494441007724598556415289012162258426352551
147078595553213609880932895069644837618776325259427108701314679076
750276325987325766791190434282627051475245364942311690421570359226
975853210231171944589747868172321561144409284498744812255972316167
944415034458684482061781214268917234825687477876627836168367743249
408773244948988691063112600380478865818134246210720845544736421518
472876874593713829842803509208275211768993845949109624624375453677
491827465418467347459270497448425473396257541989940808113988809617
887011452014324499095869529262140219339730031606517359189393323587
541379546540821388091274730654354517356644909327584900617263889764
584218459134590451977008403452259990961887919339840288954323562790
608249368941546323611677529403826834623555194286330995651263696800
115648880489294626619364652318434098834586027305854133387446270545
353835020397571542522128525212821830130299332661790412226923870614
682842645748068445855575824866887213502541730937126041796912427648
131997461140265341380050202471813955693977026651364840094792620145
897591381816690481772316593805505270690768397746184553099126023123
008399979841076047829385141598878724798422390914376454307318765451
890953265023109477426368636396795651027995433045501962995102898414
290991155800188855761777033734674454678487614755250966994450659033

739301500313160838320599729844570358016495399357568734065602219921
218156704559208658030544608103653688805197213057760336977912821309
760536858063007951517605647629964106247398349695899949168518709749
894440934598359352326346812880259885425319651316359589443145420068
157243560539801859680943714942865566944149003491115569797346153042
368660689450470004538919216435945629122204204541554833978183611551
289833126210250769674369298551683203785418677422376337169514555308
472609142939192564006809487739878753639043132845210957787024572168
036765425369755669337691689372159682642757537449497418005416994427
085677468627943345741278193459750892923701449925344551435339662061
684616286946318834116381687326356609668442661816850878358302201726
827279515949196298894654714150300669941787908569445027324080377784
271503413853735560505077429615383765820055942220959407277510193188
046442455891294859364538378440501595920916918099209322085122672924
749205144015172216109792122102691572302365693498551243092306603059
365779850296871735291334499724162964734825673764078783302942775073
652195965175395117328425384809993466669701185413116405189495265549
500814393148266488144464640209407832353934236123495389862481501646
262872514068441540323241030381292120284342758340771587145838104201
688625456195295922502893750379438292604020974002976591306686065952
755327510698794454143399655516194986920940659152382011727678666162
834438312481666252038836576254126699845464566305626956300524145350
816449079591479909647782002448130287670724944687100703971599113759
347014971086244076651521471989330630186021305048086070345183800627
956418712285362423280665412324259297091097700292972121994744426228
543308684127337911626984752085482300415690572101220265546980356715
481577352519046914043093788933407978357663892407945831053809339861
714613321315002679579725818962290576615119916240999193263215059982
468159612035086196162185140955383507737097381655129651352026318952
939243562395145390317544223633130657390191841231458942990560684292
537598977918245736986947330423936923373521115413358476203818142692
458622068160517057737223332996119298888705213003969668000446336718
096923708853050360875843204027557567729670050070934456292198755900
985174161171010498958797084469521957848116947199891507108449626352
546703160579177421169382207722093235260057182342362393439411167924
584091526061686413002559143056811111779708277736151832307889385667
509092809708369331327427004104019029461443725910813483549170741047
323029756221693280169277049193289319141114908869724389042049221875
825979970675643926559694021381142671289816729574280407646858336987
035423399064120619089258734901166405703082400764912261285010187293
510024604618222568315323826198069982118384010719482289989607372010
907570340147326678500305625838998049807198497734231901917472465983
722720742108557695432505903407033405048224226143087628088834201672
994184495616288695892134723418576797210819805461815839733317831479
781392885064825825088189657616971791871415017060915450039966398970
448413092125469123200475844245375100418446477104934773844112579849
619665499434168902643712951268056230282085270878043999881177877526
438418231405761652466193118860690405132423239531733139514493709568
694609307469314164276161660931859705889566352596023775307483043131
652545728120657912367284982185753474555387547682602700226624748154
671053178253911427371720745827165096276400991584750433634318265463
544026404059732843711650722540326513665539498189050993479379819858
069782186550218132703931536004981536976329865055365877436341521795
877561245185803483099483370886025489091525828237798366834873955709
870662763298057251921879145360285571773767137829961577960518685217
746247279774458945612549743742831904815350809536033451762018622246
012604624880226814489030208699540534068141543851849396599038459111
745869040957358146683360303234564462806343052444122209949711134702

4145602396931181520775528928748789363961892837294870079331117133257969760228398317745577545861299311051810723969487657942820375588446207770717323413389041519555404647557632702765338010792659045019913999111486319557132221245993272985911849735013224173775276724983321615737118005690929970080181244718689665787726800545551153681979719882684807894522754243348703672318842103520350485308724115445938475496586200922220756979932033803693719701186206867854194952555633246609115865504217061767650666487720230673352128712295728646285932926867706130769255514137249340019276522485394327005956196410907039162084403283279898661939875924646768939114950318280834793998604665837250695021325692175649023887656152401852170122116212746858948178985028647447787288052235235682285203593722441279936637967428244839643780680849492301720946887777425186607959324537172908026139941096976765466340943127143436880658920699238896633992377814747893502809437366027590036462416130091873498595963428047847369567350496512427843588542222945033800113262003971584611455196041542091202354470533820147803874100072252486231838881937801921658210374416709758573537411340839395522857874706821842943745044891824751438878123345558634507762627021771657630862420917470500401708664012755923070392599025709615495474257433275765180189688338285495571322884859164029072281974743908432916254992336031309377259116244716487414226815761994432461605729560600777557271214775550282195708859876103086165269974345677368493453307531078550952036834215382026867636799048087551299768255483326900052195031300284825693688810115009007083340100905416054397050104488012412314251727926697809424662461608953113615416805309768800790622553127495864955698799918885362553006113245833548285750636948822557373040371925279780093240196575453942601949749977794696391673674187369879878250594371175061368451255835800714655979918322786715428353719341954906222489359562248723500159655159582036027828741745205135745484097432753825755521956807347778912724295252854753774163105437122739220305406631653946079295428011949722859868626209597057713657674576946422985856740408549931614689233548567863314418192212213688629970654031711152797921389343628299637884132778293950989205495568478674730118373845505613147815705416301181460518125831815266099326685656447494864272361110063990201531934128825983210736949495291608627029779390422363625159140824703432470368192463982751895269102279503149337308998377992792454394116047159119733154123209971781337228886015363032800532128349392282194279859554554166792585108532064032098488506278156616214881284667672704162016898436880694859910074525753019823764538420560472267979845632601505549341618925533263566771752943034111901878705682235547120159829502893609563368361185608376927023150693340265942304195620459672440770113647316949691061304972832176408469533539206481500583501825585103085490348803833748183194421881309584774220376952264714441724599395934119070544163630797214176855938286411209471656201941013076569395469755996400829760053541886617882311102017271557302255059529033501374025869285427719746698446360302981411834518321932934662119104972061197368362956703341942779167623834154639216655897206710021103908596866839052817371965278139213450154756878629131833284334547580722012475467487682898189234688032497121578622185846523818179160338762205445026105352773016917736647808824173908844525891385240418917053930136056205025322890909131465997522304654649626487270505042798563552499956894354846562905335283890524074768282346944251242205243214604969115159950274511921156829136198777574429975081994571497877404754366466712183671863998593864775848049737957431031355610692264889332379418862103430300996712957562506033035903221766749415535633723911688903236692739237960555947822231835025757695690484995783553419927080045371029096730804871931921873490509578327909293340979011230509535517787

797425730259126615147330971950212836644394579639594272143484791826
563859652532019504389724159269468392524242186038072871266166423738
352176839344656894225000557581315184030850597256194696235696507258
485093481378292837221706822897942641654257844542009284748645428513
828372778381335135819408279535792283988973991137735931487315643412
685577389382827974403739403858089054758537646920265681816610003762
245923078253690283197605974266134558262895200074717519866139348452
285860670989229139860073767216427450218418990687512821051640714206
606389587802832431977581088443726138355462961246061281033813110128
147483064925001565512390649263760563155724150594446447578971934930
991026680957081484238104884185792550051367684291351141125175793902
226258740088453641633871277575302581962372271590742555475734011936
308352925466276945714811338665484639021230369169058049540678417310
559465918598303503065831399068316976483876101199519366253613888976
226616508466733759478466304203938446589038464883472822845237953170
699411613641081944696996724440746928392364130567933923015291910836
075357808954407226578423150840588341954782356879973662184218680496
876430753139516367036626375443913518542939738639303504732241669528
654384395492271047001209217380103835760953115694497464875956857723
939594612549508301794218645124976069095855328481413039828332195744
156994123083932663795175897709125491779731184593992615345221399614
109834910618405773674148244441335724652915031005080446257502537452
754598551539294860423302145828071311737531913940893517121551804301
704622055447973766966747893173096271481780432052415373985016954090
511688306812531486809043952323243760231622525043883668986857066165
306618190456852747466558716177265851650734155065945175613667842590
715951852649232661198941992769783302883777941111750144741042290808
902366083391940652111393237267613597885389234282889008977305473363
126803325171091298392614849700054268616029942960963848864440600491
029455039665291702342363466065042222960210987858800694421569857705
366984484108686731050696302960906193423160663874899001882894951256
155911024044628205315937709684265648034603378173148140538450449907
592035509064459099090914452597256714953028272645215273966122182604
134614750102864922445726576575452903240547143706012344312177520657
776455271900115395334250541807539121915059837985261573370516229544
119703078887431739989145794825349987158969437877343737675161566395
464762435208186531597510366689707775832838650575235805017140232362
041820853877746798302950844233833110374580653641907944749706284770
654767948296218866925906821760067313916066581607858328425138624683
306260336679546791249223032388929568772894761215153639603094062765
311976690109113804874054937787515860827573236354566858067490627165
972159902992186708613896895137370683173156800919554827792046505577
775066888521186692976521103907786318443369590672352028399996432396
387686732036137916466867950311217912679120494226863196952264941526
031838460165370450925925788004244059443494676228555085452556602069
422687732189463339027671535820222547033122347985668270282524598801
234683953776355174689122536788123818919954637844127033241873737633
256130422332711844450749742422378266197046104011122653275889557238
498505763648049409248040111162770871555279884079036125727883591241
446081033368567697834958256973338399561692398900085029353534299965
740696377950214085190300644954777473548411684055102877611086419856
726622678722878593933583970287883595451263588076265414634051480829
780026991158114186054762951288199430838665320484267405555510253322
746134221993103619477720495243388211785032250462292214245695555003
313775842857102650520168844871279318563741260727741141786989397154
226727632286584861696775818739529467092943452537335065005696013460
731802577679099155134503484158398467526505737423974714748125400935
781953545973458470765007447097325493931035952440878024276669846308

4264446386736380162865119392598513341956303926559571167112304497992321173606848975917558263162239022622489846228657935727962491037640382310408048197494285927024632127390069050749887731732188546893642438942096492856644246175264232707272793308155715588664841631953161411736909081320190273895284251549967224303489023763280543729161398227252990836908892497388522995923775450126780887326119546163620900490104565727238121860734029185447799535289959211945518805213829562617740804127330379420903678075311256760080426049507406190564878080502343735589161553899274656330762008009969129076100632053732312693727962007390543343746221025899572139788919097031755019735593786924046361116027206338338409032239894189167224940658460386883599127252142008927927430986616350795728379051438551387295271129836678961619181394864073685794226166711785990514038234729140090097922491302499787040038054145640642906637903922523044921716095890520281781615990117043582891340913588943930495096599605113324294482509836510749851489015128230584721525802518501199967290923019534159104663497514809765758541954441938660301023932894081909479278480783045240452965721750860347225859417577247107124427077986907209955806822251978998647932984732830779343237408852481802412599360762807499552231046321991068299808118204157702024037867235236304158690964281330364662533949494024268686257659183352224135410200488785056997471685240672865751943425706257347366754736503125572083747217077731732426112803077590654692395022906758282061276734984710635197644664427167209384615607255682037913752094903953881686272030842192749330119689065021855424299174257922262045088519366428928772287755130094773646300064241099299000459324667735313744405486684875877157886475428825132571024995835523050990406816463413145731448493938698331347774273521501166697679503234920870266706333426771215264880879536592993735189924206722511948073132659233435772079645297777548674384247689261606817339169281246359135494609645011156588572925382446911719755728510786552984542787165830234121111553000746635255504824523454104857318779100347623305884072578334984425498805845876271348453269204022568383164232223709764547140509123641344063619592205000038714900195783359807810085988860559728484791165320708745934356308021871621114895896268008973308214206067063769193099058122371610501633813599391835931871303044926180189710892820426100316149965985859667959009433747212333443895178821392131689613734560088472118340553704173908865502215538977424805978954172343536586149015842836947490060430889525606111387554385849627269150910862397554805901362380403582626005307357451248710774142634775125097739773093907252823363210026480288229727064109520105288380786769462037156395760476611450058080477176427287800131312774132443027234088512989685603831524657474367982370460127907578060892422712832226440307990061532314102079712380053382053051219117387093019838536790817347001559734751328332160254612250272486712583495315739005620693532954023597171539469246442743880275961486494129247527733741349507148780335377866363118562306153486757767063254901868295800382587884851764556308708777219208318388986225367791551404036491281933272346464104104208811093126098396184018558463702354359467248574915309080485941831260967299406674844194400842598321754803345986174002004313785082861832997568177657103119631581865995049067237979178736721907515640653437764476306217057669856708749227075028087672462042253538944741424134363110166436639699880878573350453467245406692181042688115669543845133919605697691307452133941219295087691112175255550250227078914717380068542365030323737486778702558389059893630502100871664697857118051661731567029479585884426271984103550946215100054672653266686174429351162104756739024197730966147242208704524111707433388517866626228389759505203128872018952354482173947821942443997589998350060780412387921930656793257248728701976858

2465232506696114739730088004771044338654372268843956825008857164813094684461270956543139557547580507935142675631381936217024229731878481227768318957407048462335383621659586843308579628537616031367647478472565866092667662925760874527312462223550441586597063699892768170434994116812797928212969226927665070866724480088023309789282035593082888597853534119785021182140046842505467402549771417333366895230491683144437629773482720505996184279601382438264090054050050543899562203257694031141072966938554123861845341651357163376862041548822631196037539535157965115615791687520081674536224127084386082271549504444160687673507152786736164990684079102050438446012308262194961869244003083142930447840925631186320777512643059419959491771706413089068677746385439177938197576164468111066389323583618409159532116359788090633295173261028171014866694864396113101717553654033227890444701001976312123410764636245830977326893259327741919571499244985596469761730467291526992474055576981593496630773754704071040347974975517710849312135392429329973675722029345975758802576403917756905121552802314521029313049965333937302320092050540968566150405868034163793425219738612936589718569331253741457848278270086059892165403956081731874297587191910693275712179952087320826981863598460067276433876482068156113679122840973794403556138714059739036867993047423692350310653421466641916361401970239342325752694299027469339644081593015791879515442905334626141049155315688450125585550009133220611127010184435006952174617306595986416881093816304249760877061545783954493791871917977821405022579049672212207781602380149238129400854632371404052972776933521421226846185978211744358524205910970289419846246899952324223981655590466771322876361960183848743194653729812296335274062864396104175916247182063541974356857130071675436810628538358587361141488327923310460061344514130864700024719564721679855282367690019636214043564985333197688806488862002046177902558022709496834234610834925724753544521339268873693931289850485958822328147510381188809460451439780369235292336510900341393458467850412291741350494370619605866619482665643182166566296456063733475093289553432517497273791362242708239356455824432730660077315547130178084016931960752234418399227001189768898484463505526607269164237837900804794161768433438322845853768413811825116775638388925839402012061356744691967075752780470693445818276915779568602324958841160289598378405115255979783881841029014784762345089670289667288889647657977823069979881927088351349330445898170864681797111283818200204419749911772154103420516542702703199984663491469520761598650684885220316328732259038150648355010008451778437545074361450592219424024187262824903563412652643119265503040632025753660531509186269423040093331024829860919247004411577693505738700428590486697364230705586127356402054048267764388090325802788508769099480925732901733117165305467839238783985992084494944282354551111075567141794156706197119864199564089819746965038359856000153776319786594268470653207291301834658782449250781987830112350426129913080412937786711714417436494170413095998427749615238523119521635415716204185542617257732897542748964252455836900805206971989783405327952496283264156934156139985728673098742262140288518128600190846032317501333078074831236164178261380511779337144704148121189959190980223746787772812890453035799593400567204305644044935478026963464639719156600092636864217347411761939064145402317939063173828518903652398629007099830986252248923437122606098581030409576388510924389509763364947748584167476644141210442699677685198498165067537953954532870805499052982680916273410272402610841956946273759163057030693604930495517602916771452567323503367130957078176961089025569013133837451158173426087208091976896237615824723279969676265949176968903500018108711473857434983640990927933694547181562903452870089331778646260018484583502750939465657435197

9662469396278967133275300103362167058028060203271745531773549327571
2812897223016943175659529582131377364076503258241209583942276617489
8757281848476302875186074619815953091451776753761422878153832469
1582039685564713187068248641469435543418642408986534022652979350425
3105307455647445859877651882708589209421996518670330660554024323585
3057412498897188396465826949814140327296804009856740944722029444
1441026819291341109421874151328287331079823292514506610782792101218
0103111970427769076943035449752830570950893363533333185109690238906
9806293571634303881507485149898279017106593644127074761129851868
1777313704723445403745600286219167913221365782707024079509967914180
3348219625586266951974361124884659465827287656449897715944442118234
9275517498968274483846421554452254335777101571115312646908838680
1039213792718885796109842454401760358927360092579861974341024609362
8989695597260191902173807009755802375380835506211199233147409088468
1435199033503297762255410262247665024469857171353572652882185686
1123930221223530219051627735697412863498354083903277354810508071163
8965572944766845792174112094484019965561435530689830861208494869864
5171066737076918157254460466820282052648523358699249990805955192
7828814586941368229897692946966657523038260343104885807605511708300
9197101198492536480728361569767818774221507110373995369276615245244
965350910034528895977702974277885415339785881066071568949262130827
7949265494362107345696787855068738556113335206511000951672238444
4353315866717983535953576451196680957452740004243401544004906266613
7962957470652740757837146094002332655677207837079450102526980479349
7599536312147248881206599950447324540529569491611354376512759235
7126014280388914399713206284195468196885884175292922668864426214340
6338432354490358718369905053470947584495815394054529883914651863181
5093973623321405450969089453531162350231626454242878880321886191
7253625798092179692510697663155348667212890255353427663211799541889
4408023111712410789106391179138011169084156147104326412032435201946
6878197773271630704885109519004363450847138672677153789281655621
2509319933084617355227009185624196261048152846404552681817698323603
3294487179905087448562440525846670570782029673843869936935465436456
4447230044536227375266531452992196223098811764568067671397854379
1658473209504694430438488370771865018432569270115171349496173698078
2426940804064500922506823933795683717612153905708238585482910045715
6285405230944770923367992115848871886152442294590478039610523547
7529451843291821776470401267419025562578477103968755033652996221448
8179352640586781333262159209134904418941231255215399597795265706825
7462407649548661139248146700657227719602495734508058408702213078
7994543507255603602188951099248370331300766185308525391274076920389
6980996769175607014847575779142527138022094159387748849404964683120
2572153355580648888199949024491248744387026964819045617856715182
1532142145868896572634255779575626527006292978459645061748964253000
2109224798180888946251675732735002967714705032799875798996291279287
4660757819647948475239203522264559406312628324841753975481745701
0657092602259317232087409327491400979781869702601437421478631793853
1308155711671801618419885007706082881144649675351462171955213852392
5110419841081641404822044249417827953801735743096369443649506351
8748203960509107089209844314167840644619109367713615057721430047516
4292784627606125879326495558644718659029848182201602100499771983618
0377821189595651689225393418263501037136321157781214602370936691
0632191188391695270536319994253584490860239808314298724363262584106
9153661791501171003458273988450230019002557747743121433421560910214
2563004729295216805128221564798791314836123033461102775203382979
6984764875107530862096284647678635312023068605098718087512822655052
8198916999445054582528742745970634022960335685388694979938282801471
0998600870595684841215196473343476633762743513560052413635371901

147912029922253153318866025153770683310154889099953699017173694298
447066677048279322448234182065674258791467811151897477490725584891
554664700433292220398950649452770755329322994262674332988281428255
689657332667865756193371959390806642919147503111328446751487396357
728793429897564133604265814305092134813679852888292572515952463686
670526471898396196359849211341569531986380455814847907178090786952
927279184045229430102942836711083950634842506382085558653923276545
286227266488341850748741393854930741763027955503102908136770694302
897012025317701849418209149792382963165602229836198034820405795231
938132665460972135883930448521662872143525751137236845059292982495
6114742268292183057942653346922593252226372031701919998447675715410
489691608200556092938804385615393938861080003889314155142519880728
134675709393315430052569037837144515997302344291450569986414675950
303181271527278942502383466726331733374558809943544395003677567031
091909407161141154055734088483428335359931921443710600685936602646
993465720093603162344426382151424428391715961465813174247317051563
253482379314749449200697954801646821898843327591528070953988212683
989364231810654890448048927684892185471067697886135033352449811386
163739573102680251642313394115498106267049750201361285327167945064
131000846851005211213639958390314022619108072899098163070206354131
115422666078695487177382021410547401402403263196456393009621855171
291432652442745944144182756021445515344045400287432495777058449408
098403302725818096317965249173507014948466841572546592899494762363
7005980489039657631382402769423666262226901514789471169049802549490
252587822206853726045733035973090775835393170308887085423495312230
318022928795990640501773733442130627431431286152209051808992390909
028791205122311868460241332786097500246750791712605774045752925643
648232591599931664450989019146148028600254823438719690337398705360
037631100238503088551562739426231573907145932473869850297213477822
607116809960060440749909341853400572171993409130820882341230507612
352696212454550842224014986166215731602997904014966994917274623782
673017894094249596068843773894743154058947327147016961985825091282
157140530857846619186132280610365034200390130814037928612843022537
881128448946883053710330312357004346231659076876308980839541591685
205458809476237119278899074678575366992814235247044117166525289100
360537755973558843542542374651769418514470731452547687692899700595
461349680397382329362389980198620565056246066813102252036805483248
433496956896531003852375466758785679940094642537266615054675709129
876236192670083598762678555030286306687993922650993773988460839066
820820662301246129973037801157482964498260524705900201388562441463
341058145336313282560532052005929264808303132120350787766295846454
418916953734242813903516292914225048390362614442557358107486834892
518539656531498196305571241999503513238219511869672381514583393490
828597559919669721704534304327316193571896762686397897886844388611
904180944185825869579602634563037552477583111543114762035938698507
377670742765108248192897681013385969978614342443000676843942075955
495740760932501678239929600457403577583331065860411555508146908508
483995958616766251290531530322439401172444887403452240718053522187
971473853132168896260285312534875858556725137078186863521169633110
572031722370604678119508611426666560265806290848488172315565972646
242491374667624461437195284569352215618440020898130159548600299025
188585073573071529323123181318499178936373414539913411022035565410
510107724359860556317482778472401379834746309724538260700785102526
381660274367109349768677960974264539232419633798976824844220980191
330548596452868142462908735370534116434769696472966752583007869309
307984984271168790440833818632677597338032526824224332968073950641
806715656027142682112303123429485516536532152694576106468247007076
793291110119601654687799208741506218692435255860566081435007054636

572825128990898652988276265682300743770361058062226645479965700376
271442571577258126868254662946872399564065097283240776143891877042
497676234221451309179368774606291685183902468031364398974169613588
291859736553890645775130811934551982918149128457651522996407262983
389641873938024632247073639276859512913289625226756903128989820889
247134957014294468682265559575277458228284299728097773832127325305
141699246552250666146559135759865547489426015712380877942847279114
372236711153038274775334142424071794886020283405775938586047439950
943326511364877543242214726631364859057771943537278581043718337900
951798179631135089599605570568421753214407989559231848085248780836
755006834594839342478328565635247641894933649224929770885816242315
020491398043590449810043149323301059449024747184763989316316844434
740475056811723746439216134318381268547094021092795718799369313860
000384685143684582116680021828201299917480926398909895665394058295
888600282744802699916980106424049242658107592127246906309924560742
166116941838972040284553170733152315111420567850949657561203900768
315674762721070457356617187840296262487211591769263270635913876784
655361999859831823045145540096974268503775012008321332069588601973
051218708541843880610883814334713432566689792627702443419921807686
310016485733840408240758539913655790811783908542062933068122947293
355971639367946203353915270906372069467342338151383426947141024398
224388308667689896244157150644747905669323318085246429562923101600
511186409568800680522593965491379781356366627865848254046068731516
751685658713053052115870559273837534786890808148447224684033527700
001191254671233038886156296696015872181330247282478791621978491164
332860672224463528831053208583604580514784985209442235498471314113
188173524407691698381700780317068336361510531335515330958466236553
926008021258336209667955544462962234869224431908474639193517496015
959286204453799127924439547619127992304158443289127305216912408131
923408866168091854338242402945446101708827516088104274721924920945
394697026860285263079403107069099130922043115964504298191085799442
609001524514242833415815488227675820036415251050279035800480534280
923023699820894145946331693593899070015559835064469082244498619717
044307628693201445951564848777012594850115140539797963393010043840
531906790743647129958471833213887110909982356672212638054868387418
940101075400137881018393159148808747865878795001515539644076162577
508186358217931011726144046668884818219456044051379248831971545712
438419343896724755144423665893647185182260718836387507045929451981
123641178097230743409552194140524464220090222166686548356081018514
431715550874520307066813582038843521549879449603949472960654708063
982456273947063974406405137892953357285866899900859908690670394343
487080081760714050432569032008815369471670760999678083787526081073
299247949817333213953183877832823591673701258312428906473547421508
878255149841414235013016726750821791110025579725174276007393731921
421039260329708107698190589880389161813825799144434322105291569057
878847458211103826605498946693764305728200945740752925336116365750
936006367349850284388726581710725994107849303081301175864861158329
066057327427060306999694824005860864033250510745707713620352068864
946234411905631680698924069541256556398194247188892203522432260972
317548885317282667739103757237101067393376638089815158426760468520
362036724078914901879273556180766175587818153830714572203881772971
875938956629614975056785345081345976592828371823671924314009741054
372978445101625754395876245790382089029349315014810483645135388892
803043860369016426589231622072189666519355916274979550480092555159
519046186067918808187226970297962202088800248778717791258102117894
250727613197954310962466401977209723226100268637455300186190885982
565656265279366085407822811525155118261704821756956154162785139637
782479952394359312469752436905921867794263833307337392092318903473

965575739664909820526187772708461695587361455929521981268933164433
823973142384726159453088525408871886577640223851051087973101722522
845299769476173758249952632471411817301602018331119181122281350885
698210048181611461676048518736999561147171048969514528496967581258
345361297803477323132965359652239063357421420204990479779497140368
721532807064357987712128372358671861232848101428938668857037620723
484479675929144219538642201210820779887655110250311529371693291996
515388780425162560257463240850422884499776238946926963152865729374
134301693600760353293697064178277877377930650105697394561162192403
366764030907835414551383164348894499792375578158750144552064869347
130864983300738980880568943460652073487595248873814528563311886966
371772606539290129962451213621618212497585510924608606703292781986
026525232632282648357227323918383492582021275938940571530411273628
188361027150253648154993700996249826124488262917986728249764948743
752377218823270232860787867414464676075600182094890673465740757676
455255636422430212091679637261321178552432544516726617845496108737
903746066329417692646345850239275544630030638667795115643109766170
095008053674662921490319228931546134479522051756730507822406654121
643097747251304495228849925423816543796406991093037267686443698771
596745583878817823699939072913629511356585921262470605123799207098
445306806751021923597625803820917959940362293224160002144948306949
888479840257115758866426014882617247760922755278249318006124546804
432703694942805199693247405676562139868967945410457780679381898678
743896031549308087544850870841396937769738770431774286581696401871
131875555139837434149480436738506910996892834084554865883150782980
444429217813519681652065459628859248994721733329206073700725483852
165986589889077098835465950445851468112519578727298313561434878739
357789016506310758644069444839738465088854412407993571718927238760
433926754142118240462413909054293870612823904674491829046176385817
767365973869331068507357006883922614400496752244109439386794743104
730175735221430687079113899275198337431708032830179968893744273125
215821356317063512194580243208618521125215636094841086274928276882
562501686289940598158930419958816428678871076201109560759741287230
522131712605071600536828028137772342999917730050094327364174874089
319317228940480334599855226410892982215449118147136348851808329524
371156096051075765109787038763128124395958783094617349039834758336
946605791545220589591440569186560964276508524589570587748288120413
261239285894873523560338104314000357289123785627432502504636500743
890095572740636949446188365286660543726152454172205829830850965936
482841958696169115725932419827358324585383144016706816148734750861
264875198978077618791749682700117124818918466138987978076114957261
378239841534622457347391337669061778806054634749248021501000162411
212171394543562120000272927378809068638911983351608116287091044323
730701597837680528428190952153900899546814560480934772723899921077
127088311999408311819022041478882923964542865097988111642859821695
566288129031070650000932023736562567548443741799311021817623100802
014046166684899134498942412244970191755576492854239923972482065041
525370392288105886341191972034439414870165759984553384786876567773
477091766714680382367313401639828407880205349546832959001441780461
553940129223593044699854458941497443909752401223342354965425154758
972141848937914350277894140168852816498143955298295540112830729059
554776122500088200251227256136937374376926594900873746044344756874
791717024790073562716781833766636490104058900490891903746456201786
773831536991028400082287598197485352472502014372421047928487967599
705577863311114044746980788275213095399080803117091873922137847363
226332007664951635051082589788722053445147150516363923455862358747
744662242736212811092579582876119166254153684657318540677262662818
074645612365270570261399929161653055198046526503055454849917940375

541108398913905394966914995624130865765744020383965166355787306178
906142079724617567147885358069361700198445798435091165510200227365
198453484798249644618744625830476746482617361233386321767888312504
912779200926688484238181854808972739446180692274654904673210947494
745911730963142655993105118144649849164657348892990956236056918074
537823430166274316235950034507637186799869307186295069833110875567
687675209574031434859002288112378236242261019467416930842492958188
229097115975301249041505839344052802235065103086218445972740352939
276989646953854696237284285171887006227343371697645499882868235530
232764350376352044233031219185947358945604266835449612689909240130
899833787013512452394879538459690393424706092469339833594451428338
166876839060145419707922473108628216859276547233642121807873842997
293257587252274196921100888994834956422769640231142753912447443241
958951046868251384157117226630817803408346944469160547679329388942
043396620864727227134058503469476983784811165925615771535228404276
482497291625573147864088200401471973450965477703012847556814101632
861813732440985906856266371605889070719967656969369555771869700083
478267984657239831280624856641195835594668646336824101470663496905
455558926516296221007684166189734544232485587531576541157523508244
197744050894099009451558682966610670967090242188567263513022076946
164741961012483500488324399099685855418687667730961363628557499053
167283427905552087494170066782095830556996249477733433635071383166
500916099445860307019912063620947261628162815430505579730019787551
337883522833593019170150243774923829395637935896295495380106173507
005062115379411613692454017793311067313680790629158577115343529063
417402733746525121883693915935520571525480391410141160760734932551
286532242006682870834932947027112382304481910806367017055551681660
516170852577538970942707296686930226006489657414662072615047086137
372372464532543782557590092567538422619308420193014170554457973751
975300470416861185897332422455389379399588897257396558578662120421
137705850100415363247338063484930878170556606153341128860737674343
207140406875176845301024918944788228924670924764545357811472726834
119812515793747938590136536319222853772590745949489165008906353103
732934604820812754766554480334689750994173377227300800883513866121
639608769508033277446327520211238336638907570173658688340714324957
376376131890231795720119331834684075713003556003589101914426717948
486409750703489157155788012167219481317424387469848401936835506425
753888595363540645784595258026348940536848524566120713520282183609
121072824486035709848598621499110720560382459194859829823543664747
724431874436259385244319349885976950847699830301144277916640235362
440694889364336665191206330022706964314289141781565157624136606794
086442773931508764532782000051431144169384502136024538595273582412
808228405148007249950595042158198022032119117038060227262285315277
822507982816018484804463884542381877821710453476165937626072970888
421769980440600360950716305937923533727603256790842966377149031844
698075924229306159288757880937545566441609888103227332432611609552
152055865572880841228200008754923083828398024930370185292062238770
987704278101256226828645825820748937450657346805895735712702446993
304075235454486384826117949774906522988066396915491619456757341717
414665666776155891302285172493749891423154404203600837602319326891
099755462658514424413069169998816280890748596904830687724150091092
482260722119536627835626888806669171455147204065469867244613418392
754666639492422275787260538619426620379390926492695130808143167659
282504876472104863583938056093091373069208483881377562730641491551
091108441252688428224477997658280451670887896100155962325457841694
603139229878054528721555967498040850462270826259860992156066567760
591964786619653501186103387301206818626988983175553856349333496203
625458890583539704996418141434400220806029988614134685842391393401

535642324721425301428591205657638569356277624708771726378207859531
814331466842886144057787948439418544145539011896337566375370590242
787878298698149149790489982181020529068797424909942843227323929273
792293589493756346044711741346181187637755675531713533286944678866
336852529977913388840625205355767274522687590942502698802623029029
591980071872715439050757092048947427880811216175370570817778606572
327394436896759719613240934977338071774850676806611000249709483177
585048961316817104715760132811599797966971179648937493658018282931
468853266706863564738459193816300614124738538845590045829273118304
531949237507394953597139353273415735585162108563929472189809593934
148208358495693346918311894798014433218146335283910776628884496086
869637826510737550363616449216691808790491033399484824422074745087
379193547456961564410207232332009042650394967045947946721723223141
046197781792322796891151603338708596999475128428050100075079366668
644883362672503775902521102625881334848928731366640495934702802062
967005570773406220297557733498918427780848503294924150006562102268
729921694084302378690711214874594089050476760915559737701406543115
136419939101532216931977506053626463245629378601040851025972253251
730926509659234796949922483311768116594806088000826189237040594980
770400173967458218924295489507168771331001039785153353453147106859
570944506053733591953658617196314970060182160151167816445877799372
327454843702167196983240352158951685355139247820559128279615349166
301514580517888411480971867069842722647325396278568856218601357551
480258411912578616981540276091270507419511403965637928982882852274
086014503953521126538953883867793995172958629270947841273911524331
129259464000726134649249972681810945151440336063005287128811763455
747440049685242334339885902991306423665017309231172549322356936462
708264736539614701936146564880823663856871274311814628024296708416
102187589986096496923503129824468202286241015811833808695873215776
018223789618015767799892633527484089573104084610685377186963984413
185846115041482873050231180669598634179338953174698177066866352511
778784457585311149522528920915042815749224555913847113304271589135
534111423495667324043853073572462286846922284083793734484706029169
360139930409506545961900308183802527282563082209372697527529895207
663388958110039346705019550272152540707842220315869001599513082638
484197487776849916923922196537231665447574407641010099650617126279
590178098819258884779270810165459373325352841280200757510482591165
251375783401008951847685249101862211735553486369698415740199556028
651242236187405834090844768789715421259530355913270720760615089738
197994811856383567450625729469513436916789182630665079524311558263
643719976037744462018791016135424477006273647656549196267616444680
772190922929080866228112959884924781148671534257155367603119524547
561565236967703853704768866046980213852480305611763820687575067581
364128628780137765140619072670023309784587766918228333916512907870
760866937517116891741627690809551757279698052016821027162621360697
060416091561788705305407209797684930266376389686627360501139889883
673359135139603154742889747138541696939293183086800212328963295993
812716537221185295145016710843207469420490209766700742282746672221
568338634130232860911046024015612304984559140952392104609756543648
344461508550374997059553366602213462604839960122732736419106949439
922465245700052391362273333832849727557393356495943155230901233230
563434152351056962822867788210930846121568661144438707609582840671
518753498089714331027439670232072868301053055854740611207109035935
222453189737748928721223938874431654802090390081081088526692277246
193143825290972586311246157795502759822070616687080487695005424198
755620466992746639886393484868401422335287282144403954784228917454
765827194543973721716746000608536862066597343051524283327289391251
077992281717140591722360207385278926420803737929278643557802115835

757358359060207378135471081449504904591832117553015450198368358598
699232679936322436043562460202847050065834538669263343147898299146
785381491643329373377064728561197775471780210572065624167806204924
960506810145055444000836915853863991964055830272863321210271592547
804919890670890668715121943494416990158181216296916452965667288822
617346469987438060666365012549193529951563426706148368629787919482
858285181278413770269402216755806828356762152712510027225321755011
753916761857082441000569786355201545717750960983903500128251287302
913885175974609715463747851581629121900284214937284094101651557061
686206462220736689554939314543518226625017737147979968920612065325
275418413914476113922152134614069286419355821654479670253694488544
417123943334998602980270985027141815954167802543245054515169222688
322276807058416857108824894008108059824363880693049401400360540588
251472745588258232852976555436600609761418817454395068351899430644
076770973415827497543346074110326888197363251029598689127139183273
239406546776520570126856021583738546587562512867371973052008354520
571151156379671524228543756123193671768567009006373542503094551019
185119622995140325974379209354374209118431551168349851325491586543
819283995573831259453672482506711473896296729908788858488825997010
742272525040354818049628522570520823634851226938315628067283671474
350559839279732606684295072635138275104197468897676725913690173065
123657317195324310128695610725805283363158900958266984173539638487
201652004906490640354985449237229427418378411033080777386940393450
466333220017422240536339407527505982935749108698818541052273129910
222333976612533246907300802700490258911978660954614122133412138919
626388266617865561463442108132633077176078663806363424319091832541
943227473241152377048775613809279604835764996953687485113088070624
761273257503766591078316587857685506619883979458302690860270196411
220225736605864073929143877225989074073598764473315527068466191670
81990942108608514033280601787851430149967994736342366222918206903
244530152501557857601522884736715182349449265482885717976992631635
275384557655764406775448906682489966134559521800978142208672688630
564291540138296534685734899671972420171760414562999130251414447524
884878859521922268437236453296433880788511069933976961277826916254
630973235354514622641376521392975068099247765973472612690939787221
392807455856470999815894296685155627040336605876230534031098345932
290012698322692050220158143430280800022365801546328825529047068250
736300630781189568719809407671585126103344019382962718808600861169
707239670394318126130974247111717901985743012399075403547165062880
512649200956055134533362029263066498091540875817634021299600161949
111034937515765588752482721423767972642564269773681988908821722699
265553049872479047981000650468434265519305954864635159658341932560
199539427254246373171515176352439514038074244238577247656596152456
746699316286028264855040685912246340769663976942701366938829185607
675820086694383375631459329417145519966697728221814706209062034976
317120864660306056756149331091673596869262998033651598521300888024
046181683318608779296650027792213476011617481352000602598951502189
632641538513117752107146410707257793497182252726790059933701865961
579327800661769111831676147157964648741069522453761145688792311508
863036238407176919599890035658075472701071991664477592277306588961
119394275860246657291646477829595177925217284078607443295113156581
166361862904473631555156558233734102054109705539810551185877748472
553177016945619773274000762746629160155781498938499154800670015880
287271396477885553340501525788846719648020524672424493955186437255
844099960063063002898185781127353194003444827534004296065595089225
351860155422289176429463530972839057155251922006718225204483456957
283024858158777835437195126859654267081696079823466167925926073561
893989559028954229820069011350119992783370576175407125834805827806

8123894285619311111413250493316426052802330398141690067988980373760
0320995164384890586993696068307101231796152669245304649237463228460
2799082423347983303740344501786448039881275592259020465366084691020
1379484236888145262969686621356647670201426725320564435031311714440
1377135146736716972654522654651061440382027435161022546011116219570
7553769090129814813688328624816036689927739083394051471433848747690
2011642619481923964494632004463847468847911151704484391938676530310
1008242387049815245204055739620581831624869450329535091985805645890
8908744256831229254345074737341519527423647641802819954873173772120
9012524214467540429458554024239064717022570044642487593638766367060
7747962024427680943778548257665128437769009314209866607101870293380
5933104377328530343716889518480254779912733313963366725069762400440
4399984287154827354002136228003638783578086193032813099949059658910
8893750753834426925570332089037583246284679499477201616184924480670
0726066423943232192320717600372523136002600793811788852402504577310
4925350249739942544051399099724277891851189238955567249088332253210
0798862708156400032252780315109766866228334677738349417461225894540
2098000029093296907437726013869091027914062598515250597766818440100
7816706693400075149348285405556143047553911053314375746422948620970
4467908447587646836317892773085988511135509579474495421862986677490
6696159474444092731132006697861138085905453176264945901678196971490
8613994922697223384527051438093895135046443755122548611170891396680
0893667779730994384880861933190910435786072084967307382593792396350
9932847510040727279386262716704475407571920250393419197254518948310
1727902461404966895517907998691025376489096484598167090171393512060
7828395799612263119733149133778183433841931852367538662901900463340
3328532834341824921071916092767308013235369472648489276442979870680
1125654628061172604607332191763047412150640302017893205795687605100
2775250530436122270960467584531273866165214241940868340837589140090
5114133929545770094731748116885364094183528610997103416723558178600
2823498202031499867940174041719140283936210519480604819018245180080
1701371042197459212798404024268963005335536854941640086392177456760
9534458650883286298216584601645078000035989852129012395900704202660
0744988785062717607762225506063907453194771889250990581009367298910
9540995766335386583780980447935377991877121429774619764094727212140
0235326551777236163419660743763915386601945017769140062406841273160
2958608063506762937751252934367596073427199675135201580087373954830
8973439901238256568290785911442588285213661692014029900413146213680
0632352650865411218084749987584411183629097908919834118753766496040
8093626489329104390597725632955813887767446954618157978704191597550
8335000377286724607351853508854954642029309715856369497857640483740
1505558099188402093433335128195514555185733348881649167694427782400
5554336977311920143722541541927450597601379841443735994202876052550
5718937804114892612579830361838010771100500423923926441569227790050
7027947401364942291847933692535432484048780231777445184177958355820
5754761842549575395878549458343084804417370879849267419528932303140
8958991600685422879578929481590006873537333333386381390842099487250
5117261710872944088868447850811634558526921415402996720988693715880
6232220331485581742682635950689362344813422473786939460923256600750
4721256741410342184901311896396765473291674247189934243302802909260
9850752294907970944300923867287743936255111313628761591973832413490
1672268261228263127793811750807408958943971900254264126649479801760
4420164541588131760189726596246144139131920678503524638306577640160
5229732047089201146917133722878630370384531341942644142496649844740
4048617738513529373108099859472815111736507191398812693074826906140
0392864227662784943295588285938372148475070778355119896224911955880
2370450645820056101702053248444902150229456176556185921457439900950
5482294137515441361329150430469141799412246093381651362627902827880

421381220775894240388406229433172798925941836682936792596042241845
941770653019548643948170335524102874704473117150703477508343237333
116325876727636834685844486562539187239460827324713500448957086803
150325038676401735315079400345572855037001845602769961506156829141
611706104616174082484626703351891525518824821272600725957656788991
256787020149786679084710663107487646730989091471979879259859062573
364973498235031260983098734686162739358057907354908246830497284097
732381167082491516373468087051052191917620541698826254760544581771
117993776778696542169925785577204263442443042074495489703390434507
206119007697363517401952656322139282583120528240037466954590928045
259687984608140870719534254761388363353511911214414314850552012358
138062649231353833876758091889237975855157320365883176242411691675
238145885920751640352366843726791759063705392197981126597708113947
351671962999970520901709075898569163890664270423570074450277512010
490394814832945744380974626035105789819540763987060787581774072491
184506978842994138342060812428390148814872599854181480292949227878
324356105549156410917488770670678201198591095890983868839511718380
134914825499274914269855259517765361262421572662448896096148297970
308420210516027967147856159406461363824775890201102519923421532100
601752302574212237542107495918728675189552155329945322689425188409
422826757744222275528207615607277103947182566802471066067738312063
031466284744338620474325956850568928716265329083278784399650716724
220613829453291660046380872563059524153288120937009922989600698139
627968627956763519874182401856293198492262333643189930901704881995
258827338807953265885144939381241154327320589164578642294526841175
188081840509569046913813443077848902114879712116283977344305484614
980793562435496714129473332666422483050043644545470274917232078399
565086801876173270331906565795475395206929252015307064350471306881
289032053854556398799210109566729828730479466100543163584623448744
155540713381432344131178842419601903702868696242276246502400420813
713504640159934720532755679503533906712721617790603021623997804185
763348100544838870317307162552564799599998693531968130101562970978
711673069649402749166572674943432081323146138869255334949294118316
387788990325940109341115727429801331814578281687913514243955787342
059156145877368988080791707114551154762661682081777574724842787971
298154823852036895916524054373052466728731303019258295249876393209
857312091610561357220176392716995986861088676061338436496169518654
848604616848482407438381180741734222448394789399827801473422230578
654102177292648209140948503501322415155999901630714781485270516144
322582547801434401095336602393626424931385229405475364168364670415
743005583729847040181455710029696234698505997788557369980218223035
492383187976298941569772123638440889178927527752847144776218920574
254531510374799777068623624218990630309628221177321970823034774545
506023858591140389896916662207787683260123961741999762365506363266
016990661168908868774133378091951614977054921417118191101495434786
938206209808278789573132789906002086339112784715368430438149815097
030477088688163597419253413412219139628745781099342483271410917827
631765420963125071366926365882135751199875401157902802850780669833
384183382667394553683196565717031946293364109272667274244992747322
913800983574450913407993085683604846778665354210586680052115426486
749723953793642156653587208185541259819454742751611841693662556324
193591585695088905353141218336623998780221150424566001502364691081
599741920254437873610226712941228298888053367943950329404804961677
110728788103161467730371502183528902414648175430954905944887541042
501680406999981967193798208277334648558158591077617882849750546856
791399040113845624360403574402461912376944022007604214335733872603
925372466408966491471465473007219529273741767961356523306780426820
002423074121866748669462805878878738299523278050107066101385402880

1191385573091138057275589368194030938071886379375821544435162655991
1203087848205239374935189559715815518280481480783131053509682356714
6123550963161528665857859019528717754642506412984945105730353324333
4890979972094572917009587840832214044050147411438170956577125267156
7798170976763847864206487613679394578442385860356496644631401310487
6670561346276901749283229004327112081922956415894815282655842219266
1890253051381591180342310885149122665391794481743390432270050687427
8881996706196068850067332835361468049859608140287911963112748254668
4043703847828840079815791344523210166867374112129449681345101223799
8429402194794691664815031243187396911960215671211422794306820104081
7675680937389820546842147856014277688201880717174141274936746781751
1322771090467300153094677730692232909534956944916011690468181827231
4778161975125727851535569861629220291884745302698301566387491770211
9476050941748668411972766044408548329750498907825806153902003010351
2180271792099508178391212339700700278329061937133682183369615408261
5203927161518022791528640768315032997406092804831050625515722628711
3132768182478011691549378624832240172383707271608864192942118171851
6467481185694008705299611314105945829387033052862979188264932474201
1795512442329476290348834952722928308040122263722761102752038001201
9375208856240645311250372640153996437123370790374395120320285350251
4748277980930302021966325093290944881905745102985217283069962242191
5471016519393297693706545763334324332564331363912210835291355577001
8126505397931646814945134120751218835054739685955538780919473746561
6279031868161713641615215540774535438041479845458406344747450856801
2808623241269693993112296405603273109279384916918793335961485351701
0181496982616480034402782281398587901486285212867461753848503480681
3865201680747674402114766556964387396757966442958864095775591541921
6150719665373410817064974822204191350352239320369277923907369558801
5779975526019030814355084924759818577979802981264125192698083107561
5746594693511285627975905780034193234760013696114472901311372932651
1887731467214107412752210105151558657134939127688557300645655666351
9352535450945737896883580027707210807546851979021567766355960858991
5244927220497752998154586253592955688586552190862034885742944354881
3401766168305532660245835994454330952973620564282947453966410175931
8780787579040143195672644502565389640520071487068537065627117466761
1571918106422804643826867806417817017101455799878594929810286748771
4716790174355039931696835285921164814878612862891163759927684710881
7436616177623930982949823406413782807112174123783422241440699848631
2882392406563774389808463170433981419017041770458564678599349411371
6710185104828834584759112985991132618063116652097710932602545777661
4047811397981202739627905217807965659334830319638637263605481726171
5440262684357264514741114361974748853281352543231321040655374753561
0914051335764484512650315994993984759123386762589988628267424214101
6563170282684202742775354785278498062554779673095621350107513570101
8143767120973610656933898112877006439508682263524195798998752445311
5132684357712526955116568426062497953005641342367940326869432022121
7715528452294559060131663002332978618427293697054256408957224731471
9608422799606431211557228988841340690157060791698553970627069498691
2261315505954581624066542762653609898824692284240221705109208845221
6419380040506472351410654462939736295006268706918574350346890787021
5266889903105903073320209977070195562670800784214175004024877643691
3827049667540691448956340009298523549912969960465402832129951288171
1829317338025893433608886395618814530549363321022467023712349079741
0681256872488335280182087968683767489328659515635001584373454271481
6153424971252261517808647183501990499321781991553538737856234550871
1431390503843286965138769032905340152384282439639132568672927224871
0847796968092736560421516904023007501736619499358544714404152214101
6474972421615230372466125530179653345435408898008690163071891588081

455522198431157422312945196703758626058776263336684850752752847903
442501653764916331792832073572043631496293326217198412041496939002
157898758405506883631318978280327068182062011470970782464776027629
635132451352251922427860447660178455463586895641834408259553254334
088710161510703674682452922046780848531852956030260393369987912529
602307327858469371627037491448388916337500526216973323321524007087
580984856462897791809848253427212024812725655515050305700418119895
186092167878092709372414804711203209275216382196930053667750846835
893865445281522353475575590763802378521519460182724568236395490568
125932747289545698934471141809813153649597485154106854609786330324
864298777018635531367450811076763860473346402957688211528898135664
493094931043589036451413175524147809925350591481309531471226234135
406460905980393007295409692136945644985787813148498347106185885802
583353800866348220745875475776920674100675717787021480249068099354
034049780869747523182136878867192069420344186215299004686685357497
787101475284582152153509827098635277035756293849313931604238871689
907398239561898872218842061190277094299032275736687186079770707721
559232641813601697172777407028841345717732062530298816172640649801
780192696415503872932862487451156694400901469103714665895280769075
063099165801904028249123963456798392695655715947613669438739333006
837383081812309420441592959517187192492679792971295029491581185269
446544888160644890910857473849722526625613598337391783194959915065
439983793983509005174338788171829551618447325706942293753652551534
711785761849774779733167716071499421452638170475227272955705001733
744013560297812168718861307295720086827047281509944936557613530068
382030072487238918604555823405676318762623625890434079602395529144
081868873503916372993471628157658628534654447671897796640094342024
901643410848630536408494091288771199650698045788071379779515912042
538025709198604559673886019016344148290099729713922827786387126308
017669213704934976904380819565618801297909146507544068453180516940
496248454952518633632422222614586995009297904562688659703930983969
560235643889686329923323765908114248603580354516978206769488924866
383306879176594263820092637789031658270502911378572975097400493867
535805163232169847363385841973520487633945539464273928852497451674
899046514594738849778743657589470771779435627074325722855361014929
296756502658510060032181461536129285910693432148786863743429770205
982545109580541744556250811648819563443233555509154070228734506176
634898004928111484860336673588052242980276245065806416616460933096
583227741201687004618647087354607594600235537343636685846300082989
115932174654321735117553157555101863096588560274473288174361764536
559262461764387774037997688608018414576447643035712983995556915655
942311745306594836250206036438221735440965535395090457436938651043
129342716658105214647736285604104271523729397812487106059859320178
075773843670656311350685930588860836202347780649879758531784016729
059787657028138758026032333379883203038968539991452029129125226423
489661976339718268106023709597596629809185348190125040315899625204
717076766399868353153196608687529125423115375034755005153674068684
699567677330577510792350490345778778263396473876429056401644333168
224565090395700668568009825182733058190424322611289485184918822142
539686131003371372243018683955964417346708417832040075715124168083
755413148247924004524308125367729689704440679643179742681593592031
358215146396789238533146916848019237856136657063609422132962567182
221408537658070683461685834963756556481521327880020825169618079848
404748675428648124718923245727848809951784920023813214950559768609
780439227213656679143255838729396288555753189851339047123780845594
071844832836115336157802570583643859337129234780510580916071579237
173588327126164560656794503480990799720508422730547419077811064940
216016666629509459324696808278858738268960848774456118379844865730

454320536892684034914234508815351016785757066687495637606663072936
364979840910528400845462332617818149797614121818728612686534607116
650955135477832306274118114820717164665265427099148478807776892823
457954861106715049473647399736480665299537367799934023532749648010
344600085639769736337322294714697302776409407753962883901258246629
396938987701586208937991855169330846381599653959133926292450056440
676097423169030780271559700744418327838639200591504192666472875278
979549277034150826391547896926883308166047956420911237931251245238
262891323911425925924887235313534140371673379930617119964803740766
444036108277815093719892667899588375052554760929420018430744438964
934968142535424422875482634672599399787959797254722441172876007712
608840939504811921596748873955586267106549030213240224770792652497
769449552051080564104822068021729276356152237738510636020972031378
948389087608773044443391070371387133163749092821549212966094355995
765425050659702392398001339719254398835335819326042355334640709072
858048652141533903522297060471220130494123455357789547124863000470
556288945504460862226648523847310733172230385641865311802179351207
883678931632431925806448500511452822769747028812975567230419389696
691151684034252191266686056130038452053893369112100812050252410879
522034623660139062940958680638104861567034918952889959443421807536
331295702241260765662837857763105841332497008021096395134916086420
519405513798037382651472598999021247513597282764870480302409576924
624369255111392235317869482928421855572437473618265779560035189015
876875981442665762658258377735379880116858111611885458719903282377
257659747925555015170352252043295945668950459779859313354603058046
287121050992002653919990220328029855134990558952962035081185191162
393317684154510610655162478821980694146953140216385429484650993057
590184254772587685764147409170800507658641633769358146607818722445
058379424375762870854540335011053709267102160168897425190172664771
091187734019658761319238244016778669447316036433235910530463926925
486473405762211664842699383303050481743973119350053676164505084476
304732563764216661398181721671531112891024558516207319700700311254
050520823829089312875756421875416786156917970097009380501429846668
521200159151132720592321337362451009271857273494135289481232311599
234615896909789674454130627626872563304682335313715965130004061533
200562642138432231482703547358635091988446533835684004841684653835
147529872668521047590091051673159246264853570708194303523598755049
297733307531722035573470236517079315932787444549816445932473938377
943652780031092775354373492970112030888508113851103629856205948834
696156362320828310842502873761364128467264503679574982163446945992
440232038663609579652731250489120123599962848087517002713559088212
824459212365972636236261931717499306027800672703852044386944202396
265943071733875448439649357394016544694254389183159395967500993298
475531832019709586811147403411464307749078732347323831843169775800
695104759625347803929053122789720283171030770441520409620275360661
687750953874913564865489935285108137546623023010441644060787433799
388659434319739727628098872553596421836886252528684292094076693531
017467606143615040224106100657518385781845943097381666527422822359
523265631560043634606066179929543426812782469802311078319221754882
824844348942155905096249680955168161417840810580681730090026315272
179607472345797447534390082662384080704887676620125669754226324768
414436029961270632036424767255662395841363346696342018339637825422
544743063280535146449208028401169350717192513434491759163446481547
381600589645676084057980165902557489767118772253952700017838346180
768335742506196377939729071866416577565549223989511605044361810205
941685054187658471590296259403076771869386054624379389529177382974
148463926922111853547905990950972997607473872962647276052104595112
827435631270960595023755731806195452598765319888191583707806094607

3010461531407967225257577860927309190246919298845173987163150768577
6635186493797629738066031650319861817206511878673359197652395674431
8887953365229088652008014049981149565766450135714869973922194603 1
6658901192022613706395492150000809680804936515617904441399365473211
9422707627168066232679931722181257457609152455167050976549279875 7
9284966167376193685343546860426007927821050502935106026991107729 25
8332233138942398087165405046314658617867219949974969729059791579 18
4648037035187388643820270609804934004556786093076538261926526318 11
2021863859251656925865948327448316434614594036961723580597179588 82
9058381523697885331682301331452292999154059230227405855037406285 35
9045976578596457380652160026315917742888124801830766646377077199 85
4694714324604154308710677882187690707969413136784605770183828392 83
0947916091577622835129330815994526976068402659423392885871105440 86
8306366385810204736320944965349887762757862699053539155327911881 19
2633510691931273397666740914861397456145254527568838051822852660 87
1349632838841836848480136264582895400730650791560741028890834546 59
6253808696255262637115923594826384545608725836860376198170672633 74
4812876372682998877722944540407706789940164381250027554201698302 30
6954511629983134310718899098625410160029355244154862591376159747 87
0918515340256888813019892188445661116491063268883242344830962888 04
9657974271034082237366738282557725076771530518606164830633559801 93
4071098971630988408746725910445988875959605303292488993638521193 94
9096828371086457135234560158043864297103538466830596898796808358 73
4978576267855658883836495162723545207087795334676586720491617208 79
8131491416989137566464545697421666338802887093115965529089096858 32
4662094236872595520958765867639645258106276095395529149176518173 76
7291898766779842511921680755258160046926728928376965028649208798 78
2224421071404646730748519743713976053074322345155253212123587085 16
1628521453800836861246295154803945332968377364248629645702435818 92
3168622649949921863498324681214946737511994819504507449659704327 17
6040133835522236081534000479598193685223092588145754597956696947 56
2389495724732524848660706542882562876735928839761419619059132908 39
9469163841005321889186943256572066776523238247316438079769604445 72
9694465028343061665221698708026175757051241641110920735772620397 04
1168885940376105843313029314448290659556842964872963771613219507 32
1997164144170256546894610127030824597238418283604031166034891537 16
0762328639666165618560009467155491519746730842325586767410973340 29
8461696756421076322315367897998858068319892283085976337509294649 03
8791074370774008463493623624008300849500735581649669167597778658 08
1118230477074246964360473279351820384719889611703590083004556851 25
2805095510667699602373878235376637278226774052051061532018998380 61
1491985952875002662945542273526058148948809979407952381788622443 30
1332364554325741038837042323980921416149632755395663617686752438 17
6556625101337430464808207552851564911671828345413047238795984888 99
9156275919082152195945358943987391987885447878558839301953170347 12
4025007207286819666318891540923756298247737363589629303730274864 92
5136919788906763582461536907572381188900038683408930397937519930 65
3817228736677538511417161821464063005399340793672109509412332835 05
7142652831949674694850212250586274045481109395874053728880966522 79
9491313504114857375818994915227341352040220177174269756103240539 00
2593855895784915494068759108510900445669877902963589995785804399 59
4722284335544039138455157545905101223677094900429072516327250643 89
1141494031439293381604921411482986961512607568119300488516042892 56
5334373068623996218120083759114317308944198998029337723050652250 27
0984972059596353606069301554054235809356222199901761551336947568 28
9739010093518988689102305620334560674781595563737372431505131046 38
8436846166022210580766055016338443951339275390504719811126778937 84
2527429307171428737605543790415357814619485598470604040101633653 11

893068369659397595008458513327284730880048487740393171839649232121
257591559863968310050334405605278988766114724308920739067717133448
999590499556528668704313897455638641950652562633820072560532502544
979125893728660693665274756954585549379365494669059562648221660110
907222716643362714785994645999926749049549615126423085297640404369
503078388756766522322785359375567721700544176152275789006884922246
472581006854831676168705370471402932937942957597129456134524552754
565682494397143313858049509737206075394125741562910110232605185216
108762961134662379674361123425177993400596014944329479641646003108
837766887059200488620180196337697614505829217689137668547554193811
607470643646183550950427836763844727462071613819711917704444879751
377889228995884738200829650704622312728062105126991039445893607890
442906612891216488673293277124505955764999531645688888539374049657
657168809130392423485693764450199912028784002735463631080280488390
398644628663159407840102917796877741898286222270285329191455035549
524356674461195336689703928030763361342278481300805902452322986453
653475937924700977123725148559789622335055037140823738855989996357
257681528249857323029102096633655298097518691642928076192749832296
521944816960437154884759085527235864404802017581425754005293438794
619643196734902934702696186973283056021266285835941429141764327043
883997140379848629650744072265264163463428982919154069458223840053
228719781301203428465115000214159693875605989584674337883215104458
173349102931408492619625443010694755863267361339601315493600270288
226537550169131948172167727277488797907130864591251768962270234348
267173744476254036044361238342663685290979347302622177434409361004
734383259470556179624247014795775993839612828218670404659473671346
740038028868906734350560654196291543982323319166341577275777262556
671272875677647403587825186324014293512309926524186105365262390689
805767959009378267212512205511131583478239251417189326668486967410
493386288058933141258364873085596852364870957352273551564173160005
704356833751285864867987776268789119701741989262975037390169668114
553105639638913349194784911260028872720224362955411330210328883125
217903860915341167857762338801385636434712302531331275834921496268
168434618056550643768648443216916009932979358869713263459480476580
167302876236263754046417737117123337555290761684576098412031481490
671265447881308749669265249507283763395824831279554241699844491415
609082123420144663561151439878692836764403819999607361303565876406
833411029087823685230451771621814804943262467842034037569121810020
485713346838603164091890493318702825651133422596513951836285179232
653400316253031177685830439058553031434700094995404289931062006909
384298598494625764243642747550200929598219970537138567540242399582
249361468818357839052925627662578147628254905215311884516726792585
106299641121890474290326898290300195391955649073481812466843389938
765229124423119814574662009378080796511082080920250037221765646622
654628516780697561651229846904028763819653602313563613649766389022
197923617233885491819809573522970142320454913947600203098311826513
470831957908274217797322911001498110420929199727079391310541688430
564766806828814326393122924847528035155632827952732656083410881616
979610239630665231004370268230915339990110185178408534796664576963
995643862325907256630756039470551358975851270259376353252345454607
115787656777517132314071984930870727417259903834799083775222662385
016189000136966533102252957386519369099362589633379104117758605187
819207087776560999410980515517605243383814985788441580214830037738
072942220576114221873419120173809741916039089694570812869196186877
182344133397780597593991704085257402459527953589551683671046122414
148488235070420989494640533461029814818149838496287485469500407432
484301004237023770269359497780909390095551642812541683795122263408
103402400601731856228367117879128635057651221052346487547089228654

757979919866349134336745731780800010159228032458041560620405881497
336905468838305683111885642692744666825628260569318271149711079080
222167427372520560852398097051928761728182949170796810849563420922
156800522265765905027081010596468960041915941397134432079748752006
197036214365310768194923146657468333019425617725802965628710574635
667936196429335090417591547605643722848231520544883264267630871114
746063603473283432300941904208674812321963355980892981390137432172
319029440338021383503784665824784928237160284570901850939986308768
974636121392228744643728222306898144271080876739847451986859735656
832475850237902290438743386565016354309204949751394651712042399638
048515240438271400499873660922159516794366552097162467190287849723
430687941462209330654035151465333534381762121409749952908133436688
742196085463005629418718571989796549038922609940064581345769898902
937525260315947935205172873837166700721547961956375740701285592607
563335804361178569570327151086097332660021100882712319916375934099
712303202613810988996422209731755274142553634130615972948437204856
730536334535661832196025697236774376640419855390845866547731334424
306172126008629760529672078593225622923558462628463331892928319836
100025921871137039971505577493204875978319767136286320184428233653
934716363794571277158840984176877705511446946524042208853820282 49
892963950846704657019347597460108210900223798138939388917366199587
023532221962941499139604842992793411658670487785711133726534928566
536892887508962608405860497308118077965006010068109796230455954801
189768566196762423893127565241655983194566147167582205720515073318
743864995920772921715411527070251573742932740603038899701817639249
284449614498921199600874145592011971106191781356008311793943700218
567880801261181157994641471730354790676703916264480369152300163809
750954986478577153019332075870767280738241627299798565721981668444
519311512147215394626062415474788449253147452223428981444393566896
520817283520184910446850123635346659443910177128605907892320369817
781441406576579531416934275662744275647924957225617711224415082059
057260848147140459239530795970604271724592752165506005137153967772
426318259343164959994084881348962944398019280504469903074332958696
420234779944060855529802601687627459481652470013204750956993158251
056595655451124681216741044189201497129170591132046486929952189360
787257198954332687027642112079711125806343717907028536568681881306
493152903586491231366257190281160804499253317309331886197389137211
839634887920380921481773975151215550607142123784782495146494932858
500089951732313341794491957195493738102251620433558509640442999506
549482181749182982098028501613576469799306791322247849851295874198
976234020482642870620205113048454320745643630546829858997903588405
564610067458997230028648958952414533037922186076757219603000199840
534610423696739484659819890332264471364177828858318615641089981063
332566958801490875489118552944475487770703325428165404870114 52902
591625351980123874140104360363092052813996081857821750591992044407
167990153384458640154205422766039495098525317146476566588668145884
224627681547177489770602016193969477385529779517920639342593819635
523803884248395810392756705640051774584154536477920170734268207895
378424193187181125134001913549075223018853664245615188640302650415
206225875269746448305960600086648084673975874694031004430507110080
328575618526003370683321783410069730737036403212982503954591566451
625180163585488925018864904176713086234741645120009780526716591409
458666952971943266261362755466627639747988313242076600247082565551
686346541573227303798463349743541760533911805549584851710030650471
465709174000822022033342084271621025506998295166962322792052067901
249991059790172386421758536906421361877237109133881499560018522736
296536092063731683978473714984116231404795457163102850830964929465
614289077736030956891413757372422008431953676737207516723402117432

726467077757072056644653817086104304913019933047479859635164887964
619449295289058257309790409506277206668356944279880549619837512732
746507601821215205334922080851917626617083613572333425100696831041
782079718606502797325776115716507240273651199086137670389886650327
557743894227581566173076972183643680194219584768114175757657802259
412293693762854837615011371209444777267883907263765061893274494741
092640586931989590585599696009720463567109558642594222507134228108
316107878545620838655268622496877558956742840096517078974399836452
194028789699296768855225099245481131679811960958449994512830174395
658645542534924673319276992922114986442884274282189623437770714914
385776080580848564273037171353764245306793786945790575233507643881
521810656607927075157252883991851571052600561883391085362212756884
261536867998180736017087567364217013332426353061934635454360172603
885525567745806213146382054889977943799486592528073247712770153356
672430512874551113052270769226215106526147981396130120548259553984
982903822165854000278718281794527593457598160626825669353591091970
253175878958507864251238169022868440885550462338617680937438712550
030627677911446042717502369048260534968220034680627979397528237235
197310708566623247325548156691201846615653934486047540357405735326
497356594491899073616081176313352491857472402949142219105534669423
028663739063083795795265229165823026099765074091873340013305234310
103037778507875206351658346277844835368366559027055834947961298350
561239433902475739693050522951308110467091324988204831537894226132
235566343098114183098668476810282571550286827483833975719258734740
115366467168262937015526822442127711052390917969319239127737977176
880154224688349620140099732275759329391772408646348928364644435387
618113834143988823534353062371783603772709222067901491315749461235
248649803680609448488571989384119196847152483689960814722241875431
733533374236949008176264368931636788534545428571396360327509922895
712580324146305634287293186997117594565836310361683515735192411529
174585686548397470920699815889999713360367051251783221658704694156
520627129418830367286169732775954748983270093376170910380551593860
779751831647911315109183280127525159365150488607939884858609930811
934938012778967091084784084709431548945577055045503618218115460265
023335986626211907545728433334065465592365267796790097240225590376
662770157178745301067836845974624241194146092702551816535744964080
370763592182048070317078004950305152791980468414802926237591441093
882117584542230025871050989743405380196080967060017294461315943539
319021552498639177030603251093959660382062356444137941788427652406
438997872152898548739082541948112684974003413805877029331600234975
233143783250683468323902948629612891771070449877062308584555830072
538581936999562749473165520895617944627647768827751115761470499019
482284323868027347074673862814752675333720121010716466861961600633
771352137821138857212155477397216933044019471665348302682850980553
100367604179853359108399121356009460421182548283826080594511633337
459993309854009095675531282250406764600734126635440624826166056357
691252799813016159259426864869950047247753327706499938464441139295
589691465220429908122439062860004650357381269521702256392168217733
673202091586750450047889816870364609615184600485574143988172609738
447212746441954501983355932317688295578306458020898295276315490735
500546541111137194763043626173297859028465131916146665516766350641
193345758667137818109841564659296236576908362716072233814788508550
638863177490787234919198767989674636254547126044095416819779922071
042764025154843319647739055810496100016470598951578529439919179851
978060893956786471973638900985242234000544223763116403151864279380
217952656842997814288383213895982439395887701557990783944892067091
706552034967699860541559021057651477157873786751371254730446603349
942396378779627117683623689624459677644019969786930278957043516744

315098022898650128774540393407397242671605002558785498888940993842
091001681738748983584562893527517079117054900054362196217064294043
278062798737866767302228520183704159213524224275962837503729973495
914312511292396853190129753561162967230848617432317638929881754024
703915228062546847910309796282934304213394022884129310475940434608
356683432324956136475425798625445544988963516713644459379357350070
277317673488451748870996682508104389915567709984887401788299074948
442331678830180605973715188996429503241991398806477821402001041117
774789688395551080742111648042275079877931031511511084338317728872
525585366801323192752339690786930159258085241915908837680453626089
750834211044419117285563214646123720291167406146603573964319013326
735113831808685442753061156822006420507762762431630907633957468027
315291779908101253549436125914719887523866639937485253979788879307
769281320874570272961219939081254625546254109008343052040387108383
857226421767563029049301769295115288579085478954134272967908455152
662497710743422153765699549216931190035675588797196959360894440560
279853228297459230057292902250191869049960515196346658738457662861
655837092622954905255871509887801915359854417167213573070063569746
236645069994385958653045816955766814151886375167295828551947025681
486752161213458539326242521744695255070076927008328053505369516383
702482620563452119086436094550878637455568841651474777446606868027
320905274568175395157132037546217069826261484759071069250556887184
036300053051386810957538874806334632999487695537434810824541310981
083736907075104526381461571373620350563741206115436983956431136731
850971749634340583229072358340161829060871658710160130421591917139
023645897059027348156810722898671953025796837645639897187692251759
331558679733407737330432167556539107557542389161607021227173759207
005630713684374782121352889897986682177628325725333451832303927476
186540391920879656525892860819307040357396420809893210894322008519
941676117175273539788820266187445622820220531528314278483033868602
799651751797558198833310256254382304160189423391703863378357921032
037786682180618908632648674196620083453772672138030048353496696010
662241386427252925300053729177370611623486543873603335731512271393
004752577030921799026910568336986814700700466807131900900638769068
942035418676510749733938247585986386289190118498516056762720635681
836412579224498280289965361861777668677814102903988473476271790234
863835367198841815377642843579068363587905670058581213427848601734
299273114985258294263813065849793217196027188839888813672103025293
737306872842842526768184950327932957470704537523032086408891882046
920257811437470677421043931464527865896380704085307448240780539431
479682354362054098652425446130960956897299253200046937227651926452
523471043868061628441502632729061257192725776763140224201856235148
905903061312244081943896347125981067222308073624874038823446428048
391759971189069304948686931188157335894633373137830646307582206036
072722165120394083173607712722910894553099727713041310614156773024
875503030331197459367823569692069290086840655178435506990979613012
085913420825236538319721640025784386531552685180455950652762182978
072927001626238075398453178749321457176744284224049806304873363455
955714192165559906931601168545680475785694458258146525410569094213
041518607874243640505075700116978451599285143636331419198562203928
363637698073696424802317505295501373358979603598744425903636907172
462752084031212380308926131880232071030140461195590396734783221472
762103942851915451503469923928686060878948272040131551785488924211
858750326012076622758794866107806199431669460231246670036640694569
880337894191692790930563800771255696111385511106823071862635087813
016591596657199561663926952401328193712268673839971023130237186061
442402816750002785237013297428005731412337710767305263002918854321
849520377262517251966548985863027520198580555286556701741242478139

844114794561403613372359291002402880016954282527637001726055817408
445343080511456901070920068537510749800562299567939370360942165585
240126826086201398966399798182668381464268876294549868698695601835
872133246870517519561716040850360702192659349072702510994757252219
108424455952078308514342748979583140906113813687321865624780519973
309894011004757071818985229378443814143454127508270984979196457929
208023550364363535096012517177168056554998278836687203057953323354
892273581439095605122292942545110596156659899801588064005422943187
694927076222111028476180826159644660270430972905492918095775775902
696247824342719684252106673708953912879269571039131701552419895665
937962888409428690519523491907549396833743385108678868311297484077
425614288802420254564707508574033953987674644706472412244050841574
598773169274280657938451080829334713697457317170780121504655607730
879875787050244201825130662513284579379669342674659176754473212872
979925532293956541582868358625639296227016169581436104796463370168
169038370025573649440139581902290259043029179330141319851960060539
395930151180348550630214863817390059278659377962839746005016600245
619242505593516523938993857858329225917116476018331586739589226917
986771992642677072280445165745545012821713074850073677934454702487
148837188476688243781859855683230039182925072221247233954381450812
495920572738582163867174121455444072000774625667799993033885814383
952246841860609946505511749493126247475454114900899298880244751171
439414717156204843166161483490190460011909296255685162877604368512
092217653725203066326102792604571211234638430897691005760760382050
626948945183133681297570084946503627830445034242988558033635619845
445054185239483989082514808667971595308723718732952461752619649890
592054696908404522519746654776340655367050839612952694377982971982
255074008724675796073755929885119227004014089922309976925072908243
725293025365545849629334370195169448316009981695382175397508939318
308818349025619452689772640110604134908045313145010713937697105463
476654293873327884965077889115704433899875968620677669411702353257
219697006335598012767963217354057017373873456002788461555755391888
881901579378055441731521247110485252795976660872618979299145615755
209797040480867560544694283122745402563321911571044554296315225230
436082636308442210335683371003474828646197343120322024724439322933
802978839273166096657341966481397117329057631860775941914189828747
832911366843302535292524964792110196464906521782428021658444801194
148375608706264682217052788555866609397308492117248898807055295004
138866907636839943008188779348037755411804546951933743693074015004
386915629027469361458814570456637297627949440616093119931117418045
204492835456146997128768235017514453738928383768007204168069639536
492505786930809325864323795839791850836678526870939433960987834815
131423664526254152492755877990653256163320812718635364405049101813
148648797280648360849666502489207356975362171904757205540792696638
443542621309943524325188309713530823407873141549480966574879196207
042981321762437810817966000036278059616864585833110248343312510293
526638577653971473510052211816165672635135384136775558921388335613
754616690150611753776496372976412757297961854600653058815433746646
375024676618736828601359389979661048870373212998988077189303455828
424798632586508329716478813687836934043158699441584056073105170080
740906242322983421483645937540666898879902452967750380630886424623
540006792050169402576684226733377623470073850861041947110699435804
534455704891685726842546490009371256247610593669638899731278465862
443799144139951569466810839263252231819117286400745587634104562885
751255056808152522939279259781486174754526947763804476995955050607
030405723074802347057423446724103122965349505065170116543132428521
975922325039634918024654316346612918022256977140890212339328788604
173941013526311520369111453920038754109001217400800370764068065824

627805087557204105425815704573154793095847220829190461794537539554
705589553490462381008166373194550235848101992227192912016177520244
466860590096640142655724768436533186703522065580145891365214214884
279565586627059338874918786393912310949856121262994129219570550982
159041459138611252665621879456917858641408418466291812312771701856
076429841403475924859795364139295700295399600044765241741180636090
891070329935760123567450289489667243683113234827356381370078481809
220454448786971363944071406838108537502379067925491990743545391118
754416978797744588070612794679102610597267850687549686191026642898
726604155400035593706209614687774802119559012974434756190369015032
298765074421165940749484642116358360774214267964398310275681555461
210571679153107221777930254573228745372929891949546444430214743494
433991526199764617560500446876141445197137848176211789772414355467
354670242507347836422189788430240648952846314388163435075296533334
782074398744784424394834378621580005295941201695844997595662195314
594638517065744940644541377088385322747539546226747217816410785971
506263948291174373316912308779475584016245243467316076527923038336
108403393227859230437069614233618515120201630037106473392360159409
348761413931578014737552099930571439690936141780868692008127299950
126894063381545942618042524870705529369512012093385006182670089611
255740262928428939779819953658533467689013525133165447848621138975
793953376384770437896000543746315267922612655403500132944795933203
899504403691234100895651264183332718963511651306511767120225793729
061014842352467437854740469612582211063998326045158125475467792932
216010039689183516686733683039313629853299887287731336514009920077
181159495852996478186606788956873041297968193338686403654299825024
897608389872787996832247994861290621538119527811750653500768127034
638069985321345239607040850382203113837312467354408540035498055988
976284821825502984175192421381995295183553440312578431076669819823
628904985956993976147201950407415341828849716367955572998115769289
902945365175441526532860972531124706097743100642810215723199143928
724718284093996741383269759137019206039345242446281820941620536688
358917458615199461028929758611633262539363485791650895497475561088
704308265783353395487206043619313816874211841752981800450246240132
138892154135406316330238216156546453399121918866588028283036730994
712897808165487889720625876819014748657643264745543586479660505441
931400783305815766575393391766014969017251101351930327641254379081
724668999981078707432988286063210542872923068461896542162578575560
161255234030058019732943125553442148865206998097004301429834507905
380923445824367943874916281483401529428782991908462113223908762350
246378918770122675476308791945324149114109125348773470452902228567
697375702167027235152036832281449865303019336247358246400226530178
178623061318267347574556271918313859370386942322406078341585617375
014810320379510019132622268591620758399992841425836075502370367514
373472500610845652123178206902693232717071701807175007667107024383
008821349562114209666627925762947535365612231196303487297992396129
561001441176843099144359806556684733183771111489825166860528824315
829668157736742930175053096196635158767553864128836864640168032901
020983641453901361820123106000007757966076771445323744903666453819
033035659640537748486377056891952143606796432870265114198205871409
962188495412759055289662717437163787015463118234995808051672638789
869011697057433252523306688114102309063716096539338291754247405722
813182485286562201408429483589030543317686693886272529901374301298
828533204149259647248708428870868121562155659055520118766992099534
928858695129349256205885299759459814735055255033151457349813024963
566600571562129412882016229998481452915802727452943367134613398954
992519726142954671341106550874868735678990505261841864946700362615
455651785900747434683022033530621263319828205481038832943772784801

543529854234069099151220711408191653284216286828263663561083432356
662184583496584243511408252713418446704388546056408915331118311239
118605398781167627676137036584284818073139200562490471623282329910
806606066470626403542859190079697347301887058565429921291410650831
050249211811525610063742292432939047324285859043691099780873687016
127156576086252725630413794618685327159089484682802764387819688303
469013986309935348904399396141313859646288438544854517861469894836
359302502333888613866057882534938204297542053481966053943726434779
791355298709044097516714256549173418657402833105637868993037656181
566235182047554994194349715215489121425206470792904376212845403635
654004264438858799154465265045884415022083481899808252376263783493
919299087741863311950233355350795095501985044294646003792077032647
231653837167797632255104615083447057278649843104069195521190290898
190955066437540036659891571296690373826058688622094315856762141694
627700344614655883709614541838367816532646717988704751624200276984
105681049934797417474275556623834482187239492559872480817902886979
178082113078266738822717569953681581006834944177014110353141107098
279679604574215573467737293131835742900988172510707001027056816105
909256197738725262954967064382697487631527099633231538978021419584
628370235855228029775802140619125039390009549720689692293515487099
579621681865172941430023651007141027555894312623499945262174251834
073149518226654136707112054359504770529840551641440823160400941485
932276718335610410319523348484607952364661069986963176588502819331
709092775438097502969129282902871827186867656056560103883625974768
993319181508684635102020444319141590772364683025539168088913774267
233213994712884977597953977347922967893621930992511200663011566173
906575736837676365937189211422368499120214755719722305574100572545
257245385556505686460537112268226795019296310394584417455806521223
889346737778117487711085358563651048040070235138414083943449149587
336317033745247442076903104658940280706520404901026101806307144095
089011836528291001042631126121723016073039142782998260548259374871
970789455908633421705653769115599133716964152529125865507192748345
937113075626822331441930750599400673536365037293550076798042151214
351972532560562264394541411316747298778368714099675896563070199695
608246280145049119912407121857480537069396403892123464697871225506
696069651615068130060629410740080470757013091617350773347556487725
473691225215098135033192993383343821078855438332361873569071608054
558098436700574350850753199409765965336872104349332228061883499200
482787381125275030492088881748464283190165396006304665029156208905
322947319996678910429991774534128768910309099767188148030932716269
812365720604331596496493420535930974995546353415998438238620494250
693932014266637836894812021997614179860830589838293900673951455175
735499971707538924803152941090118514926140875944737211593932892637
050695832991810086208404102864899234632603456423704248242570639091
293808017046596536307241449281837553304794862335063366363758865610
589066033531629111765979002365301217285753662018901016498159777247
290540226707862683387773011170094318514035776219454816762064375319
687841485184258934481405295839963849702539597621263597859456691106
370601332279533419105303795404259783041376675167497687874652996491
783423364270007454754819494713598668069156666458532914903082320598
902812058781268157674309307210176135822631899928879732309320101492
321263732671517964955489689247766118431545671617574939384016165229
078440894231508766870546652757932388055491266616937775989539255610
804069381182248000513508093720466860200390550091411653944819959417
321871903409718825590726295842837197700858179418507010239247599882
896135737787564358854963425611467807833405187109513125759999318051
909219022665615695039282619479016017023122433057544312606544646250
086866227480438667441944201539426038115578275400004040207121819013

1574640109342733574833610146940368545125644320347075284483893175451
6176463157220928781027991202902189223828247035054633830941944779742
6913088292457205029220624985552355105654164304576298864176806201743
1134808923422728834745432011980726606895692588229327024544775347214
7655283908061743002542828159828767471359831392486775453184684460835
8048150815663541946256581329635955059482907633010681564496651788036
2837772344264957347620939757595579306386710047774393400649834055077
2362181198948448212717277785138995684904476270086131269781577572298
5464760335927355634301851525659582920138209150226200880031749728539
8998215039065355933128282835302291042484991010409600808129227371341
5158145829596251438171754663416763065800124676193027393974968282711
6096494372311355756290781019612424029811176798261867140483954668521
3855807275940560932973124055553730447992932564932798114831833202131
7311156232404092544419362171293573215519555826930703620869391030951
6262579288494465718175291633610508440138556367920711571888579885131
4962980427561385500828166953039086989620802903035538006255632140361
6817790818021164843877948278512937817115195312920602534993978761751
4640800188549112650947737794033808138516582177365474212231932820821
6980804014905348395503964389278202924723734827169643746781354156231
0792934930724033675169925218892240566961469968147387885186031428971
6353797624324269819101596656181862939220488095891535233677225687361
4384668169767417735744924027732442718521724582490379444028830673841
4564001853656074654175605371082546817925693646964418020722076795011
5297467508384135231135616254995291763514168838458188793842769207701
0363308166744134057171504307644550557086201962187509021388493215581
8493146361185166819219333310687104157219222584513623221990026708381
0222348732157579711911396826803848840402814592695923283959641886621
6796149305159820371186283109450197691335579388158951141532725042241
9535888645052952518856976647677540641989646125632782259701702333751
5852088622218260028535928144630861090706741716126123002253062294321
6943978032683573008816248684496380618338129063172066698253927339741
0049475856958735139345476951134818732264175263119057768859219802371
3209352298817249598232180205141646542331746026771047957385695174671
2602807096815250437335898205504740080301330175581522716953096751971
2016120092056623087754287106964586347137428066751678319373513256521
2148383317367230811981653422398026247437655894767569216343687766911
5649479989449089533354826086379823253949166726899416749983477046991
0214640899683758249505829081453314220062263702658890856758926305061
2177250459027499099932791976237866665291918639558768793566387776471
4276695160789608393162352529278325036415584678024618159880514292691
1440698965247194819339632313685463418650909284138271725216953836201
0632300921099620624942506081118148675129816086548637849168389142021
4407461253734991180744446800456578072347621011306844607797942213201
4417518481616010190843118577837369230285339399275611116062550093831
8015931151113590785216256048538691432381224590429977294696432227371
1518952580297336604535600707534380412669670586791436932809218304111
3925179378607725904330105369386056453122825753943173722335852211681
1543044363584974277208363422787961783015362502801858578484425971981
6713283424851276948108214828989987454317220977924036083261987325361
1585956014193841365176258823231664971366187149882091304281551016221
4391160452496338425654078620540396847598413729509315814877737124011
8717977838047898994943654297767325701570538126378522274697246787421
4130079364232849781847838418709500092027232765464981769718563115941
6830120997154727353173557025264097429486253814814007859420937562631
8394686737163244650066947567053159947268781125617046006407444558071
4290199970126210536944280714092216615182130793486989728370011952931
0810736667285487985787148223531687967478735752661938542362400071391
1130567555033885290142377185416489229415567163845886141110633338311

2041108527645828402610255558454722593759618723463643099396380123444
4892556529898272029900367843915104186874958244295462621261555251198
6745094446529022196496329554000070385210563219676582484226507331255
3620546260268684522660968880438380474372623233161666015912793688199
9594050257199993291767339310271001259536094694379663859680832664311
9316496584963397729194414518373166757368853645182023023814826377066
5301139112891369134624913279126032535345919916323452775814247666022
7954795407043305095730585710512198291209443165335943240846813807488
8753872970853754416828066098849350666996372897944316567926876367066
6059226649550352104308343571403351838775617420963086662250481525111
3784858825700250405158386183616450763591975664564712150619898520622
7461072077885340900897413337888452905606432467837237844238116245399
6078973114333370609605259730199650937439545624668662812432752778811
7857645097868654913892339614539387201609954727731688759973321677111
8441995894848614261038915187575363531390084472167159313610565905522
3068822701639006046465423719340430985082507735015485199317471835733
7304491506949757248007908426935982914383093138985548754942322744944
9162792191174416817622585153292309062702886262732717271373674728855
3638621232215215659814014346174420864122382487018421762113798480011
2891846115029134072351040099682816355155884962593470228424529656444
6314581220877964148139740521318982878542842696578224348921862124533
4021422918738248798312836552083881102235045871328965119752972393955
6001142529640219606769679575814793597999314184981204111154282216511
3239255907098748163233710191611397919813113343628756085191368235622
6377581119520159283010980245617011022257367211180753783939970561977
8347858998010395864273294684313310109468796463429787772268219444800
5699924553685460167533539940861811762259294277647153412400002769011
0274117619239922487172129321988282132145815583308103276766568215766
2232861023578888664955757065519767142309504205762010616009270364200
0234045097208356485771816682415119269448506815186293519056117128033
6592678213698507508774982207319334861979007258977582664142806319755
9559863145370970654776647680072587850063099401087894554709720638033
8948369303697002697458292541889356827697675923286776710169803509733
2769360272883121039870404729507335731757223271391288682308969775888
1257914549379342985359447300616559315055902450692901802949396531933
7276413075979435030186195182849400682794556592773381062149016449888
3428475015304083572143224589265200027521484688613520268320201235655
0451901911872323559167037232979034597875506946927721571147182379966
6807463907229451229908534653261746797338216839409164611176212107566
8264733826146148780221208854610941607249501461647180175574523157577
2564916552016964627970618347370461961194707193166112753777075198944
4648689161124640677993406222196506865913705310362339187592819657411
6107839829879513864770740645142244930292524076236866433594986611399
3309682004315015611717440284570589293425048899723028035902438855799
7151315458832846190466314888130054461650106191633925396324995668911
8855812076832961375023195402633096304694051247986849565872764528766
9709915657361774733919053124868449462587226912095502070721707162188
7967918776070558048101519229507432633782002791831155368264376788755
7991198116796887396317781452995442566577309275671432912484702302277
8647522453354025140790949182546253529101439352289666482429845599344
2557559177758575824235233897374748446334004725931357292624483984877
7701765481318806697061502288930961065688203005792824776845650575911
6401812945586968803264581170511288126050608222011029481378867623477
8883248252825039466886560479147243495936240857533931494128559506588
0257628000890635688149232095192164003188097299919802546703286321855
6744877047667974008052444941230192577061686079333377261667952372311
0225603045607349457206356031317070375962721464901942508795425966833
6567349678477964017862775009417083925965179211371888502696058085922

871546564185389115112448280957513693327438297878402591292425270152
380183942827764230778659980071499001127186267256977974935585858827
620784419210115012275557417797638627058527065459889378332964951877
011526441421644875208632942410854193186111409682762851290143784802
343912480472466682815277274311548964625567080291229410470366544127
961945872451600591100008959934764826857346824604969511368019113143
213023072466341637342509019213619905879348610301168491367031251593
211223143289163231551486390389204907304675379060333848146223790476
336372022317683354114329733331141893942473793198755133365951923692
060556418153629274571724953820445747470974338111998252069390559257
390707774360691544834954645439455506517513046593883516308482474634
109905199496236797103589927135620109785056162499523189050215581468
446772463615546978316832482756963135717558314707897091728778337180
485198954598438285966997768692505943828099531163809644381799776035
011308707394485192851625490589031108723329631488255920742740143440
238814712545595907001193665470967389125872702735685273077751939688
620387064305373419963678594085215789772443560955383209737122234993
636234092989901253196033994721429578747514768554321732167127462276
803323300056382327072275452949421725751941251053916721864335859445
349268769220823873314300392613546630057296367331556490979598048992
472669386456437462022249683380005055789826856676967114280187672621
778655766491577003524611009327946825636771615396243792771294838137
972344729096852205312331820157895844795748404966542625020395674682
354733532589667464821188622077302441641396400574395899344512407081
002310766672834298600575549363747498649085556304880457349808974578
492631977514473595857773563077254678529823332546870200957197489619
002324974468772535045331727309242308890578830620727285549856746790
484861180492665365738111300318254729987787422632245052354172183013
256341795439649838679382945641196752277218079707950556444508380435
789200441015991008710562086545753586198813375442552127302894241653
075803033080796360397960666424281579324486052872495607487409036181
364062430201765226239558683682892096274924609118894291902212698768
197461064344788994633549049367584304851434998064609544967328877300
152215440295681234534489469325923497985578607921934790424873864420
679228419251327300496390538838157937479116299593373471044258657372
191835913423118924681215100564175537835673127527720339420845773309
322939337741474629120414336423758453227800104181991754841646907988
966638034903140420857975127670234369730901782041202312016332370681
609809619376238353166428146780856607220894937814058508265825612064
156690803913301450378737470086191634207868965841313273363314363382
372598692478567010819887206149431011600932643020534519436686730988
893658736185274628304684865086589316628441742815813439912058343184
793314382513612576865309377574773719660808241387978909568631924278
782136534145351715120124156321455772612571711542375752304356111855
891966314442308693667051199138153403226210621594397427120765465231
765198966424475262047151909698917445511843743312560411206000481062
834177449518999061022134126445340065348576158006336404668827392202
261921447571115941454757056524353886708217499556288908901677082397
310205194838871835498343288088860711036176903323107813796305572738
981129127703868279932165904053146896325986391942915207644121837405
335668958199426520915206072234787011150784945992637942582738100456
093734037384700526043240047651510339744262915897859421619027654612
437100731415331339560670120992357055893555586437332466239368273381
376660988561386081756085525751881822982365620593039848026846892564
831572720381963427502449053813871227283653813817411890381862937066
879655274018351601106777215442748763186693851665268919096693241241
457652517547713861679070746876905028630836414931896559562354278624
55158759933740486888059363509476404640422669023739434693813198094

5539830596379527850040281880171518968731583106825414735475048320 93
7668798878682016249772079654622965998697092863444271187840432634 84
6582416724416037900486290633522739626326436896952186374585547737 92
7708108320998006560378549786179281682380184437377739659675829132 20
6012553928697061311830757497364982101473139995137801195836304657 84
5862188194414978493700984027560068549802633573502769035013349159 99
4106340615470787332906037072311612403418705507883790008981769470 25
9740812636634023320523475949462864772027962521136864483778421277 54
7089060751025530145464807254596276113743167930832271444495182515 53
2025306889930585319483180619097628180166772303612166067813695171 76
4875979064176720782749004474566711439030261848117098822188891664 96
3938685131934691125989498624773419222103929318565373462824471898 95
7875867961128151109965937010037834603669908366054995393142099942 34
9260195172005600349859404096353991054727739469799041357870226320 69
2025454984165726774279463961297439136852179485034061807728509874 28
1227690114136816402846752887542766483471728545123898591571606211 06
2103861150414532497879130121380688937808878574113569402360108611 72
7474907686345867962597361001991170298696396753605633035859850590 24
0448570523144308227985585804210667606978466858561399205325248703 55
5458537010107735008864951963541191453995475570655262775843576574 58
4612584156310747495367701904508846045178961035630096449832567980 30
5263711009034833683273800925855783963976978875745504097761666099 02
7954291885893089179509868123115630538921168142337958131082941913 01
8538766498384326660489096880186078698996946395195235541223544449 51
0914904279326593168916538452464761210297732380494910269720631973 14
4576872230188864547231035203360880327345189251460428378272357373 81
3799044513964614587724157800991829452769114892564495544578208112 58
5497462991227232646490397507964230600261945260981238603894172852 56
9764474274292893781644102259782780808093811884898286656450750469 90
3550368236404570287861926400784608310625668967210515107875998062 60
5331021001223580899087864525527739274544838949424609773097681032 88
1810483775584905357543698547824872097962396028564633703672244472 56
0265313928132432260277494460178011800643538046561772418288441537 93
2797330316564262549644575247852251514033329218029943636689200450 28
0879301458362655927453036932085819923685824058244928679704700489 29
3410367432496807871678052871557152697953873176161393561325930030 98
5187458526074604280714530295334442483635278630915145811167703384 34
9810903471380868798951289092704710360333677107781408348446246860 61
4725498836547671435078971650144527699386002279228873124616118886 86
5145487571245875831948668196071351297809734289009348299609161372 17
1840805688912848320307378043990298011977674459526087245017878848 27
5822031416079664684533840137300363393522391326174642283971469201 27
2934108032240148629789074135636204355195830151240608782357990545 99
3705598339963964272542888444321935083739604441268034988549867801 42
4120139847994694742672513457504328416115283189343362578255557624 86
0446989208108295158121308074724848831737971440657552370929620468 72
2922975057390432552935848119802663290934039894973580929027356502 65
2096862827876692654166187793651464999633518918591982811237177058 08
5129088914798950229698022775369781832643658030659460809240080176 89
0723258414412971928242472038004865907624832984326661253026851033 49
9026576578579963305728578158044815065341472910340118651075275759 14
6213859575557984653317465242124797035629657648497169968778459841 43
2813641506265880323735372672051002039187208654889404916333923844 80
5717563887250930123137906973034464028369489145321874796890368908 00
9191076964875226793196883973083136328551644284854543895511923516 26
7055241661011619193956232121540447458844931776033264586483326999 95
3276131156081986730317987770968854732069736111069687352300866613 25
7328235545132889270735840381580895934095400477668633738822098999 47

758887252513928947102576115811305813730792569508911106036337471430
048180745447071235856967018761630440248592810294124481653304300197
678125184887324291465465374765308407856299090453737847639163410697
134948316414943177259257359898774141042585256506469922575333866702
293799929902483384497963616582601770376024042854352514689293826677
378840100504077814980106515655297476502302530481848290223516634907
089449876811196121510650807088452894029830319134369478860719723091
087906545455929044269621024126508962080023775486379219005822137541
799451367737550293442139478343845408824968300559698072274271475234
618638449633003720110584884442628228471835669510578364180709087118
119763413467923048279991929423344434337452657118519582758172429556
975365547653558571537158788673155823731791203581943368590246116895
493584548438102182098056456671152278111152866314879791224104671503
454122635917402310507267578156516907949753545695466102343506351789
262820073876715784184485323312647481696410450093295263939107255140
263809723450742145266346791248799219504249506398350575631670024222
097888845014235493326447708542073295642006479990456728288273089736
342401635598151271655857087602631934760357479711367322844254495461
412410314411213653295907318446626781110627401990080057408513360217
113291910191481723858110359763233621594459068606885817458272106636
078324721105539882285311162308307722493207187603142835549723999909
543867479119041206409581635030692153653952559398291083644405778947
686559064269590785558892780148115312960528297396378305223965687979
329134158295623155010561975005747882584350683894802720131680054492
417655413415536722967818672262975219357296762159745729299827845769
995818570124704106527552347093167602108874620189498309990562680354
732391917438803528523945196855902262991234055623668168420261406594
601661426898163648963226705671454527615520840319977552181122228306
946402827545830907880095255382670011748089440085824422344840901443
930995076045874992960929194486787284244655294260355040153663048572
784575067890334206375485651802605864654535049231546366067214955979
231996128389256606862453821966213790956141809481962680234837370486
445390985796041171310701243314722770694381624261607791747358930604
032216117319023629010812414634682390910147478453481264736939378034
508669020117854092269189072113908427362640084022560952795366222687
803631074992951896334937247807842462077385456462974698567818779464
133277559594959198587419166844783018668875825985063358095304730592
627958788266281356695741856635183662967796335366162569000658834528
478932612307942533321209343130986170013940224515939863015330027588
574482615552011632165583054011090247991317443186094788894424719176
565857393833615293891646315787775206926098992237784272107622675471
362967726528338260458031548818429183457905620558523138467486880987
475741829951436089527571148969698465913305515718249017264063469473
831622484570295688213478321860050219757949327957537140194691987103
391921503460117489549350057648311848003832107045510003197299460626
690817032846523263802422485817403542298510813693111624820378156824
026705402650609276295741300394590674452791979966472993327500323878
534455218203096952772541183313194929837454299674345083494569207945
583308957219416697425544682533864656106651416194740273233068918055
488714423970148248814130243332211602822892880315913275460406393144
756504510247078478270031008306239833790350592085387823674384874690
715910716613835270975585158434913210350122255865928574296051076914
689252902235938279127110071779878737897902060104053792712655426027
857235385066544466670386663145087099165571537120692078442628725803
234558565314378543259039018168386005327549657925726069037995759888
134730688880747447547111932240148505713258006452814851064945062178
797173665367581241855617818186509256591508967858838537346006935149
766940200854142411958615773819902618019957555810622548361640410620

763090175856074573884732645071333857565460417325337113028013789407
938579364339953362780923121083970023302836469423386202991033137697
450725192819304481060536148898127237275534536451517984386997375729
723447961754122638543250152317808397255726878502256871216813534253
902834781019191542034324259346091331136425107319399433703843238861
375880568271561648549365380237850903934833622482273182074099684532
966420066268037268782026486705782985119284503022158150530356417568
937754210631387943008169086192587428698754675509234944739615670759
250191683691129303774804955199097039823363826364891350584303996481
957236211574077257682336990702374463935429270205346044803831023144
481145913795384749239157294312780741204406080309758729669731071819
844106693340826049698415157716592955194865581648675779423393689882
775900357894212761604704734211672187920488769423319638405449947511
159325479617623938498538240196477081852094864855924228773249668730
030102462610446676908525456097605252767542609722175804231532157673
532907534815364111375640334493764477315701074417762358231865170035
472053759404317824599133598339181781909632989815139125754319138983
372544052815081545703102289680299577227508331211659770422199826896
583246941224511283294989872970025288692782008856127159949775135621
524144621201185726015252469722909151404640753192199281734280327618
599645702580211560174620906358907518617575300004249196720092148567
640159697615970405736942590356827057621726980826125845805961670618
866332840263385648286426103859307490073261464768345904157879793049
982050590432130023886393302978738736196275533218595801266221632584
664077546476579363380854496495709655491946816120511556943910807968
135393846059750067179506310256122479527199604657086253843127219194
520031050931912369479545856122379295846744832208038385192663153238
284507062223554163557520160484585957877279643566407928977315177892
543246016374195165332485486621259981179724635762805617849167583923
257722366843923139046362506364023028317230013785538397844059603568
332684279926654616067211095960638834242950430023363651087339459142
466082468786791422410972599551213534391932339520885700159038044698
266311069545853638464299547406804067960963340089659647612335011815
471822156520259380056259062150272901222426040414726158403427816260
545987338572456371477792160474827443344111296731237676119862978669
863080241795004730990548680786839290099752578360568423252734512493
884646426117437845901765446954096515947087299765071127626661175786
960190328974286263834806460258351836519591472871025416090341710762
667758150465169462544957993828996178666609857273572606855066958690
375723054995572090626217139470396850395236312944870874152476422506
065216697079552830412810868604973922953659243154172599393270748607
956674145938706841232750041669086025761487588798762359367347546293
045968347057818243392374739992499318213776303837529903851510492138
626855948622828980290986040984011665073222899953224056223484778426
908827773333002520957071638789137572836111316150828240586774806128
378099765881224500975070984791439925240141622405328598517840602677
533819228267849527886672456893337594516073195686216856063512035024
630992837418507807604204773843053254838763592412557531636452293163
511786522282328964448319102692474163633999280535309366592617986442
495494884617481328995681373139483095949958112473555488373871125219
033700515468040236778326154424065669062240436357919958919161873198
530482800619742223209883669364708401812321417476276732239473306004
051726285935485411882461399122545993604628969714134165203093502573
559361261145139647646649021062754457374977144715508058882686031359
661575978888082513408417512408423142188759570263961666676842178850
151166502959559786184159605479201785548116465418583113141209127828
459690444808181998063143890380522074970999644592680426847344541557
810334493205950156320196305397621418073990862708480643032178002476

0901439771564231200722635434932737991573155185911006524727748519997
1019847797665568944919671648616867079037571706648356280803259648667
6734045842056865018193702426952536481695581459090936590780768681224
3863993425655353304650567850655486555712821183817396599836335767880
3088710405729720638481947048233307935220906084398628018386708952997
9494559033980397505682344935367837444146988538880452810081360625558
3295193112119347517762845206651922225273866969263002566560571379887
4677472263219110395446393846121845585775692692112744696565407157114
1418197949229614464039021523936521713197016823791016253905630796628
6769037036699987201010551972758839049026661939716483481149742391117
3870422714295049803918440920353535056464826470908831627172704391141
2142384229216009271291236006701029524904826889528581360849432035338
0413569645159309243382773010698290740036378191072142201091906924118
7216027755580459326490152150594142335313528627788269126850570087770
9441767082111178033916132310778845476958923562860626769063681154880
8619448865059856349824207852248210273557171168286043742793001905332
4214732698076035933663485592468191202394714809212332841860500625885
3791085553950069351432572141821734241696582891687104773831105970550
9981349409693995533517245346454725301945250021970423672563394199225
9591390300437260389765339723331018927319980366786966546139807538800
1500749940589639656960444463410488891018772540175813648299270189889
3187435147571951190164326245651420062310747654521955306220940907662
2656396770318223285959360902816252306279768529106713880771274641990
2570560244612378307890264854860064900878587772245828110243449387006
6147744535679373207145334080832496103686003164871160455763852964000
0928899056590388078720153816868605784536026239537615843658764131556
8954201845166804253112509061280575860518512612612637270196042362119
0166991290755289148425500020316639433680320405711411604237579803558
5659563124749946956984951358676171716148613421187649219985740236004
5258155314008760929919647446288133829073216882269131573555149018442
1727816778521303836603763561290076854453156388109058718069408177881
9078957451433595938390351399592322158154787478672620334227303779552
5481013433488701126988252706945729704429254738586395894031625241881
7680103388373892597828563795133490722566439821360408060769512299005
4794220774558697799330344439044199973576079750280203525292863656222
7166375301043481541454332706533916509959467358711349333821669894885
6705573807822002173120939153007826526128684514242907265999057095882
5486043035452329999651555781461768952857780536654894859263172911770
6262038297980160841215931881886962902828715797871793688490402576669
1969478911970166423079447116300479691660296336654116567141292665883
8641676558425834662650669041699510798199041563897096165783606780334
5803858875490439836681107946259228094843989003473574576572212780220
5076636124247453027283277919753687094602692110264128505204647715111
3195909759784752009540677372174118439959013507272930599636253552775
1836512584260472280813050170163645829887952963874735239442289840441
2742307669265753891912937927022735871589067800740485921648396309008
3923403988400951287322298306185307149444124552897445431895856118774
0001809527520962851371172568457262195438787859256273722400118928559
2109735917744530909913760185710513365526899609798279669130166471336
4566970732370814846534938788898100994832982220454610020172043612775
1203153811658299101511869430491144759374415119921482776988466723990
9198092150851582445610520088718546069873013725536346329956445546388
7264452326955782438168955311089653134069842041218638500690537990229
0112965560297304964605482196018497714995871601601863218792857765555
1482609868891466417867435548639885767216407980993078464470041589225
2981212008077546940444869022853477093950868213234073387381521176440
4447604834555293052999589302071650213184557608516378241629071597994
0866179526322650908706250000978529459880341211082557760720141887772

749071012838936324373447553276610994629820292478457279595995866906
046000101825538486745656582757507158587296867716751114872652122065
893051470298169911459357597062405238204272016760908971936440310471
427018901122919727832816021135597563255486999922433885045198582826
291038182261226559925915970829197862331931668810629752541068411710
862598703071440860838890816173401839452178676169102178400070572151
153318183463981090485505984190806537984039319676526182549014496282
638131368683019053727762902214082282532050315758144911052149693400
800591718428867474232818892082210987075100960942227179606118687523
108651305487940730324755855158572712956851667115026585753721524970
207356655428748048188381689438092947193924970783426911981621047130
830957027914404488752944652228809164269322120891437353263434701894
141865498758085443897837542761116048219449857339919464163451058827
596415074970868687065333087674685517086367220041335506908982270336
380872483247736238427671272998279000472375033656913596485058948711
797177358953752351727045329880897687060371716893813114926117990763
868175722778250303799481053099714133210679111769390824978575950173
473432748633566843154997425554342879813872888588408286655506303116
923034262400651924618208512940513841094383383099433732356118408341
561095254744542667874415394527438085478157481718055429230172577082
542155145523116898159841576303310410248678593445139563372056885889
069057119083999697995213344839522875922839778656931697054502755249
860375938138006589525705654871539925942499971731716797625183078071
800651730515295633826327932127180626959480634164969102111602364643
235890477243477665172504370188262115843764422666620475127825235188
702178980272672802771182277315210303587264208245289884331683157916
664992568216114499034246695153246391357047807685268989984893205253
372101246744855945116869825165086315065590233506089461332596475857
404743071645102198896466685765093083300456818727572416807670592160
435546810092925593956489533295027971567218920273257081506277090717
387103132384249600991967666572621248871349920569723586933240738111
770557323460902157984722345213827715795803472205402589664415390534
121374470050890338715383493907836511458079202721014790629798992357
303403249969762406078897321843108824493082661908026220499901128597
492955627721746461146899392940105949420973381759438287802504440996
875340190388601771701245912276768846757152369655212200577242450365
397376969028517858272010843359833984544568178406257490431917087743
824104031867141420417203681142989503677256546071050128601831884330
590267041359144689996884717833470408291468124154743093009981538425
850563276047390876890492793224924095349919034162115446082138983645
436273452554213715789152132060376564346128773346423265279490788381
923864447557705950091194441422576047487273346424607959246298170464
153460651330840957147648715521286086578470735295517681275823209533
816373144290474179840268935951138362336190365221936869489539292986
105606543505797027155112426086430859272820573203824528633753600405
371597766322099134912226229821552464413415294565515770151918986924
072986258052706984831289548079625435319741712858425766114028200953
496918021677875090640963889389104845046640865750372940522104112800
095473196600465004394421684859422090144524292722255849059366382440
277332836264503030533539930969877703430907123325762494149601610792
428731668526388452751267060300570764109526142989664881812039606387
340849855500941732198779667532749962011869772569041446902062477656
553506566423759146917333072748915434058300807072214809831677481930
217368453700212286491519944808643918607136506738526628029015686800
738658482695676254210529864116593386924825383378787521349222969889
549770334204786174098071621018441516177221481911004373337116936743
087732669730859901037197397794961028429161868412757569913986492114
247878143531088307012871037747664524240630432837083773152561194473

055755237910984617735312906442410447089451669048806950914607318268
944927878884930939500099507022903534353921332558947652503280710528
542412429468783066310827995140399264853819433461802956014311243285
648469653171701739125387897466609714539422772741011442393879589598
789105456641042681478911626857280359967830398709786663444404744950
237805374940891697917385372097470734527397946057249275908249278258
335068256908378083545693636681739559150054891171229458934250193970
208963987204233608131092995278188504027712873857443547058197144905
713041591925075571511856871245138617084613762199481388155508293884
837569145259023563970063111260122118004370384777070672157882914472
504703857119508588093475506374838293531777538088558941174192632937
4954300085072224839222875439442262626959819111896956305252790993462
946153609361635494478791750377713741590706231759672455836853259984
215588103162562444276554990253275017631362943127796011916430509716
959532112992045271774496546336026515365658288419363879337753552210
007523306249938917088603055134982454203328601498822518924449789713
654388787607325839686941239838808204334626611722043799813307423513
678499084586481666628620111016787728549322725897317962900838938093
783688622430928160362691807321356465371535050488691647787791858427
737908188613147543573704383964161086684544778605185698836435455394
146744883622569075822976566805177777484874297315217407172224089962
520271344638028938433145251698363807311799214678365333421747888059
772842616020358430828924451439079548741920599467031093767769273460
011572635478653303787050882558626169169547527360426276524262803824
771112903565310920613755010415351635002947736028030426515606870445
034565865327374888313887136360128083391312685040569730582623675060
661853976157041742174275940940477766295856099304644453696935713123
533139018447310167028536689418035023616326193267872577312149724982
450873030342047625852256587138441719279864813496990033682366359258
820601075142130599354051182398221393595842421288680155694960131634
265883922903517029638549314312026857517209243416771675953673854595
891563041515434088850041606705334665408281307008328977614882496962
892401604211416151036179777932102971347626579979402154699780387784
794015988160852142135353041497943485318919528301157500655585264236
187716442360830789734582505232932436402643759245918005632908723050
762970364843550869676213310828770177163493776400157407706192909977
311832715705372092053654029707767867266532779330859965800109221736
238904135842795193350888221454365191134340143428094289321478884830
738725770497425332464660948353516657817670744653783648028470969261
013186450293122961659943735558202928820234450728277138137353108738
681566684680584165539524063151157367921549112632477501265298070868
653207871804612867924288077555706529278259419430075884278012095910
166377504140143144565160939204213995507274987872445710941355550450
157228970947059287154785784237549555530688277162786068182464764719
997298003673328772074752265359103975496408864254765241431378861906
622713920337483035553828434447644598243634065327813631957808343899
184020729563312274240406329113697622685654000106238986047816686297
777840312794899917073967230675221629509652878963150378284676791610
967455848873593475491086691961722460379433265367175326679642757594
399604997668066120400165330285049499728607042754250937207738586370
041544102605952449370758500363784138186077956760668064617234295007
523977651459432948967190018394508535071152508262845453452737577969
122483337192342761582030801462801767562825024071460250971605630931
767245930760486882487900538471580520750744820305264966898199940251
579494232115902784104325425835337177788899239517463665743261372851
811005292757346641848185181569944340408818037687535197406636304783
372844055818192994312492820699574561423826653050981344664300969883
579889993336482496472266767866094838218200691764477995154100648314

950923402313298555020760129765976548251432214277265806665755782452
114351183573372377304924371425957029585515871156388807799567099240
416783945078541847459790898158041308296754681520346603969878439383
081839237477162789771382844434051340951168427734092176907252476310
892244466478911687943251322200736515345623118550138742152335445030
893885398610146110690748910956635966294815046854675622928941510892
372943193195614918231825611290602583642878172194929175345388235279
936285889636367951806699435539473796067883863943299218278556841255
867799549795461330287862146465157139916591402845873487027052610698
170625680635866012816449797246668164161969879886773684747096351963
496757677241171938898911618410167572490652812301639681693150030825
201489745797388900152682402377798309724004631085064997410591209501
570775841414891805283246730618351409517491370788512597534824769265
004236854623584360159707296182804430916802637005785921511372201216
585722336541374444765941395496439553132516160965801809920877908352
579037577267506223225185883060756932318956337473318071536686998849
863869143703937913796902175096258692842571691290542002081554697777
269088469155248117449993657072604850439508091894328530447493989630
060318518772745821052465577410812254858746139841024552315469728605
615990049197301338745304316023246449926512501704259895981825565238
875877954291090967219088355357772498686136615280495876215441732619
304117924969971423648039456363099307208351692249539620200838815119
183724445227526366889209929576677095667383518896619596160537535008
602323364828721267279457182592717871773248430958282735739819410794
665642841537352097892288900210373172027586642901183835024010382622
694185545174623600553905336844479903780231493500910433515559836118
650126049569602591345769365876222655770632075180259102970974492951
788854202119297169126631041420914010786425238613208134763454729775
317440856732210322546073930167741895602027299203162479753768627807
845971052132685726453736242255319250951861718760134511243376299053
555461959175254804303890441737617913169627434487853115501952536997
807793447126384248899343581917195672961221652053462230855341045461
753516028530353170601408812136373334586374744900712868341362130746
643149919626458766238324794568554952649366465017373025269911908734
889383808220490313999050562754439889044634722325658585987911886688
740806970103202682039916459653939827631397675758675630661191248528
924856994955452747582595838059266980566909315279118773020597897063
137870893388322070950897673353008555615294578493640663912452296012
669596009626249236235435006717356575093246211009787638785940003781
112255481862865919130265466121607498035325602344356367631241181589
646973856150829519318006571541263062289942986318094470882999697782
360083731932759312453730293080319708391679211238220377593869128205
704012577244486157978289703237209824314199521913569339907013764865
723794090189731026773146477049154312463353149231164982846119122320
443297987988654550488550281722412719641296214255244081433833184835
548531648915655594728454941595183299317885179785723333498219716745
220939822794703894830938700688809500950017601865107568261901821225
987911067357657410237188662724699351075758553148758506068892653011
018387189835211172154353512759382643296902223394938045976378558090
731716349568750327089865704509163882052480794235222753568708256026
031828129257727003799185301263523799010619425957035219797869460379
340909076816903937424032942224485649062429240690413555579781762809
939784678087508737889272173505415721686106252435312971752870170021
713892652686261966868712382220018081998105567112872178866928665140
868573073142030260294175800614754339699614454195780173471307453251
846650248739186631226591260156602363786266520161741609131567212837
043023831858011836035956376114402196341988517773587153802798083923
962306959289445028812707711326597922053836475249006386505384673526

547127960139270574253357239928439256682119007592076122827272386085
621382765349933921722883132892944445541855911852332513183003512791
379252076038822932907683177572843476710568432799744762007968785459
609023037060154744372426114673976376141025089181934278782304188311
556795804541243119210344135149026909550179999604207232260994274936
196212594458470157994267384082691680703420037334281735882422048034
577619180553844186706109278647544687110904276564909613367896693206
186509904811679659860550340492059617415840318373662444987889103504
706165000925499423394566216562460486362752367571958462127097101035
867837376285945519035694807841844204611642743268607874808440542518
712273222200262143479895429528267493240381500981848046570078416191
838634925747769264605691767553183675482278920331802726653109312711
643679338196228009595413304787068427586157839815966786353122126491
074162834036375848986732387826613769035930136232429615603116634579
503348069604146809599985141673315641663661063813593337029105580951
861002596596933585381337026672093038574257421678642906364254627773
712451614250089638653859527580132228918653790607932844115312395719
443330597111674626649023894326671796113079458231044119190079783881
715223000670094400240063875922694362285108398908252287558339675045
354327424126564539480106648018793370264779678643563015419592850256
243936980244407004148981012850384761255766532196799894997511651665
525680354364260473149980694157671149571790870619144799725227147952
932796307353587611207582906805645927075287717611731266294567603663
357133534836225749231609088499733950008239080227083401844218602397
156226894697590112111641763528196178800201355089860699803555039550
769601752355717349136765805036634809891766237472777944388920986795
169389361595325081576104264980771878858319166602587545585580207124
960203569014360241160676509441751163995525117604635545835455868373
332737835385586657651755653238466588986398386295793497986580783912
028837322165418055101504518391046892095056442926187130727188975971
985224621314295193673784547251284191391728084319502081487214486818
091226214195079624858367872512008495905249253663525575397130128252
266631931267472711708740168740198182053009569012107994936932404638
634100522606283359784777509936197411021609915334124174563222729142
898453154604467932463165850820599008444304452923568356130595857276
984976510035763738094889043789814971338944112155340478285383410251
586273452209298137895801512526795905016883811079779373785231407545
364238326775372591139723168587926879041195675255583255894326247463
169595932379328077397215234131651023326955510042567134781656878944
325901020307612993187061171311147244684738098761661329821589523733
673235671671545614175551623880797120001523453111994541783387246086
759196531569649459754343526241471737702735162352186908458816943326
495436096306903278636782721734337872342122012779145307361528442917
645937575452766551173616624937762583412326694703866180109952641614
144694368666554121465355725108823132604443020594782957064696420840
506639720639317365073513173003880445262259603654848636596942695148
372191940537488664822469551380014166175344131094397669630489259497
232083175309962614307845299331801650845208032363582644210162743101
366129855870542291846918585358002596570936106888670740836870849O7
612579947164130996388859772806057254383677759459494879039592655 87
631921103227650583873043998704354154077217081533712281697253470848
046067848153033982742535460673613310625536480782351719373197638292
319760687931863997393970932923584652592525487847560669587367260250
749646865932053476033302670225878939971559384670734638222108716543
115987110832363590150691704625433514220561500233993163621226931614
164516346722487008908575597842867209087050350595391102855612564991
351759644938784685362718801645021502346566085754400621293280842456
354780667137045656851925933592247464344496813893964095728803007741

5667409023826142450163971489926715058806214047363887717765209161255
7743011347519545220374908961631221049043534651801900090993521519644
0471458864773560214651224794178059004235182076679650785800263851088
2616667884855895074915864512661930983830583482629690713170673107177
1972808077684848057965875444137992944910704747182972801787259017033
4033300092303925380610416754846698895731350680386861742639924436900
0050778323469824069242703312234425338168695545685424131743688576722
1218523392455145195436629288774904004394559466550740842702513881544
2258012779936249482761255301095759410701557524570174019788509769999
5259561720868943409159725896349283592949176418770735118875573352399
0975338613904611744197549108582378945359488173409788639450617009222
7355835690040585622723780649116217992575263587677173378254508192811
1081021590238831184952959703028904546355239277603766971804645500933
6638939527129375661836498772135574322758352117961769740289374567777
1171020960197086099888919748227818340645149632401913419859546667511
8630438217822980536476808596413487848827651335906070316166008073855
6450236740863265104795655552390569324136590617673191577439406138333
8008162286942147836605812279660137868810364223934492899015582775600
4767214528875269651849840975725311412696979996835831311163623016677
9676374068208473522076481987519882298630528018228873740084633583988
3983511917977005782448199586712374407288542554258820673303865935122
3488499797026231342809325846120618731449057393342952618555683158644
7234650823356311168990392980746237301858961751274620110241350253011
6504735987391299668773165788793314681146209300688222308872061583300
9685836479381171758723221188044075636045626651016083443677231341488
4618712669394355809447299222058095400341747711692494857224976113166
6687150949060130424278786117002180954723913179444184167702457630144
0229750183193804488448160477701404081374189395454759655273539614600
3519113393012231332991332925650798965230809059858574069510691920322
7933473397266149554170561661608154295217879242085018926158908427700
8999081541020516351796459815754559688069426018001303557855470271599
8760068073314518161940783672212238517331773178365856999962215938488
7588392248992911068712777416931374725695651334300630652273792455100
5626692188080781183258673136960112090771466579443662883300144081588
6309863172641906333044044508058228112815488916198322932731818799955
8851273783872938509699050069095815055996862377712942317619729404088
1394181360272405148208207379513631484335422793933427765368610352544
0772583999654861874606811085441599378263442183839384485848529035300
4569715109912504423138252492529540089600277653873866357415638827433
1411023599533922274661428089503023576301847389969569687857964761488
1338527462600017284007661035335997001107429588617909344856882386144
0221202628100987841947785566957670602082972972849321728359478850744
7856268835413960452050327339001159768997592348823789600370474350944
4012621810109481571513305005269673475051595793024141924677188377999
0789709674198562062060336577626066200393475145895121231388967680522
1585832148587562100493982743377929100085634596084787274433460556188
4821630338722910556433093467219264786656314689814420038187211093433
8973898630381721295790929911274307671977729157837674854628928521800
8203967143785079336373695007727664266755854199958856972588894171888
5473245704126545387279293835554230412841370132131163168616764950311
8207812335280786703605753169261111141319274287790446455907453108300
3045956119947788929764950706463971681451462945312429436355548868633
6124882656124006440932704627209919380249935389605974433512849065933
6304283010405817460612320439445967861994375881821078870552909724033
1508851804469767207049321932642732747494746573527063140084600227066
0695596769687699358161220808761428908243828225082716265451015076500
7112254877678312710489858125890314808011532348223548575625016361344
3244575548970840185256248785584116155906291570640018619382678719166

714542297842701318556353007592339174371504225236871430802869738972
306594087472615583200288560564305436754730126975992391214093078205
163473056839443576608050549539129145864564189519842126675570326140
401652646471819168255617805000436626398681263260515677037375763228
255723722403373265634399261010727774913476271761697800242024174542
196335423683421089982050983996930900966833517291556051800329123750
279741383363465570545278348537476157707297860282642316989566162153
641506119169118695850763008877398413314433235221610864807537627562
795357326192768075059179197538220805055360859214370642558820407949
945680532099845216195290348747172915878804337898027199175755284124
951645538973669036679774585106049237316474933485138913107670478168
931509280056525080740033602625587974658733895886504554910594418711
510789894764277239141320085902731348230514711471086256844244305561
264573131797594669083041340349698418952641280813039237953542339551
451643685832971767270338799660705027538088446666132495208470595623
603513288763569283104042351423073689830225761893982210451471164975
086495793133102305164007027404187229255253125550507519626309014190
428815837860801872268853303342603241887419947430948709809007796896
221521278204036387184986911556892852678851436920811198966991991759
394422276598585296073161102727719303922875037352767460313649872860
148590878010890276964810178419250513768363944327798589783499670751
064591608079978149867462129594299294951034556123952851899664838931
513416634256253872290420785700310050576672387824994229304331876293
310759921633410348818530789457862130438446990225971510953784248396
404519561395264994091054193480278333814105054975038632521344166525
325783462410543137242051343656100709750264749750601879329897004952
635108038488001221708113442311592330182506552329000805329609505296
747617827764990338046492756424607844006224775102298409044645760882
840084383965375725163309086936595011316680590317606539941304678318
604500629809546411793222760643945450974640311900040461013636375665
251476339220564085394881156566515641449954699979896155170851923896
417350486164401960282283702310531954944557157779195675885975303666
098822024968864962402373769741490896227826267171647090545458964342
513581072155099312787001810947933780019428811697138455978130343759
117449830503972720050883851002048645276691759729131715166904145869
909482996397885788471241582151819151311936465926550224699522520658
612371086170777529724800962855738111726435043977239915913533372794
371214939748639792624792457463092688060161268332810801373076067896
388530352476247957729623303632060797531311700321563157739611414172
670968457919889678233174980250090409276983988948694658406197088371
187171626789505980379928186879083596767443867394110895371969861829
767384589543924411217443260728143441568333778396580093324162653119
758863863145759699162822606077903337395378068615499543343966625340
413723933605837613571366314849602284656753473188333959769406024258
503338228269671602514882648376703139366150304655694403590997958808
653064775272076181214153941068185531517358800563179789508106998207
123263571467145311627582525008062009835302998598765345615877265590
577677705235068007347211604498064883912344314969945662968838109923
179375961515198326501205987814416179328900586332095639044967327409
677561565792169512569575734306501117727944676997548463963676474095
197874698574050025666304304969303782864673088907406762172081629100
092708410880219803664690320066048982952654419736165080870899913997
268065256227964180494645415644876701280058394443003877713557078046
564329913218706063220815142750622404635739633230334171292053079551
861594221891341743934642698600396304005080020428704157295937353099
577166776152516245240929006876484094452448708296372347946634083467
678892429045159840508607169534168927276857026100718961752877525160
511457579234875828968827250058296434832572501948870491673293274144

146938616110082120730148945094220915611353196601506009515300421518
796800500925670277461697526917366335884789531048751627925415229157
364741848801293707600826420065741850241704070543171728758494534967
559692560581068000917355323392465539765805611506266857145888623136
877825027075077938929852212898376757339444061238960194625480149686
695371667569202794500414657284567068530994311959103987237024927090
104353255259805011571212263284707450745903405964385528208729191184
983955166804404872154753233912561994593028105975250334168546567651
849453998885243277578350372083477741274638187405458639292544711505
554322799818208681879698647010465613411868005396513134672323812494
414047414596471311007233355202812338522140507238615369316608946059
307567586266790750537016110407034090926282674887750285975237510238
545267796205530602752777436781940577953384076593719123390416122993
896587754050420933165780695965341258929276900210583534723405610651
455542932009170745043947019956698366277022470228830426650690455121
943837056846708382357301181632285434001843049497985826217684156199
179199351241530949158010079374774040392763688826938414993758057175
171344755815931032745774187576371187757132246892272242493377771139
575584843469314320561935228175997645633844635236679326941663652938
292994731554160262278104340459712825822426701976096925423356800253
834894656311249517014689940046400911880740870773299643030944043581
834084141758018478995026247389569075478192665221993496740541728819
110503325279002158545943175734588732769586397741338302654225157488
127285818892732849776969110852593856521723918404258258231447031064
760464814502022210286533308656374402259588047132186945014436681753
853073158920051906575480158234491548443177708176712520461196493945
018862567637414537686456006014215126129242464596730642846488510497
611191884672049866454759999268017756643379003400568470375447562878
249348984087140077023629650417075010454030069683112353172934030263
172213170861762029604344548209543486763695249394153847667538095773
551214637499080503829564670902052304673985564355823807120013405179
535817759266117929746014869213202630600393179956484944444731611937
253694206234756374504782675939732127033728057813431266211173872224
928063336398345193036803892593096889952092520352785719809923805762
361228496065232769709707647903913942314021333686903948086876847433
080122688699462034708237163097247047250281060331416470144741205421
382403081283471910093086202697490915360722527512865977495195070144
683595703426614602530281533848272776449790077688980744583010805807
625802826525398467121849904439425891880218806297599563142816384851
120947134995242272909662562131057200278602521302716524357302013219
950531711204193338562432181159685353143642809886601095854368526010
852934463784118853718262721650745414154290924125763428168346424803
581833399866073577309409498606570661584407016735064684551083448304
103407143306886135064816123133500844233624141744252203847162068581
577800344074422408997737952507722722425221632527079828648342393603
199360077015781454854997327914957152420477718325986255747117217600
047591868613465766800747913882388825260595036961456375550948364552
494331849375795834470825651120297713054890598588936049041984366155
680280639101693150794123984426141463145272074906342167466656220820
733874054410275552773264257266626032543414164518064646201359107463
690481409139488173491501909058878658865756080546331911539579519922
691510175261135535365480449153805235243092095683913392366418602184
865740565313865858918038882901004954410539504281908521709568970985
222660491497703442563415201133543595601620804833457056785828475182
886943264572847094155070663900420218474284148150729321142555253848
768239840596403694675585587065077805288811843705437076685394020436
679087947275769976742717439082411422515170231955326014929205324852
331644303361410581348081211878445401680049841863719537750791225098

168839594398437434905009276907430497219732166826907868189429886554
326039347996027915286663167424520499357683219759829614090609600277
500754116118234136595195436476826597435387250343355756076030942645
937176844352565845618941330436265854933396448813667814189940353781
251863618098614310938046860842389417657170919837530273529460531821
774849806764100727806893539487785620807660764628864349757813849167
549694801333616458553592342187444390487282202327482790004380974372
224090556657982792540792018271917640731568687889908698234433324298
461713480779415792607894378693787932181927623832088562198256262053
706157053365099866604373352780043029785385825777258208143493068950
997469028421232148054362521441099265845132086983569503793412192787
701548376684625884851480353282100576225953123843954998455977183661
774696948771337360294902432014008936954352464284670390628296129253
331756090545801524153362697046334156094771470387833114080455327202
669851691655054580885262347227009185683811529132516075575147329831
048174511690118544738905002707966281357373328915219473513171507142
118196223950640360662507937661011410909757198751950627907671992084
156183831262327870536779495872093480853103370037079676981443339865
319473005539550361373716903540441227441848250897255434113291414099
210105027940607813434527454574891039787039592557677197303266292058
500218412430561101471172665885887585811098013622427191783601505630
084506126095803511462218689703926560067677522712781150869182409312
639832388951433073092080618183670533272221996712213824392494133845
030855374291395100606121406401527729920472162474690601996875361612
930959443531967021387026224274713425295198346411502152585217190733
435287605089694898596618737246471484457540042632111691306610800075
901992768527723122943384537537344556192707318420770035251888198510
000910588697024636141339463736403629167648502431395922261089143124
584310802491853376636547379542810198006394675491656738822093720679
550224539749527936043218760416737125294186890416787560507158191846
283974995177618984701201417284922531659976424913961553463045596737
003669827139244746172240537756388452506057383117220633099522461382
751543842624841830545461614239767958075757928929553582315837910599
881000136355835802538193049608748484062324421301967312857279756963
808915891141510626829367132533904432204439351225627134258357193758
075555470995280586509274891485606150149058672218630181453955271543
377441157484301460454210472371065909374589455601850747065551250496
207976349526296285857419106119868433743595990276751351242842162787
382704073617901822642116190565452355982134650098443468474989342551
941906125685394712155093835778399733985359799208044091401401301969
205884816241657792074385061659298842954287592676532576461278658136
538693023064324951487229156834194893397732577238311018607285992138
274399553167071797786946310241209656299251563690707097976574622302
248111836993379540037289040035528138387916696451463050174466783026
773391565848513133733221345559120169428199446355869119901046702572
488630391431318926902723427880765595671435508100852332873676188833
143306258402854461381790916491511389868861020424410969493039946188
156434692259238227154237325561865763731911138393508298447375787630
908881906697487503462616077362010561476491958588895261757302986600
028449208833098693563896669357365831543219805114630291803035328239
125122651457960451129136204814160742634836890487253477414604979289
686654718043110963702069366180038156492646017632282354675257725100
634810833246049639745818948562507159279851400688234565876643286169
649944702876172786074016278793760031340305365372001633610673119735
402165742745526613772464146797016342322109483927352053992161846684
431657805148578748738995611735615742292710799789378304117463423317
231236870629887993956379693234381409307730316673855875833658948792
192292991702925321953131063137516995648955562792077326334439956069

9134012345566186600272386440912957768174567455620426969663979149248546317615555834788491120313298081093820200166708214261953839391351949433245587415772583694811634921404847335467048525276266990959144485709083160423866343355234799524193321743127082642757150153738114470464896147792343239188365976041732760691839647606786632267492919332316113187767391913271315644913056937058551533950582292262979366928009889012737440110729913075848391948372516387525152681209356155068966128156527850437743856737065968657129040745040213967864098050162871632426642267337613821529562365220402118843091692449620167039837724022900775191199017338872565494516702488423144667330169795649313895385861239811166830825720223337246985737787251767301674688527011564277582005939357098122586901258892772753477512459695452503898261166802128775738056368563156444219945818740281065680175318556456529558228861695528627420028196403061439105900321537979539693021851942326880794685279140725877194846904117641691522747211068243909658349368174072439125672601413920553750443877850971869061283089542144509045453485238152261213609136327962561871364143164942213935544220600533827345153079867230668801356293013165017655537704716300915062479212373919370575413872603778440942173025911250492386154938190070397322698270844593309383716314806112834117948631308461995943078968496411168708433793344057007952647802553242998827021223958907157262154491883119891179649225568725795187376437265210419618862359708076370825191601974822344820994433323650040151033080334509873420821279214120042048018050107979856172321647350440136981148554105881197260873953942549086287378390374680988320817221479683074313026938154363684537845761557520199479117741233670859357176920959284028880000629172087162737977415351295805029709944241913807628723085063578557022002901343270927772987375157616624748404739285155086316421530282083526501557563119590836823073403043927151810500275265003370868949842881323568496500724939884740105694734338056373384023824360725388733091113738840764500037734478470910018648045541171100256140540878369928869527413926193790851385229297895810628398059044992413872737639857194829128448347659740140414325981885024539106705917683246226948397361157181489852877065023792132178926953611637930446467710253991656844314443202029811685936616659255206559795684826916762997773403173737803087482081178487672545868373342463345241994141078015369212415987783399746699739542951868182009064969761036782152809895298760699571035690960283710085997898989463348720957080217923366574870714677736736097246399221575321940236988042560150000758404117573195749841674033303526039480973788565390288665909901358403196480373293898604594203986896616222754894365507600023458141070896150939469264527739423511469401112771914913692543785853948352726485755216020872048124916910185271799518375607328442667718476795407111621801535398791824774981618583564645228030863239977138499283592092705553078665155645276895916218692034701564555734028766926384132577036016059645969040322551231020295599709891641809071291457489862443029770711389414628364848487157678567794878143125124329355024768726846894693387893096861937217245242168739271859503264117183198135708927075601079299185145627502866219243697984178114140454031960916424784392143902783386837264171155494396304194058880675238187742910855178800207881176791477877311363880277285669694011827275547502000935927404948376919641741747437643099358828114902415856717211865451819540327446308508490018672136527178874236275133685438258435726097657633985935364879062020368888102701585005808302800529052500592040995400955993382815605515780805692775037640593242285382169458924730837269334803451554408908180300009713590313876036950646295255811932331910420173976968511078545102058841174742956674264086276226066772160763338326092443117163266104428145958606250699868607477542904124446463286078462

208041631617188773654072051469312121432516923429453543324728241729
604332479029063540574426435510165761886887575528924905830732266885
794063610726347131451280390967940936849793368148757132986978132119
247305994960140277818648319506098399949029248482264519690766949366
809185292465402548007721990891772919609315660548678027148447837660
439060031471464522967233738210187250391731552458699554238861364979
298934057309118689822968756922198783526788848165620121799323557181
193394789972941131625038237716074760122507890913913600736981616449
615507711562475184867186427418752220983699262511079458767442710260
549101837714149395384601730899334493604769733019287791380270313507
073210981882099042177479582446759902008357116817844883047873914753
449351938140117520881370598439846549557055010189474633178513544780
605002453222898695956109812744537200340506843316195198363031817037
478986266327072440653794392777506117384377391003701560450854244171
829462232309874159926137923103063979751962906214954936751493482955
342557326734057366254563878208772478017012519108061380763294191048
376862061550399017105775493794371981498602274574327687358665472119
372473648368884738636955047230458616875778992624179919242888086846
632765621548945377584642693660170549041069679139658565047231426979
266889208569296287842331651540087970794840446062660205914207157264
149118427257725445185179225229922899892552417931329556162933387610
416084919966631744230877940588735083947873072830991697739834979436
847746344801579069104208387495354926175917185412293597518990089222
621721914459306788619760356221881278063881322456355560680694152552
978974969052102555871166688039462531658155902647017179900039902483
340191847418611177914250879578322003743133899943887879017493217832
857091362259345239879921194135829648604238718240674170986228121901
857333681568570323594309199084131003274241630856070401839676454219
756598215258342288679649061753328803833759251880213557889351191633
363591256530761963446885955556790319313426753383306631643406076972
503374612045657857542749445605773180947349044636421152998533043536
983846609846137669343084617000549083610123916548740215520180743832
046374678390499993518567810792289725874690367749579133853503513360
755073213256002919103155131072831771162507725515312573049623272208
602252146484022028427985932928366887990771408192398837850356220529
453361568028203753139540331764315894056325311235868239472892104281
477709045295704912875935241205135868760328451425827346944885456431
93344560610392771958212921941310874666766592457491385391579446355
239886906767996953556594034008392663094891563705155183329394000503
226417088488994601744966590766868472286681018342347335807481678608
256992636145794143415773796972761953625148160475046445713935285259
217578395278564412027696318595151992537064738543750734841980458523
109952456640263945256711483053596867831113800408161923406923403260
989704104568037934836010544929206927313239109289489416122528772541
725880715769800290232769299265396722223125954237897818796172973692
312698629041329406930477926903407960859369695530828706334988535898
063170379065510234555035981104722630784324378875026808665286661970
123584310754871934469961351102465382307632638598946857435306560582
753001735912983069515639541943378121211180440701536153143845798731
666720361840466592291400072861570470923183888837125901137751101546
728156831261731358454449555693404016062515912214452026304007316786
242123473984156636061570022957579512596067890949180714872199201151
338603342012490334326901903152471111177053767490379250704771080007
807243797219997486780512705438658097738366084557141592231311250769
943850574957208447061617646428970167342485313072653113141132969224
499732589869379336205382310430468811672702967817935315147925262277
150873178413472011750829199181400243851651872933219223671393302183
937180182843192346206861224877124816144643726238466722738716927043

432266762821335957208657592529933570469301671377062937231618402812
814665403393929976479945083556352931340448149974608215731436782770
602090362000236561479481796166953389820330364315197605893882403131
045864624539039457563768870592794191446351316565638530341380551160
738301152349650160262898331175266540895142764548739436429000310464
975634186467063383937026404327199934445017653621194183980914054354
312046611071022949147957282230048881509892880052029822219560313715
553191807236758087351573949415863863465924264929827124687428737887
107211779609342852822185075176120316328786505095678597846969439706
685743639441733419056383504407294386217526100606739944657144525650
821851108112347349770923533060731560343833666812802897283552949783
468612079306536662298488684458973023686950573180717092710488020936
988600525942346855824214663237148360334708879050834675141631859978
731821377113609337967922671304808400635712740447619016990212805036
249551464937562857255534722015529162736004842071745078807950761845
913606957788248618747949602794821468325536369648055794751958042265
961817575455372575780063850078828942880154045147286645076936364292
616561464092376099194423025307177606647646097489013007128320670095
834441486795964288442656533480626985008900143585979343204954700739
790197624021831864502251873557681953846695713070062888292637561603
278764215965593125292492422161329574504065382201672623986186616485
814342988831519203159057960073366305926447801768242805793775192549
911613874081655519618008061914487729485116625699772451508213714632
819036518087733473753221390179569455469855894609950994481976623160
582738973924308531049444078708472699064031783593529046138482240608
140130673921194035926589229119690168304343622797153048445980731590
371353990852305554135850303305994263075300844749731213292281390041
493729257315810390367157343929813723660967707037239975647113138365
036061040548871609861903961849936105390323056035908952716521688244
120760002937772054200549345059959328476579144513894804179203585085
252993874450064907705032042624603929134791860529641815140735430834
587703620162613635647536716676059747800859031429361333792933191750
084855096043897181104098877520049212223706955858124962571331447606
650693367882768887310324454243982890773510726773326678439323322019
262193656446632205485521963628598869821245905948414538983552431719
342491299006181463959235638285940616902975647631126229146674653662
658235758329722166170996892121526322495409725300927609096890929815
398547781047546039704805640970194386112437832161330172173520169538
667789380518472999961133017530953639202007972943843344271324196298
010719595118940802076078542247534707659726795708604373801337156148
493023257101981328749438961494854878373297094278163362544363330826
939905579688104948920375875078545376405053657575719555719402413921
082687609088769052263686540301870822701883547584723999228940340790
795136796379635072634422455419128095770590315877255589220778969111
186865369280723830240389236271049807288831287553507175113342480969
287697201586675189142171434255763904895946985807500609279810043909
249452408176625095274172741560161454315945185221718557495526847527
727167389139029014720235059895496157417316989042855399440283027838
377623650108590936919201540276948681440882683921593425318596862968
867707355681783603419705184191167919396618337297000193822980150272
483083508010971773091110587089489467230542892715118246415440910664
532953239354505193052789909317281149964927253060347021598719613456
500206310713361365178616544164970357368209762583749438630392248773
435717559667110116693127919204620889828753887107153631368815546679
590155314546236533727710941929274840416913145419700177540191661941
927952326018882537303377523360121961711612555388978356176708377387
852607563134205865681970192980420505034509501358373027020583244706
964639692236906385933110811220139677100067477245536145173982465787

3343641455185212468580407288018781059764871776307978933254645800932
215613548419484217791755933093578596719469919505619129316799344119
459729424346000102857975899404969436566619097579329566805424670138
374499909488656972175297862499944403863256488733167600407677690717
691102171332461667136933577677517966874823798119741641389329665109
832191318891230612883213061753473064594326312369021942487650442656
800640372373565200124319482373191116415861199401623456107055588036
662603162216687847134896499772571443635703187500753298600633308289
970512791458197779206078069420505494926820444046342562971575340949
274355797251601572079797266070199691870098612224188969224783312230
698835193026800133351582348097469113783697448676320781546648812639
240828418651602491495497986442720986605182035717645689499356020430
710489295815865063951917305638559382217514301314348075986693326504
874799038056468350956561639841602315510479659885931684745229784532
711563022567963824580570873833598486159426999235303174720562022037
261527089760668460260887447119518675285250056178297288871967524660
489541310791051300257310392626908884742371565183099163546737457239
943835000925165391918101842370641827844631996490552888569939325282
656262824286907604695912293388882636789052588962979926004365835129
285916601681627115850385950992004502382880525787160799914857795117
410714587892789285944554229757489266391490606122559018467424204898
306960326099241605373198039930958031845874187561196551694103025884
274613267715286041675625997166890091974462057078876061938247144306
820078699951582186915234809462059947336728416187438018376244684311
462271997183540419908572126700675220557081779080207642238770083023
145963243769724843022813747480149945967829765245111647562844948882
391126580223207233939672487353483796834709037217278071821993045796
170874846683226075483119464636316295504614289181870344025516066109
960439682279760085105109039362910919942119388266551364311045937739
823375470223489709893823833496062224144588181571744869858007680176
809831354488908073098010459829884067101286138185559779131126585794
627976344020932540464256523214487854998370452126786486295967723599
386702875890628269927949214888088902597529717747890672029936712367
876345198659570801187477179864845108982519553391404526404027575286
220156098390974367883923433686902937949023880629769925569202312504
277051089435097832023702609078772210288838691730652029707426870592
354303768898474913311508457272408927276852932025683038229026985498
309266427981696215482643789646128368380420732092446348106248237628
678481958108547337889172165033709317162300827835446095355000157087
325853718296069755081704358349922043478239737270858232696362370176
097674845003041090604011687748131236415722492541367350659699997435
146831130004790437633894683811507504479836224977568918706331215982
573656934306098101058107512832028464444466922583587764541076542245
446160237778278842301432414837607752722866645863176868757284362034
638726464703378104558038408699001847001329490672016291067320866560
152720035703770087723639337084619152832048823114035058253541286718
497691898740183701119711247408166154018970145776023023745038112311
099710264661414041857261089563696058312446625103344217698695531230
691835330056188518487114675653747128425378375360270025404781526769
638680028149067082684714366270449383420886829795605591530914319592
305379389709091235016831752315693892208172366779477179713627192414
555888808601903804074946015109518157321992631630815367277863953398
265037693509319621749307103605468274638519238401085893804821537960
570375541363419453179102144027724400228595051052507885300563625487
962039630514167505389028154839893826056184605969254309230501184482
024440573533399486462324698616427152552041418394545883390645070021
120281626903764372367863270923848083570492855665422565700417166434
679427056693169465903559002500981102046159970692226960430393134150

112385202084330783492768521280232291152519737913751743284056717195
786548200968348394935498706334104510911558023997896555372867167199
806356218822908985971359456599565839007199084113529007032127984868
173787637691975015965034762104926792800297988281614426247045499318
735873796114461220750417737680384233088995124892738217191170599517
713453429945729725215214038343046073402932129297183599023367167551
902048367988934857854281307409171121274913518896650388059503648866
001930517747973772006038594794431466501041077192351722447258169876
135731553947360636102260817195494774873346575307697623829299706659
381130355666982838308327669547610966886531811220411325508888982062
797980648030112172279233418196079841299972072008841839387221139034
724731085153277483669837824867965448539605467332451782821837371290
684884322609750319063553017941264823895351147387863995054860224600
033576913603183825695223930439416276778650226367159054260821794162
606278653413781787284203815659300744636406739896675492687649395718
490313212113656202390261522984062873095648128169303501869685037131
095472329376747222478572964170819858940521696598105253378892335031
987258494889372864076832966453384003413973368465664299812962074532
556516610754825373816739692277169563653668258137853929592804863934
624068004561289736777656499264445275561622239943174891109978681413
003408786160964068909193446601068578173996496691929407151979770619
673556327808303748676242818953299379935017437703304126784639410742
390004075198605918156465947758609699994125596896228698815789024265
778977792045289457268597880151203918786449716049993622264612495868
772143477181778272154033157908743833318094502935381915728145418326
821124819723259721432234940262895469574762101080787425847657147801
608833404962554650632414744423711596789923705898277665685897719457
925992692904083389327233247930254203274120827944369363547913979579
720396366395782104958416314403965424093860475283325924343500781306
594917949907703881670567144856475901470819362884606343870830873013
999253725298366891041033135943943477132545251112552111092798727785
951382708916366590952074170927525129902620455410308034810322700046
208199313497741033969935705200813490694208037872203790464382890249
902401221380463397980242182106839346850884930167918289662130425493
338799654874386109320851491053327587732269026724129296625673645906
875591489631205017424394526389397902442323703264903596852578213780
965150454498931866068559097566323944226182229519656421572541809032
099804496613813953120985347967114699342694938245149667475159852900
475180527661226007197757224967081515058039143461824012521809293563
442697690775936654520908202506027804671493363267787205816815970250
481840076454284365495003371942335655317061100284423030042053052952
933086763760286456546110382753741547484910093128725956442056976109
993020881040353186694892623960995356572233574757431587861845904831
966429563222726105271648198398546337943708365729640939488820397486
960694333315145791639720748072343344270697628656850889473094981597
190683110612001028675230952011106399785970418819427843873191795483
746036719035569303839940154837381862624892618158175467230946628362
055651216917470327887284570315345444858522369606979868892249345328
209693435676167926010847238262589759905263792325916415032763625594
607746274170433254493457444889477216876271827727072947967992940703
725682106129508999370246217199889894467876686273457941352264033498
177530833993906702966521338034698372728905324760066193925458206592
897014152612950727426292227932465791704383716269320753650111960155 7
525946940619181818487377713426834444240529306600573344588869058880
393177484511774102397358775282284385958672028239874374352959211556
243224389289630027291056872887268161611773035695272316977436959291
424844621189894575011690312957425148284517441987133717486576746353
974745761595416087815219493803821906317197854636480687724886181039

189448975073053855804909207963214830893523184803790906668134527178
233532246612521949926765291427590890922621175108174670500059568093
135195284008043900757261786657751257452884330535531748414291753374
248775094899335437358359554578827060373973912922693703012439656897
123773945167318596704193173930742310205394492793725566951434978805
545703305908340113045524208837745301823471483685405703839803008349
014666157562782972454384494736538947399853428754328227478538137311
632469929383670295832152967629316901577016376459707311545568276634
901948250420327162355437616062896101031778920813007133134968338654
865407252699942438188746548272867272278105469899924363853838917100
915927170823049066727659616237816864044108587574547936667543859698
670955474999659120236471863025134234286603123083288725426148465049
133391408455713489742121332627956375141588593834370232883676361427
210910916326438119930711805813705320521818716890340408422833149561
397141000910171509937355016250498698021280775524186200458708968444
383063445989495551440098765192200443482688701270198303940692242853
914434437692525690603785633163635916959756362855116855631624525027
754537619629428904366194589680239185158067914386065545763066653855
089791671967227739752076358291905766479671803885645388188660350645
431683355124532052382832782772109259629794743650827334190694841174
771358669416235515154189766502736524377829273750109051093082586789
846241868494722187945092867305656472937265721055693249737530172030
034298462939903576040553269480197521260030669803843503995362245864
967571735364486622960867665022114761971906683670007878619525727724
960774953015827040191563034896276315535912935217020929815099957118
977712469085446761448508350541333397848261343953149537191502413214
925257011457627010326835919788551641036147376475962509762230288111
889540471348042461791153854163232840054371084642690950362186833728
775644555584451321260709365088896899626104066097271490158259265168
477635062365733527671953832978920009067298565323545222748165410194
800740749839188230279326391449423695735288995277041099533947552827
010819433573369718431950816575181773136178920372220046232022502571
019599757952402244477732146208376008348553877306273902091886835251
019639767078418503278393034561640141876545693800041666721878598301
833249780430668413708789977806097087513122453733179210477653219632
269292062444118602403823939582693848769438647992158275076780160750
653635601924781632884895067393170475081966462719511896879259504855
981422537353491882022522322545270640311004505864934019626832439967
502709419772579999621126315498180662935407155836102749719065184274
065659372545125747421356527406125514208736831953589153401830056437
614755600059018875594324899873423544185362988977246414291129851849
531060905307036852909517474704662175927821270284427202763242218865
003628293273448127781908247371971787331228262452933903310566123136
943767215970190562786251023149650838505178495474625792863354846764
750561938956048712724763153542713060257324619707305889144995762866
108051940160877383993594759687934206306164976101628938474378762708
398093652868909362413539742230974044012337734528350622583007681949
535057372712472914630242934201182055942858754096729982477433299525
328938891028826238500291868606622306007695414534401415437802743546
527798112480595010881568865390958105517925178926168594761989018512
885485330019719136580509343086513733915671442531069334558535936906
805731112135220901489843226163964326307761140249595727575518017958
941940131977457342289223309973919624542378153163739920532476645534
806101436730683257957605166743647366202346212054883257962067779465
896153466662849622512559988373663561545738099423982234139778573181
185266945092193334002783956605221904343907952187695286295362583451
142883374188013897668334834519923543727595099724884754998534821287
541602121420007167425273228186584713024374038012472127577155173543

806869321781709846930477213869343623935185177209438091902476791912
350163419749830019434925143922732839989527528454309800613975570079
141708167825793398258034505303504355997163018455281682926422796379
517399826256972139310348886952365033887672353459179213883115787976
624404445856862661187618660778544234578255621751391515121750699702
826712148235376167533902997247943869400984398033723926082575914971
225249699909162516822418830277064831538112236871275612260858402325
217728238991975461696687100468066683951394054683014706632437280971
730852617500405405846357996438713060250466532450985137113504784066
696740812062280849524708273677848967506686806656952046159359064032
782602281023655208379777490999881339305724930668665438786938362894
312535175161385304765696084834268921637953176445418916273051752216
789720804110223722838862096566304326937505381260580743571556442520
301536065982737244631942002726368400072903913523216097806820898002
503971154135638074184333838437755945688993432757328763589953934333
013215225900120838600512520109318668826735672604998799535122658646
076878454488418338341366254221969714632518921172825009741219838894
379964774246111828756492740080109580681071631909055544066376841992
483030382445386120476391807877747840955329367731266650623046349154
209455030131869928385870404977694987623086816011982250603784077829
331371486931955769041248096002894285901471563003599521187511349609
284646438827763668164442908723542365626241849131109707115881107599
568488241862765942931155326435533657810786249366068097352567283282
438804714953365163044632204199356237763659235469498248612224043693
305064454708669838194561327173167062872112922330882782287685661129
367040431097366815821566525309531927357606575536633813081141261504
182742591979158468609756617111553592650472452890139797307483656845
667637660750300080388682744809256019525018228778677511683518513900
923990735105970327066961915407328728911684660750520909200607145646
383935659156554266871106258607999663404577588827698230347449917712
787416589237797961170443306654990881949703719928121853092042455010
101872809707443290433948270288632007292968230071606130096726729562
697918386254192392746603900071210997349610532335584725675941583353
650389695788836122277161020990818078499423562309210965202007496819
097023368204647962109385232105587621508865676768483543211634698215
738765508378320373381431990074202634978428101168489575401021897545
070983266542762146933390803990467531115202415024832005665615806359
792361819323007628827294668878379078853974048969533931470031131324
493093227705326130028850543429077890063403191002285599374199590545
341982948388657641910838216642991461141910541040721718375771550615
135153927714008775520012284097818725816627089312739645464772598088
949046387444120338340398470547482648434216601506040978703871976045
332968159456039741792770386611691754030605604275947492737317580608
753112966079880717230218830918163103554699678999676814113223840584
872150451109777541309273348085613994313891956459179137461296122743
264902894505828696018397663266768184863672978442961082457532735323
785581012799169576075366163284457154796775700222592039479012456471
885952733235380132049867071615509158782889567274613439615495902481
052675789916395615629228002473414729092945654241442384279751348945
730605833955546620662702100141027670794584352116489088168624369796
568234197708223331301580282187684116710285191137349625550441565003
220132187807208363215672758328941194293009420176277343107493222163
016969037110211968178145961129850803567824717557225952337646404023
992449941171332270648140922089039340677416590793358224796176127195
757906232160753334804425925247216637653281249173787913554545318283
886538707564763973408162444498793361431231856965340138644220930574
391287276338158138712550673712242883009985818632101563534940227831
056311703310767124990400513200129348970272130995215492391507859042

140268931300460986561523614052530392725431314097867037236715981350
870414441556847409342428580682669188705870133146463205081915056248
476004435207080754087821149494621150927923356416767368335016422842
786529339283279284533215152892040943012000817086185841075044157621
681026060833568283697384319713651082936212468002579767991155399907
648403804992817180375653459518384595099340093392603110508797537641
335490529395708765991342899729770181614294760801328372843715905906
287968664004706149178465951433808979790174722888221305314151452675
047969517343623347261533030009304974265653945794747407885636678194
708758120346048621221197326839850319839880675123556072123142248397
682069335797025454114267856882868576218146166824675502952377526614
089492621794102342151635411775702690729443076957090896064414965881
671742121668318114963709144779139340867791720363604718337590738200
996909450123084402978243198983074299124747509659505402432113462983
344156393868466638451130417168804680082835017990969544557428581327
744030140033636837871236116275322391852009315108695478540406038514
296753370514492285816823175467578599332489704331947481163136568762
244209211961639847807493990632550658610472649946278570911848293076
400523023957169404530229774843375344969347910427880464975509168928
481102733559380944046934895784831966191619156876786647442091767696
146015961430071187637115981843570948763419739913808562861781819516
833566051319780945322585426552516534052564189836041918098775647547
009333545646386374588183707193089927774747776519400712100160212924
290428843775188556969379841374619594878664049528851797029944034170
922571269836434779234200044508972401956427768435740004691806885788
296382555685769552433481059235369632377665412136136594165896489360
126908303912189079669346387826994625689894323842694790019544917649
079925967283332015020405505639582288322986542152012739038571255115
833894601478826796130705936844627140731766358507487735153608785471
059945081573750376872175758668974763714204508585934755203715928941
449038455518882477822488860567681794844885054248271176560204127562
510816987302947899169290417780732082029453912387288505780471150279
434067819720679870667734689917596857017096422149884386213172333014
036484090622963366139731205126785480197514010687614978678223829515
530144775438800942091958111908455931728419128447542459302404344156
046849603652232207039181979547390237479288943062875587989550434633
272922942658198189938496433903901748591900745498519432437746889715
163506178404476581726383698089797509331606867090273629067967365282
770315463201164237555377992984746403323273985355161097777810752126
229689498605135171656024102871037724129408278075558919925350758497
154770214909146833655432231086547487771386228875760810079271785897
902598759188635196306045666633363192174079445303345927730124049043
232891698863107254908590395013066665927301170260376629810683291888
015400774006822293021385957645423568417243649753033910342475954667
977697080027375943580064715248683506681994620785001781035428128258
352865340395212327966035363240822318089825447710520475037042522647
972286991591452243000708332000742959773227257950376529937676872026
591893146678879839618766508408972120716214708050532965530683823375
864780997017362177525182662259448897555479107900294328073777695412
037888193857533624535557555386215137215790485645195524782723839043
922555586085459837832420422489960586622158423688887828188750328772
057840977870899101239796223592813041542814620670946907294304427637
357079519463824063853539753893251455320403986581318766650671801285
529209290281388464944991314896215110965735382736711051946125607048
321120628812596874969053325465166098551532847050207218448979151303
859961827075525350830941788153307371333348324728777479051810609940
065062184695791416090258633376537026950336325159012400610772655185
040857437205040286964190345060154341482587482135948966805169716220

412921890901365194266163349101517770935418782341159443425730184584
604796749773411239673674607693758490635429993974545300717430914967
401452185883758079084100939528251239939418878000980008529832501179
715524696629805239359426053342566834841710659646899602406759318187
300760771656964600274918478453928375977395610105436229722833079671
242759581913381790783409621408277302609459830241168133924254021024
790829584271922720912310498777743600822820404793982383576317324431
719483156971330010828525340178091758465229417473591973493722187334
865037756637694545173480584127419296480623788474696003236329645607
187500856199400629019636181432769610791010248477449948177473036975
189922813557693575014468454703817964356041927482029664114842647553
884616092843173667326095117141455146642087759372116066400571318718
319403782493035660264211455546550963815617175988326306606354150291
012138175740705460347589437776573433474433136145706954995855206815
968719207955264670235032289325886926552115837404571767926978698309
365844160521753983979691416469213052887124734821526840486335441603
666716454520572878920653903968965700988330392782283124639883225936
818488973007620295019139221746963919008129822447578103017840712413
711813334742069153806373196342037227001353128231561282092730787333
606573188224330352677536168514401284814216046927928006261490423726
475295528980672386898011246352617089223609419514298318505493877642
205598397842354960683843080444630918738982811032326174942490245929
687054290959893277188672788181490220518594249649786437220191508458
725241513773308659016343738990369096183941846604804764128577485733
960243288848561594816539130995078432615276124274373041981321913109
713823323536521962565656841321009977934658671253098091631236945456
552408670990257957373786907357079576233304152045776015138834558474
196237479266731639431708110461614928063588389189301292776504366428
922229524865961964742501563936513045554221841369811550560226456922
426884427092190824913879746046884262153522223215969529720460035628
448018051430923514649064831558147073373909909403306351628476364524
307039902289069103226906335776036486055194090278268031593780882659
283867885892833398144312107432421057444077972553048758075438271808
973816058294605104830293838632112044063237985310181200968004784013
121041931723115880198941289995094490518235202855017478454727620598
636970700962150536736780071040186618081413859627807691530330859735
979222742977968064432368930843822216161344502909244442413428682045
989239144100586494855598206028492271624778702699558974228142701436
725836202019104692411143248113656782388531661678230591013029577237
394942182206285322925329662810562789429374661505175320710232540395
606954202499821431539771325543297586855252724801325259204962363918
642824022950565291717349820738772748645347449926663833468080472843
102113780927195036693983708889807928735328153398474260645007408084
432945021048660235279258531331296531322453687733089541670661483631
106827794190105286544385525475882138943087838755469743892676454966
213807228842572393450520834542156644577393590327231975817176591609
149922300536477728381273341666225338414722426299424119246224009785
447297982912784403926399816969824983199881028202402018949606067126
365661007469397089206468940335704923809270107051053509385611794273
021697988253541628015272720389796835160423690238188359887210402920
190710560875100167903711110517939171375466236838325414471785938653
029705646262609481596059731112820725571828111332460761042177477596
454839111797136188734748786825398458668974921061770350321736670657
082169855598660531527270236429296210603327629512934921752142974883
617498973053872979523177137651695656076009410257209652641367228047
189019484536577305232471845768564345313341809126025754013903941163
886109277630735614771042982037148558809988280770118207688604358180
555697428951349392085027036099852913656672420004093406815626648000

477503692670100671875654983026784039497790284984080411286490427373
187873235749233515777926654640587552701973317415255343693433358781
774394766769865341090342418288560046824427173558919562996250797908
273745606776538490242262424341394441051476683286260981169869629957
329189480313093836578772030544063568880873921733643168563019749588
240778565646911005844850632217485602786987082544923435009462428781
142479255709287588160371333704989444793554135786176777425930035019
948788189354645706998980238842859434023529395735903638779955485801
844435598231690842488353550065678400248622885397790591902101008326
643914042378583471415392112521196644127196798500140377737816113954
694556263934396372291698397034431618022638018535077274790383583877
603813757838647012136315206550285043820926854716048049446724877051
115295639919846196607048019909225438759193604899417764243237878245
127509762457528554900919496634300563250421582478503943865657347030
265069800272249653816227554125812383002246685055927019280952766320
805532391360748859854952576989950792761407664345764642909718181527
040843411686487519529152425069868697209121972727641663998948035293
815572061036528542998042279339909846309262878679188844745822818384
915413790257576173055737219098917335808706095211813913922837017330
476881808509917109050444013024907362722374529981247942216588118589
638088129678928602717350247906136422666697096556330601017905052265
542575044259197988430962928103065781734716370568213331695467538525
704127557040755862586832496666639996077175071424542434763807349935
092557265250192876408649276184971730458976251487164885915989512553
752282229553578092755157717734942544940646365328643887343342175307
027972107888439357840805194777569825417393212928035281904328304226
608115277615033728093222216146272802255172759402589140495678040276
685368356006483751211956556037929089017497056882892495376800055117
044514709040276477095266126178911643527084947663336330375047626681
813493831684698386036717861807570903840999441668188850885715673375
085945238160582885059497191411577351946916382663291000936319693762
626563399714388590830624050022106856248393754516645389779526455014
543848991742196831219314013729951184100975097941992374688409542501
321236476707532895687164905935102896844431703315138814848447542911
565514954932398604734701430994530959296573299640696179056571891557
139592252223779966163349292409269002121723513543080937580132161231
377545123487290335614609148164275810499520023608713598549648012759
693337261148782204827141654286109728738531498106973275369685591326
889312465886397377860527964731457744387037551291438363101480880102
554975018505634383742326494288403807981432555780016392499296908528
458983639132925179370625401502266817359646575985941633224415157573
672662192304256955666018622138261908801925812037238815460077600385
904490388617664212001571276624408763052928397860029377083531090043
918658812000874319507410289980656593798887012309731006970179557992
604473869636116078651598376486501679432859334319628128655516084529
190591426779204939904118967887787866743039299757616764655468134247
356325818313412266269003748336985031872001174603213572511554875102
276922014334441704147593650389209545499769900214280493035695458920
060089088122898084805497614642398124170653574543043763040631682499
554358976779787290679404769481126790951355743782017524164675346132
975800098129577909972707119039363809449713956296258726823835894718
541656384732924275869509842767377721923321752765396866061772823715
965708211303558103638151827913256944611930915881335319427340665428
840741599708194924029183884976257483153393752546673650828439655401
138966301676390463017835475369478652393655479832094346814763378984
065784724561420759944989774128751744945814534657383789979602559586
269280739502699277569907760849202215589743467392637791753036664387
053071485251947022095708928286369504935855848932090955868667023345

755431925451442518128800784991514185003301380182835829191679510151
350632589157356879487674191838233061591376859223498332250831999552
784862550590848674550469516024205215252356676382666432062440113462
461848355382319190307897904891564928816756949512976060226185159575
090914427722463313568357223509941125528091622824240694113223256899
532000390302021969682173861309879698007213116386203903272971919955
577059189465177709310867334359701908675463750777494181642136624587
122836257130969042522142409274144442862946764111157333902606899283
995914207344591821012987893827130475037383316679578727390062834881
721234327931679007801792778205762794247419639511777509457395274438
958633533473679660705505270121425442994790804913464473573810923689
307860356623664611507441594192307991226358053752635962493588388549
945357860888234906479016662455720947882310387009991721086516270017
412776478931430636070317268396116681796735997405243721801206234819
404677351511011501357530393553613503983876540463630317292404004439
345422288665043755952167963855990474148107366357622269326643306422
466225136196475599479394475167428303938849538786086663136566087608
674016868254243859509309839009508247414611518279715147925387823632
311603910159790837053267613356530501089255973694782566935222898154
208014466204855019765323210218161662195303465718412880165026448317
775303785757210757216727037351922240314148705332812556025237909652
855171060447447911806731970710020686033490952336928994351734601699
910718450704909528695777413179412053056639315825980800945415945684
740167337619934446441859524845857806791846718267214579330271628648
423325497020868147406915857052483014262513491301317931897383824525
493171754034351063059441518585179933228918463985687661286780829821
411290668500392562077476960056653243485162514854282704856142333971
063396132693140524821184022802087649328246007079295186711877074641
645736456342222618471812428438354882660565417559049879536936295956
649725411837193356979846993998266970823283120991093412559948081987
322038686457497615007315013080359405040673405601232570978746962918
829946496700955322993288831623762277023446084161786295841810033059
517722906006608958130305831313955885880482762259625175518394264980
631200451271810019222194970576697488445965926929976916207972664234
143396980960850145452991168678452787722580150857428597643180504071
622549465121526895079761409835692430941746765451817195667472044498
428603269680371841082593827335584974386855805135952284552875963613
860275898194531001707608944273324746872429589116478218853620984582
946830304075110083054667661213169494465638662336973149053630487890
788328740420726733833969258348281353332462611966397276729576987444
036547136001659167477142386181991645306272289815577356622922661089
717797715008346279464409360584315732063783476195170000165810602100
928784044356820652019452702856826432217607135816017522219734672233
277802743989435971155978038127627806526046703857508556025560810516
667781838263691621120275954763575092735610337565179769946577949596
114491162131167916004607234256813482210917470416102540842483992404
235096219691263681209164349037926693492225463510174034101546543752
831620706105390821226693539714144670163871339195724562013513920405
091861473232182936195189123645492088239049722488287914257299133977
822247818652101339141437160107780810007161296620936804672633770301
940591847858596557308893645078579360008786286866338079763689028078
061985701002322447725140393303221195720569671864238802321863347761
125994354864992447475166117836031669526375416043600635663238710592
793579217568711999822811110891424646101546553565962127042099944031
975873515343983331956098941730938654745465140999389397693553922458
643035887623157615625861587462872818781337112351345878837855804216
977643985259927890499624290653889621582122218978878116258382965907
363248496977987612007130681883372519003703774034872250429734960993

476607284864000163199296066954370714271183192140992442394695825665
420541914512045536142364884148160260537748661498641102837595162909
996220912329819216783392396425613907277536570773639372511982297369
678692468915137165264869759651344357671228268583753144012628041840
462286935889735824637378784844748164121073381675877592282230791549
822108047959043483193387634330733994992519424337213632119153658108
725527549390349701179531056527436888894408547466647272707809098080
469973094052028161295824460656291655076968023561451397859995356144
918568579496089902281540993189622735210747582448567245261951004826
725615270172300934394302906880530192645535304297709997828918871272
977567312250801215690898921046206103032654195355883084346331184232
432667935024698940574739104932355738728624978680751440498738143435
118385255825859650848619765348305165577465354849251847062358463611
289612310634756134878291962080802902154188956716954705784126360651
280509700448653394569212676107464890218260151360021764042075934304
251549604712165606382690726688106032814204741220088866734941517997
246444314878523028195667730092434525278035472371332498112111447527
196051728526390932400074100850410135349534043775070868269290958964
505677769755051816997654774249074987137689708054222310307369986214
421344497048083338862903619246209941700659527552349945608408883527
711995125641178874877554269069537890166583717050597606881779084911
618570218746070392004112101273866342584584512364593848810490498891
712468573926962218064811341034779991028533450433635293559946999107
974838607309383222418565543650497649458385709575475892418107954937
764316896260734364589130152744656521145786141557709921049334371327
654855020781975775613019026316273124397224267414660169404353621126
647620668955718147149979122203905936045317129530955540122855108112
121026572969756546972317828275358932526338331110696576581556117359
486795475942419029558201244575090753733704603536226154971039544311
293340778323908570180904613579628848552716340269965063129190994269
695966225589497975628721287757198542419673475301587463470733050737
845796145354542520644230878240841408078462796736873887889585204470
927908101071211987798727835924233933557556193713249979593876098414
779898213818265034322401306385745448854935897070486251427872429652
100656649787070156838838645399590365080171114364104266278696724141
998326547334111284879330934395808667890754340702026793784774345535
265665129290134337234628978010782011552218872393731201609370970406
863255367709261919003989418841145926153701166686589563673150522163
304107798488677211494160046621106586052485041079547948381425140499
636824970739689414424666717487367463168517045635775424231051505809
864764641739106287459904737924888107274308142629524890931985495762
898324171908961998384100181546644378082375332840225441604148959931
908730084724728557488183769758189534793908801984580628942112361133
354632540040466535717316673238652078450308016619577080902713241189
165462019807089554609187238543726113874966299766658252314714818800
323795003806670118598942195994821840489226045885487688802337594014
215791542952871235682271939416595000624391183593426781640483541623
849679242080877099637573387339727138570051017216390102814006199640
295555510920514823727888939586225063582005762355860460670033354514
888308803206990796123184492379733390033115058829483802068767102409
164859588883944324656344667574633584953224141651880328254882089918
241029406831822065117122105635810950805267608243003755064833828150
365835077439401630802437480979848295664872770213417005589113966218
009352304353954888255902667090006571188533595233013070087619042828
655767907621690733940856070615889361930134878025952499670315914362
442199778519830043798444145486551659082820414113937673181040877195
965789360890060092985718784824543162180245386116837858586234510782
849182169145864330972476771131495903082734618524789221595763617619

415803413031319184160775944101215743941774531300010795056442252510
930673752322368854324279121353055759262100311221186203829750275381
784254173117337551711968165240928436766301402843312361032923452318
918370223034445497414188639739865083728606861694362513165598064294
041596095582815279474489407960067040156066354233056608882241092462
255818735880428279346966420627411245975215220276131826209673609273
703418630680429620948015190112156463233546199496049740834443545314
211500672682516687795066725418216964868333082337244585492412921673
190981802291517170276395390765960845015945874597607378223637182049
117249030372172847521476818938282858524186640140709140991778837139
569216170769790100601923052662978421951009921840123220629140060482
178194901561947902646631312875029083244483715546624849403861524853
532736635483810240007269503753672481333156495813195298329582489456
994701540983863588375105274450387542374163505345484390591298010160
337024065091419654406408930992874563503612249158486023751328733731
306177764383349114167974279563535826432656509343897438769712540489
099543976103094470122301704959677916134546024092072149464971044874
803825509647557923378408501570469654092609937529297506575632445478
640178182086899760355012046052898752372284096564154010430487466276
071995929003518139082264656278006917499381889757550412455262811876
953735750525012728015922292778267737194613719216516400180711103260
665465764572568399041112655103269898477620049452573207633661187946
685468075655577881616833650598047997528938859344621827274827697573
534811670385110008812060026845121931613498729227973543514525162066
264467550435130099588759986591144348733027605783273860610819603256
783353625213985372146327137143733668525942897840927984778786647466
449578835896680820451477672719070312628807710771780875944659287949
105828127513178451193902192043621739992710417481747355300551496807
137461376682610245822978890268640706208716918408059066840210711797
550731636097123210429979833192165994641187673904738358239727102066
913868675822234076837140251287860243360137545695612101211186685695
275760983876242013180600973001510948770418647501460347190956001644
591325816011088700342409510860065966824661861370034045403056501560
321089611195643279401133232062441296852718973390029304387526826413
252372811818734183772668317079822366819849255173111404842922636004
972983664647174703203589251119031455263782036974827376444746579634
703436277452109556074920999706859663108318811970526754076084185209
907452641268309014347673429855065555504958367106871903849244388501
716241895924159706438955179197612480105118326621083951809191931686
471500762285491546332100294923138434804057097770139827445193483922
197130608237016546337256801393503481012122660511497687829462858623
206434741211262663352782157747324524831241354286604414019190563714
456193361673409966378271496009780576875416953445440599479396181489
149477288393444938623785445710715026668290496140379849969979904177
314534985205251546802967974626481966870228616423121477629241242965
831276366150132159956875563032138349578504195023669392820440838149
111506865684280960304485296973825380024172676987094580558823876675
088046999123811364649817803232713886275399981430647461240477541717
786963338613965617885964831756351902365389428609879813243105964107
502022049060393598709159547794213809864179132509391514302291823591
945291150294344931341236215198182158312032029486003940276690126632
207066257065165460052747522401019923873469029975061163166192818509
767792260931005135445649361164596566028491128455262224785726874706 1
159462603273049260387319098427270223022793637175671192685836471857
815155133520340200942557325702413567497929832606616892374772379092
315644836993982219062239598351292774874049218848651486180067646836
474766349043546852270441815032947346688059802599704514719086726975
420909271463724793987242908001465960306126644166022286040507213318

1508294609888507098056622798154998927924314053239903486173808021493
3341026331550511037223388751481620439881629614499371184147306543972
2563580373206053741937671572155162520262879124347517695662745040518
8338716088598437046467204976925718626306817461111789650712733894133
4312640042190022842688463221924960269928537680961589319489023042583
3390128608529021358552535228729369277257311248398058709622089306846
6646263634164743178986700047406156685763785710758427494742964857966
6762548769795941069449268116576569257910637391280917433293427660082
3474451226468172447913454112832897445755146507869565899052824665349
4990938715111169679515364328261511982789866889710931016959104178450
2488287352319238448624226362973497576843928226311202000471321872017
0178371097575668553713938247585338118980568055245617589253290124104
4606138626252972014495518845924861076157532019523792106931822465517
7285864226604778693839844215191391884947712040124803222614617113859
4797565685911745747244418275564366755031861737105312840615915488212
4971937173021267439200820411175498546836398413567746088381673386741
7100470330451223726996329675335035568374255932788505284843970995341
5176590329384028506921996426091089906842903712845293454949079349840
3703950159436563446313995129824581333531389648303954685377742386758
2387995950731279166633912135762293008238137499508804241436770634118
6794579020222525197702359954488429230463287549234967220873007422618
5326239441584686508261531865605778576997292533518074404638289730436
1213124874166495577320583031985264922840033821229619829400035721889
6092227607689217373213756128171401278947680860184617347613358304779
9555570110846589918465264716029062432682309721379199995026002007677
9284281280102189046550368644940685163746947400979670522871746653346
5347668328529930583917529192568422946133303350299266147490355309970
5929443017566334383432230441543437034764664049273950265810912648824
1517806384955847321292598486391433780405356376028060686127816888921
5248356454361916584590511206537019448479242546205587901558333354325
5865910183915327556343253047913740702466588858551732641557851082711
6214091911502018761617581702513117007944140863486314831905529615541
1318677747603095539999860807938437497622730370371697491622920021830
0013533918129991829604023592948162240375734996478981565262226824692
2466182266003346563155444069190919446133592294764761753098401445696
4949854178741721231360779557004623157574070164761282734096389797697
7401987616019415760152910910925312276183834786795185241937060797916
5590705751518051295428310185359173186365292029130842057807392675741
1563134564106004814859065977727755892339730476017611861094666839383
1705136767659806086454653275384417193324821035003461438700642574999
8217425218212189204246983459694601714541080967173547847902896490057
0936956585073602799626696168464311182371981949954017555507937248780
1969337650451347412370232785817170527287540676808677865733191918065
4146507023469304107602604380764983984187762433538838135818313963322
9783045192735420001244347701439141020280583513761524868346540092241
4855558907372029219460949678309380472522254271539715644613932071756
2051057479473825563034044998409055189312252581517064469135994549410
7897660528393799502191260261204772051458836877277420393934927466174
2316966127244888142028639142022781241935332974216945094679545206739
5697738280628009153419557209296208702178162359573153985804940599130
9645978436746168803327624713133218716363946718093667473440335755526
2197725484420249996339317486166811685800241610193571815876391393715
9153107634250433840677491100623988859795461135553975583965305392425
1133851519729571507256719493159144543886748094127009297425772211701
9767807775541153146444158888135464046100343675463395438136573794175
5202298370463378124045276311595878742915414204162066248912616238500
7770392863484726233343506441746226554888964328960847169212331084463
3335053371471733303

1901721153077481815975318740320652065466630383402472404436419295851
1566207720195731935194885916298153300551052799525400109233465679851
970645405142910657105043026284793759359388054120084681207165725958
968277943629931119229046287498933815161612418075418388765972717000
319388966533656527359657047298370555651002680279238516795033652066
530917843546800532221181178456832436800443266590254628594599103854
757965209123438950325105958302845145019453098923277198489280787845
546749643627564616966261836486662036715578498138398682528761956385
736085204193320257641086585308207834609373542674417458791798165097
760674803423587943788166111998959566679446483821547715844522357513
096308613259832304456646819209725029344903578658988884052055288786
406593898270941098662152737161752449269126472228562674431790670660
513250331457206783440463795142601733349592062646181273287377940013
015357157366237612685283211039112016619481155877955040394086512236
041949757935718979740811556373467207427424157737740444109123848555
845196736483504888683099313898234421248549562023391981900603548985
180440671358033140872413265815580856335529235650556243406221738635
871005910916669020110600851921062061521729889870836133794588258419
8929728135937846386408146209732157488764585452905648569347625409
289910669192256024642545291001498200945147538869058507821574990164
238325826612333030842360171331330197402643659281051697460061129741
349954361141507789015523161636275821160734521938551112723008960033
993710873634008474458582811692917284014715929271271973822535539639
876459247383693261128037429940138758081761750693604738088259160765
499660285494158397942913044178937413498128512994331756758244076734
176951024244331173208054198122503155476482578701650865766702309785
271213432609608282808472227355161279802179432486389890602925191544
808852944924913238575321489641284456505833651534398394353706322369
086818474891634082930268567197857966041601215228834098644950300613
637984752788790195341774348444672748004363482761808233991610087405
112235165967744517830819216702751251435494699668726687370827849191
991682025903711477659826068464297168288715196482705657937945663048
499534258282710020287457514253134878869888080123918252754748629359
202579750028182197510099462917837851103466716091576507689424057643
488232454106255171455768523557408154552326601776743209479015645205
466875325651052514797632011122660267524833213955089931268326349301
368519242840309426023879053232047876793848815781799120758839989511
824201625492439937529250292683380891296512472328149902698230237888
614435318987992150720017872694765932161051852405076863648912351751
671937073774216243588562940623594770431200526606256976250968421781
211488829880026616044059222329331624176122908743379022287804561701
357723750619521603426862806290537864968871393385712562416964079324
475831369885918272999275782949295751304825043666028532371402054964
473380738245775558257092700759153582136224878739519806447536509228
338732197378945098948812224316665010698739616672989920964420596817
569619231839866191793408474257868154615941458938640602296132950038
120038389767450208633855782667988106569036999081567827785163782934
599361943366980652979221522153666288839940268038621838784138954997
920072289371169507757061724002344872898683808889469325821863378234
356912074028956871885668709606127386219349873263224096065960699176
020054536038165896602143871771287553098370990207133084712303917975
574483810050683280951189329272191231654940906640214568359874463216
265575739792837308702860612939772368385814919939258415742549146335
154820414128505256116414384738621579485025909591694016701922227152
051592446384786736844034101976022548505859620374520210340195867216
081712701926460704607959928713121074803511882506823353044969812655
209567080884541941022535199131368352911597222819779651917510914125
749066752719879928439903727410645886716981183509101205683498176773

100954846991006642170375101296402795266807926201346490826570837312
730887703498538168830180415910735087802789781444525165407708127488
473796550331829893602610515170900920110222071001669479948606498841
609925577821033292542220238243161693794552445077116612781957202899
490592371787630713791620773280519004359506302783720524286071686319
756831994495359654617582379331954922183557140638217262170118990624
363016468349879943067324897484029900626756368663934498668702957463
295592763582274173904767366468327098725400825658274079373013421250
157872246935933602320278802133447547116925472442788234788572020478
481096682495732594650693818393289944085629329548452346954732470720
957681550003136286818305873597665524456292333709800392024465397081
980880975167759000829452339338253873797516636684848199061917189230
530293275282052288738997779857757464433066738428466834238197778223
941515224363898742495170106566785302676664370854624061450751098238
265082329219231169465936055216243701274300239492460008464419137134
537390881710543297199625921785958368900227535469344199270563544994
464648463569211473954542342093035095619125962942760332314028381564
195812399216843570592611552186436729390811404988429954013503045826
166856151191924704248067778748838713189871896738261924739749089221
696564899815767170428901744966620596800868199091956648398712799600
060660098336650850131726705066780738105362533240436156109801108476
755494877494236585163719465279328497990577018451049091701533568613
632443894879659034367590349560021664265581524443928278722717359459
483078938720248473420322290052133606846053129294097497598893201349
050155466399788069991700873715889175956776894727061811503019647289
132576784816190919388459773052888173913796341910139122828818689576
669158175066401906642575911857638875482934362992117191271054977385
373015577838101884441860657830592410452724319669227643946881902302
936603689392914352790067834549205228896117886051875408310491808917
759260962571182883270864363467278181627472557148502535750935601944
533705704297279316518324369707363874856092728216957075593521798282
931763040398854389505725017946553411966438406118328171225805809313
865366901632341550423553948803977100712507041056787741620258599084
007176820989414486746229922762892025508580816217315083897553884053
494279190567344876604830970791086659225293101759747853825571471946
452962908784519565174095947894396337685688784133633407353907274376
637220528022445916053457375406618371695805242171800321860228583753
225978883501880423178875689402319751974374446133525974578974005546
624424324975934404953762682364015057347269539801101002565825131195
753891584938212512967996772536212764607639106722691844111059166671
823174812066194772280535025793861898710732931143196219558359007573
254549265440534485876237997048696398212906230465260237154569746398
218504024061606472122473862853691454227582815893032578671920038152
313070301231450016203835585597084636288728568661829588038151412597
924271222800658072175375995609753028168132431908826758112139786458
977991567077123341300614050720737874775422713347772318791387780604
116028338928073229462986109438994804268776309041382820082493276437
844569466685596913509728092965602968378424831906376648975894022974
765233737070759029573229676410744477902854220571083318641606283483
284039376713381480941530810038363462098674092314162577259260164241
310768383853609677439389645388121987184708783576028465758500662643
013183563775983439423256319567388921786474251153914648306105617618
522661484986211735299300394196267978351154324719792100999023599501
018504522633621366295417587904115529116300595092988709372051119953
209519197611911117856568563145823742527336348744262178943734255594
438827210995525834404807815336301231817250476112098586213911950381
276857684222706022880857922802278992701354502689828981286708469480
858690773687310488241352092533779928151782807224730432956057066223

4561899656929407990430103180055883851549560037101536288339329630838
886118375725134429296237436256902862399081808966747840721541648215
3646698525111835609376953883824779268205403556229310339823461721777
4992876114310711261869817671651010213281748432268604928999621374442
6489178747080052177899145979368325769082544704995573654607383329544
4550376054556169384629935269555982548143695227451351596350128443811
6576238782190283447784194348491675433220898865725107216380125745599
20500626138323533310017463563269678829979522312213359229559877714747
8425621528196600958248039796074188068648146222184673502384649962099
4829002372167471513017616183486648569009580445271292413610774485500
1645401658821009469531851670949653202836855634394275525867623093999
0262646880252100234839881081031395915672216752103640311682769802044
4708468275102160076529128596181232892391998983761546540152884764022
3895640080091117077716866325847151888652134181009630978924681427777
6744424909848194620720991186061783788272560602774892025077565496099
2241537218489819139994930435616869362159642917710952569509706990066
3231006108564855544823176816949189203353825938397977955201780600266
1504538466022348058428066808005409727242488709889918140301721083744
0851971684465550686866825957621317618534741443776409811689746202033
7121131861503180534816370992805100579393958183960538157279905317355
6462047256467564657337523249604428666275422833411947710115861482255
1329057472336964545935077863028139703502693355867202542065320191133
6456842785222711304993084740155083205534502207111518292503782458411
5159542385729092055909315552709371573043650713919706627072083660500
6535925780753879966242782962602719086367858420342617942729278387200
7422703925864789969888520172854373296389141798564954987123131742100
7811174584783471481011302200669188117139063322377463914427871350133
3910136146547582354731321638779785942292590928732660398061705145100
5189352613846356490075823486329152025865510311034138140491015735166
1788607576439646188341017565444148747743969587125931820683929218111
6808835597127226537119526746391354728890901025277774299066816800533
1987062324755696316479419943187728998958907371744791382210691683033
1443021088327187369372236371598248511277737658543952206649876302766
9812346134536976210473975484439806649685515001824287241396293002077
8423904077017175308740062110388698127516133110767104226560953420655
6279648030919591712222568605086606974919587195285117201863014572233
1112559580580300595904517801620915600339271581356193961524505829400
9423830675223104876027568331931395370615940569008254671634076885188
7380620283937649414169522478976448274159243938907385870336831106477
4829591656363194075978797738936856825365656798119405558294689075622
0974863970515862806160495538019929879010726988526406869489610033233
2728420340618845421289794321886897072738273627785013727011496387088
8466407860794265555255548566482536726238855301957008990944181411966
8192782252147436730237577264790630213627009294351935375202448246500
4450281774735303130558784042890529565361669557574603044684002013022
5834728578786034796429662285633839093850405959963382052013134597755
9495495915282491367582655773708630985343103165699186477493523558766
9856167640256943679496508265951649361856390677613408634494961092300
8528159575947324469299784378750695779652340662703489343992200393311
4202215964047530798772485471928990319033113606753874099262658761455
8295245462962744782530607137086100932565610910629015937032345784655
1094254156584863367597171410368246906821364595022593823586898034200
5214584241562109771259419886051741846098105218023309134915930553233
6402118013539938273907609601881270857002216149942023522853011978511
5148254092669518565676534104044454854881776606291533342393558830400
9770803826294318944385077023904084750171040932368683097904497849322
3892155985002143587007713428715847006930247167663122853028391120299
6158483322876218731270254402750988697775241867197258039845678345288

672337262681942591376892237327986963699571947508280574929908016092
963856488757743668130599330030106516567168643311600381784331809476
982492426608263925647221085630282122858435912911420360327206018252
323794629310925410251245417005166491749697850176586800128632544573
787252932671277451624334360127340397859302221599617751736148666793
967656332219514934298376790374930825170161852849338344242504183230
302641005578188318544289364087403203966008892343871002340926852388
496732284456687365704234315669893811311708549805563342411090390294
020698788366865009641636917052815658583564774755048831911648430645
989966327033980010970627143154871743704811217006209186084162459632
196275818916875947150823636892761717485163145845180705435637970723
278957450538758447100756455874737245671626075875582631624163830175
894812372734658328426433498421199067903327699506187886673063449032
827837648590916868065398440393171382569665959236573482235687609504
600206957367369539435373448928789454142994492422965419920687071717
990820275112322883020637409332430828407680236599622307450723954829
132510014623152283856699636464816199306108035011934098551287730815
954501549790983261007000843516322091409713166839050930777067825793
848915921320992865980751664776274042102287069580316910197690665849
294116301449041755241528407985584192045942224722408579545248996614
996312956745993178744978341350197476002485583093556978815369731363
214452511408292841812804502491992959845617297886498365296717374065
350275757846534187078421309805735758509870892321833860276680968786
744587673937042506105294559344800003379484411869103438489819927217
800456984088256180027740246971556963453537058177132496654317079548
795257766421120685694340740736941652110453017077751449502966420150
856734185613308793690799085988881954177426188031441417486935293012
862868769796349716441242177380019690974862799608946093642530679104
174593571283190402983113155059303861120619275400347429960129769845
672856800757478682568526558880550446502824723406212267230987650952
467955511675760755189736710818664873391355547303871771482599249820
906556362463688874428163547597380200927033727972357562058520194887
311757364152085688799839625539506720457656370866786849616739928990
516639547348064688416321612696232140430043034978793765895525591261
273349443137493187558515220350488771542061283232155425010369584201
177706058113108574067217688447392412151890674297679952843460462085
104229892955901538861717778596259659024537479964480573754259033955
717369017939751600199875836990940353460200600611457081297272864924
415558859750242749010199752785695834533449432500257802043444408682
890750774396173670553837615787863853870009535733359025946681197512
373898387266536879554300184150448072052764944570257994686803499492
941686747104745236313650471152698278105520599626500224544073428713
991949802538333850588539364994173363696431899803695321146317461717
020388070866349064786340422458469135590424245140281425972094336803
940426469576220351976052537466919686468405748522732221411263468200
732680991283596804337124898651248471333865999581557036241284311923
713805206985546305223962860016932609247618752321257009959416454501
759791304831585226900924405531186581531978459314051354967975019715
913056364079678742743886974318121596332024245369509081085401074867
453223366948874174475845601897763958449021749345971047703154197947
217559031048955150713033750922642894743661501146171128540489836287
823217755403355815130890086002311190892831719794615273396398147557
956104816547218228209282412622440866173161182953146270119621366199
594108793583564320932964189356289507521834160949562866054760820233
943903693829441070690737842159371100843550809934951258480556142602
794888117357782314109215630977556334356892809062401470430406809674
541428500105312911014407193181060055619529375994409816126454374436
773978928455823616806573056868188932905552483777388697883384821269

003385525577296329485036257241617945606880625056743983435840688586
527984713205682033268015840118612253710729945929721983140398249546
430136414120937944647846329673080412403157916714681071721546579759
50843790654639268944164367020267173332142868727930006752568089594
724605400773921436623774703669370647989280683436306662357354918836
306740896905345419625492185959482963529914425068124219578493976249
362699766843201171783094789764534282159211054419253956738906802587
429523470246253627205862445299161425787499201547834925160434238534
924384341030380727377077657014743734358079845112149890213877261130
749312518484971289917459095003932190625680772393254545546917673500
211427825159153713922475215102619575181255589919223775605562518625
777871520402423564300801544064737868647177454853375685133039577305
055429841027452084882456380181174324411508866694172029225138714052
593329218903930234849521783732353344653262693777473250410920550827
627013601076268805734928341061501432117912584109328122674911529496
919441405798335403820079492052726207312385833278588756477905672110
416544166147076128836100062438413053105014008101079875557731522504
246358724208134651707819681326647305265266870097539010235484005431
910303058505073284856662189230736101609798730109604578786272596971
821497774593191217242085520383223097743733627260091079170854159065
400695404757694645269352738958908946566093553216942712942611401893
368175582123366092880936868361084129593136897668254634161807973379
931143491994506197674140383673959104332508378960976546321634429684
475047180877538796601159469105846985693463154671519673105401894347
253273510123305556649244625308979855259889634444538294144883825709
671236053389198293136490349913321228421966087365757136943286363383
874965694154477107061380343673939543299455488946044328621170422810
297576490108461303625809885204445652889253865618355437466905075794
821106981116094362272781719468844223901364355582252243301409371154
840113662138841082479809005429724928690877078639433835697580891344
855483753767771965895936587515432750294934011636286284193306048171
093923998791900884203487294343721494612397017034303370791698316245
766050613624590549183588052452030731298424258801870960784918163583
376321417765526484660862674494777513116337460985326156771682160131
478190445605770892030801852154088126888224610854206843331279758480
921954444388966711314446178931474129366512819879025932919456527368
734483639889338998436121168068986579756748851654888633769003537529
198775769308105735517395144379527270380044704900728573092526263167
309907400068490459975878713209353348147998072978030685925274921540
325080620629679368029096365711965545474983265755760946724722924089
206137105621700979339927932066567094589212083904984604758648011445
523278136028145344579543873365991854029550601001878962582320644671
450963980891996756614659823701412873664688038594032665222408750886
052884106719799914085448700729302201722026030478638071088617263141
531392374899477819178104077545255536936054590363781619286394200226
696480397586822634537581285355079620606463620227634100156253911994
632578678836087025243725262830330102104489432622627532207366765291
091628199888719161678669769861721068950090236405929175721859458476
306892124704365027536328350650043346183189703050828391535850605251
722344229331896294372577616315222687395005813591563799500907045720
072609689883738753698242621863149512139883571673563880630056290325
475145199661817267782078962727991656377480299102250947244094198014
686901886252851004233665906643076501671002367873518980417508647603
805560882711984788639116966057125758111614332203162398619539960810
644891151299038321892449671151819857985027704469785184162807329531
875221707375427807836745060608436887769304983023041436468913983700
826939640606945628816416952916654437390847572819696146411957158066
368813124848782960051923653816696914413164378212808037745822319142

5066537273186601585557631000545881914608634151201340660568618305399
910928422209722277276664200709987582315907629439129515634967208380
989724723042038732783508601474116048285204200743959607793967665745
457415734381437629295610953115848209200019968349222746222332034922
978797720932593734589318530363220021852332922660432632777386992952
544003746065480447629498272404229146560052904598661490530533034118
423277471347528763241774686005103519680259504893354161773876502389
319108406652138046674665296435771960522892728790582333626717180104
787074150978653274415552281550979015314325699141091329952502769916
412184798903534173418028880785943704747003746871669807291369878105
191348231743199718175697324716934112404219323832375815834075050325
121024232721599976225595360817163965955459215200626349383277938717
450987669553428787897746644363855170650265044857714758789516639052
612618767173875404593877592449369724687022198468051519182603434146
351533751735439834658403665007800825133761958111253960595894171880
472178746360466850775595608766461497997590725725466930950181226605
975633832045120846386446499477556747110488258186245181148216024173
113511553376394180161986082932584828502972156412493543549370147221
837149093135274651614042298840347258735848047100304971036786199690
396640031890270141021874714397393047966712714696745248582196159044
358857504747116108355827618601159886799252327767007791348806270678
430582303768443224083728557775850821627326777552157538549313918894
433113709718797654930990630437083812107972731604146887410442732940
307277743637828844239775948723462917328964323648950423030339525477
232852922518209786329412792277610699764839644615498030391036874763
670074420720134868042097834465670780850085124892609127081572378968
179538971471665316354179274132493745551049067708830538291046609861
801335492736471578823175170229529255747672943807184323528278938787
305850717216987840870936084891275829673184503523300910082450089460
001683728969855347815677089860663702437991818712713748359424429636
432094727572711041804433460130510702217782472919884095444291559247
296793147664168646799094563770460369988700796128573467050871763579
926726419077586482979580150961497179864393231187059023097451683435
712523358744257165025130783843967812489541028789968672155583518182
197672923726750882719132592890457053921699623157341359810162606343
841974111595598712194855707915404099126084315344947293618259714666
352094030430179436126307970778095387707949828645366676326353342206
894534303062697485729601880846564902097499552566734013380282307886
298068187052054125204011999043042891991240154630648960755234800192
945487528805570650554523548791789559874402509130074164191809399729
468221035701898118676721549044950284462599683767825168872707929533
499355139851172380491169556661244188049351821195423145457932954973
290115497632797004257252928851676055670695788818916668926496278266
068428178885513568220105986486442689731040420642038862021415931334
335650607977648372861174785410131819538820963263739781867501567020
103516138276223554990781670817625800632651909072309731132612645394
806127461576397469729038199157580630745875385173348334686076088964
622701214040165795597908155136431792697143278116000395092953053015
664053854401446819567416891439500506012989953252062425640256999735
405633568511706263129378820965576305578326756161629221703945185899
593927795463337352050168898464364888207314613992856015764619060882
700521838829449052835018564065043364175350139349857051006350044232
775532805166325015553600168558606321618016788228898592777398070823
443012187649829882195076487937452732497757164679437682597865380777
090931582686989321856754102218113706628915050719169240557175153729
798546795477169440460872858340200716825587850350258068980279430946
184672580186255717699914366692567766247888256367102390508929757982
489522270941846744341466441191197624863088675226917379560846434163

676355883085129548653711250744903732288271992572715199660002166693
895605038279519066233710710296452611253548201808162340593161238338
327872154509090544271980320064422532360012498934484363675937191423
227785159626576845253075848553735830841651524777849983556099679145
290553712899338041735803322331380434826019161910280534759866238541
512038956061132700556496689281316755512979967633665355404709079398
886689530685781017330266056885368956021180772162258921919924311730
489252249712553122821175882252826509235822912252041383700828638795
994087533142292025537883192590178881759789430772711316048915678508
678373881223628875585526611865733674460226117363328802255620686149
584672266053779357525558360934098916382963659980073078450013699458
821205197427166295188936366178872451938798839149850746367011614623
559091808914648782476983237759787096345593154570680055282070629464
310763848171836412428448832224163453064177764928060031678970019137
344145995290818130082735712024454178146061237267144018753822527453
515155242450079079753687991871156710284530318732656311281918735814
205042307746297225403696352335748306562048561086409342738331833463
432735127159264239390049127973028883783463744236046441965815843840
531910829032323939150063705253777010659429219076639318081087876557
596907078407317323973235506344135855674600292812281944826263869185
813672160413954633187907256169308154099694376002147684823666895958
338644584339139734195773954458947379964993965019731801875821543881
858049244015386570718876787890605894343970572439680676623307775021
542477708237790441269041207606617175145832906568124019088806520592
144597223687602261730245554637405620748081399377467009412522215327
344884170636815244358256118696626136383402928664497006603799675017
937631676391806943767843386214908962356182010564061401237788509883
566708473114371688891394268479485387646650984117195433702892158483
507258601976515246041543560676274641178103795805511058527509424472
965571294588954450204682256720106209862067718216674868855967781333
673048941388830396566121918933058714047784551328767280301432209927
052902106177139212773759052612468035783233612231672451314301832827
898769529904655069884850334348398335992274164810683359631797050404
801716357581169611089887526505039455450818904578203339888055273361
740589066076256788760234489965581821950713067982798437470147130567
036780400279088826260968751798433062161683649757733948961813441882
416886502289967808162797562569227498087402088768810359436929920395
726561305068128838761441195918624002236445248003947999424405825317
268246513520948959665872693663488401509928375984646475342403056155
906510544916912421860787811768003899307609069048350672795121403003
404594882920845356727163295012007112146837654494140706925962143328
567874574683801853930454624313698559873264207073373620952682533002
246595654211021883163555532210223258354198699266649135319296318782
349014915870014774992191089465012801726186584241199577478446380888
179235896723654961582275353549969841302939493205679621375776989665
420961561839357548510610187366314026732506199565814384095884354592
710427524744855320153629002887902736371511709761157510447444857500
232585814856078898512835095561221244135323878162333181656119292576
209991851687924286242308017058600765585346450992122213862919320062
916671040534441325309940503148420160032899923191032840172480360326
411739587737364393158054756344611667442195905341694665636800499746
089176326163936997268005671191900811164600029600999062976664950801
085080051586703858197181305523173246301735287693034978985330460761
267069151980521041879216938619991131368284102584387483086310227556
652408281412368889519506244729375224036690315921818643234026919293
237688715177080767495238989921492457417629918580433486296060893631
106258100141380630601231494362793068733268768771474454961182419660
371730117322672115488941447158076434636447645759070334085887937938

855117519467423534045394122524064570712144659046656734809242615388
417502636499676403979640395064536033058467106591608694936427670638
418752507639689615603173119292686338323867446335181133083074391303
543372279071410307952822716588411034443485788218090802820829554428
122003801952660218635952461056660631495761270251582303335224947078
904661050788518613260070870531252100924188140333110980343254472187
535643394322040465954026928504488556461425105265479584721663057299
456357882715607728021482175044787001124779365707056730989211387219
305929058086497839863194346632579224283402027520796201076674604694
071705609535133339937607492713011765060222240784478082149383963988
120054778938005665780359904311487101637277035214494728448065980210
246296286374329333750053421098402485860977159460346265070892757684
803201836190549885228928095376821315150435582517203728601695960958
764251395013822098404961222624228173404340280893997262225773933036 6
102986819922133775791637356034537807550181325596156935501032832994
238499747515243381001151950121317805013879646562849154332489194337
183269470192681676759606159187889763652603208651265852264245241199
590189818788450828769443767663184922384879924137400767229406807310
528039535402366035209984205504305921203882755655930480839116597306
245017725252787907988546850842585551738383833851994344288915912253
644118669644171242400135887960721910613494230833029789663443088271
107467000523629974326102318027142266222618750572543969077381474263
522155244832400804375696699071029472640517803015161891026800926358
769818418013034526647105519950731606432675504048745317728164797498
493168163518881132546149964031831401208499997545056544056651148358
387174381071044446819957363462868930027137176430696041478322732756
789030508095769143478308670354016162028184911441232008439992821318
184843322881342551248886686544852708423042840098831385549010037940
264844762363637536465110550081029406609915248147926317308774406420
709539199916755639316762475890832242707294829544328151229529031647
506098107151709493216616813022200848999073351928484090014332369886
937917599779238728056448586363560471696443660204452597048682215144
197815912322747578772163986575276098408998893737775089374040658456
115404534488982635679449628642247071613265874995955834400802449400
525647531127582945824555238339938861602167095409039509622984369753
605794438167782815663517171901560867850102297106693787721490988919
368454386725973007974938110342945358118921302910485720499673562211
673336635007643262740588295448615756961432047896330591725250029655
954680487653626281549757676580277875590236787348162504245315702741
835390649972371430862395364283337985258809365635808787587211416735
820002378585791714654161211202603427255738422155180158746305776779
395293678912532977700508226250081937416451141684737365722526777890
874579968237345277327360629946429241699671550862292806080316787715
019020416166302049350758837769066186746162964701677056344183089676
266188744032970517788145243401251222679410412177617218288850815972
164208384793333982956699403495937907282033978008796049701378070294
014570618322752960348530283719222610059395644991241509277875461366
823146128946998167258824711898544761466413597472404001167264640338
329990401502635271218579913818751838215422530479921538890284616537
929472363796333479312708466427227370435410768537912131903433119245
063452076733343809168129039267109298757177148028222733070858590225
913929052589740024375710216995532657613335185187663860276199700398
052393052742893370901691023675207451770169640472375386382876543190
430290357981930446828632045430189142160750516996685123364451883139
431581404652068503559767528406209686484001463298802638325495627213
258275734485355830002225513318596228864977249448196664152819040702
879710950567775583836470750892928012992146550898465270072696571688
974013243287957198217231190281099092249421069115194270447735875202

660217787299739380432917832163467212887284336979031693485924557721
759863321692291013129964934565694568312672848095842925093551561535
868203373672201361285171957991790678887948977874155795078582804005
198795143793102409735137542445229106658730078654625141882080807307
192689839135049253775437442026570165148549039037849153357835239195
091842294100795817946261304621688184412174680622072287104625149387
649178333892585359415439913580058590242985408557250448942910311306
684106105252152943640589428225619515090298853496701185208964643320
418793215333668475009093794745862440500944197952593058084705730441
714228077856570371279475809345629087704798834697169323551696059155
129039465464919469769565801044772122115297178854242063014493599903
647048816869639454598739566495684468008279740648593976288861542063
449595204778764796022224814045187112205762128289512096424262439769
107779187598915091696748849690140417814624882189920472153978970100
410044519163746354849377767240489630561760857490190664199208564988
244166592591364114979721105709200483463562191125920531594952077285
728535022771786911343170950747417740461125977105440663928887571839
332360002445026038759995174213594979764940400041440939868093193286
423323138073107260523470222699550297533641333336376838307699122239
114777055859977842874256964525973045897989161844009118754738104698
043805595170062963032943375011243769165920722953015125432139405443
377891627819140621551682088473634534197999887951611726102841063233
698534566227140898250206912867044411690258204796576506806083389354
490862114387382565994643497880323272175829269451699863126735875109
548455878463140759717201962433708521996779288308204170836282188671
042940242600584400437735875331070418881422192092460714913350296369
058466448832031947410173461128786735179422094145466041853403015518
155623214316574733266610798980310906817008268873210193645956178585
173450547285898007872872115417256740244197902884322531541019214013
509123867111032321373145940511561470672128959326381967580376907231
303216158247304070138858933463663359767715470701977324954881451714
956158891597270403164434951218597470414671715097311329473848085021
070730048952123748421540389981859513224901441857291935709437524159
215545692963115014493847033948930762435538342354395078579177058758
873286872636137723131795763188119174939973645829559955961684714478
441518985430774145594300916272777064006784526222188606338106724847
269024402642674133907219353005842440622594642539483685654784505343
490529674305897486495643892935250696872825573073886534797956973796
373941631251221135723661242014026468319875234913753259196515806193
872666193916051049359265271321692209622463969924533949416814876975
945022756931601737297825225932113922797264469907870797211292701007
289316414132897554051129860713004542449721998255923017335593991966
625886284890280161029774147281472179960743046863683943583762096637
059217800358151699129476731548326243472252980038009595875555451363
524852923366036661334521578492026850615194920345290214617851420324
233104228486352089687974218454003873494172832011762737822647963978
467771365873511193020707222560037507494078103946338951998454416631
432297316080844049828135430303833631635314540529914831642560125106
820856569001603029729165846789183221058699489100407801076924778257
280672186586644935759237706601999726065952554332733642503894798336
601431993073084809345161508804807646366675290866716936206249287398
148879904365333871639691167273697027312653742840860973486972932552
788541993019041684282321395857966024873754065439260849531863413469
468678923583360680339445576185648701132596427755820263192568099715
894489345407354516693238449214991185549338282445770766882305254697
961282244041599668923715929509392373211954789450740806774448900380
624434575224611555723894226838593051527754976545431808349023872919
846748693162608871792151248292476158935141491415890423510507353496

796948749186334430479362520365105567215698882395203498052301531223
852125132616644947370461248186099014395654637271017556216112211047
224792650608818792187856456477020191870817409827426388517851782319
529341904819315715640400178260080474641545364258579688221314712021
950687073703931215333223942964710143388176399181150742155542260482
199024500820520315515880310767656881219857503845120447360279692388
489439850407766939191917803851311790463726457872800566499501595762
530276734247490355778730320694669762067937109531408787466090719090
054787150227573861562284031199979360148174018140726855934642470818
651372676127973427764124089407024122505759128332044876750838248233
549006224319625729282648056600967750928532573038883418242504410194
438374908292890770441518151343279012631862709344102805833319718393
808451124787757790528799614248096853758097666763701569484348743174
757489914638891633504338362739885110295590997268995590471511291794
555912698359429306738574304869898985594432619896425343492171171761
949868813811537360119252837634812218777109439259322057370956269816
464526459305254130817680476849179967094590975627099457464166873129
985177713155886207655433151026302360849223532018400246442694982220
093885619814174235294211012044888786517620477231007235577371175696
454026773786987829323848846586854824307251322459971819517637820651
677017349639072911973231521104508388963690034363456497713884180568
029841405323097836878788733235745843716778596231931182129965442642
274603311656218995807385709140748170907770720601258255372559881825
540001709679090974133855179150503462413627962943375279803921216124
494228573480554092996174221867552670663871540197164959258041982845
727233943587273849129806250522990823041441796420186323933597564085
626472114098710275684232847105442047692737227958693432551623728706
130624894831768300595031627353927222155596037191260927056320900168
844642239974599076283603861451560114679086719522744225341537356304
363680765820929448168157562440758354209445041481836940072478719937
160807471437048052724122720576200148265567384258527615204225756167
756634489083551590403475597055278114985130250874121655616058542729
230289933165473549907915612178664717813433928249941590501409236320
169840868059967723646311800323091723144906596018394433573246799472
136366714309332268725922769959786634219848604764038331215159824633
481575389136213747050626776094939156543444966503071575601905256149
343412398650086334976877258201426160358764218865753091740518241749
178412153032223830041880663938545588917876200687881404876692760597
626388508418767172390688215137534469074205279687593862965749865441
776294251870300911496135284438920514500715511087309466495949907089
979305234012957349386688178592724423081521590660649960755027237608
127238705851213727455288861773544544959385158956877519518026877985
648252026624094448618828672705420747504353679984584680211816124511
917916408388220977886418275681058507677565728648482836037024932871
581980604355587998037575747633172000054495984987251668856570630335
287606809308159018141059372137856078810315129253175041105096097516
542537103085517485489928079279216508267024775246374998378504723411
487224038878779685621658918415735659396870303193507502981382895299
683035730430607120754662998058479510773229041914306816287029509007
188141342145828415611632764589797794318524467033357220151830080677
300984342814598555943657389719903262861007167469115090265946427923
755624937423512174450803121349987410210504026254115763114123064033
738402302484473936132777143177832648722787200003132437991158454107
320083254717655335778841973881119878308116128253343500137910973264
580456753562692848345510253175697613783144368252477854306937063143
255096407622494270969727621061679816307458647731362102916913190193
505391736338772095930772880211384952253085233564200914758211321508
141634559373276638164620996415041814279261478485611225096974418073

994012186495761708774298539083941990118885877336373113130171013577
790334756204439526260767797656853850415178002862202601739831535789
490454442716570559649205222318835447428311193469603711941218609396
474369683521630084113092122137612361931555091187753464456042937379
215166896202425471680377818274638590796820735640934299433427179208
028875221125433179011414911600479638960331877220471455192593058948
693350499223357652070639336657861080859200577595735770605634693457
603884910805066955160938106943662128758827331613228648314314717672
115704619235614650037740538721762741113660178235855845173100298207
789993646817768759805771969044293265641492888950616174327395453482
331666399791748498402747835405359120022260943990531207076601966727
432146673132505991961537491912061092648781953777906142535189223466
139609531960625261784257158699243782660916171746497163472047738961
314867194294824902919894191675830888923397311741555417268094753310
273779799709817565045054736022767862106975404505926143883778151617
925379010606402291673802696257343430464530042110425276623030552072
475739306792726393713188722880126958554904248663228307022774015552
803422055731726091592927513287204433777236381546602242627227955242
640479069128534664743956703901536664482511862340278040253780886661
135356644106913769723882365405370572032648513307118001886217776805
979532180654367532102225042800043994061851812889536140733723950663
115170700057138631530213293685538018489869696302851089301202179506
470724877503209994836756871724700290558145698405144674694507188717
376368028734735561968531753075661201569305703443098761497230689528
664441564074834588089865256616643797202895868442203921819431715127
564111776147563714059368640001035880263891259692381706227637167628
748062838160227594105114626922888091294330277664959472497384473093
376327460037108435907859976671800558687028730183229667292566511959
261005941581003650892906260399978910764693101952271744645199443616
999155564156412151087143820808868075229785081480228623413531843920
566639711524608904813184451923149291063281540279224893782282515457
682716245961176395668864617423953715865744626643996155478905163732
521825783332535644589892905951926058659798671344827447826266678984
191962736059352022149668157043655690416708257527445881757281160956
148185722436954647505083028443075317077923557132934876117839081302
910599183552262237468671157570593774909379757938195247331632266235
982695699804734334402616879654751304293461624266134607473252695703
114881469691642933690719481545481790829291072069429731875971973101
542619933564615328361822870151559033107061465304217006688253379701
323449506071416835268609881312272205409030946646066185857999914153
978144847741564082258903540644906463510615433719400401386160350714
559736014278623451486573479621797846757021898995133336443819291905
300857739950452349349571896846127113768895759793323495332089538145
398467702851241091399996240942861535615495201564188996212593005126
442096865972528994184350366818880480752910597233600836548235701919 8
685509260350048765737882951629237418327132367686584946400059670950
677834536100367442594918858195595926902512393110725951212115633824
158960673748007183246877841307809693824148291518956042755017542065
174420881340145436070713556026763499597575960041036160961213773621
820223563980101455924936015689714897933365854991863497304103495007
905509710373294892197640588699532018966493350820431004885230594298
486801785556564538971529638687139823938927886283130538898704416338
748532366550562543023828613176831474399344615609310765384947584648
931621515835889893391956732944334790390909645002015254529742236093
348737748570906018648070516991257559332518203044120573389116924949
793744441817210180048695274815824860757712217241382985252976703526
885042133034637032059011127692708423122473740399034467618957001025
917858966147045611886905543180001357411454538480916238456019398214

576980154036744730933242141647275552190877396917417373506414595184
607851240181377454588376298517906609425179969503658723513291154069
411855800405756107804357919105154389529301786070568857811721742139
155095320721197089841522154253164791930461604981176009994043413190
991189215513651226115501813110735194067489641860940284869283055022
119924343866309661229983761658981274730669004071331315325819303202
814967455702892711980502308342949072461054910957995507893660263469
846566281880554901043878989574409314152964143377690260506436409832
682176336287098826272397430230055063851675289226483750950886137219
833353460698489068556859024446788863364396043781823649316075069795
253661777044807862852104682093268266828972207159109800819778019264
952538304724636079589391737003693289663580220506598028533870299680
922286754271291338699940266335773608637540472021149927333995596386
713941415995063555038162271317992876143298924595866321022805072720
176632829028139513624639259879408411977424214784974887928534813292
261758042969536056849641633358836124647760471766303398537726717373
232324351929797334237646067007259056978477822590102247186184955108
700414015527634922430585064979174699941224701667003101044327626530
993015284206842468595235910530969681058431185510376080853681033317
095349081348831311722359377438741462183926501715609032794028189935
61269449639671433207829047319166678085182551977172880062773545399
159278903401078628896366115708075792637125157532125643458797675822
798605621785390463443878260224769831644730911677313769865439441397
481344800381829810375495058853983542914632275329122606239178293199
621398691881771111842441962771878992305735044724577538311943385179
322128576603521216877901140477658976778435696351365329151493096380
391047545011699675878027999795538955855005904553329793563702640770
333481120559679109660880465445819911756967335381794020297742084467
140554762538001665796195719912620080781668202885915862485723615599
401625547770791411160067640782608077107894734372899115676130685073
224963159123163419758846276472881920236762716375194766953325420490
891610249164837334965917270800147115271012908902961211040472462065
622820963283626670888972846484919450548524147558133923773626921276
628090107039603299462627250947141176912142913353975130151431774671
685840290596862221708011103666071463020620642207396736740275444511
153186803573711970612632143552346855544382456532551949622309244222
627616181076353271218486711038748633241670789046885223329211115019
790098723766740155479167534474858911628126868673604222994356076826
978331735176394113756818731185310939147331613471464295748025886612
098433336264478923277992171893811049025750898332957523113851163841
181019244991329300877847253627365880167927323911956677377346029231
167147252754387732395409644074174493088103356901689944732650629356
812407468591689254650921109142316433966434965355399905226030471148
711750195108603621437887928407449825270332425169177953432393380537
534154286334492005727579681918742184272188588466626602813391591226
508703295562974312100608476462382406120209740885851097134502445345
626967484521749379519983660135959959804421055339305799463541215659
260373954548130709002681616473580753090700579469859512185766928204
335931333658021043935801610790827942664487820352801574984777718753
666388687146928492233597970201859216375263706470723923280711774975
523653624170626315463270059026630402473980453353020409393130497397
130791718151488632385160351409187151727259632060397751818987737942
983354896214929883065168797261732334295186029197912354209146617618
580812065785097554051812624547853587142349872282450762802185554164
393735572873413177079533182641069580231812678272926217247904786733
132302602879014764854335809993244372349188499585994862583067600012
204733634466868003021774428308956732120657310909298521268530829353
520331626096123871927047491031694115164838847479745677123433557442

98126844614327533710603770238115873068862889693941323630060605042899652004510603748676961364917251172141710453972369837657482509286253199176103796050507004745275198706924383079720813365107458086253398704529503657739479437519432553660014210556464148224360616467707917165851176561085923563460948549764477962116551131870096990291407315148390390899181591857833265027795395784182519705615246751810745633045708295944288915066671592976041280335474515510043994933991135740036810821452010037166333769521213375323959064451506523337907475042857815969527569618178470423817842031599241711215728175313825528990831722270803193340184997462466150686413717867935948059327285196433573688027414315869007652087234546637363983186912020965620754134887411550435179457052021920866286215704650129595131279374407246762041922665567445333444729681714873544938733848016654282642378338483175654383336174408732187921997143097193907561528997991933481684566486989431576014380286263353313618572379316723660636754943800525296713997403509940712193373758571204555949602844456404613060336222636216293412245761511654193879168481328096246952444569546212508791189353983221963789994987057551748771886105104525870912001550271811121400833033945999772865870452341916673040685570047172861172633588496827107174500353890336310666580911221611227953520597356315423878627922117400279299276602723091008788964486719775106448528542367606806783287027160214912208907383598679167790798465468476544328863327545926899764713611821919363719709430918976095893307419509153578998159456268174031091186213611238703266328745925123801722185923759642039717801197330135454863031156287645397333010353519936890891716582118447202539404709317833060123964167270931216369379193323918425977305276147922930212301316365295613762333052845463774496678385572416305553286105327552078438940442472330870014940075648539493897085636662472351155496842637074224198534072188433171180862478510999981762322580581202049072702367515599603855846672839734732595961271044969489969280704087235561355018834860982733449421192795115963891421701337136254059591584006576371033621859435409072149507971926424741687886613509620131303193981656443184231910367414205125568633280985520770932399557422045837289243830948110842330087641536630847241689763751941939984808639276953179016437278029776888061624908419337641036450961260406512736947334321364751668674541875423533249045251400126199102550494220608990865348912185197785208035382979351647361636394852849756284971488562703642543761525303485679142181383415467656303629359432715688885113964534175501135552342266095177381781803893864430908305399273865319883923708251443497669579512540664055821324953476082446423795952046740371691040228650601644011882128168872783923427369292606206409640919596145904314517234161617915107061776717415112970097436263571691798097913107607554440072748231658536391707691259190055511285073280816770513474907414501195024810842767773577308103608450037555650268658270894906640961146299690429226983808434968138914924798862248716712812408926279700650937412914280120188192206542159389736338193225912707130384894216293191100490714922536282186203561764468544699594307641907271338781826338479026905141348852408834159704093166717645848516539046001096347293231702452686080786491800770245426053385920091663315079277873248325901604421715668749405791518967711591318927501780445182499374387432993291435543746809468340260834642526817073513602678441171175476803025782843274127129555092671085740230474696002644571189301805811218925757250024179106647302011294693754953338392710767838158555808875670613299964991589394990408749778235503921051363016467163408622693653940345676951865277526856031286808815689169916046013679356000288784865017387036118613661682337006376249017187035483916530088806575237376799068155478888938646233804336788144738626369751444635331513645033652509877954130939942

146760112222850127827345575515956198448726728886216911391278644418
265010715934333181605528809809313757602195448423668918140487612969
835740368011755189133005722699475919228724396947107244977040473296
751338485372898919851448791269339956272762863015717827057355238450
193665288694250301571288649098993055897745148064974007108137602067
660610028335398320724359456720594945121684402530561416115047237679
687125269315631930981608232979504258981667480087815264867736414493
56958428795387951112090041388243506999888209156555403289250228805
141696787929926626862224670525490667495362501326970031824510114073
519298152709116828763161525453362313242268045222889614970917397113
535255440123608618815454147085320467229946939071488188603326828261
722826964785169840975561328091090492994205890209975868027011829714
381130616650165606940509417447084136593172946036832314886783783401
584666526277938110347185652734290112646968995135220438138835925408
450875742934048304805257026367468199997111392499430823809481473192
576011528538247357208314910527160816992228141867532991179552447748
792024698247835770179058176843376667776890217764906219369958965467
659969428721801097813692136744622097478300409271819051376356123254
861272145222616805180293256818310931413966592453103442368843397067
352872663830004541951464423032623019071897598561247023586500542075
982524898199075031653803249502601693723058314817314752430435942498
914879189062802634091227267353344853777985327688970476167261585288
351406035252708851992921713307057857638749393745559400967615375217
782801162690377265289896203441261598810632168253206443816406129171
172120095567473839167222962355574612439015599054488322626441625687
126870485003449211415757614315487883822624493825719072052822435654
030668643394952786639197826196621288902931708091506933547609363069
503877964838065009708771258420744211499716985561589989747876513750
578536272453652178066289777507327157034985477471678902956663958351
111997725430882108300838719703001636037548232031811034519634199719
570801626375425606969661834362972690706622306143131863618116113316
841849516129647994635408155166288645312201056179623810144384620141
325246851026413793411662166660443555433967260839002933424985605923
047725430160485968987816153242523488947992749956804057508785961584
656399688277050582480803752624440992284265581071965313962147422223
415350770031361866522902424242733975223220119730089596891049854054
474276975638059626226908788476436765519375681951996304422809024719
659779814112299761130996689484065470304306161542840528984605556105
277431670945479765425699944325615151270411776840247262990518468739
384403174909227786713746504877565400352618233613582209691595165310
030299470261213798326995515479430045282504041161789922994791117641
217399269377416582020283502426115579535771019286950264605435924118
006680782334174983342235251194039578690357868099795735556646348184
109235356638053216250587339612730165179209152696307741603539343614
876508656958944166875931028197227084213006069890327681248136434088
291450693535007842690028338969289003676630651962125691137082514952
641307300205723426006143479478418466207633742474019652349063930296
622337730820640228704088095403944892602375593027578381867271119555
903626438180369441026989560997022402685189290570563411576345663453
530917836449127065514652145274516095709269601981935148250423083093
324020856938232573732465561978380507982367839148964413212119032538
371930512612143512054346721380249172084457240675607838911836144206
172196093241887871539065311934562423143050595975813896800145932726
803699031531485898178421841408627035413234057140637242334416230520
114600537243354544085804784915273835605370083298419441940878577289
428942989055641118489012798817424271309417325022464998977618499584
448243196333877136064170050575881120626018903546125859345154561817
568409731473384201495189375815899601208752575627603329500301183188

095642910867929936491408742632266721386849152241299032914629320268
237349095662579032064280453385167557256633596432829836906797154489
491441442844573661312147165257729283228387225191227818503331845753
752311813889104687301120253329343303322817674447909206656325018838
874991783124527795687803251857087877108213218175422991370299903463
408243198220018181430169501586756477231845517351601935397411806816
255498633469297427936383683122862090150084763296027154205540923472
197748755577372771253584379299733675504135390096260754601770478320
092090000437030477206239693112361996923069451921228075128062610903
396080855119939362576645605845474892984566105164377632302047629334
883313664553345734804735715674449977347178219815739262943566148533
256352573800753734245856962732264432925391218548350084718726153761
193599211755449468751722095340217149673323008543031277343008442170
392235658052374699781195238474449333837385774851142746225220393467
572123278506610526913279773063462887372622241958467166720221516808
291000526702236415126522740776004619794966850442414929033037526153
247556530093153145577415607854888437204157140600876512807613311400
021517609289824898629450626479863972781208733447929847854531512329
334051406847255746928486263150354770925719144201422185887802572791
283311779822123368077931168758654777139994623954398600178217140445
115877933764582521759199108819238300516633102828372361341272140722
462379539129338836418793155329932894879874861538613915230746891741
006626186077722679134871363221475165685084419917806948619546019340
893708192321419263827753375919457032645023630434756871734529583995
536709739473113745139433281977911222269397254591249383798231266070
963822259670190083814532862904610606586856320978015085422334848110
590617385229862052817896049500732570427222020393613638247958310354
325985507262140340985962778601721689559875030328828176804094685209
388640336365236494428576533381097953342025875230660994737779174834
099640562083733043167671087592982666684354670095997048589537484151
152214502249945441528386578029285301765856291013881441726693837902
070500341910121386791346354652287481407153382029019192351467212683
827510001739480517922357591031062941178267158381863781954648843122
973630207590729496131322642355108491026499847418870181274039872030
679358312315482878780386867207634549849519911344509912442473105052
272527668320660348538056734851263693194665299251629026264658941634
139609150972187236402755002697010883868324941421257120488696456582
963616098653685988378839028020706070296399620892916924201175646292
127178414438660944484153071327538274180512475604700845614196078604
954485925581307161527176818710961041702864624451063869927990313298
023938322923078600246111212562537492992069623605549739779337090550
915061599580746264769307061465473365729538801084659307737092643932
709617335897987551332985173533580576198203756071739649512102605682
421535394322065787806543336816683791839254310296299786255831381508
429023460414642850633182078026674085750429654935395449486518527564
708814351323195973497899171415169373256883389331628338964518488703
226398930556894518391912430829325156540236753850043094552275229862
193634999307995606896844661874598947488234136640851885321936731143
758946356570214222303717414812012726282910573318578392273347952606
800413122404444690695700343265791095617342284655138302877708170928
004370327526445576200902948987017264718228932761788234679959538966
801140286687052633670600630426129946084949956382755990602647776521
970253758306411814612875438760985782899634221059502253415043982609
618760983521652316543316977214412517700380390215981379748913202929
277554387117033911632248075246572497296231247650935179435674838114
315286413330290891237771466124690448645511649267993463415562118822
817564230240516948954442816831414049043805788605901073700671829849
936504074947027855738627203271084260273269569006412015558094691371

0129842552905449576450645756003740314945879082105473559113639906721
7806481459191706433870697147736652477844338630255698388102589879301
9501971312840708918719696749394002657194057221592958688345786698101
3181835949381027193116152515301740904031945172383224596330526786261
4210007457363367972646143529714988846055291907822957213456926463831
4792175940578051303673488795449473344645606796676912782679904942001
3628806990026035221665252664880972246721212946167822822474271783411
0535858490938180843820769671226221556492524464101160066383911818301
8730856354226721501721889134911144340742316720185801544096839417211
8455292470306663317439699203209991372307939208706332681495027024181
3632373935575659483558643427585271530364753467460118162312180861111
3799324835451482289863062536933279374737264046931267375653401997301
0907614262122865011585689448208037142836120485831617475039077128761
0465033612361352243121420491140962045858292255435749009027171143101
0562027796642732820368408835142189973676612851541741701550559669291
5433553384988687023249020610644580716922863343391855394434659741831
1033154532910259130360646226668797794557349045467488232753173759951
9372322731037104452113311533828930424773972419572744011654184843151
5648940489213580557085576275584955348891913856437916383424089396021
2097880195875047614164578733843443198087351575166749682003791537961
1029734944321094760732700463633436612590711792603829657765048983391
9682005284642342068544946993038712496466424858116044200046669339851
7416855517298369829263584910447179338446832504338447175872526993661
8623375707985863799511764743787742210295932621738817179921125649601
7665490503647530112846059719986422397278433919677740389582319175571
3259941937900854928259806607678949854843335533052044297814686422261
2154639070566780479389131776519220499357616638821963223572241387581
0488187287554778343055337141624291591814407249101833736072586131301
5858393796369137316050463865378761619976568352789603916541221197121
3163706463843508750588046575531967200804810632083118215379561380091
8353559526093637000645317080644202888377266908268009424750615773651
3069536999464734442641799088072365856916238996365175780762373186131
6628030006775952545698303593502093103401066548823876059063096671521
5803190270180565107741796599641778895066406027884717068077927555701
3510222371473067950065096075380534263982026154071272137856032274321
8861680241733894597905050321379748466149030953017402300954957526171
9588969836097031429140848045838420177059333087278988292106539860851
4978417702268001994317231256072796693509378461673808145347108132931
7634521964744163193311786906499824823727616205615024443944723233791
1069608396885603267436594476132436686239105834352637258702655272721
3546810973613675379988543402247829732195864738470798498514172853861
7527792306584091743206050109910223892981893864572160416894923402081
5594048059798887199075389944836245759181795872647854824368717842801
5118165701035999489616756458144117743599941557415640541980940777061
0781817873278088392351665272981172947045182489488694025397849704041
0125785017085252294800326448553982933954102504934105444614356130451
3712369616822024270875468032257772246764538690691735846329099659781
9270857241360685294722841899888111976949257775673473149204541882491
9353860754485383273493160249445830184005201100597121112248818992601
4090339058430141050559807188444154763356093389295582703356383918921
0724411566241363467937554167389089309186860803126378923091291660751
5009898084043087717386876849306238533350915041060003830601639488531
6879210612389410574394034606240163718548425217716754516397600255051
0226439611525994294308693498690746297837599701612950308438036606601
0589226585293056378866958466784875726002532918393071854726101201431
5318123008262824539075652638481662843067124140915353230173735777221
3170545453318573303986361162909280796514000762580295868325211303561
2521349985400678329057981002626637678051720624754016353702521682181

7355287204019963596188736069347306728409608128864989228165452185 24
083282791281849386363527220300859827544599898999583511157436878788
812704855717381485740307803629420485942064433415790169383959681533
585277508781574397192432277988317060546340053309696115995437320394
129955177197409249372819386910424719168074575580541317281683365537
965275951040258293766006937948476305024368669308749861291151557902
990891475114714361655097781089168915938904322861163098089616015436
542397071317339876255613839334927890605747145381691569264882015102
621472183250340916562454293531173283968374175550697887724604398556
261085337374028770997288047611491577857651047529089113817806546922
207217132541594679780555957405449532558779284323247504820257296107
211930542720344543111901843265159983295119242549956886629245120615
544354851877843376022845731855255302038578067996423334739432832550
797681431749352903653552357083362272954029760362245967870224679610
872900653691581103297724112719687184631712015310872022829121678513
683286828899841006308305969973295124018343792808075866877889849604
377275402758952292936685392267513992823716159644737329827017509083
756802744666915911114977994466711356910889243791993094247213080730
819842625931443479657908567008256288588361144633070690191063606859
951853870417106238568043241122994069976976521718948993497188045038
643217598286433134023273173503448755279378348641310419949659552577
066904567184355021562018967279397342682162568608592248811316664734
142989101387571275704830514594366360992466106272011244098723999710
420756543915068631020135759846014673026511990342986506396760006966
879582828924339782590587485678262692633034683723321240661577602951
565372261068229038366133683415049998959342809320186542470360735907
656081621959975934382017246180769581783472212715039912393733080598
164349462313671749599994630421176381814783019102133447356926562588
057101644687984556617203758742814909984339304652393122000356442486
502802002210387238150855436080610859538174278532465497923110151018
126674138466294626740034072909243067756491785793427751652950984600
098628219865193501486314131133823408186418101959888722959358560343
722423672396015146278965654853353317400741984242601360667355298407
544025731777149540219275487625663663209795134838923239847309342827
299390954922628685258280376257104081404140709215337798247121933464
825207183878537445007238525936056765957622040219451924792912413075
854648591812784555951253394853773274395465325201686225053728500130
453724000464744479074597825102944479047597268994937537469280893311
554355051420516123636834410073498429947070865348728261682611949954
445988885035960791436711196391393209112009541335128855089924933928
537947665616415925452758853479068034859304210143177857711724511374
184624321553372240565412149423223467341003286409237227571473170380
930584666114105286653492921570438437193875825489184989446589748921
123980435592536491908658906691739080886750091323305426654820771573
640252081624830165898730360865980837961576736411773627346697615666
539213482934564239912928078599798788152042922151909141690785497361
872516930999913227000674997233515576579514366474702374876614964404
926134860829976097836260492782317388949792246852097759950804988269
723924957659872230646951187677991605495672699690851525822652952273
858854393021734274755743918744113766339941285948312343848488127945
760136710066761659743958963255453067081684294512114091221200910866
698998915001020556924848523722554213107166139198282765742981882917
518337208417523869676828059102315199253128014453772216474368259508
608886364434672080407995745610429010196560880839309828716061604912
163604586908622289737564557413574307159108936724233166447733282968
241883149217164949725140119493690567095296152704329196175641010185
140596083954221011253004320324477290450956867286869283797899445334
732540783200542835488045130887413631936955816828746079046566945900

407442884187381232567699671646926799869558860520806372983832112386
246812028817043481558140629498830626345933449988840386526057374223
073857866400023774153128859094551257535393369408694442939407522182
847100107766580951275670201477540829825943655390077790618030037104
030191092185293284782411655189092287029012404160045214931709357753
608163420856552332014438453889583422068417138823995322706356387242
611330217236088753196924820117906522275084815465360634684320835251
951083321606843173343658468059130157408787018229598765822830020425
283556693204501981988171458261171598400011723232484622368023378498
390571958420833941883302500041002600378834221148367305474960967792
429704499983799479044054349710896265896766913002849909603860630462
400933379790920357551625516664005711218771723903001503960954051845
816999386430449804010399161286593474495582760668348248909337338629
266989646970531741560892296662428914381927372356726030305011034159
701503907594115991561792511656228924417675577202639271089785260599
471315335700459048301245358602245707716058212332185295875822030519
372890200177343206194287342147523788608300702997965315568103011287
992589391833877964700675202703688772405840664369190902874387633882
097145801017495101346458402812780113168139897806509007407674642209
638998045332620765149608259774522758423904134502684618616814579533
717594622683030636661453659920280300843252851498178817712725738675
355028513383679230567432436869620272756904956947214224246798843604
119226316915567882764842223911962740367145989741445431800616886293
376356239752548161092018062894420650865088651743884451744029361570
891066530518191344083524173853908952947331269090022881476173592405
472755741008722118602480706552734785464670810033252880494872818846
476645138719484647002739836639678691108722490689445254499301361359
823021009664966265824979074179330260447961646789612176304735470941
059054767787436276981114648195946765395331326021604518805685201238
185383599352509055867304816958939312668888710724516375807869185298
046443759849390149864088672912156151469350544680039277537716280028
444617088728346133201602784693514171037189813592856544404738893533
643422529953563067148643575822661507084722421213957490588123647260
807956653918210780697591919627299613768250527190168013501825936503
904314892374222182997294359105047665101984354967715836390356050902
744094547376200086625518953798973986955249442094528368937291622558
644588185723220050973402112420242701338138097506387073687862241346
162660761418658903675756728049468513929492469474976704482862785037
993942832787912203329713975438436447227794195248300533133083265941
268165481431836724185190716453711839456188537671861146345100987635
561039688240346932274316386856389366920782628786664631623058656232
080344670332241489658442908620119179775183607898117847087626296153
194003478154640506345659858453959336783920471778161961151978159915
334832397561116212221045289683087138354599880658578013548593749042
639560201729578681154940798878998952785944953129124758248171371088
590969140706193303618003033238919132168402423711785594147938175122
615373552928204846201190878355782410767958987282648380188363060516
258745813238071702127070311601599319566532110559086844637230112193
935288299328435695606597198930148418941924696514195047131003620913
846840871436786883238124871873805822177969166872677052869491723296
929757412937157650310486149826499639425425153552278926558176593281
228135199049986283389176950986498709388528652246416241498009133604
809416167206933424250017253335902412245206966274283806079157097461
019323432744228427903009219716781979659790595491272105538644724076
008310005880818190724478703436574542794750466602116861532820793670
422831576774109787065652889958092151207900910624889386465174860336
630488088385858365475419590635290169607959866719791951547267539998
847762188847851073660556792237455158009612734637037295470996414489

5440357070050979597124970791498940575042016503073921008375739413281
1657808571980285113042479613451450427776366605487057390164979963888
0067492763356999017421424708604276336870153889542554486051966156011
1457074311012678360618976337654085955844167396998989917146866648400

902419001493111173462062958230778705794867646385567587210995136468
309977716094546557201681228539377673740994283039515574945316920658
203714520458277535783379827116157535547547595988090288825001513269
030621837535588152280080499462199263139514759007671504441201028640
422323467572146522255433374645407695544296373365183294408114816553
112317888568534493625651092338223250887519700640217856262405043920
393115512742419812786611804575203790313522638215002107721305024066
241830028624776559111141308947497641704427632877747366695141529627
972984736229019636223154363191418417996968962803592775061551398755
785367266353781400817153183187933147980316630735418382498547746143
475821220350330394913462672508437397313313461349718786522154847952
113280655897451002032487297922392568927537490270425986685614904053
752845046626144264259912295769949845956168866129342741521686045369
508582771055380684247063968607781328993106285511287995439433670099
191520888614455564574422792533094751032786399982860866477824697766
936469596820933063048325230272861628840918540210758575059523354917
451756350558943167491291170862073846960048789782639109056257395994
874924959790110901916146590802074849626393582792650583647676708383
011968855505051861579809721852980782027546790777352845948855486420
957184809577355026418379662201056062017672410164759618231771444198
810096102794777608196256246820854574993759391755772555043901644270
909099403336820210181891880943144687251194488397607261064289476377
050838168092847287045308547161072786663101220366887582906462496532
944215040426089607955960284837681158331065639818871541022291856363
755468086146768060626175912547513262658963341657062651172681705493
010940658630266922042298948302376443236714219463649003200189102951
055373197420393993038094287078665529147692881385645878149664779808
233148266402166554846713406240185971412175424409787127718287785341
343837382580995377745556686390309700061492840773024700917201995246
206245391985859237134507423999851718224954288951323435031823344837
883192959553348790109921171899225365294293653362582595390946552963
581374497293699746511875338537487094217708081745701742251604090438
846121574124452850202379839036999113896967347788049704208886393128
438915798686149953572063769482149209306281251312280804996662625532
242838399173520256674525229908409946325864683411130420845898803241
428782414860826210577494753300377060215168255421685888255205289137
193877249869082025393362940473047505009970440709469358919699005334
783044635811964910483163816068074323974751887377450485393208011892
092176200325412859001921285078008780108096121869972156727878783603
783428505022335910473861003790033681958215347953124203321923791186
979738109328501036782788060812745282883103918315704414803727152691
119589138273502062661678813673893005894349871926275421758678377586
169291156419695497805005027174414821422531771664564897625594375826
764309491260552928577535565273114929560879110821596194017570249204
462620779468053776955441637902384442862707600133588293722905895613
531099244879237739700126380103906210362971005400902332662052868551
292388936540076639663983925724508244968989262459924394384508765578
909028189856834334510996196384091164376705960548419525350568787230
520679162057973980086958750046561196154504016297677700965470185284
334977644679496028037224229231209258155238064515073175826397848971
659561076294495873794568519845906093691349732270242823829358483476
200972795732039739082440490265245937396257295449117729608598859109
798319161919237155743147773056132758650301867128792233399940922106
267909462585081169282796692381723798551276299352386088317714689728

571559104796911352900853677375489955124718689039574466000484795401
447802882232082425670184511475458385946399776041212321829451207207
790817682331516184554219598749744558901511992706236051896340735393
487564095315603407069359582576081667695587492098240480666527562455
192322003251452941755396468271902352195763796378975941750521586754
201928536559666201450456338552783571256712051282275196092953909245
784188554012712828606220318403041625230457334991986203368394185491
917443128141702746834805331236365464080095227986799808167861438767
022991764204219357703030288924063382337118831666892347256653147154
261973692488185677444236830676285808035577667085249394327267591827
130580282047449868310923884518396569291282691413580228508792026381
557594458857783917630415382477745027363004796768568959057429077532
824031838874195328472505758236998984185573609737934792621075648001
276066005684856289529627036503340728499245707682166060043085192144
993994615927401867906702492509188084254975382500057364115276562788
206831683745613611646610594529609876478761781065732569944130069604
044127574848059081543152521914759307810414099180436770663956672634
435356245619356407513565467271679094118794884808680923093832873822
500428513086155646738231344891197653033059034948850709043640855117
089681596818853555968367767082875926959001222681306340790521808314
175342883875013165292187663333574314371010163477966588836188698834
998328981164007025965502047611990688459306411880137433528093795109
830522058657551902553313247393551842157260882310168318176409724179
664282170553923573318235997210559146758099096015712545362591465735
834510808497696708071726694371830812496641392852932420581483522627
446937585856957168703450223775777783598158580954566745546272979473
079756932050856264050352830255672286677544482840862099813897930370
925326425964038534996170546386083723031489481001371999013197012628
010849698683279080599525074937754235999978783744657783712375357578
526777106381435613678907947372479242618159928019155423635840922410
926951949867583701400806912594594455592546704732039280047011160015
595417020287950359292017703968601134563044492333977435455716545727
149517353452904622158776693210397256540533868239130580966002121232
483113870490726163498817775250633988037352830441378850405352914195
734486262214803329495448889085450792480542683741940669188555167572
166221109208997318526676782935266132904276171207173433002345258919
537355747509268743152936342844964077178567399584381489421046285181
038496434277355192443854011056003640918609065983002337368459149958
401444990129369372589395288983481155645581061030794545804756646504
893576785275211183407994598744205675506984616282974816927434031957
448112126921989132435503198370546644424960963633748486558714369342
400084268306946647268678216054307605555157113010549963694214120145
528605671549281450356360885793542044988312557195995587078583365330
551210839284998411268479057129722024655013870820524474927234191950
360303939460347677085153472543380769135430210323311827099410525437
316371791899608133844403673509209111063173376587401600018697304252
984202448885270331725146924974753931982350352522617616094384809705
351245708751318689267370050744277412070979040734631226205290006391
892909903319643533353377827730338009564355202372811893414222213163
841246621876265629262131653747440952305454016919059121029833254873
844314996900817917666244456257105500140603668001332495809064102834
877164193564714304095505763803857385220987161679591048522208070839
544381665295350087746068113602730824885662613928667728371703032378
323346716406418651059916248176707063456531467640744926589904002492
943382034766548273034152265790423510131092975678304848136329763976
322746732729909893927449638572144129084870644807046616306718326269
730189550522617503670443765606386089754748091995263944035360465439
982377356190246502693129589140222105988734088163222562586861744532

4411589493035550997748247415150737341194757333735565276274185191645
2451462010498782629453689508844623211763580035118418359267598642977
1281398538414469096917190799516740467818935875027443503551180799678
7762498706284759291327261688448884939141128745320572483591623606749
1616344638801312351161263321415735073587378908986460331910104790495
5108805327624363438019532053136413435545936470419843997327319281836
0257600857675302583216967146468343588400391420370724267082601761627
5339029898671526756221981306035295948446464040396885600648176610908
3305607906503876896844673169485434389183689353793341689876461040509
6024109359855532664312999759390263679696925137693692615910228511721
1654148892157262235977366770146398458552104707476388972254902217952
5783473853630081933437898874815680276975999495121254415702713764903
2775150787799491095614895742622739879403322128257532457845619552714
4971773748923110717580044852610875339714409334236416700073947476055
3387663802542958635529369130347698689906133362459084735380529991696
5237406505765703934901547390655652892580819446962840122139245511197
8760380740566099410523116436019256847220532851072587588370887878358
4074617797601531730495005829381247505250302170023610957367090784029
2351162225972381301444079847918133032105443244311027197910059137380
0934837758636139977194367200655924569938147027619184666121180429613
7186652831069577660924377161598315124593617280103901636552046619371
0925251253631396559201177821427680194280476586534858158747031199266
7709791335049110720516524324623125383157448751295415603552750263673
9614546109344416853578102731389969995468673435181034432552595169304
0233005059257279978159048202235890526047920348250750421717345546649
2531252852594784406842133378979724559983814529024913412772434245092
7179511864461506281528392865023721292643684081326894231693151888186
9538526818004763103077803899244121518719858272225449899967787514587
7916023970766660441333059400177251968288276181389025401421411540327
2218807522149313873039438948386348804885872573129605440226754011944
4434427123955690237907150071386106419858388879568805486335172808443
4644724813277238595610521301309101510626429327631624722285985257104
2637159462999401322655051880446573989800377544218462997919330400603
5176161879860265557607689149567962403302092035338230064198575121288
0549087681264999866296820216008393577425692390014509676551896830013
1498580395006624633861680225506687075912748319753000145540601541190
8078411349482946568060170741821944826942029145919311797294425352359
1393310112186883167800232663769195193898930495655963644304998263626
3322221317379586337527290159802676243820849089436428312496796216255
0016352996689304462584580416724907109041427954474322776405586064499
7993774815979061292220293061983352618004261179665496758054829018101
6894737221612026571626304363530228212933724508394353437096785432439
8058312889505278663565717128803698528454871495079856246655577931707
5079028998685971436459307797350701401522754476693419823926389892941
5353431902180169387585028778687970204616823197351992807669758651271
6064682383916960148671115009603845938820051061526646256272708637397
9471502577181072308962043626415525571521279045835429590591012051857
0860519983358295202764452425123577351536145132912213357834119671876
0758566063500029766458721899656846809835422555679769978615295831627
0657432073721099684406194608527521399720774602837961829406778265980
0996983586608974386510365624255625084235435456301512197111167328337
6550705832479172735651427694109849863570666188025284345361197742342
9000160410913598065825325104777234873758588466697858029999224197369
6504115511962816004732157650700516628984539963791941447196127536844
9638484184078353921949516076075298476708413827460440301770757999664
6767568612536105140039171681725678050138978371865837968976150172097
8480602272151208763671116355293561961304020927396418528693604726516
3966875563040087535856868313141286860922825551242269595679930350240

901136677093640349903748458741989108901894570519857812478440357578
671393197085549893809997065410579169020959889749873844727261372435
180656164993163897351119703310393978040928094799734337726502122497
143409823782365196589288627922327799039418205068569837671166237721
514412022766337949173743734228317972794011937453904905797144617183
602567322140552194621862859145438965623402489453798119559649687070
730218607805131930946785284844420212843249930715413564423079386272
526585208492269484399394853053527270682335863948608170577407516973
852120210628959417716079254130699134608143824632866935231265907343
036680953859560845016739322909654282885409786377872218259072743419
564661165959340871344812029957960400057641468485638419208402583268
552123795496248911586260094009876541358587061925113653719481486085
710770837602097237465955311440307339494234844861525237226662531720
908162269400021122759183425529828168997196876101438519190128988074
242805283555533252325715485875614477520119468011155094405429657310
193621595918758219482207475615307833480300854994330873982134027070
003112858879279673962736609207126971151381953771554641063374555849
196316917552555991892240897978331242735453841796027845958986470600
952841808664677110946415984315000959749470220759587493696093489235
131553087952267531922887519326905699269590112428008437808975802237
272111281427715809215786190314382328222158431197363867972722768495
813632814701827652361699870383165480571461752017797801074900520098
622253867134378987984881044503027177386068210671823485666103281598
409185714908477074125773721529623628951428193949344923100247552946
876881422826882633819921070500314822969078127068502360967952456156
317625378443908683885454717662505486886145388589401906509184101588
520883369612987731672752691975623864276095136945838426185218338957
051864132632025229313913483808212879643388136298455390423731285738
559006232871979159091218171033492088287365725960067510345169173034
840664773124728536498697032255058028512103145813971655005402199912
584671247522962330479476204174835733965129338846259860546690206872
743107989200936008629962585264955692634224434907588987120754055723
917788898374740062831103598936397536831431637915535084459949981517
903571916645957972640535635796228522323209995625290729565968625666
476118217436889365526584209735880483823563270384629174104274634032
764044247217919633892333004523529200287573013563038211172897133169
436372206175085815202908497246369055667628921842626517819765195385
246430364256203212959160895853359815407065024525216570882264388969
553200330712386017719942697998742711966035304852835818441460854913
450644431713086666567324744794322805473391376062758189042836565865
989546648856170985902335718936471102219155448014160810863286526572
025037347796586980289697568759695665517157299781741491255194508337
794974466980602686431815234229243167763265101550537467770920415647
646247512496723011428848395397060605607246531422732188958383550139
850224798061638234945366128994040935591780926586823606419849478639
492739255146759621855648434028716399842416564079224320499215193527
094274925509720983764055479950763696237008961585314208285497806440
657569461074012428301167709175408804880626657504874497001006448172
817033718571687699052050431269126758942354642426321926816126071352
559377998468768487666374637370848309130230318759755192524399178262
640279966163670943691125300862843502978866714838773557009540850951
092542672370871628508720499100146666069343525439681324227750520412
084311778362086425913741403701893905849130885307671803377759779815
450406004508428169265395494242417343968257979429633223312132181078
012932197936027503888526310458725788790499330172493716992903363545
290749651464056091275487528815748748504665647881571336432427015771
206508826472570911545293554151064551035094710720178800179246413597
213842994871045977552798427450697742656414883406830080923054646260

389483267223960406246465945742025221084288128266889675278980243468
265578962656266379745368910929346892092484109702357131627533023890
207698673143258427609481838812458575873401409706867189561813112229
470021978448241581544509819889152942428906934660562607956566439433
934279983588235711675751163292556214994709518352233124581091315865
577359175847036941484881503863264098660524416089944214237244673185
768540526164596080359046160459477472320562878910886992342019575526
455549151862881037098556289818492084536281760741755782246663879072
604677554834517443481890496880563765032503535926271374514988624054
829562473693334496233090273911370810584071237265540394440666165466
698127940161174380314425458361131387001800510642225047421267495399
707590971527103141655363347732005496354914667194992566437711135196
471224844213383344829914740191692970978273304820965702365744166216
404138597571994011075505481383567509753677020862148022476905759312
845796120520106065272215959974558956392927416101354477714866027222
280787891903104933048606423488894126536509198046804726679290797077
022905020257671384436845815634829002226658722453892420758678126480
742598431037231448350739349163285687087989353089830355384383950079
707801508993166772121535578504768244806681206008160925249005506560
688200539439752940429777997773909548121823388281599786284393448937
918615556384584794259298949054384503736976473332256852424021601959
044724016399444925891545222094738197285735608141629442012082969234
213675190569210533735923778160066566876364146366579043573782443665
166851049351957765790791933549005424537483625826410516843786445029
591835898396440568593688826368637105027687838531277770566599560300
157235823714715472190567142601433687966468436491439499957272215058
042899218100989507993449442141990214468925539286769175103982467582
463734380523973508302806871873446064187629932031217040704830461291
642631982086285078695172901899700143428968262441780781916264417195
044507576668563242456745817551859136043599958574598825035538466741
328204525370108050902351148404819530588806416040823552351294128140
484544881037085694262600027163923010086037214242484291264957195698
732190524275633949016224645462593474567030056728375084672498252798
367349561770898365165478278894261861051832769208503603621780033915
249337148444550141579116250506890910713827580224465050986098688327
677971183257939187162167678835622419886753868393157565897768652016
394528273886744065178756600689498217355748074443255775906927363784
818051335709627018971520589097081198620052276793499133040582845672
035856647241058894553087522364618384396402596011254852876608866284
830763601287006667228026700036149423026125416550458296169931638437
058296750705322926910916119674936127372916312058636884790525095273
515438062221932730028959924079390744385736690935294925868944010734
221780243707715281612425319088227173271543382374014745436218433325
680295994077130149833237045109699654532027453350702177037070611381
910516358803074747708198082653195105524034346189080408772855887102
619129910922959508822518192058518874419863486251882456654507803295
363481026348433030837241811365562783019391016183517403223845097914
687521623877144239223232455763641079747001255398324712260190530488
666649333228486329053808683517096435404402568667911688444342169402
517726916720054236587952458648729193194196398370591083465955654573
745542747225256387204919648468045612163467555780018391145805072029
104091774619788296504861235552872697552000423820381832076425536409
632089339245449675981523092151894730501978535100152995735305428112
836484236594743595960959569801620275302395941995334462820826497923
607942188680411060241587415085751945806156888083430185412537819545
969741423677874187066721584275223193527707018877628030323374028626
604207305052378520354210425772442559140427008749076435248269386810
716376693073037272374171754245852247735758270295996649854102311510

1387432370479915917879029944855016825586545153881254857425414604291
120123228556148895327177172401226279944108268691399729874382556815
811126238732626104264249191467303139324078996737861432904142084411
467415351674268973370321906902874770602008842219032125165528911717
385674777311366153734391751962707954921617093780054340457873789689
579406584026092226706663974706474619148511446524438074152055212868
620200671723263684717967231549153359492453428928874859317664269936
209673407497745053070568431410133263287775921305762314700874373845
076260305875774978732420714066513617994956945601081928431937367328
417989351895954235197022893472976977104975358649956731850469509873
966280139531524733606745957465367342250965950109876696237341406068
393503481983827182118684406017615765602547011395373572678345269455
960791770944971727234694733436780387223775747916868955520413621538
014282548673776952837038414279340044001305689783556227986071360705
966044685334333224708199605172761522010806671065237950190709749374
182163352993865189170077889883476360923618805269060064082807971343
497894275959288720261078515554112397373046097592317883468807253835
105908002186604490289791189672593675521396472906857973507367571821
697403667069896134578745061097120350147956537516416615312164732544
167892775072459436281923825623362981037565328913282392322272506794
170946913185669962267630084749332949237724820251680550666316199034
578005029621609509712783134975497484970807501469286177972053920877
355735426344654046917507878362978303712221263449953760458706825466
567329277539722860367819247326075875375036396055575515247044790468
927900741744080991621535352379551593168250391708411573389472148337
705878936954153482731607170302320249290945466553120552501263225317
414273729408935823231304140359670910492571838352019535775111030301
893738736672956883475900280466901502804156922062794107897682809626
966101213748811955631196777980468124930647837405316274760628345868
471645943824367753427608269557653234427605339971298708052089898561
442065934722157535135731353150964325686326997601181676887233090478
473878261088300271876502608262925233194476909940416700264006555597
136991814669791135677806574510572964711963826438069896023388113530
721498585368708628587178926879629780160894163936301209416355230277
734299630152634357751250413519834118736205833454731185380745726843
372069052208562550105061009379428561404741845592117933927270859725
115288005694028053614114492402092462087948741836224854453701673479
359020150069908947111950095477169960645156934098095760872306116798
593054474249458559276375426550790985078262274524142805641961957947
016181410188593967029288408817507132694912645147924587138834722095
701254537628711546135844710131132320149549094464014760003023763285
717139536547149001355586963306925811264047920053172809211791287009
678813893732959490687691623091782228643533340593396791602428932748
444663155945748561132045178306464916622418132462957675091859029883
332306551450236294043474054925561176422160938847117341895740719985
035273669869338669851702573938066023027910628085352549353166194585
293885401347619818297901927026997553976270972133207752142888313638
279403779548104363968462169524948229844322968969208533555308531740
953971002744873252835275736247945801278044550361060645585780357362
625255636064773490568638324600588264572996728670647068819718804899
591820953876986724126105812313371883281538730532406351716048837318
634831944878552453402131059605432697873627899027362358152686677286
484137632175406689989734882611860180029360022362615884959038938183
834781502164731089138369537380868316436990879808593012837352876220
600536227587287679465791680576358143240925305502388654829492572512
760977104308414241327149223014555024915380116515701072599196608891
033445877802018420198687255798348589279411579165489841807965598165
292440028600089283308995984612515413473641247553705658072496073372

896863956551034497585830017188013929340815934657740749168731401990
382842771226233324460588756739838593500769513118556316845738386555
122929408030684220362567245918113860635048015522616706356496428673
234596566937992435872932911668849839364206979703901915931945597036
125926270637083717136079722292448389736599492632218594309529344551
705400945927487032843519938814026708591528949635950763638073234705
346230932441509575691850480891957173919165310002415714293566869097
067553848502610804074340645742634283252211020710345037453834072171
927286093079709087864027403756034196203260951802333194466047043934
800540635869102941831438198076626369229201519626745478890548730085
334220881597403289253567824780457234485556638842993651785938154287
147347054077625040798071086832571272096595247028093129849059790306
196750805994442179885069831610963804318575734932089702792144339391
342829009838902927600998103497167534005535026657548513582069817189
431736521873727270386652434205926968399585877165807536293049174582
102753301267023622273305213709274757549275403224866536323928428878
807181194344775443943157463373774219051446263840148384522306013263
650278845147170479058318058348940856949424994415155483863342377204
069960193358031375344976028444995154109011381560664132329431053540
356633498250090053413621495974752980282398461972836700621058461397
781582746765798260178472965764639589418774249633169588422839119159
056564022819349680175816384013942920814208820454690299463765205998
819783175448012711996556221317324427160802193166446071845067024516
046120117976382723921134833943879896290584017968636094325530065062
888973239251361632702390752395982653489399468065805948768646275141
094064993115341987321729914312591009777188686945571244449358286138
125976463755113427984573762023435625689831225304205902149070999674
160321546707538816502965863991553151342905513331653248308850347019
549055674484101032187658995675839455823828688310814186283547319475
525274711575402543480466177480387868598378715694913427853082947288
735412043190232090595295432861066132697607626692661135211466252769
841277340852419138268582809550758375787518294419538166996475933805
810974419704088768832525737438561825911089750196431479372572070809
405896055397098285800445563078599861108297845198039988230941625098
680263516282280756081650704834896441683618365946329769197332664504
433270265296440733260835948712972056368036299922692205555021936131
309439292561689825893809531154348132895184916542872546286351978103
023730034903799179307688612204532651318101381689879195678466786614
433105801438125991279141588766717029067599907122292817274527854431
917637751864885446905521418294754607553734560608556346420396176670
957528745494901204660351964636873577292974282347505496786544592736
062760898924697824189071366910300926678191303055919511695693178319
754079624033842110466446524045818686393260964635303347112921315436
957144220672372701903216128316366068353535914027988526095314744197
670576401090753060472138657067665499726561399562590818508530304555
928407614124652218099654353071631850748864789331371598040191058010
242554171356618961206011069761203387121769536277481470240462879594
479656892916665615162911773694618494617768316635945285117164140087
961096558671942116381654578935594374741659601910402650699653760891
088490540908807662422362445253132852178568721171075072872580243702
749583566462456351397720596477873476721370969778743722222285444150
516258147590016001034987342164287379415209172808743852870687452996
758506346236156568380656846858665912883929939874919280450975993576
219153034533964024162816375645733798596901282927418796276250380640
305799822393935095892199527851029164638047832936209192780407715041
873006891785738178253793126532269564298480575057043385936993433934
560449623259372433043576671477116642620566716193777375770182049361
597820655177596044557427140159585062420861432022102794700328644097

4985311949339722052560172438067839808063019803303871401082373702021780239991965948474208100416246313999893872678129698371396533436978063946676428600241528248737856394129279353836077076083007500854688366849683447381380001948099946392793972548092617557123230722879914729499627829318121179995311913933682914217080039171083920399625324657124267114807621873238886630273263260510227485587685824829962737856303750205262948831696089490129163137263488580498192487545535248873262394393675045016547689340206821458565566171050775119437380589413425696041313947581919706682302632423409024450540958834108768898805836001905800856199491033238845013313960419454688283590614806279170274255056983630386819040807698607465088442367761705462260845439722219403554202652033104455269007046882774582145696636674469994288417347114807023479517943077836152757400116754238104978226516996793270179099132535969256413102120317675960263679551086925989193605152931611639993790605221621826257344736334202630750572642522552550069625037213380532448446537714971705777121738555021403641091178389721417976354731764860997323702087657166232862736406666652522444844237047431260270194052932539203881245611678392260714780011957184750455611615250384482208269186674529500194547955474267031195338846336750475341192430517289055830639606427300931789903397134393158405916100858639382213820227170819247577821001503916384866601709081390913595334061901462690424095680526240107056477766184073651996598312015914861912479104532820849003769623579045204928147481448465817268742916011125678009811772691222090702378514866112437144591984668576309473751209424335200446505329739125167083018255429713022606746609800526039196275579838950906924319004737564018360745493485910179447557716286315055488761028672918186758647664447865962782729403999320990533549691384757430422035802668200501835248565151703420994311072603747508216434958854143210457355741980118294006516384590778313094730099299395418271818059977319955225376562352261687988048284720314958906256968944242784076171974785212111708675294460367053355570333619526994064352330819095743708046560784123500619341564951004973317383620400422734437891578965349586115919181358972444956070703223227828015791485580886632670092404234203139271646896301370562218550399034622946791769783297015241275735845801308975952586398550215463677050900703329079755832652569733099251994233523426743245262878343487803932099014786974131728112549644590427779736912668770753379381052959792195600945196472452145664478112940888425973995022893156732048900359565314881818133524884486986948006125364742775500050420404621034425555880866214425237932464586130867091526143968878163367734969512409007739167264140941242164561853646208583805219480898873774634285140004397923506702424670667069730792355322976556684570476290256322597831961833397249154695255251435143479730725058985393503441430103727693308287010755526122132379489153242485015478457009774568367395706462453231678342716059951325335038447646180452988910089257614236456892093712162335777919010169852746507433133940386055838356051252991146475251049740083923818804095246656978219067500774512734041374694859890324303842177375760809258836398494285249166123974213403066399683994573153145921895618542973694163929127458660214919325606290835478894538705890991028776842634490924275819538227715445507550828207848836009388575040713380643144643510663577254200107215128214873801278325521947726666964351963995138809766453243327235576842641531380978229804632131537746252354042906035801705619274468848477598491780867455498329658519534616200108125422426766724465919850037372467000945314183285138022443386726425015956759211414749624518491204720646756094059335988791797905900136748853864506869620656149908349682257856811345564839572728890376856473485870278747092443784170154003374569827482324692217767073805998507558616687137871868309680967655

7021661114077220785221064026826988873072896051684378352036740225 00
330129422087997280733552033208498251879476366174290552837591285641
649741372819365114332541321596654479750889663784405834138448245573
385931223675087756917458077706663761431383703360433458674650157199
994935709263149831353947601099746000005376581449457332674586106330
493215029738393935442737099386415060481731338107605825309439419878
575323657233230479592495750580234655485760174078300407648946768258
640951038804374399269553415069260955209966849636219609754199025668
927300183039884115526354875841019186258565195894991754367013775262
962123556260890759814472451063453168437420392696341251225494255324
466039223854149218025474882876575364066956656854499049481491528050
382535285564672004425228943146357459705605413211134776183459143500
680409751657893967117854851652292067783571075255139531452823122246
077432648578021471069671258249054953252002980118743298038560982084
749878105162425738536217494683456079440138680427259737217799597613
484926836925904945447285453485554767285509262696633351543953191992
620902229011791650354053205354155732396286587788501001210509448364
369355456565298702510427337311270368643270185393046229863901849849
779085270466381007410606419934676834879214901823792623153577676004
525398309488349953129731567381103576713809506026898810326066044317
643550299533074351217835363742263073089411890983341196386055152202
496844393942530531427282384519772446016604039958354727913725799487
690563099638920470629376050565218205421345799773554893538368033652
820760812514894362469001742501483694891032497863941911460054023062
161855699086102467315486460988020278107347373777049188343981529606
960617171547709155804539147213794488630702751062591007953739995139
486174490302297892181523395588210157649640209459194090016061165874
111119807343351033819020401202992932403144329877164721941875892567
634592321990922901557239337288860713694061776164509345671522804998
274750927830263599319816399168556260449567993519483203844703965009
899853801126586133337947755213032889161978793373276844741328316215
382135050223298247951985584253064406273275670404854215795371733438
301365792271697658152542272531902691721583563479065501433932221184
545774337318654527185594102106229488252043473087838122229831687235
778373373445155994823292339269578929447998242009493926642707394323
274713200971603475707441072850307963039075727028380502095916175507
000501662779242931812450523867239968585193177959038840467556513325
575821494315351795949879017593995401869958616206697153893332575600
180920779578501271585250132437026798381532168315105880273745589398
225165079655680674055293358041645869285231652892506244103450725475
174669695766475991206556847983177883862444164695419191341166383135
950942698407897055494658072945983183865462177521063114551043363353
661775730503740634292089127750223620941830938203794204943018325648
815146217473149531227249665194033266694654817482534172522912474970
511461616005428188054035419894723457255907901419851829814814599027
140514326607102622963491948125934214533789872458309760486188866958
513039072917339207722568960983652091279311482179747506446559761340
387575922402239603473570849183378112149892582953233544437853183336
101743721712707556161914380532726602449486684750343807525183922459
239571783023471419022350350380794112727748728950400230804740722455
600124762073159921250457886191338649903391268514724330910608559436
605624848676475330103363659857748963154641346528176374126158110078
173670124954479654116012249009394603499330999402392749438135040080
294489916879393667610867550354692386570894147039461647784558930701
189503601696843007815886653291356205568916972515781275439554162151
952105300131336221871938145719744354678463679883187413330551292 21
001574730478222747354362338060820098336645368558689256331574692024
315168312340672977314170507985368300211465536273578120633869732468

7906485958758167228676488743765465044904838056518022973211179540565437944615042021563406645608062174908344929657888829537930350472608621682320154984933606588503695960666607613634125466771426576696693825333353829686677801855476375874137561497408516836293864444543728252821275965733418806978040386375624321359353338276914364031872205194448826998998678043790503172651953332428847616800651629802990750232478834434240656782881288607696374064960256307156567675052037053083913616628392164184509828446743051228444239833464130153027392175042011926614572750828139037673363576392544605297160176537577389894691397706717184212302966812872049713645325528993086401233052322605408161138788925319487861723276315274802047699701084142223997929110102895691963294280332770835352538903514318588286319374292654222129276285260042254539799810059553667839998923929180915038777361400928153081940786066474842382259576352851784924147444843684342520668215659669197697288057366703621563551249944361226689330580394804546277509788735672716123758257138391394108724319551951605337651555589253551826979714756066893173531053191521229835917302302675839274164931422439389744310087449119622244807371585249475527582841371687338856845139719357174351376651048952390290170630927122646840669278348399886285959423967936456417355871840199018757254634606762070626278962322203480537183635179469108776385199110783793669022647896142652819899498944095836469265144316565821247179207892033514059366782849401779896529798150547543580317758562255869061012302340109361295535357635843299746307928840816702336678897012814595884742819942874986614377118597010460786118312228567494691319004482564302826200724878752539439790125220351799067010886444417333294270385047776295948438149909989126253488800224701126853866059437662227036508267221232223515725503765038540952531017575868733835311996936024166003965092807274380713754704848445688684891968721231098199098730747953205414010395973619696752305244216405619005267427599397913726868627853543055179125750471576601849237182239348493919692953944998838019657266250365175749403311969597941172125762371383165114796260557917844027818812255383408963982704978907257430443033411791081090599505417122077373797477503036812582030995844119486799985794011171393324239526270361992706377241703397811133323827156827734201479054726165434019322671442180196105337050263337427319045518794871348524986266822221111131891445576221042289834739034998125977811080901318642567088910367429803049136365142132498203398923826233114577540076316382512686668485031584111114115588642679072134604092217050745982472070245524314035201195653139245833100914253634958789790743937136597095527255566660070242028391007459462466313074544675113059937775120411928055649729151234915055327810229864306084053764409891744431076998717276003815163442860652183069210091799279417093193629424774580681733533597017598932860314853201568769791565212418967004030959172775708160301869459714079982443633328754319221407359969526268303856595845208956554977810132745394340864386526954140660420525015130837808664572997492569037617093002816162250318700303273714486051251640723900700882382390681147399580435559035124122182329827436677789038538586239181478158835325813789319130516472390159051500732925827462042891439266753495215494292409278561294142586937295146893142705444227000932416109334447817626188849164416925608135907757944738620601592404012063374998954252911634095244853142318247458686792135102696628751705210646078470497466615451881415103516734981578308880506290252472784913288358585719687703163300975539049048845664489746888824842250422741076906915478241586198518421957909459139269455393497074170826012991361372933199089961244761127027704388927170172348861763196368502467208266987608481975265151178468397433083172604878540303329427864436091148976287974130203367539268931859458016183291794401009583249805875

064583664127695292859826577033300623458265495553231665323056373735
1219528492148963929423810595598227092759973032994737505687449872 81
293470260662447761583466617049162697571797587242929114187975074878
217153341997452680557322560031417046342203189757820773023738624697
850416509797584452716458522043551397592875295089546522806626969434
499014880200418118642039774220404270266955446032990925495943520252
796488734580054345846849452975353915837929113057037617736633757952
397710873933795473321185487906192685422400839536103687789915221045
210650200380051808347709316151054412972685089966422824644897764232
319476756024380976946310016887760572567989369280086502487446760824
545957501328381000122974730565399913766112760678583451295803038405
025304166311739822211379220747439396630034070496076432882198733987
733380285979360982153546559100724317097157060971059686886906647906
795150810115197051363575163611207596373863757385849998378645305790
304439430129504109743783727473215821070222676757039661418608774439
690962477761429826812572551820738210629142917928982577970023307492
988858235399319356394252680619486420670833245104681706704055421341
876516419219776188680295892187243673912979296702170026047079540759
988069653829470682629475007992091780545010872131836710302140341239
939886741014047291317644420908011091980352443211333653582852718284
326236725037002411625948225597448808317606737015485628911866544655
045630521377904505732818512019796654094302700497446325461212241411
283293664379403219844792766561092717076355940122055359024467307073
784068108916048402263161316537882261306234764932281552291952234092
518396017149557062533930191906745971899007765435853945373057085876
733937752255618875908626655726071481360268430480946337810894870533
253346931528652281848501503993800336638789733893411288434577352332
199976257543876194782906084104923170869792726685650177178453576014
440687171686900952806803431893356304270972778706508863333729703100
159320223247970041018149467646133696884479094536114901744629897493
230037580253191769550524162500655284261143730762265420826822134594
675370336621842181656644347757209630013688515145967947203601213939
946326114541444682752648661586756681602323921704745125701348659061
643086005885568792084783360624630419584641747083033660653300534206
204283686318888324266816035175214007464026900758761089479463515084
495961700050182770896682426327475529391344648268756009627622242507
296272188378746955853968086987312689237481269813501287025948529870
938537227129950556301593716628582188659160520740380572603304513197
216792914771867563052935572768823902922662197305804873114011753081
338921701186180117337251436635308756573420894170480721933598874797
364268619879410285421295294104365480616664665609535068126798608377
234268522061587747745045440859724123572813629395024877213229181447
460352824090500401017736626986417021816703518189746705120427960543
666279452174941485648640342337595905490601360969309168410629163679
468923218912091274019517061803872122843070879607731137254413060541
729899505483788277270466638641911377988697406327767999608103275565
628709067701614858118516715255720673109259432660248555938871841243
042256167746151083897288342422589148505084729051760618997775830070
656525208474082088421733739107673981148807733322016588911410051585
422388406367286567250897128850384529403162918837144537878661305400
091705011115471854363558310332072119813348586311534236019202937183
043526169084401955004814506589376871523847124185820705644135304874
205156145120866680968865536473070145171155583996458356780034909490
393274451441177991637963103382544506126729662982076892834738348275
637617138396079392508938287519388908374248283953342256640130058887
766579178359774040670750177108719391145784682542500121104011567813
812956625725510917646036596778057996130862820011501251679248494760
484988420373339395434686685902354575230954073815304116759191964033

9500823221212203194858219244347552933753017393518181466920530067680
3549832608976267360301178458554875270307322003532412239102967066480
1671955925453221347824974025002702748059981683762141181833876083480
7925809813815166160414642080752020537454958013051355297538783179550
6066095345275028999528430525995863149779903125995926852386759975760
4413602257604706511987193235262649108130193591599676247754200546830
3291360809332318453091032664269570273636886158684198635589869662160
1263694234626987065295164603659088977630943695328921497180259712630
1079198634234336833798542781592437536105952313676705884251472686690
2596225562333882544491533895148078035316009623627236262932109383810
2134429259616897760712961096532858126385635284069187072690950871990
0848758805976806154343849833078622373299505385954465287258009173840
8216395247618669194284409202032528586359734273652108417792406533760
9948709190400653628400265799102780858816942811241986780321267661190
0821206876943902568983185502950735813628332588132934978756119965700
6477032335460135933015737186998527595278840155231304466646700704450
7016737473029447784258379713395798102341927430114166335631047200200
6230346672004347363362091860740637938741083779837265910226226628160
6836817461450888105867940209169623707026722707855670246696621523590
2324890655654114232165300123066831581370950117516497474177077104780
6711442312703082596497028065230972652259535026093760320464181040120
8257029715290996630179728749671607818738643460436560312600913080190
9055913449698243059810448121422323919883233051748761776106038024220
4869336078269834879905318712019365657188113798828547000366180337640
6164180800562110656657135445738035572162702066987066596116302669280
1335128597234227347404355045030184366157059758602591897297176293780
2075851521436630058441375435301528736386393755920249401991229614780
3120533902040215249571623751771392074048121632069561687837440675140
2766118193570409262254428125724467479356699022400016162793569997730
7936222932889951096671881472547244744233245083281611358850626177810
3475226377416689306796189069817385426207116834520208661722554021510
3152030142615363529241762488724019384328470314533568553211634603240
1191096900498066163653704830044010118129186561089746980695576919130
5851555938337915890679818785736968733491665317029348327448262349670
8936713440726772268408403907850447337091690161948341749284476857660
0558238949976266570726095917281026112370882204240489674179817610590
7121652434189876973254051835763906896752464304945981403996019833680
1862821705860733720146993569728500023185154135769994130028979845460
3872060925991656750042574557721385582160662381881843260855908648840
2305772902458375483327194659221890608225577193031024428450880238040
1182458745459540599118793898665243467776067162411186100101040907340
9130306713696907321594348481297454532146506161170158707923782677670
5224366356639191960427312642890214401873475928547074256703449969170
6752335984781388655657058999833186012346150364759381711586038569700
4789249935904441279760418898209130348330214953067826196903024060820
5099184094962411171475019366825471966844473398515303878500511069790
0200649735354559385757078833367688924611079346271444198027290305960
6709465426946680003655724825053853726570034645529843754856057664360
5484689591987032555090859093742098048624130992674323728635611761800
9716368736588525875429289986840706674091310523331169139017590611770
9084055504104097301267508771676860043264047173173087489445795368280
0651668288418809763876877516772254015070039336937988371358231367550
0158528752403375539868709478397561579463085259914621207238560952290
2201024194226436550096437281621236592956492120341931085580480579250
2070560970733110036108725733655124436397417268775153220654225639330
9142498791922029924304015135326183042516398217599879940327177063060
5296019659466033166091932252139785174202756045328225580091107055700
1608519778065710143163012118809125580649860309480491466761077207450

5026345069561581532830704419644626444019789530416738083329238465454
1537251333168403315256389658947110087988118295323646800461339453766
7014912177042821942828505066221884630508804097835701153266549162555
2495263850962757967494757716034923473596280176155626743906233034700
0445381194095286975509385806797026611456848448463089914943151524888
1780244169740998906039084394418502530473572469373056161853793406888
2946014254022114233731397240857449458623776193225518556891103646377
6840705160036061406435708118477977704059956412001046014130008907888
0893775952957450476550390531835991468545540757025419445358817282300
2171840873401560659477066982172966386591321277165192516662912421600
0260824045564181828242071555930414128479212381485951448399656715055
7646027136104073454888170722718008329681401203966223752409176259300
5011964574375389928646189021874107501694155173074879655579434122133
4018619457111141451434767911050873858437954322814623925103215251788
0610220029850611715115229246844062336709270892264532410781786234933
0020364861529930701368469705066369587621303871918496736262861287733
1353077213166220888069011784522319949365322724431774790440805210122
4268282757760576852072110323533635517332228465853855790725929976588
4978688690119345292746422752555850487824174159627743927269508630033
7391972324328096423320985806746974551157236703879559324457584531222
6002395645186342413700109861502651950965012763338281967365976435599
4000089837050721922683756253424579642152081415381403528342327457455
2821886539984540277441222545229422654145010246288388525706463919900
4127385863747237719701816615015593065525804024490929824495350132777
8095325642634262634327989951686692296919787694623076382134287918533
4016638265861389810556650674010634208285394781800204536422696790166
3479917796814269701962431418370179332392082069639114568653435751788
9370246642695952596006543260916042709032773341248793762208978545699
4318474194345106203974665551472056170610194612226866815969048383944
2904309928316773541444293722192576392177792342237733971484881819100
1699820182786211318128453632639843862156550967765319885417831855866
7415823900430534511707373728672801882335457853069599677880674179644
3009793841325405448123808319030586540851532278542313542837423537588
7216882363220550706527064952513569636752121046320641843223935637799
5209989654547200169683510743077019398841978707094769498748642008555
4707457267060217127409566926654314383377690240131427899977567787244
1795713572230606323052385635147631325572644675977337769862841750944
0339381216921426735638646235434020669430635075139402744288976582377
0030756493010657345186982126947578850411919613610460934316440741533
3743957724358852565023137809475431957730545187852072098638611622733
0433453295875474855127338327972219185035047871897884249287106896188
2108994171586776120838015161888651454001285859716463013644965160555
1493822792834449083767432819892114291043106111086869216552792079822
0164932937458134215076551187848927673825487935117832351611208551788
4108376211752815007851854778186076794286414843233233191097266850033
2934128914045858204431557610778785762577423838489931572373959838111
0607812467786358556899652736884524094252870459643592076057934668433
2414532559635624874882117912081839703478464175492914224861988169833
5836819129231902407171295700076874633450585460536189741365291148744
8788266701276631750412100720315781088924376640367730911755309040922
8171196136210539234138733422593767876852625713512243413482449243788
6331885276827537431049035445524214357136931385640290400065699362533
6817799187855871844730770582529743505748664127084654426038472744533
3183529848936838988978082890186230744840470844908528494030394342955
5463852740854759015268816000374772522811781161157423713981950740677
4175343184146350544342438357451924861158088003960668343940190898733
7819244040021983228452076515479211369255074787416583660242218546211
9464307751521861355815198875404635517614095905437385700525013580933

904859672162021606984416156907877168406812741437661409111813963108
559915166148107954451532495992136682549963271237356256841474541431
231206048819565493502823579799437677757183566590069020417993369091
728241049062313271244249416014285160962807790636038335841419927091
542276842581774992219930572580325951237712012994424840701227968679
444734180679258265793495891476788837891544093263165670060889473109
325610561988030860548652087745645452474853531540501116812428474957
904372159415539436702907125778653689754228949640116185024437131408
434630354358064772127114350431362548438660924361550031965108550050
907158337041502556889102458400418193352025212449845716767925568221
802326639623157096458907968699494137343262118149547389785624882172
01055827898453333136548489450888785675190404459592653195215811924
489811352902213455038356598271936949317656578186760047007731691816
455034194766774380181590333099302566595666806010250926530115150160
622468616389719309021432141704002191457726858407865209722168098063
403409743086907298822309751951983100298612670489081778827687757961
178330223290184600190716087476842315224050774360779330699714208266
188407940469258063274247275041565742546714723309962603957286538590
552888005911222577468976219282389040655521371974945223212768338451
551457684661127766882078834758858600648865735763165275569994119108
346614456186706812749463392864273661511558912240868597078927007503
394219875836535973430041069559226761035533059931059176312793511629
714079606501253293619401366506307941570050211188043581494533791320
858732548430463659635754453470236895764075477044155714931768679302
277753119882184837301911786289306940111589359951274829912053068129
551929824938272147795541012944377345175642511716526216166999185835
646874649357924097724551332802362936675709907697852514226641191193
585434501374096079376005086552834228065726478022042061307951699639
533247616622891546684694096914515252563415426976727096542892366968
403192535094906738450902029724318091231270182551951383460029378821
762077676614701791056987095327706600308416181059206587486560051483
952184824992543254856132508585197436417072553803196406928071563221
322173345451876615575526390318339396568420029460701119129003740322
343976701062591895494110816617775621921623121137090313971995109300
060103007153333452901597889358798595884784180052537960087983471109
265787548954190753861066220189959789540593437873947063842367677502
183369288728660527834544522024058057113629600759746651977711112630
969469503423846510531433667095110760686290587829078822087133464200
364390366332980988500851337814963166188577108066312558044324207698
647512216582361620834681484140831525275396050627066696526301902593
848744034126606357473771924725215165229394066955245342248129991832
656594423759120559882004728642042067074222872759074097139821572379
632145499167296730802864864484068322190336849026989929710200920411
865787025178591835750552703347688775638585462739607509976147400572
192898182966726201203114582608158553826922251013825611025429443067
962436400899781005440067802134276707642549925936710102284674866225
941175294051667555818626941750593997115376753996650983301615736970
922700557309695955649272385182575787553417888752639788555964624474
923264074821628542338036335949374899526806016754142197883509023731
057687503281918259052125331849318306100702202678580527851563024324
195553938565711330622522462341479711447932578993736265220222845799
230346011771041574409412468197295002911413986761550352599819480735
239154528581118222981815649447927563553322350629049623760218885772
940818935145056394333893533977655456340866555282658136000816463334
525449484505955566705163107708872505206626022560573629214451674721
138860169162930054205124206415555272401945587359509752625533729093
899907528808524234255268789623261274535575780817153091024596353553
948147627719691641984261118275886258905804366154875620681637434080

047600164419843802937341468286777176160414285412606425641580937439
615912924271363136731776124458993385917773061133298846655245748283
492523119458706998912381060083820227026598562576333919033672940001
264290699668384238179436127469866593189619045322223293603166329601
494368718280932743049152389322562551911147300753148128807206426842
226981136185520154479808760107287609450269249454061487952597780986
360069669101377814123490020686919838926415376722551768749515204014
883031204113020227806459645894805871377996768873493918703798214391
672064590869651897225691698509990310203096657363301877215791078781
426445725617411584185877699635635291576611517161175561912146377213
801136522636271278503521453330658424042719346570805618056428626998
831932727372468508080637253458677431435647134329913610845871145670
176806024156398745240385833637939835633934944595030714427694213921
659335151610028068260018621710802758990916345462460226985867174542
310977297306019504557502121786672926863366512580710505001747213369
207269807192779063301291903342918220130117130206861246373615361763
948055611226790359599834582073680303215605083664016691546402608726
050665198490757496212963311920460864247010599662752040679908521111
887393952622217171839456743584366250259407567787455206883177021018
226392892933319946189556214339398753777418233490776385599354008719
353215578106343492646921668019730695877934717222544807911811119639
263927648001235177257192747883057839711366906064552543319190322289
193609549718432491009045406627292385027405633838548590188268149435
843645843980262611116171765842816097957652506787611795116323992635
170032619534150929750055340488664096583519165979491935086348821926
159814484369243754556511220419480552682307533247697408847277874354
523592721088040526258353686891993198446098971608446742636735916800
552847863406269127172173171756061677171463475561619807884390311358
477716426051047474576636143832085499367219745739979786652277503539
806189140888838590932137437527203362302578779561047292856386085130
915778464960008736333920310489778169199045483721157693261472210169
373395677086569137611108691532783540556894860507108229542480918055
808095852840667352878148038653802146646757143896547580860434512955
393551309586932110862993111060583993942496576010657495240264494636
552444240730599036528490896664804046794551760568902763171719187687
277257489033656717785638232165305692129115050326412815732707501138
355197893094089107488034261090882741413711940912309437167869613636
072477657104623486150406068547046457718789166038214014347509730536
910311084407969550456237753811982755215952136501877563397073543958
012047196601951288251054503317305162163410905181922605255463122643
553225929574757288200162627080823604244459035813619904596044916754
037553727206181988999514777161493276079799935405323179303743527584
995426817187213747300025933561536192111129261638916218469566956203
356497059650933237168855187842033304180750306650556062517416050526
233166409192522382588709552189028812957505217116559791713082534046
084330797746547688166691968144768973284839179217767764271032151745
244795073588076328905416731603181192610241700381775659611825654152
518096798760261634301727837032796173292508134704765485765605901072
767352138545982768929873329758329944685365659919272027231284196896
663259359477266722350011371950264673084492628609598526205224095218
223592003147069826977926672250423655929192492054350354442390940880
576201050465309269773134941085727997638011304927973986558419898876
583320159334396104687507963520178472987317304408427266965840609618
054654656319302505014959888401925085596318809233280147303879129195
795825101292043776533474108918075807247127240276166629686262222231
660704487522921471507146159607733512382721669154552729130788761367
040033447710520770059428997271177365919242991321208097064896312558
843911944264248345550207274615226720992564456528346798994906603417

4136847615577313440734698003798042141226713203724653210732173573 76
0491932062755646766549039130286899780152779120272475105329245955 27
3986420662452957180086809157335553970196512931004832314704135049 42
9359651182657240498204431397567031470537098506131461559915459679 08
0382063327112705397643894613068335246691567644480584790531856264 95
7839354546836297097508864072557823669299065081270643207674253904 36
8857138109407458556596741811348102672978012876597705816267284575 61
5932812660645753286983567541694373351718691544942980395328095625 32
9671764742784192171054963853414283219862148618952679148304004542 30
2437244624942769588188513047879480515092402218472726874326028962 04
8598568318074375214862909921339139921806953807443634711062302102 02
3990801664283121979039310889890286812774491398778160123696349353 83
7904833738861649739886424085640388600121735603712566302824193284 41
3937152603550255365006846913799512533015708816931761980595766096 11
3281453624863814374708137609973392793407138710218356044379465595 76
3210859726380561131738627799618662828106580006360605669651605002 75
4632000642838339900470686106215897801359187080238837576895579111 71
3270218719138612446092285094662178800912356646714252845813168832 33
4386170263454531063573268617141732682521099271958324907832321928 98
0485122982303379378592697226931958950333541260677636845192027990 11
2943513290085258960490613481768461244818586345267324944123950337 02
4289552856674557637765483130391544907241744699033348963010326960 85
1264053688782221214621521942382509078188940264353675156891044885 68
3292128360258157480099845832054876530840824256135089359722960318 58
8388580383581856644121538670876760124831010463084474432188014479 09
3367474688447856414817445909124539810323008859206371015635875651 64
3095961127396401586176978131408795073714288317760436689819626413 47
5006971940565195045505167742397940196899862527890085237445807328 86
7069741773963572545060985423456789852042507322860709420263948418 28
6692566061665444072045775683939323122654078124783166688018030184 22
5045200535518686848505584530852538497542612057943053533080747750 82
6496088529445572785003441395589379335051184030225298706162915059 64
2259996005856489572336531798691366969944278665789125256846260414 79
8110865685571739072133078933108525903333113718587728703492627902 71
5673291686627166749081993182583166832828500157570780161193169221 93
1514754937755159804654092839991094937420103717085608605881785449 00
5704104136040435137642468998152680609255401123465329504349180537 47
7356166667104692983095678920316482063931739221248405512034780632 11
1316813373224063216455415588237846091942738088502838312362266549 74
4300558099898299574258432353764298631465635055283560477090757473 28
2636770439630979234656297949344566413960851464371303932136774212 47
0904452721540687921542630642597260292018994655298115142612604900 76
3867141730235727276839041559723450666938664605882920124711441788 3
1782234821533891876058363276181819433227695553112581904847517462 90
5620013468996440716198232054347184611020511315550930226825107491 99
0149608178562605108859036584745150376384915134000329516399106219 24
0557283008103521761979616832213981692408357639556211657126112192 90
5087163255258558649616638254193591482181876195923292056995506376 45
8182685575221152787011802994335467415362762077497854054133303136 33
5423682410108464763749063885279841490076464697648540094796358954 97
5461448137636970591635699836811987525054793069353207570766780148 44
7701424716241908166822490074207111864881547728917186535967765395 79
9335033427282146054169649600984706979585592643042870363664713071 31
4782330611576419913222420646099898830762685836055527409904784676 10
7604241784215062851755735299964786255295428367429870664579433758 01
0140740211618614484329765744263428528704778556308309631435278783 04
1945019702946575777732816746858087453931603937253315899280579434 63
1408735860861778826334927746151184911655130681846713677348823341 08

513640394793920887688633633946138235834479408156961091429387734713
893423773619109646056424447477908207604966027135616895410644483213
659808293890972961891211834291490616389638610693752089534688398334
446718982124347807238740745769755450743684674713502485881839966556
819634452881194183317263682505061186490039412552057457120360355780
251419043526718372192138482990580322469584243231589844325103965443
535053543229216747040778614684859762557446153511880031430569954927
847167454497269761283933251838197222328360707522781292813010656941
262948730634268837338181742170608647548276394242391402753218042951
903411635170469807423351556057857562450999253201787499636640473477
038985587306507603870997731843128109897898820854355955094325390237
189521682023344245572575307879263398550901645594237339662522335164
875058955694217297244895998825089232112034795894154654603037878617
591571661398869326873749684730549653293782147564810579380828530053
244708050656929422340010959348294614539078890661626402150130735330
033192074563726377077099939992288621224324880206263485088853036010
723436890136064275814252839878594917997961121963797576519245218670
960880921371119775000878159304307293448839309575741592413752859777
972918934538505080383198677459002518657917237080857416429715380788
406071306868036198241971577476389507253468404569192759531937223702
229015580065607604738547359904477996748749969769427137668695533195
125337764098587096683863263926164945608684140374568420719405950701
743035469182150900466493998551741389385197573121568261622862231881
096729747606013028331193716114087472706762558567775119956667486151
964912970193318084994109618139296492789360902125354433273750642606
242994120327362558244174983450947309453436615907284163193683075719
798068231535737155571816122156787936425013887117023275555779302266
785803199930810830576307652332050740013939095807901637717629259283
764874790177274125678190555562180504876746991140839977919376542320
623374717324703369763357925891515260315614033321272849194418437150
696552087542450598956787961303311646283996346460422090106105779458
151

www.ingramcontent.com/pod-product-compliance
Lightning Source LLC
Chambersburg PA
CBHW061206220326
41597CB00015BA/1526

9781632706041